现代化学基础丛书 *44*

# 聚合物结构分析

## (第三版)

朱诚身　主　编

何素芹　刘　浩　副主编

科学出版社

北　京

# 内 容 简 介

本书系统介绍了现代仪器分析技术在聚合物结构分析中的应用,以及结构分析中所涉及的理论、思维方式、实验方法等。内容包括:振动光谱、电子光谱、核磁共振、电子顺磁共振、热分析、动态热机械分析、动态介电分析、气相色谱、凝胶色谱、裂解气相色谱、色谱-质谱联用、各种显微分析、广角 X 射线衍射、X 射线光电子能谱、小角 X 射线散射等方法的基本原理、仪器结构、发展历史、发展趋势,在聚合物结构分析中的应用实例及解析方法等。

本书可供学习高分子科学与工程领域的本科生、硕士生、博士生,以及从事有关高分子物理、高分子化学、高分子材料合成与加工研究和生产方面的专家、学者和工程技术人员参考。

**图书在版编目(CIP)数据**

聚合物结构分析 / 朱诚身主编. —3 版. —北京:科学出版社,2022.8

(现代化学基础丛书 44/朱清时主编)

ISBN 978-7-03-067992-5

Ⅰ. ①聚⋯　Ⅱ. ①朱⋯　Ⅲ. ①仪器分析-应用-聚合物-结构分析　Ⅳ. ①O657 ②O63

中国版本图书馆 CIP 数据核字(2021)第 019482 号

责任编辑:杨　震　贾　超　高　微 / 责任校对:杜子昂
责任印制:赵　博 / 封面设计:蓝正设计

**科学出版社** 出版
北京东黄城根北街 16 号
邮政编码:100717
http://www.sciencep.com
北京中石油彩色印刷有限责任公司印刷
科学出版社发行　各地新华书店经销
*
2004 年 8 月第 一 版　开本:720×1000　1/16
2022 年 8 月第 三 版　印张:30
2025 年 1 月第九次印刷　字数:600 000
**定价:198.00 元**
(如有印装质量问题,我社负责调换)

# 本书编委会

主　编：朱诚身

副主编：何素芹　刘　浩

编　委：(按姓氏笔画排序)

毛陆原　申小清　朱诚身　刘　浩

刘文涛　李一珂　何素芹　段春节

黄淼铭　裴　莹　樊卫华

# 《现代化学基础丛书》序

如果把牛顿发表"自然哲学的数学原理"的 1687 年作为近代科学的诞生日，仅 300 多年中，知识以正反馈效应快速增长：知识产生更多的知识，力量导致更大的力量。特别是 20 世纪的科学技术对自然界的改造特别强劲，发展的速度空前迅速。

在科学技术的各个领域中，化学与人类的日常生活关系最为密切，对人类社会的发展产生的影响也特别巨大。从合成 DDT 开始的化学农药和从合成氨开始的化学肥料，把农业生产推到了前所未有的高度，以致人们把 20 世纪称为"化学农业时代"。不断发明出的种类繁多的化学材料极大地改善了人类的生活，使材料科学成为 20 世纪的一个主流科技领域。化学家们对在分子层次上的物质结构和"态态化学"、单分子化学等基元化学过程的认识也随着可利用的技术工具的迅速增多而快速深入。

也应看到，化学虽然创造了大量人类需要的新物质，但是在许多场合中却未有效地利用资源，而且产生了大量排放物造成严重的环境污染。以至于目前有不少人把化学化工与环境污染联系在一起。

在 21 世纪开始之时，化学正在两个方向上迅速发展。一是在 20 世纪迅速发展的惯性驱动下继续沿各个有强大生命力的方向发展；二是全方位的"绿色化"，即使整个化学从"粗放型"向"集约型"转变，既满足人们的需求，又维持生态平衡和保护环境。

为了在一定程度上帮助读者熟悉现代化学一些重要领域的现状，科学出版社组织编辑出版了这套《现代化学基础丛书》。丛书以无机化学、分析化学、物理化学、有机化学和高分子化学五个二级学科为主，介绍这些学科领域目前发展的重点和热点，并兼顾学科覆盖的全面性。丛书计划为有关的科技人员、教育工作者和高等院校研究生、高年级学生提供一套较高水平的读物，希望能为化学在新世纪的发展起积极的推动作用。

# 第 一 版 序

聚合物是重要的结构与功能材料。随着当代科学的发展，合成高分子材料在工农业生产、国防建设和日常生活的各个领域发挥着日益重要的作用，21世纪将成为高分子的世纪。以前那种仅停留在研究合成方法、测试其性能、改善加工技术、开发新用途的模式已远不能适应现代科学技术对聚合物材料发展的需要，而代之以通过研究合成反应与结构、结构与性能、性能与加工之间的各种关系，得出大量实验数据，从而找出内在规律，进而按照事先指定的性能进行材料设计，并提出所需的合成方法与加工条件。在此研究循环中，对聚合物结构分析提出了越来越高的要求，从而使之成为高分子科学各个领域中必不可少的研究手段。因此聚合物结构分析已成为高分子材料科学与工程学科的重要组成部分，熟练掌握聚合物结构分析技术不仅对学术研究至为重要，也将为生产实际提供必要的技术保证。

由华夏英才基金资助、郑州大学朱诚身教授主编的《聚合物结构分析》一书，正是为从事高分子材料科学与工程研究的学者、教师、学生、工程技术人员提供的一本有关聚合物分析方面的专著与参考书。本书主要内容是关于现代仪器分析技术在聚合物结构分析中的应用，以及结构分析中所涉及的理论、思维方式、实验方法等。有关材料来源于最新出版的学术专著、学术期刊中的有关论文，以及作者多年从事该领域研究的成果与经验。

与目前已出版的国内外同类著作相比，本书具有以下特点：①内容全面。本书是目前已出版著作中内容相对最完备，介绍方法最多的著作；②操作与思维方法并重。本书一改同类著作中仅介绍方法原理与操作方法的传统，从各种方法发展历史、现状和展望等方面全面介绍其发展历程与趋势，在方法介绍的同时使读者学到系统的思维方法，使之从发展的角度掌握各种研究方法，指出了创新之路；③应用性强。通过对各种应用实例，特别是作者亲自研究体会的介绍，使读者能更容易掌握各种结构分析方法的应用。因此本书是一本内容完整，体例新颖，富有特色的学术著作。

相信本书的出版，将对我国高分子材料科学与工程学科的发展做出积极的贡献。

程镕时

中国科学院　院士

南京大学、华南理工大学　教授

2004 年 6 月 30 日

# 第三版　前言

本书于 2004 年出版，2010 年发行第二版，并第三次印刷，出版以来被许多高校选作教材和考研参考书。近年来笔者所在的郑州大学和河南省教育厅非常重视研究生课程建设。笔者主持的《材料现代分析方法》先后入选"郑州大学研究生核心学位课程"和"河南省研究生教育优质课程"项目，郑州大学材料科学与工程学院给予配套支持。在课程小组的共同努力下，除完成课程的有关改革与网络课程建设外，作为项目的重要组成和标志性成果，有关的理论教学和实验指导教材是必要的配套工程，这就有了《聚合物结构分析（第三版）》和相应的实验教材。在此，对河南省教育厅、郑州大学和郑州大学材料科学与工程学院给予的大力支持表示衷心感谢！

与第二版相比，第三版整体变化不大。主要考虑到小角激光散射近年来应用不多，这次修订就不再单独叙述，因此将小角 X 射线散射仍与广角 X 射线衍射并为一章。

参加第二版撰写的部分作者因工作调整没有参加此次编写。全书由朱诚身策划，其中第一章　绪论由朱诚身执笔；第二章　振动光谱与电子光谱由刘文涛、刘浩、裴莹、毛陆原执笔；第三章　核磁共振与电子顺磁共振由毛陆原（黄河科技大学工学部）、樊卫华、裴莹执笔；第四章　热分析由李一珂、樊卫华、申小清执笔；第五章　动态热机械分析与介电分析由何素芹、黄淼铭、刘浩、樊卫华执笔；第六章　气相色谱与凝胶色谱由刘浩、刘文涛、李一珂执笔；第七章　裂解气相色谱与质谱联用由裴莹、黄淼铭、朱诚身、李一珂执笔；第八章　显微分析由段春节、朱诚身、刘文涛、何素芹执笔；第九章　广角 X 射线衍射与小角 X 射线散射由黄淼铭、段春节、毛陆原、申小清执笔。全书由朱诚身、何素芹统稿。

鉴于学科方面的发展之速，而作者见闻之疏，本版内容舛误之处仍在所难免，尚请读者不吝赐教。

朱诚身

2022 年 6 月 26 日

于郑州大学尧月斋

# 第二版　前言

本书自 2004 年出版以来，受到读者的欢迎与支持，被许多学校选做教材和考研参考书，并在 2007 年获得河南省科技进步奖三等奖。由于近年来高分子科学的飞速发展，聚合物结构分析方面的研究对象日益增多，深度与广度越来越大，研究方法与手段日新月异，因此在本书库存几乎告罄之际，责任编辑杨震先生建议作者修订再版，就有了本书，即《聚合物结构分析》的第二版。

参加第一版撰写的作者，除王红英不幸英年早逝，任志勇、孙红因其他工作没有参加编写外，其余都参加了修订；刘文涛、申小清、郑学晶、周映霞、朱路也参加了修订工作。

与第一版相比，第二版主要删除了每种研究方法中一些较老、目前已不采用的研究内容与制样手段；补充了最新的研究成果和每种研究方法的最新发展趋势。每章参考文献删除了一些较早文献，补充了最新研究文献。修订较大的章节有：

第四章热分析。删除了部分由仪器本身误差造成的影响，增加了近来受关注的操作条件影响因素；增加了若干近年来出现的新型仪器，以及新近出现的各种仪器之间的联用技术。

第八章考虑到涉及的各种分析方法，将题目由"透射电镜和扫描电镜"改为"显微分析"；删除了透射电镜制样技术，增加了电子能谱和扫描隧道显微镜的内容。

第十章在第一版中的体例与其他章有些不一致，第二版中第九、十两章作了较大的调整：第九章题目由"广角 X 射线衍射和小角 X 射线散射"改为"广角 X 射线衍射"；原来小角 X 射线散射的内容调到第十章，该章题目由"液态与固态激光光散射"改为"小角激光散射和小角 X 射线散射"。

全书由朱诚身策划。第一章　绪论由朱诚身执笔；第二章　振动光谱与电子光谱由刘文涛、申小清、周映霞执笔；第三章　核磁共振与顺磁共振由毛陆原、申小清、郑学晶执笔；第四章　热分析由申小清、刘文涛、朱诚身执笔；第五章　动态热机械分析与介电分析由何素芹、申小清、刘文涛执笔；第六章　气相色谱与凝胶色谱由汤克勇、郑学晶、朱诚身执笔；第七章　裂解色谱与色质联用由郑美晶、汤克勇、周映霞执笔；第八章　显微分析由何素芹、刘文涛、朱诚身执笔；第九章　广角 X 射线衍射由毛陆原、朱路、李铁生执笔；第十章　小角激光散射和小角 X 射线散射由李铁生、朱路、毛陆原执笔。全书由朱诚身统稿。

鉴于学科方面的发展之速，而作者见闻之疏，本版内容舛误之处在所难免，尚请读者不吝赐教。

朱诚身

2009 年 7 月 16 日

于郑州大学尧月斋

# 第一版 前言

随着高分子材料科学与工程的迅猛发展，对高聚物结构的认识愈加深入和全面的同时，对聚合物结构分析提出了更为繁重的任务，掌握现代分析技术，测定高分子各层次的结构，探讨结构与性能之间的关系，已成为每位从事高分子科学与工程工作、研究与学习的人士必备的基本功。本书正是为从事高分子物理、高分子化学、高分子材料、高分子合成、高分子加工等领域的学者、教师、学生、工程技术人员等提供的一本有关聚合物结构分析方面的专著与参考书。

本书是在作者多年来从事高分子科学研究，并吸取该领域最新研究成果的基础上集体完成的。其中第一章　绪论由朱诚身执笔；第二章　振动光谱与电子光谱由王红英、孙宏执笔；第三章　核磁共振由孙宏、王红英执笔；第四章　热分析由朱诚身、任志勇、何素芹执笔；第五章　动态热力分析与介电分析由何素芹、朱诚身执笔；第六章　气相色谱与凝胶色谱由汤克勇执笔；第七章　裂解色谱与色质联用由汤克勇执笔；第八章　透射电镜与扫描电镜由何素芹、朱诚身执笔；第九章　广角 X 射线衍射和小角 X 射线散射由毛陆原、李铁生执笔；第十章　小角激光散射和材料结构分析由李铁生、毛陆原执笔。全书由朱诚身统稿。

本书的出版得到了华夏英才基金会的资助，以及北京化工大学金日光教授、四川大学吴大诚教授的热情推荐，在此表示衷心的感谢。在编辑过程中，本书责任编辑、科学出版社杨震先生给予多方指导，杨向萍女士在立项过程中给予热情帮助；在撰写过程中郑州大学材料科学与工程学院王经武教授、曹少魁教授对本书内容的确定提供了宝贵意见；郑州大学材料学专业硕士生陈红、张泉秋、刘京龙、历留柱在文字打印和插图绘制等方面做了许多具体工作，在此一并表示衷心的感谢。

特别要感谢中国科学院院士程镕时先生，百忙中为本书写序，给予热情推介。

最后还要感谢作者的家人，在事业与写作方面给予的理解与支持。

由于作者学识、经验方面的局限，以及学科方面的飞速发展，本书内容与行文方面难免存在欠妥之处，敬请读者不吝赐教。

朱诚身

2004 年 5 月 28 日

于郑州大学尧月斋

# 目　　录

# 第一章 绪 论

自1930年德国胶体学会在法兰克福召开的以"有机化学与胶体化学"为题的年会上,高分子化学之父 Staudinger(1881—1965)提出的"大分子"(macromolecule)概念被普遍接受,高分子科学已走过了90余年的光辉历程,并极大地促进了聚合物工业的发展,从而在许多方面改变了我们这个世界的面貌[1]。时至今日,高分子产品无处不见,而21世纪更是高分子的世纪。因此,高分子科学和聚合物材料工业具有巨大的发展前景。

聚合物材料的发展之所以如此迅猛,在体积上早已超过金属产品的总和,与其本身具有优良性能,丰富而廉价的原料来源,以及成熟的生产技术与加工工艺是分不开的。聚合物材料及其制品的性能,与其化学物理结构密切相关,为进一步提高其性能,须对其结构以及结构与性能的关系进行深入细致的了解,因此聚合物材料的结构分析,就构成了当今高分子科学日益重要的组成部分。

## 第一节 聚合物结构分析概论

### 一、聚合物结构的特点

说起高分子,有三个意思相近而又有所差别的常用概念:聚合物(polymer)、高聚物(high polymer)、大分子(macromolecule)。聚合物一词出现得最早,是19世纪30年代瑞典著名化学家贝采里乌斯提出的,用来区分两类同分异构体:分子组成相同、分子量也相同的同分异构物,与分子组成相同而分子量不同的聚合物,包括低聚物与高聚物。而高聚物则不包括低聚物,通常指分子量大于10000的聚合物,特别是合成聚合物。大分子则指包括天然高分子在内的聚合物。也有部分早期文献中就将高分子称作 big molecule。

与小分子相比,高分子具有一明显不同于小分子的根本特征——分子链巨大且不均一,从而导致两者在结构与性能方面产生一些明显的差别[2,3]。首先,高分子在微观性质上具有多分散性,而小分子是单分散的。而聚合物是一系列不同分子量的同系物,不像小分子具有确定的分子量,导致宏观性质的统计平均性。例如,聚合物的分子量就是统计平均值,同时分子量分布也成为影响流变性质、热性质和机械性质等的重要因素。其次,高分子巨大的分子量与长链结构,导致结构上的多层次性，一般有三级结构。一级结构，也称分子链的近程结构，是高分子的化学结构，包括构造与构型。构造是指结构单元的化学组成和排列方式、取代基和端基的种类、共聚单体的序列结构、支链的类型与长度、交联度等；构型是指取代基的空间立构。二级结构是远程结构，包括分子链的尺寸与形态，如分子量和分子量分布、均方半径与均方末端距、由高分子主链价键的内旋转和链段的热运动而产生的各种构象、分子链的柔顺性等。一、二级结构合称高分子的链结构，是单个分子的结构与形态。三级结构为高分子凝聚态结构，也称聚集态结构，是高分子材料整体的内部结构，包括晶态结构、非晶态结构与液晶态结构以及取向态结构、多相结构(也称织态结构)等。还有人把不同的凝聚态或晶态称之为四级结构。高聚物各结构层次的关系如图 1-1 所示。最后，高分子与小分子相比，在与物理性质有关的量上具有一定程度的不确定性与模糊性。小分子的物理性质如熔点、密度等都有确定的值，而大分子的物理性质如熔点、密度、机械强度等，对于同种高分子，不同条件下具有不同的值，受结构与外界因素影响很大。高聚物不仅结构复杂，而且随着高分子科学的发展，对高分子结构的研究提出了更高的要求。

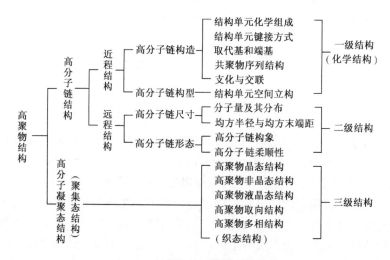

图 1-1　高聚物各结构层次的关系

## 二、高分子科学发展的现状与趋势

古往今来，材料、能源、信息是人类社会赖以生存与发展的三大支柱，人类产生的三大标志就是工具的制造(材料)、火的使用(能源)与语言的产生(信息)。而材料又是信息的载体，能源开发、输送、储藏与使用的物质基础，可见其在人类社会中地位之重要，故早期人类社会按使用的材料进行分类。当今材料的天下由金属、陶瓷、高分子鼎足而三。低维度化、复合化、智能化是当前国际材料科学与技术发展的三大趋势。除常规材料外，许多具有特殊性能的新型材料正随着科学技术的突飞猛进，发展成为一系列高新技术产业，如电子材料与通信材料，高性能结构新型材料，新能源材料与节能材料，各种纳米、零维、一维、二维材料等。因此，在通用高分子材料产量迅猛增加、质量不断提高的同时，大量高分子新材料陆续问世，应用在国民经济的各个领域，如高性能高分子材料、高吸水性材料、光致抗蚀材料、高分子分离膜、高分子催化剂、导电高分子、医用和药用高分子等。

今后高分子材料科学发展的主要趋势是高性能化、高功能化、复合化、精细化和智能化，因此对高聚物结构，以及结构与性能关系的研究提出了更高的要求。传统的高分子研究方法是通过研究合成方法，测试物理与化学性能、改进加工技术、开发应用途径，即合成→性能→加工→应用的模式，已不能适应高分子科学的现实和发展，取而代之的是通过对合成反应与结构、结构与性能、性能与加工之间各种关系的大量分析测定，找出内在规律，按照指定的性能进行分子设计与材料设计，并提出所需的合成方法与加工条件，即应用→性能→结构→高分子设计→合成→加工→应用的新模式。因此带来大量高聚物结构分析、结构与性能关系测定的课题，使得高聚物结构分析在高分子科学中的地位日益重要。

## 三、聚合物结构分析的定义

聚合物结构分析，是利用现代分析技术，特别是仪器分析方法，测定高分子的链结构和凝聚态结构，探讨结构与性能之间的关系，以及在合成、加工与应用过程中聚合物结构变化规律的一组技术，是高分子科学的重要组成部分。聚合物结构分析是沟通高分子的合成、产品设计以及最终产品性能和需求这一发展循环的桥梁。从聚合物结构分析所得到的信息，可作为高分子设计、合成、产品的质量控制、加工和应用的向导[4]。

## 四、聚合物结构分析的研究对象

根据聚合物结构的特点和聚合物结构分析的定义，可知聚合物结构分析的研究对象主要有以下几个方面。

### 1. 高分子链结构的表征

(1) 高分子链的近程结构：是本书研究的重点之一，由于单体的化学结构与小分子相似，大小尺寸为 0.1nm 数量级，因此适用于小分子分析的一些方法大多也适用于高分子结构单元的分析。由于某些分析仪器只能分析气体，而高分子无气态，因此要将高分子热解后再对产物进行分离与分析，从而推测原来聚合物的化学结构。

(2) 高分子链的远程结构：其中分子尺寸的测定多采用依数性方法和黏度法，比较简单，并在高分子物理及其实验中已多有介绍，本书只介绍凝胶渗透色谱法的应用。

**2. 聚合物凝聚态结构的测定**

由于聚合物材料的使用性能取决于其凝聚态结构，并且这类所谓高级结构为高分子所特有，因而是本书介绍的重点。

**3. 聚合物的力学状态和热转变温度**

由于聚合物材料的宏观物理性质几乎都是由此决定的，对其研究可了解材料内部的分子运动，揭示聚合物微观结构与宏观性能之间的关系。

**4. 聚合物动态结构分析**

对于高分子的链结构与凝聚态结构的研究，只是测定高分子材料在原有条件下的静态结构，而在生产实际中，结构往往随着过程的进行而不断发生变化，因此研究在特定外界条件下聚合物结构的动态变化过程，将具有更为重要的理论与实际意义，如对聚合、固化、老化、成型和大分子反应过程中不同阶段样品结构进行分析，探讨其变化机理，掌握变化规律。且随着现代仪器分析方法的发展，测定速度和灵敏度的提高，使连续原位(在线)分析成为可能，如在加热与拉伸过程中结构变化过程的测定，将为了解高分子反应与结构之间的关系提供强有力的手段。

## 第二节　聚合物结构分析的常用仪器

结构分析所涉及的方法很多，但大多具有如图 1-2 所示的仪器结构。

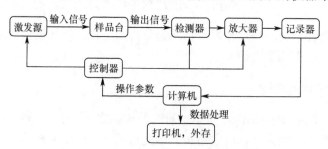

图 1-2　常用结构分析仪器主要组成示意图

由激发源发出的输入信号——各种电磁波或其他粒子——与被测样品作用，发生吸收、发射、散射及干涉等现象，产生输出信号，通常较弱，经检测器检测后，经放大器进一步放大，以提高检测灵敏度，由记录器记录。大多数仪器还要由控制器控制激发源与检测器。现代化的仪器还都配备计算机，用来输入操作参数、控制仪器、记录数据，经处理后的数据输出到外存或打印设备。一般记录谱图的横坐标通过适当的函数关系和用于定性的物理量同步，而纵坐标则记录了检测装置输出的信号强弱，以表示所涉及物理量大小的定量数值。常用的高聚物结构分析仪器，按其所用的激发能源和原理，大致可分为以下 6 类。

## 一、电磁波谱法

主要通过各种波长的电磁波和被研究物质的相互作用，引起物质的某一个物理量的变化而进行。常见的电磁波谱法原理示于表 1-1，主要用来表征聚合物的化学结构。

**表 1-1 常用电磁波谱法原理**

| 方法名称 | 英文缩写 | 测试原理 | 谱图形式 | 提供信息 |
|---|---|---|---|---|
| 紫外光谱法<br>(ultraviolet spectroscopy) | UV | 吸收紫外光能量，引起分子中电子能级的跃迁 | 相对吸收光能量随吸收光波长的变化 | 吸收峰的位置、强度和形状，提供分子中不同电子结构的信息 |
| 荧光光谱法<br>(fluorescence spectroscopy) | FS | 被电磁辐射激发后，从最低单线激发态回到单线基态，放射荧光 | 发射的荧光能量随光波长的变化 | 荧光效率和寿命，提供分子中不同电子结构的信息 |
| 红外光谱法<br>(infra-red spectroscopy) | IR | 吸收红外光能量，引起具有偶极矩变化的分子的振动、转动能级跃迁 | 相对透射光能量随透射光频率的变化 | 峰的位置、强度和形状，提供官能团或化学键的特征振动频率 |
| 拉曼光谱法<br>(Raman spectroscopy) | RAM | 吸收光能后，引起具有极化率变化的分子振动，产生拉曼散射 | 散射光能量随拉曼位移的变化 | 峰的位置、强度和形状，提供官能团或化学键的特征振动频率 |
| 核磁共振<br>(nuclear magnetic resonance)波谱法 | NMR | 在外磁场中，具有核磁矩的原子核，吸收射频能量，产生核自旋能级的跃迁 | 吸收光能量随化学位移的变化 | 峰的化学位移、强度、裂分数和偶合常数，提供核的数目、所处化学环境和几何构型的信息 |
| 电子顺磁共振<br>(electron paramagnetic resonance)波谱法 | EPR | 在外磁场中，分子未成对电子吸收射频能量，产生电子自旋能级跃迁 | 吸收光能量或微分能量随磁场的强度变化 | 谱线位置、强度、裂分数目和超精细分裂常数，提供未成对电子密度、分子键特征及几何构型信息 |

## 二、热 分 析

热分析是在程控温度条件下，测量物质的物理性质与温度关系的一组技术。常见的热分析法原理见表 1-2，主要用来测定聚合物的热转变温度、力学状态及热降解。

表 1-2 常用热分析法原理

| 方法名称 | 英文缩写 | 测试原理 | 谱图形式 | 提供信息 |
| --- | --- | --- | --- | --- |
| 热重法 (thermogravimetry) | TG | 在控温环境中，样品质量随温度或时间变化 | 样品的质量分数随温度或时间的变化曲线 | 曲线陡降处为样品失重区，平台区为样品的热稳定区 |
| 差热分析 (differential thermal analysis) | DTA | 样品与参比物处于同一控温环境中，记录温差随环境温度或时间的变化 | 温差随环境温度或时间的变化曲线 | 提供聚合物热转变温度及各种热效应的信息 |
| 差示扫描量热分析 (differential scanning calorimetry) | DSC | 样品与参比物处于同一控温环境中，记录两者能量差随环境温度或时间的变化 | 热量或其变化率随环境温度或时间的变化曲线 | 提供聚合物热转变温度及各种热效应的信息 |
| 热机械分析 (thermomechanical analysis) | TMA | 样品在恒力作用下产生的形变随温度或时间变化 | 样品形变值随温度或时间变化曲线 | 热转变温度和力学状态 |
| 动力学分析 (dynamic mechanical analysis) | DMA | 样品在周期性变化外力作用下产生的形变随温度的变化 | 模量或 $\tan\delta$ 随温度变化曲线 | 热转变温度模量和 $\tan\delta$ |
| 动态介电分析 (dynamic dielectric analysis) | DDA | 样品在一定频率交变电场中介电性参数随温度或时间的变化 | 介电系数和介电损耗 $\tan\delta$ 随温度或时间变化曲线 | 间接表征高分子材料的结构、链长及组成 |

## 三、色 谱 法

色谱法是利用在互不相溶的两相中组分间分配有差异，经反复多次分配而将混合物进行分离和分析的物理化学方法。聚合物分析中常见的色谱法原理列于表 1-3，主要用来分离分析单体或大分子裂解产物。

表 1-3 常用色谱法原理

| 方法名称 | 英文缩写 | 测试原理 | 谱图形式 | 提供信息 |
| --- | --- | --- | --- | --- |
| 气相色谱法 (gas chromatography) | GC | 样品中各组分在流动相和固定相之间，由于分配系数不同而分离 | 柱后流出物浓度随保留值的变化 | 峰的保留值与组分热力学参数有关，是定性依据；峰面积与组分含量有关 |

续表

| 方法名称 | 英文缩写 | 测试原理 | 谱图形式 | 提供信息 |
|---|---|---|---|---|
| 反气相色谱法 (inverse gas chromatography) | IGC | 探针分子保留值的变化取决于它和作为固定相的聚合物样品之间的相互作用力 | 探针分子比保留体积的对数值随柱温倒数的变化曲线 | 探针分子保留值与温度的关系提供聚合的热力学参数 |
| 裂解气相色谱法 (pyrolysis gas chromatography) | PGC | 高分子材料在一定条件下瞬间裂解,可获得具有一定特征的碎片 | 柱后流出物浓度随保留值的变化 | 谱图的指纹性或特征碎片峰,表征聚合物的化学结构和几何构型 |
| 凝胶渗透色谱法 (gel permeation chromatography) | GPC | 样品通过凝胶柱时,按分子的流体力学体积不同进行分离,大分子先流出 | 柱后流出物浓度随保留值的变化 | 高聚物的平均分子量及其分布 |

## 四、电磁辐射的衍射与散射

电磁辐射的衍射与散射是利用聚合物对不同波长的电磁辐射(光)的散射与衍射现象来获得其内部结构信息。常见的衍射与散射原理列于表1-4,主要用来研究聚合物的三级结构。

**表1-4　常用电磁辐射的衍射与散射原理**

| 方法名称 | 英文缩写 | 测试原理 | 谱图形式 | 提供信息 |
|---|---|---|---|---|
| 广角X射线衍射 (wide angle X-ray diffraction) | WAXD | 类似光栅的晶格对一定波长的X射线产生衍射现象 | 衍射强度或花样随衍射角的变化 | 衍射方向与晶面间距有关,衍射强度与晶体的原子排布有关 |
| 小角X射线散射 (small angle X-ray scattering) | SAXS | 在倒易点阵原点附近电子对X射线相干散射现象 | 散射花样或强度随散射角的变化 | 散射花样和强度分布与散射体形状和大小有关 |
| 小角光散射 (small angle light scattering) | SALS | 基于样品极化率的不均一性而对可见光产生的散射现象 | 散射花样或强度随偏振方向和散射角的变化 | 液体光散射可测定重均分子量,固体光散射可测定球晶大小与结构 |

## 五、电子分析法

电子分析法是利用电子作激发源或被检测对象,样品发生某些物理变化的一类分析技术,主要用于分析样品的组成、凝聚态结构与表面结构。常用电子分析法原理列于表1-5。

**表 1-5　常用电子分析法原理**

| 方法名称 | 英文缩写 | 测试原理 | 谱图形式 | 提供信息 |
|---|---|---|---|---|
| 质谱分析法<br>(mass spectroscopy) | MS | 分子在真空中被电子轰击，形成离子，通过电磁场按不同 $m/z$ 分离 | 以棒图形式表示离子的相对丰度随 $m/z$ 的变化 | 分子离子及碎片离子的质量数及其相对丰度，提供分子量、元素组成及结构的信息 |
| 透射电子显微术<br>(transmission electron microscopy) | TEM | 高能电子束穿透试样时发生散射、吸收、干涉和衍射，使得在像平面形成衬度，显示出图像 | 质厚衬度像、明场衍射衬度像、暗场衍射像、晶格条纹像和分子像 | 晶体形貌、分子量分布、微孔尺寸分布、多相结构和晶格与缺陷等 |
| 扫描电子显微术<br>(scanning electron microscopy) | SEM | 用电子技术检测高能电子束与样品作用时产生二次电子、背散射电子、吸收电子、X 射线等并放大成像 | 背散射像、二次电子像、吸收电流像、元素的线分布和面分布等 | 断口形貌、表面显微晶格、薄膜内部的显微结构、微区元素分析与定量元素分析等 |
| 化学分析电子能谱<br>(electron spectroscopy for chemical analysis) | ESCA | 光或其他粒子和物质作用后，被激发出来的电子能量与它原来所处的状态有关 | 光电子强度随电离能或电子结合能的变化 | 可获得分子中各级电离能和结合能、离子的几何构型和分子成键特征，适于化学和固体表面分析 |

# 六、扫描探针显微法

扫描探针显微法(SPM)是利用探针与样品之间的相互作用，在原子级分辨率水平上测量材料的表面，定域测定材料表面的形貌和性能。主要用于分析样品的表面形貌、电子结构、磁畴等。常用扫描探针显微法原理列于表 1-6。

**表 1-6　常用扫描探针显微法原理**

| 方法名称 | 英文缩写 | 测试原理 | 谱图形式 | 提供信息 |
|---|---|---|---|---|
| 扫描隧道显微术<br>(scanning tunneling microscopy) | STM | 探针与样品表面的距离非常接近时(<1nm)，在外加电场的作用下，电子会穿过两者之间势垒流向另一电极，产生隧道效应 | 不同亮度的形貌图和扫描隧道谱 | 表面形貌和表面电子态(电子阱、电荷密度波、表面势垒的变化和能隙结构)等有关表面信息 |
| 原子力显微术<br>(atomic force microscopy) | AFM | 利用微悬臂感受和放大悬臂上尖细探针与受测样品原子之间的作用力，从而达到检测的目的 | 不同亮度的形貌图和相位图 | 样品表面的超高分辨率三维形貌。特别适用于残留划痕、压痕以及其他纳米尺度表面特征形貌的高分辨率成像 |
| 磁力显微术<br>(magnetic force microscopy) | MFM | 磁性探针因受到的长程磁力的作用而引起的振幅和相位变化 | 不同亮度的形貌图、振幅成像图和相移成像图 | 检测样品表面的磁畴分布，用于各种磁性材料的分析和测试 |

续表

| 方法名称 | 英文缩写 | 测试原理 | 谱图形式 | 提供信息 |
|---|---|---|---|---|
| 横向力(摩擦)显微术 (lateral force microscopy) | LFM | 针尖与样品表面的相互作用，导致悬臂摆动，而在水平方向上所探测到的信号的变化，由于物质表面材料特性的不同，其摩擦系数也不同 | 不同亮度的形貌图和横向力数据 | 识别聚合混合物、复合物和其他混合物的不同组分间转变，鉴别表面有机或其他污染物以及研究表面修饰层和其他表面层覆盖程度 |
| 静电力显微术 (electrostatic force microscopy) | EFM | 探针与样品表面电场之间的静电力会引起探针微悬臂共振频率的变化，从而导致其振幅和相位的变化 | 不同亮度的形貌图和相移成像图 | 探测样品的表面电荷、表面电势、界面电势分布、器件失效分析等 |

此外，还有一些其他的分析仪器，可用于聚合物不同层次的结构分析，不再赘述。

## 第三节 聚合物结构分析的准备

聚合物材料可以是纯聚合物，也可以是以聚合物为主，同时含有小分子化合物。在进行聚合物结构分析时，为确定分析方法，缩小探索范围，应根据分析要求，对样品进行预处理，包括高分子材料的分离与纯化、样品的初步鉴定，如溶解性实验与燃烧实验等，为进一步的结构分析做好准备。

### 一、聚合物的分离

由普通方法合成出来的聚合物和高聚物制品，由于含有合成与加工助剂，组分较复杂，分析前先要把样品分离成若干单一组分，再分别进行分析。

对于刚聚合得到的产物，若高聚物溶于非均相反应混合物中，并能直接从溶液中得到，可用过滤法使之与不溶性杂质分离；若溶液黏度大，或所要除去的颗粒是胶状物，用压滤更为有利。溶解在反应介质中的高聚物，可加入非溶剂沉淀后过滤，或用一种与介质不混溶而对高聚物溶解性更强的溶剂将其萃取出来。悬浮聚合得到的高聚物可直接过滤，乳液聚合得到的高聚物需先凝聚后过滤。有些高聚物在反应温度下混溶，冷却后不同组分就会分开，可用倾析法使之分离。

对于高聚物制品，通常分离的第一步是除去增塑剂。可先用适当溶剂，如乙醚或低沸点石油醚，于索氏抽提器中把试样中的增塑剂抽提出来。随后再用溶解的方法把无机填料与高聚物分开。但要注意，在分离过程中不能使高聚物发生化学变化，不使用可能与高聚物发生反应的溶剂。当选定合适溶剂后，高聚物填料很易分开，过滤除去无机填料后，用减压干燥除去溶剂，或加沉淀剂即可获得被分离的高聚物。热固性树脂因其不溶不熔，常规的抽提和溶解方法不可能将高聚物分离出来，可采用酯化法或水解法将高聚物改性。若为有机填料，常难以与高聚物分离，因多数情况下两者化学性质相近，这时可采用适当溶剂对试样进行反复的溶解-沉淀来分离高聚物。

## 二、聚合物的纯化

仔细纯化高聚物不仅对准确的分析表征很重要，而且还由于杂质对力学、电学和光学性能有很大影响，同时，即使是微量的杂质也会引起或加速降解反应或交联反应。高聚物的纯化有两层含义：除去聚合物样品中的低分子及聚合物的分级，通常是指除去聚合物样品中的低分子。常用的方法有三种：

(1) 抽提法。常用于分离低分子量化合物，因为溶剂仅对低分子进行选择性溶解，对聚合物不溶，故此法常用于分析聚合物中所含的其他成分。可采用冷萃取或热萃取，或用水蒸气蒸馏，以除去杂质。对水溶性聚合物中分离低分子，可用渗析法或电渗析法。

(2) 离子交换树脂法。适用于带电荷的聚电解质的纯化。

(3) 再沉淀法。是最常用的纯化方法。先将聚合物溶于某种溶剂，然后向溶液中添加沉淀剂，或将溶液滴加到沉淀剂中，使聚合物再沉淀出来，而杂质留在溶剂中。通常在搅拌下，将含聚合物≤5%的溶液倾入过量的沉淀剂(4～10倍量)中。重复沉淀，必要时用不同的溶剂-沉淀对，直到检查不出干扰杂质为止。沉淀物再在真空下干燥，除去挥发性物质。

因为许多聚合物对溶剂或沉淀剂有强烈的吸附或包藏作用，所示聚合物的干燥常很困难。为方便干燥，应尽量将样品弄碎，可采用冷冻干燥技术，或进而将冷冻干燥和喷射沉淀综合并用。

常用的分级方法有沉淀分级和萃取分级两种，两者均是利用溶解度随分子量增大而降低的原理。前者是向溶液中逐步加入沉淀剂，因而第一级分分子量最大，最后级分最小；后者是用不同混合比例的溶剂-沉淀对，依次萃取聚合物样品，首先从构成最不良溶剂的混合溶剂开始，因此与沉淀分级相反，第一级分分子量最小，最后级分最大。

对聚合物样品分析之前，为缩小分析范围，有时还要对样品进行初步检查，常用的方法有溶解性实验与燃烧性实验。

## 三、聚合物的溶解性实验

溶解性实验不仅有助于确定聚合物试样的种类，而且对制备适当溶液用于进一步分析鉴定也很重要。目前已有很多种表列溶剂/溶质系统的方法，图1-3是其

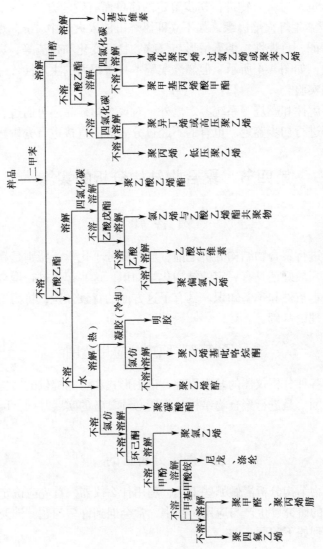

图1-3 高聚物溶解性系统鉴定流程

中一种。这些都是在假设高聚物试样的类别已由以前的实验结果确定的基础上进行的。

## 四、聚合物的燃烧实验

燃烧实验也是对聚合物进行初步鉴定的简单而有效的方法之一，是将 0.1～0.2g 样品置于本生灯火焰边缘，如不立即燃烧可放入火焰中 10s，观察样品易燃程度、火焰特征、自熄性、烟雾情形与气味、物理变化和残渣等，进而判断可能的聚合物品种，如图 1-4 所示。但燃烧实验本身有很大的主观性，一般应与已知样品进行对照实验。

除通过溶解性和燃烧等系统鉴定之外，对聚合物样品还可通过表面观察、透明性、密度等进行初步鉴定。也有的不经过分离等而直接进行分析测定。

# 第四节　聚合物结构分析的实施

## 一、预 备 知 识

在学习和进行聚合物结构分析之前，应对高分子化学，特别是高分子物理有较深入的了解，最好还具有一定的结构化学知识，这些都是进行聚合物结构分析所应具备的基本条件和预备知识。具有了这方面的背景知识，将为聚合物结构分析打下坚实的理论基础。

## 二、了解仪器原理与应用范围

认真了解各种分析仪器的基本原理，谱图形式和可能提供的结构信息，熟悉仪器的应用范围，是进行聚合物结构分析所必须具备的实践基础，因而是本书的中心内容。

## 三、确定分析目的

进行聚合物结构分析需做哪些工作，利用什么仪器，首先应确定分析目的。在高分子科学的研究、生产与应用过程中，常会遇到许多问题，涉及高聚物的结构，经常会遇到如下问题。

### 1. 高聚物结构与性能的关系

不同的材料具有不同的性能，但对高聚物材料来说，由于其结构的复杂性，即使是同一种高聚物，结构不同时性能差别非常巨大。例如，涤纶，可制成纤维

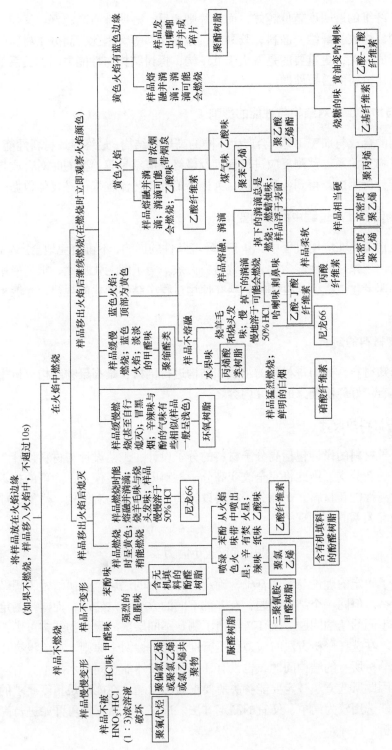

图1-4　高聚物的燃烧性鉴定过程

和胶片，纤维的透明度越低越好，而胶片则相反，透明性越高越好。又如，聚氨酯，可制成橡胶、纤维、涂料、胶黏剂、泡沫塑料等。因此，高分子材料的性能不仅与组成有关，更重要的是取决于其结构，探讨结构与性能之间的关系就成为聚合物结构分析的首要课题。

## 2. 合成与加工工艺对结构与性能的影响

不同的合成与加工工艺，会产生不同的高聚物结构，最终导致材料性能不同。为了解其相互关系，预测反应进行程度及最终反应结果等，要随时对合成与加工过程进行分析测试，得到各种信息，为选择最佳工艺流程提供必要的数据。

## 3. 高聚物制品使用过程中的结构变化

高聚物制品在应用过程中，由于受环境条件的影响，不可避免地会产生降解、交联等老化现象，使性能劣化，导致材料失效。为了解老化规律，根据使用要求延缓或加速老化过程，只有测定材料在使用过程中结构变化的规律，才能采取相应措施。

## 4. 高聚物材料的剖析

对未知材料，如引进材料的组成和结构进行剖析，是高聚物结构分析中经常遇到并具有较好经济前景的研究内容之一。

## 5. 高分子材料的设计

高分子材料的设计包括高分子材料的分子设计、工艺设计与材料设计，是高分子科学的新分支，由此将完全改变高分子材料旧的发展模式，为新的技术革命提供各种高性能新材料。而高分子材料设计的基础，正是对结构、性能、加工、应用等相互关系的深刻理解。

## 四、选择分析方法

具备了一定的理论与实践基础，确定了分析目的之后，就搞清楚了想做什么与能做什么。但同一个结构问题，有多种不同的方法可供选用，而同一测定方法又可研究不同的结构问题。表 1-7 给出了测定不同层次的聚合物结构可供选择的分析方法。在选择分析方法时应遵循可行性与经济性两个原则。目前没有任何一种仪器能分析所有的结构问题，也没有任何两种仪器能在同一水平上分析同一结构问题，因此所选方法一定要能解决所要求做的问题。在能满足精度要求的前提下，尽可能选用较为简单、便宜的测定方法。选好方法后，即可开始进行高聚物的结构分析。

**表 1-7 不同层次聚合物结构的分析方法**

| 测定内容 | 测定方法 |
|---|---|
| 近程链结构<br>　链节结构<br>　单元大小为 0.1nm 级 | 广角 X 射线衍射法，电子衍射法，中子散射法，裂解色谱-质谱，紫外光谱，红外光谱(包括偏振反射红外)，拉曼光谱，微波分光法，核磁共振法，顺磁共振法，荧光光谱法，偶极矩法，旋光分光法，电子能谱法 |
| 支化度<br>交联度 | 化学反应法，红外光谱法，凝胶渗透色谱法，黏度法<br>溶胀法，力学测量法(模量)，核磁共振法，介电分析法 |
| 远程链结构<br>　分子量<br><br>　分子量分布 | 溶液光散射法，凝胶渗透色谱法，黏度法，扩散法，超速离心法，溶液激光小角光散射法，渗透压法，气相渗透压法，沸点升高法，端基滴定法<br>凝胶渗透色谱，熔体流变行为，分级沉淀法，超速离心法 |
| 凝聚态结构<br>　单元尺寸为 10nm 级<br>　单元尺寸为 1～100μm 级<br>　球晶与结晶形态<br>　结晶度<br>取向度 | 小角 X 射线散射，电子衍射法，原子力显微镜，扫描隧道显微镜透射电子显微镜，光学显微镜<br>扫描电子显微镜，固体小角激光光散射，光学显微镜<br>X 射线衍射法，电子衍射法，核磁共振吸收(宽线)，红外光谱，密度法，热分析法<br>双折射法，X 射线衍射法，圆二色性法，红外二色性法 |

## 五、结果的判定与解析

　　得到分析结果后，首先应判断结果的准确性，在此基础上，解析谱图所能提供的信息。随着仪器分析技术的发展，使用的样品量越来越少；同时由于经费等的限制，所做实验数有限，有时甚至是唯一实验。由于高分子材料本身不可避免的不均匀性，分析结果的重复性不好，这就要求从高分子与分析两方面研究分析结果的准确性。从取样的代表性、实验设计的合理性、实验结果的误差范围等方面尽可能保证实验结果的准确可靠。同时，应通过尽可能有限的实验，得到尽可能多的结构信息，以提高分析结果的"经济效益"。为此不仅应具备较为扎实的背景知识和活跃的学术思想，还要掌握熟练的分析技能和数据处理能力。

　　综上所述，可知高聚物结构分析涉及面广，应用范围广，因此要求具备广博的基础知识，并能把各种知识加以综合应用。同时应当明白，对每个课题，都没有现成的固定模式，可谓"应用之妙，存乎一心"，因此要机动、灵活地运用多种分析方法去解决所遇到的结构分析问题，并不断改进原有方法，创造新方法，从而推动高分子科学和高分子材料工业的发展。

# 参 考 文 献

[1] 朱诚身. 化学教育, 1990, (2): 57

[2] 殷敬华, 莫志深. 现代高分子物理学. 北京: 科学出版社, 2001: 1

[3] 何曼君, 陈维孝, 董西侠. 高分子物理(修订版). 上海: 复旦大学出版社, 1990: 1

[4] 王昆华, 罗传秋, 周啸. 聚合物近代仪器分析. 2 版. 北京: 清华大学出版社, 2000: 1

# 第二章 振动光谱与电子光谱

## 第一节 光谱分析概论

分子光谱方法主要包括振动光谱和电子光谱,振动光谱包含红外光谱和拉曼光谱;电子光谱包含紫外光谱和荧光光谱等[1-7]。振动光谱与电子光谱可以用来研究高聚物的分子结构。目前,光谱分析技术已经广泛应用于高聚物鉴别,定量分析以及确定高聚物的构型、构象、链结构、结晶等。此外,高聚物材料中的添加剂、残留单体、填料、增塑剂的分析鉴定也都可以用光谱分析法完成。

### 一、电磁辐射与光谱分析方法

#### (一) 电磁辐射

电磁辐射又称电磁波、辐射能,是一种以极快的速度穿射空间的能量。1873年 J. C. Maxwell 提出了可见光是电磁波的一种形式,而使光的直观形式扩大为电磁波谱。概括地说,电磁波谱包括无线电波、微波、红外光、可见光、紫外光、X 射线、γ 射线等,如图 2-1 所示。所有这些电磁波都具有共同点:它们在真空中的传播速度,即频率($\nu$)与波长($\lambda$)的乘积是相同的,等于光在真空中的传播速度($c$):

$$\lambda \nu = c = 3 \times 10^8 \, \text{m/s}$$

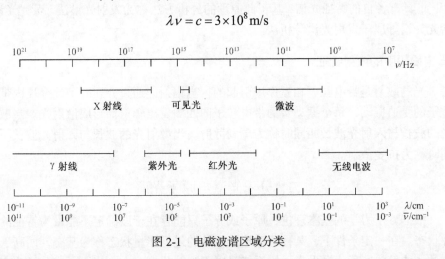

图 2-1 电磁波谱区域分类

辐射能具有波粒二象性:根据近代量子力学理论,光是由一粒一粒运动着的粒子组成的粒子流，这些光粒子称为光子(光量子)。光子具有一定频率(或波长)，且具有能量，$E=h\nu_0$，其中 $h$ 为普朗克常量，数值为 $6.626\times10^{-34}$ J·s。

## (二) 电磁辐射的特性与光谱分析方法

电磁辐射具有光的特性，如吸收、发射、散射、折射、反射和偏振等。而光谱分析方法则是利用辐射能的某一特性，通过测量能量作用于待测物质后产生的辐射信号的分析方法。

### 1. 电磁辐射能的吸收特性

辐射能作用于粒子，粒子可选择性地吸收某些频率的辐射能，并从低能态跃迁至高能态，这种现象称为吸收。吸收的辐射能可以从 γ 射线至无线电波，作用的粒子可以是分子、原子、原子核等。粒子吸收的能量与粒子从低能态跃迁至高能态所吸收的能量相当，因此，不同的粒子吸收的能量不同，形成了选择性吸收，由此可得到各自的特征光谱，从而达到鉴别各种粒子的目的。基于这种原理建立的光谱分析方法，称为吸收光谱法。红外光谱、紫外光谱、核磁共振都属于吸收光谱。

### 2. 电磁辐射能量的发射特性

粒子吸收能量后，从低能态跃迁至高能态，处于高能态的粒子是不稳定的，在短暂的时间内，又从高能态跃迁回低能态。在此过程中，将吸收的能量释放出来，若以光的形式释放能量，则该过程称为发射。不同的粒子，发射的光谱各不相同，具有各自的特征光谱，基于此原理的分析方法称为发射光谱法。荧光光谱、磷光光谱等属于发射光谱分析法。

### 3. 电磁辐射的散射特征

光的散射是带电粒子相互作用引起的，当辐射能通过介质时引起介质内带电粒子的受迫振动，每个振动着的带电粒子向四周发出辐射而形成散射光。当散射光的波长与入射光波长相同时称为瑞利散射。当散射光的波长与入射光波长不相同时称为拉曼散射。

## 二、分子光谱与原子光谱

根据量子力学的基本理论，原子或分子只能存在于以确定了能量为特征的某种状态。在一定条件下，某种运动形式所处的最低能量状态称为基态，而高于基态的各能量状态称为激发态，体系能量以不连续状态存在。当原子或分子改变其状态时，必须吸收或者释放出一定大小的能量恰使原子或分子进入另一种状态，即分子或原子吸收光子的能量从低能级跃迁到高能级，或发射光子的能量从高能级跃迁回到低能级。在此过程中，总的能量守恒。

## (一) 原子的运动与原子光谱

原子的运动主要是电子在原子核周围运动。原子运动的能量称为电子能，它是由电子在原子核周围的运动、电子与电子之间的作用以及电子与原子核之间的作用所产生的。

原子光谱是由原子中电子能级跃迁所产生的光谱。当原子受光源辐照时，电子从基态跃迁到激发态，产生原子吸收光谱；而当原子从激发态跃迁到基态时，产生原子发射光谱。

## (二) 分子的运动与分子光谱

与原子的运动相比，分子的运动较为复杂，主要有分子的整体平动、分子绕其质心的转动、分子中原子核间的振动及分子中电子的运动等。它们所具有的能量分别称为平动能、转动能、振动能和电子能，分别用 $E_{平动}$、$E_{转动}$、$E_{振动}$ 和 $E_{电子}$ 表示，则分子的总能量($\Delta E$)可用式(2-1)表示：

$$\Delta E = E_{平动} + E_{电子} + E_{振动} + E_{转动} \tag{2-1}$$

而与电磁辐射的吸收和发射有关的分子能量是电子能级、振动能级及转动能级间跃迁，三种运动形式的能级差 $E_{电子} > E_{振动} > E_{转动}$。

$$\Delta E = E_{电子} + E_{振动} + E_{转动} = E_e + E_v + E_r \tag{2-2}$$

分子光谱是由分子的主要运动形式的能级跃迁而产生的。当光源照射某一分子时，分子会选择吸收某一频率的光从基态迁移到激发态，而产生分子吸收光谱。相反，当分子从高能级跃迁至低能级时就产生发射光谱。

在分子光谱中，电子的跃迁能级差为 1~20eV(电子伏特)，由分子的电子能级间跃迁所产生的光谱的波长范围为 60~1250nm(0.06~1.25μm)。主要在可见区及紫外区，所形成的光谱称为电子光谱或紫外光谱。

分子的振动能级差一般为 1~0.025eV，振动能级间跃迁所产生的光谱波长范围为 1250~50000nm(1.25~50μm)，属红外区，所形成的光谱称为振动光谱，又称红外光谱。

分子的转动能级差一般为 0.025~0.0001eV，转动能级间跃迁所产生的光谱波长范围为 25000~250000nm(25~250μm)，属于远红外区的范围，形成的光谱称为转动光谱。

### (三) 分子光谱与原子光谱的区别

原子光谱是由一组不连续的波长谱线组成的线状谱，称为不连续光谱。每种原子由于电子结构不同，因此都具有自己的特征谱线。

分子光谱是由连续波长的谱带组成的带状谱，称为连续光谱。分子光谱与原子光谱产生差别的原因是分子比原子多了两种运动形式的能量变化，即振动能和转动能。

## 三、光谱分析方法分类

在光谱分析中常提到辐射能的吸收、发射和散射等特性，如 γ 射线光谱、紫外光谱、红外光谱等。电磁波谱中的不同部分所具有的波长和频率不同，其所具有的能量也各不相同，因此产生各种谱域的电磁波的方法也不相同。以上任何光谱分析方法都含有三个主要过程：①能源提供能量；②能量与被测物质作用；③产生被检测信号。

光谱分析大致有以下几种分类方法：

(1) 按物质吸收或产生的辐射能分类，即按照物质吸收或产生电磁辐射的波长范围可分为 X 射线光谱、紫外光谱、红外光谱、微波光谱、拉曼光谱、核磁共振波谱等。

(2) 按作用物质的微粒分类，即按照被测物质的组成可将光谱分为原子光谱和分子光谱。

(3) 按照分子或原子的能级跃迁的方向分类，可将光谱分为两类，即吸收光谱和发射光谱。

吸收光谱是分子或原子吸收光谱光源辐射能所产生的光谱。

发射光谱是分子或原子受能源(光、电、热等)的激发后而产生的光谱。

在聚合物结构分析中，最常用的是分子光谱。第二章、第三章将分别介绍红外光谱、紫外光谱、核磁共振和顺磁共振的原理及其在聚合物结构分析中的应用。

## 第二节　红　外　光　谱

1800 年，英国天文学家 Herschel 发现把温度计放在红光外面眼睛看不见的部分温度会升高，从而发现了红光区域外存在红外光区。

红外光波长范围不同，又可分为近红外区($\lambda=0.75\sim2.5\mu m$)、中红外区($\lambda=2.5\sim25\mu m$)和远红外区($\lambda=25\sim2000\mu m$)(图 2-2)。其中，在红外光谱分析中常用的是中

红外区波长($\lambda=2.5\sim15\mu m$)区域，因为分子中原子振动谱带基本处于这一范围内，远红外区主要用于研究分子骨架弯曲振动。

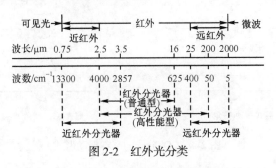

图 2-2 红外光分类

## 一、红外光谱的基本原理

### (一) 分子的振动与转动[1-3]

当有机化合物分子吸收频率小于 $100cm^{-1}$ 的红外辐射时，其能量转变为分子转动能，这种吸收是量子化的，因此，分子转动光谱是由不连续谱线组成的。

当有机化合物分子吸收频率在 $10000\sim100cm^{-1}$ 范围的红外辐射时，其能量转变为分子的振动能，这种吸收也是量子化的。但实际上，分子的振动和转动是同时进行的，当振动能级跃迁时，不可避免地伴随着许多转动能级跃迁，所以无法得到纯粹的振动光谱，只能得到分子的振动-转动光谱，因此振动光谱是以谱带而不是以谱线出现的，在高分辨红外光谱图中，观察到的是以振动谱带的位置为中心，在其两侧对应一系列转动能级跃迁谱线所组成的吸收带。

### 1. 基本振动的理论数

例如：非线型的水分子有 3 个原子，其中基本振动数目(振动自由度)为 3×3-6=3，如图 2-3 所示。

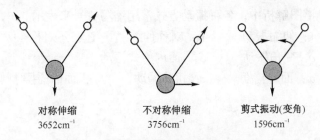

对称伸缩 $3652cm^{-1}$　　不对称伸缩 $3756cm^{-1}$　　剪式振动(变角) $1596cm^{-1}$

图 2-3 非线型的水分子基本振动形式

CO₂分子是由 3 个原子组成的线型分子，因此有 4 种基本振动，如图 2-4 所示。

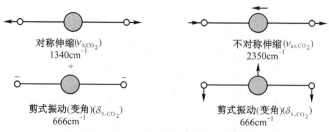

图 2-4  CO₂分子的基本振动形式

## 2. 分子振动的类型

分子振动有两种方式，即伸缩振动(stretching vibration)和弯曲振动(bending vibration)。分子振动形式详细分类如图 2-5 所示。

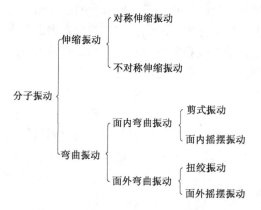

图 2-5  分子振动形式分类图

## 3. 简谐振动符号

在红外光谱图解析中，各种振动方式常用缩写符号来表示。

$\nu$: 伸缩振动　　　$\nu_s$: 对称伸缩　　　$\nu_{as}$: 不对称

$\delta$: 变角振动　　　$\delta_s$: 面内剪式振动

$\omega$: 面外摇摆　　　$\tau$: 扭曲振动　　　$\rho$: 面内摇摆

## (二) 红外光谱图的表示法

## 1. 红外光谱图

红外光谱图是记录物质对红外光的吸收(或透过)程度与波长(或波数)的关系

图。绝大多数有机化合物的化学键振动频率出现在 4500～400cm$^{-1}$ 范围内。红外光谱图的纵坐标是光吸收量，用透光率($T$)或吸光度($A$)表示。透光率 100%则吸光度为 0，这点在谱图最上端，两者关系为

$$A = \lg(1/T) \tag{2-3}$$

红外光谱图的横坐标也有两种表示方法，即波长($\lambda$)和波数($\bar{\nu}$)，它们之间的关系为 $\bar{\nu} = 1/\lambda$，$\lambda$ 单位为 μm，$\bar{\nu}$ 单位为 cm$^{-1}$，因为频率是 $\nu = c/\lambda$，而波数则是 $\bar{\nu} = 1/\lambda$，因此 $\bar{\nu} = \nu/c$。实际上用 $\bar{\nu}$ 表示频率很常见，但要注意少了一个光速。

在红外光谱图中值得注意的是横坐标的间距有两段，2000cm$^{-1}$ 或 2200cm$^{-1}$ 以上的波数时，其间距变为 400～2000cm$^{-1}$ 范围时波数间距的一半，这是因为绝大部分的基本振动出现在 400～2000cm$^{-1}$ 范围内，间距的变化是为了得到更清晰的谱图，吸收谱带的强度可分为很强(vs)、强(s)、中(m)、弱(w)，宽吸收谱带用 b 表示。

## 2. 红外吸收峰

1000～100cm$^{-1}$ 范围内的红外辐射照射样品，样品吸收能量并转化成分子振动能，这样通过样品池的红外辐射在一定范围内发生吸收，产生吸收峰(又称吸收谱带)，而得到红外光谱，因此，红外光谱中吸收谱带都对应着分子和分子中各基团的振动形式。吸收谱带数目、位置及强度是判断一个分子结构的最主要依据。

1) 吸收谱带的数目及影响因素

分子的每一个基本振动都对应于一个红外吸收频率，理论上应产生一个吸收谱带，观察到的红外光谱应有理论基本振动数目的吸收谱带。但实际上，很少能观察到理论数目的基本振动的吸收谱带。这是因为一些现象如倍频、复合频等增加了吸收峰谱带的数目，而另一些现象如简并振动、偶极矩无改变的对称振动等又减少了吸收峰的数目。

(1) 基频、倍频和复合频。在正常情况下，分子大多处于振动基态，分子吸收红外辐射能后，主要是由基态跃迁到第一激发态，这种跃迁所产生的红外吸收称为基频吸收。除了基频跃迁外，由基态到第二激发态或到第三激发态的跃迁也是可能的，其对应的红外吸收称为倍频吸收。当红外辐射能恰好等于两种不同振动的基频跃迁的能量总和时，有可能同时激发两个振动方式发生基频跃迁，而产生波数为两基频波数之和的吸收，称为复合频。倍频、复合频的出现使红外光谱吸收谱带数目增加。

(2) 简并振动。多原子分子有 $3n-6$ 或 $3n-5$ 个简正振动，但其中有一些振动方式是等效的，具有相同的振动频率，这种现象称为简并振动。例如，$CO_2$ 分子中的两种剪式振动是相等的(图 2-4)。它们是相对于核之间的轴以任意角度取向的

弯曲振动的两个分组分，它们具有相同频率(666cm⁻¹)，被称为二重简并(或双重简并)。在对称性较高的分子中，也可能存在三重简并。简并振动的出现使红外光谱吸收谱带数目减少。

除此之外，影响吸收谱带数目的因素还有以下几点：

基本频率超出 $400 \sim 4000cm^{-1}$ 中红外区的范围，即超出仪器检测范围；

基本谱带太弱以致仪器检测不到；

基本振动频率非常接近，以致仪器分析不出；

基本振动无偶极矩变化而不产生红外吸收。

2) 红外吸收谱带强度及影响因素

吸收谱带强度可用摩尔吸收系数($\varepsilon$)或吸光度($A$)来衡量，它们与透光率的关系为

$$A=\lg(1/T)=\lg(I_0/I) \tag{2-4}$$

$$\varepsilon=A/cl \tag{2-5}$$

式中，$I_0$ 为入射光强度；$I$ 为透射光强度；$c$ 为浓度；$l$ 为样品池厚度。

谱带强度主要与振动过程中偶极矩的变化及分子振动形式有关。分子振动过程中偶极矩变化越大，红外光谱中出现吸收的强度越大。而振动方式不同，对分子的电荷分布影响不同，吸收峰强度也不相同。吸收峰强度与振动形式之间有下列规律：

$$\nu_{as} > \nu_s, \quad \nu > \delta$$

3) 吸收谱带的位置及影响谱带位移的因素

影响谱带位移的因素很多，主要有以下几种。

(1) 诱导效应。在极性共价键中，相邻基团或取代基的电负性不同，产生不同程度的静电诱导作用，引起分子中电荷分布变化，从而导致键力常数的改变，使基团振动频率发生改变，谱带发生位移，称为诱导效应。诱导效应使吸收谱带向高频方向位移，且谱带强度升高。

例如，下面几种化合物中的羰基吸收谱带，随着相邻基团电负性的增加，碳原子正电性增加，使羰基双键极性增加，键力常数($K$)值增大，结果使伸缩振动振动频率增加。

$\nu_{C=O}$: 1715cm⁻¹          $\nu_{C=O}$: 1735cm⁻¹          $\nu_{C=O}$: 1780cm⁻¹

(2) 共轭效应。当两个双键(π 键)相邻接时，π 电子云在更大的区域内运动，从而使分子中连接两个 π 键的单键具有一定程度的双键性，其结果是原来双键的

键能有所降低，整个分子结构趋于更稳定，称为共轭效应。共轭效应使吸收谱带向低频方向移动，谱带强度升高。例如：

$$-C=C-\qquad -C=C-C=C-\qquad \bigcirc$$

$$\nu: 1650cm^{-1}\qquad\qquad \nu: 1630cm^{-1}\qquad\qquad \nu: 1600cm^{-1}$$

R—C—R′(非共轭)　　　　R—C—(共轭)

$$\nu_{C=O}: 1715cm^{-1}\qquad\qquad \nu_{C=O}: 1655cm^{-1}$$

C=O(共轭)　　　　　　C=O(非共轭)

$$\nu_{C=O}: 1720cm^{-1}\qquad\qquad \nu_{C=O}: 1760cm^{-1}$$

(3) 氢键。氢键的形成改变了两个基团的键力常数，因此，伸缩振动和弯曲振动频率都要发生改变。质子给予体的伸缩振动谱带向低频移动，且吸收强度和宽度增加，质子接受体的伸缩振动频率也要减小。而 X—H 的弯曲振动谱带向高频移动，但此位移与其伸缩振动相比不是很明显。

表 2-1 给出氢键对某些化合物伸缩振动的影响。

表 2-1　氢键的伸缩振动

| X—H···Y 强度 | 分子间氢键 | | | 分子内氢键 | | |
|---|---|---|---|---|---|---|
| | 振动频率减小量 /cm$^{-1}$ | | 化合物种类 | 振动频率减小量 /cm$^{-1}$ | | 化合物种类 |
| | $\nu_{OH}$ | $\nu_{C=O}$ | | $\nu_{OH}$ | $\nu_{C=O}$ | |
| 弱 | 300[a] | 15[b] | 醇的端羟基和酚类的分子间羟基与羰基所形成的氢键 | <100[a] | 10 | 1,2-醇类，$\alpha$-和大多数$\beta$-羟基酮类，o-氯代和o-烷氧基酚类 |
| 中 | | | | 100～300[a] | 50 | 1,3-二醇类，一些$\beta$-羟基酮类，$\beta$-羟基氨基化合物 |
| 强 | >500[a] | 50[b] | COOH 二聚体 | >300[a] | 100 | o-羟基芳基酮类，o-羟基芳基酸类，o-羟基芳基酯类，$\beta$-二酮类，酚酮类 |

a. 相对于游离态的伸缩振动频率位移。

b. 仅有羟基伸缩时适用。

氢键可分为分子内氢键和分子间氢键。分子间氢键可产生二聚体分子或多聚体分子,如羧酸。而当质子给予体和接受体存在于同一分子中并存在一定的空间条件时,则可形成分子内氢键。形成分子内氢键和分子间氢键的数目与温度有关,温度、浓度对分子间氢键有较大影响,在低浓度下,分子间氢键所产生谱带会消失,而分子内氢键则不受浓度影响,它是一种内部效应,在很低浓度时依然存在。

另外,溶质和溶剂官能团的相互作用也可形成氢键,如果测定时所选溶剂是极性的,一定要注明溶剂和所用溶质样品的浓度。

## 二、聚合物的红外光谱

红外光谱图中的吸收峰都对应着分子中各基团的振动形式。经验表明,具有相同官能团的一系列化合物近似地有一共同的吸收频率范围,分子的其他部分对其吸收位置的变化仅有较小的影响,通常把这种能代表基团存在,并有较高强度的吸收峰称为特征吸收峰,这个峰所在的位置称为特征频率。

一般来说,红外光谱可分为以下两部分。

(1) $4000\sim1300cm^{-1}$ 部分是官能团特征吸收峰出现较多的部分,称为官能团区。该区主要反映分子中特征基团的振动,基团的鉴定工作主要在该区域。

官能区可分为三个波段。

(a) $4000\sim2500cm^{-1}$ 区,为 X—H 伸缩振动区。

这个区域的吸收峰说明有含氢原子官能团的存在,如 O—H、—COOH、—N—H 等。

(b) $2500\sim2000cm^{-1}$ 区,为三键和累积双键区。

含有三键和累积双键的化合物(如—C≡C、—C≡N、X=Y=Z)及含有 S—H、Si—H、P—H、B—H 基团的化合物在此区域出现吸收峰。

(c) $2000\sim1330cm^{-1}$ 区,为双键伸缩振动区。

含双键的化合物如 C=O、C=C、C=N、N=O 的伸缩振动谱带位于此峰区,利用该峰区的吸收,对判断双键的存在及双键的类型非常有用。芳香环的骨架伸缩振动位于此区域,另外,N—H 的弯曲振动也位于此峰区。

(2) $1300\sim600cm^{-1}$ 部分吸收谱带数目很多,但各个化合物在这一区域内的特异性较强,同系物结构相近的化合物的谱带也往往有一定的差别,如同人的指纹一样,因此称为指纹区。这一光谱区反映整体分子结构特征和分子结构的细微变化,对鉴定各个化合物有很大帮助。指纹区又可分为两波段:

(a) $1300\sim900cm^{-1}$ 区:这一区域主要包括 C—O、C—N、C—F、C—P、C—S、P—O、Si—O 等单键的伸缩振动和 C=S、S=O、P=O 等双键的伸缩振动。

(b) $900\sim600cm^{-1}$ 区:主要是 C—H 的弯曲振动和 C—Cl 伸缩振动。

从总体上说高分子聚合物的红外光谱图大致与组成它重复单元的单体的红外

光谱图相似,但由于高聚物聚集态结构不同,共聚序列结构的不同都会影响谱图,因此高聚物的谱图也有其特殊性,在解析谱图时要特别注意[3-7]。

## 三、红外色谱仪和样品制备技术

最常用的红外光谱仪有两种,一种是双光束红外分光光度计,另一种是傅里叶变换红外光谱仪。它们的主要区别在于分光元件的不同(前者使用的是光栅,后者是干涉仪),以及计算机在傅里叶变换红外光谱仪中的应用。

### (一) 色散型双光束红外分光光度计

它主要采用双光束光学零位法,光栅单色器扫描范围为 $4000\sim400\text{cm}^{-1}$。图 2-6 为双光束光零点红外分光光度计的结构和工作原理。该仪器的工作原理为:光源发出的辐射光由光源光路分成两束对称的光束,即样品光束和参比光束,由扇形镜调制成 11Hz 的交替光信号射入单色器,经色散成为单色光照射至检测器,转换成交流电压信号后经放大器放大、整形、解调及功率放大,使光楔伺服电机动作。

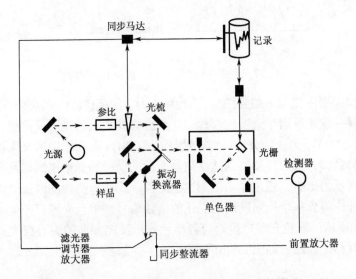

图 2-6 双光束光零点红外分光光度计的结构和工作原理

### (二) 傅里叶变换红外光谱仪结构及原理

傅里叶变换红外光谱仪(FTIR)是 20 世纪 70 年代问世的,它与棱镜和光栅红外分光光度计比较,称为第三代红外分光光度计,主要由光源、迈克耳孙干涉仪、样品池、检测器、计算机和记录仪等部分组成。

## 1. 迈克耳孙干涉仪原理

傅里叶变换红外光谱仪的主要部分为迈克耳孙干涉仪和计算机，图 2-7 为迈克耳孙干涉仪的结构和工作原理。

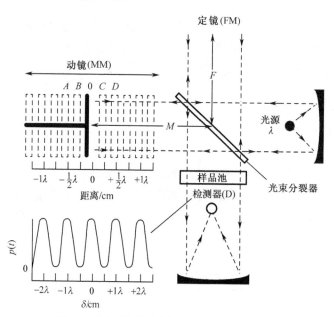

图 2-7　迈克耳孙干涉仪的结构和工作原理

干涉仪主要由光束分裂器(BS)、动镜(MM)、定镜(FM)及检测器(D)组成。光束分裂器是一块半反射半透明的膜片，光束分裂器把入射光分成两束，一束透射光射向动镜(MM)，另一部分被反射，射向定镜(FM)，射向定镜的光束再反射回来透过光束分裂器，通过样品池到达检测器，射向动镜的光束也同样反射回来再由光束分裂器反射出去，通过样品池到达检测器，到达检测器的两束光由于光段差而产生干涉，得到一个光强度周期变化的余弦信号。单色光源只产生一种信号，如图 2-8(a)所示。复色光源产生对应各单色光干涉图加和的中心极大并向两边迅速衰减的对称干涉图，如图 2-8(b)所示。

## 2. 傅里叶变换红外光谱仪

图 2-9 是傅里叶变换红外光谱仪示意图。光源发出的红外辐射经迈克耳孙干涉仪变成干涉图，通过样品后，即得到带有样品信息的干涉图。经信号过滤放大，进入计算机，通过傅里叶变换，便可记录下色谱图。

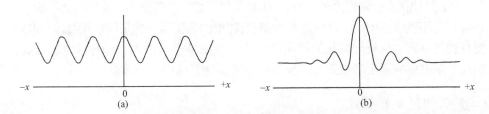

图 2-8　(a) 用迈克耳孙干涉仪获得的单色光干涉图；
(b) 用迈克耳孙干涉仪获得的多色光干涉图

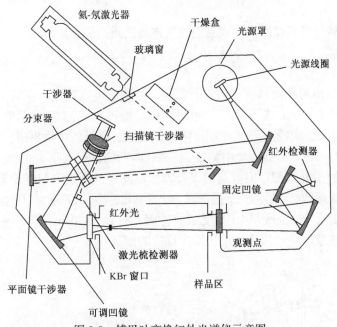

图 2-9　傅里叶变换红外光谱仪示意图

## 3. 傅里叶变换红外光谱仪优点

(1) 测量时间短。由于不使用单色器，全波长范围的光同时通过样品，而使测量时间大大缩短。

(2) 分辨能力高。即光谱仪对两个靠得很近的谱线辨别能力，一般的光栅红外光谱仪约为 0.2cm$^{-1}$，而 FTIR 可达 0.1~0.005cm$^{-1}$。

(3) 波数精度高(1000cm$^{-1}$ 附近)。因采用了激光器精确测定波数差，波数精确度达到 0.01cm$^{-1}$。

(4) 测定光谱范围宽。一般的色散型红外光谱仪测量范围在 4000~200cm$^{-1}$，而 FTIR 只需改变光源和分光器，即可测量 10000~100cm$^{-1}$ 的范围。

(5) 其他优点。除此之外，FTIR 还有重复性好、杂散光小、灵敏度高等优点，还可与气相色谱仪(GC)、高效液相色谱仪(HPLC)等仪器一起采用联用技术，解决混合物的分离、分析问题。值得注意的是，FTIR 在使用时对周围环境要求较高，温度、湿度影响测定的稳定性，使用时一定要注意防潮、防高温。

## (三) 红外样品制备技术

无论气体、液体或固体都可以进行红外光谱测定[2, 8]。

### 1. 气体样品

气体样品一般直接通入抽成真空的气体池内进行测定。

### 2. 液体样品

液体可以使用纯液体或溶液进行测定。纯液体可以直接滴在两个盐片之间，使它形成一个 0.01mm 或更薄的薄膜(图 2-10)，即可测定。对于纯吸收很强而得不到满意吸收谱图的样品，可采用制成溶液的方法，降低浓度后再进行测定。溶液一般放在 0.1～1mm 厚吸收池中测定，将装纯溶剂的补偿吸收池放在参比光束中。则可得到溶质的光谱图，但溶剂的强吸收区域除外。所制溶剂应是干燥无水的，在测定区域无吸收，当要得到全谱图时，可使用几种溶剂，两种常用的溶剂是 $CCl_4$ 和 $CS_2$，$CCl_4$ 在 $1333cm^{-1}$ 以上时无吸收，而 $CS_2$ 在 $1330cm^{-1}$ 以下则很少吸收。另外，还要注意避免使用会和溶质发生反应的溶剂。

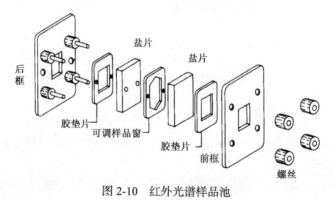

图 2-10　红外光谱样品池

### 3. 固体样品

固体样品可采用以下几种方法测定：

(1) 溶液法。将固体样品溶解在溶剂中，用液体池测定。

(2) 研糊法。大多数固体样品都可以使用研糊法测定它们的光谱。其操作为，首先将固体样品研细，然后加入一滴或几滴研磨剂，在光滑的玛瑙研钵中充分研磨成均匀糊状，将研糊涂于两个盐片之间，即可以薄膜形式进行测量。常用的研磨剂有 Nujol(石蜡油，一种长链烷烃)、Flurolube(一种含氟和氯的卤代高聚物)和六氯代丁二烯。使用上述研磨剂时，可在 4000~2500cm$^{-1}$ 区域内得到没有干扰谱带的谱图。

(3) 压片法。利用干燥的溴化钾(KBr)粉末在真空下加压可以形成透明的固体薄片这一事实，把研细的样品与干燥的 KBr 粉末在 10000~15000Pa 的压力下压制成透明薄片。因为很难制备好的 KBr 压片样品，所以常常避免使用压片制样而尽可能采用其他方法。

(4) 析出薄膜法。即样品从溶液中沉淀析出或溶剂挥发而形成透明薄膜的制样技术。析出薄膜法特别适用于能够成膜的高分子物质。

### 4. ATR 测定技术

ATR 是衰减全反射(attenuated total reflection)的英义简称，ATR 又被称为内反射光谱(internal reflection)。其原理是光束由一种光学介质进入另一种光学介质时，光线在两种介质的界面将发生反射和折射，发生全反射的条件是 $n_1 > n_2$，即光由光密介质进入光疏介质时，会发生全反射。因 ATR 主要用于研究有机化合物，而大多数有机化合物折射率<1.5，因此，要选用折射率>1.5 的红外透过晶体。测量时，红外辐射经红外透过晶体到达样品表面，而 $n_{晶体} > n_{样品}$，光线产生全反射，实际上，光线并不是在样品表面直接反射回来，而是贯穿到样品表面内一定深度后，再返回表面。

若样品在入射光的频率范围内有吸收，则反射光的强度在被吸收的频率位置减弱，产生和普通透过吸收相似的现象，经检测器后得到的光谱称为内反射光谱。

内反射光谱中谱带的强度取决于样品本身的吸收性质、光线在样品表面的反射次数和穿透到样品的深度。经一次衰减的全反射，光透入样品深度有限，样品对光吸收较少，光束能量变化也很小，所得光谱吸收谱带弱。为了增加吸收峰强度，ATR 附件都利用增加全反射次数来使吸收谱带增强，这就是多重衰减全反射。如图 2-11 所示，穿透深度可从下式推算：

$$d = \lambda / 2\pi [\sin^2\theta - (n_2/n_1)^2]^{1/2} \tag{2-6}$$

式中，$\theta$ 为入射角；$\lambda$ 为波长；$n_1$、$n_2$ 分别为透过晶体和样品的折射率。

对最常用的 KRS-5 透过晶体(KRS-5：由铊、溴和碘合成的一种混晶，有毒)，$n_1 = 2.35$，若 $n_2 = 1.5$，入射光 $\lambda = 10\mu m$(1000cm$^{-1}$)时，则 $d = 1.16\mu m$，若 $\lambda = 25\mu m$(400cm$^{-1}$)，则 $d = 2.19\mu m$。常用红外辐射波长在 2.5~25$\mu m$(4000~400cm$^{-1}$)，一般认为穿透深度为 1~2$\mu m$。而常用的入射角有 30°、45°、60°等。图 2-11 是 ATR 装置图。

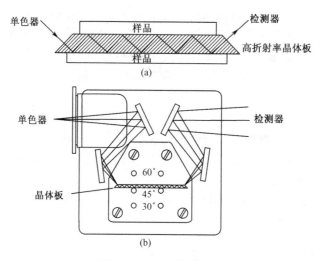

图 2-11　ATR 装置图

ATR 技术主要用于高聚物表面结构分析、表面吸附、表面改性研究等。

# 第三节　拉 曼 光 谱

拉曼光谱是基于物质对光的散射现象而建立的，是一种散射光谱。1928 年，印度物理学家拉曼发现拉曼散射。利用光的散射原理，测量散射谱线的频率，计算它们与入射光谱线的频率差的分析法称为拉曼散射光谱。

## 一、基 本 原 理

### 1. 拉曼位移

无论是斯托克斯线还是反斯托克斯线，它们的频率与入射光频率($\nu_0$)之间都有一个频率差($\Delta\nu$)，称为拉曼位移。拉曼位移的大小应和分子的跃迁能级差相等，因此，对应于同一个分子能级，斯托克斯线和反斯托克斯线的拉曼位移是相等的，而且跃迁的概率也应相等。但在正常的常温条件下，大部分分子处于能量较低的基态，因此测量到的斯托克斯线的强度应大于反斯托克斯线强度。一般的拉曼光谱中，都采用斯托克斯线来研究拉曼位移。

由上述讨论可以看出，拉曼位移的大小与入射光的频率无关，只与分子的能级结构有关，其范围为 $25\sim4000\text{cm}^{-1}$。因此，入射光的能量应大于分子振动跃迁所需能量，小于电子能级跃迁的能量。

**2. 拉曼选律**

(1) 极化率。如果把分子放在外电场中，分子中的电子向电场的正极方向移动，而原子却向相反的负极方向移动。其结果是分子内部产生一个诱导偶极矩($\mu_i$)。诱导偶极矩与外电场的强度成正比，其比例常数又被称为分子极化率。

分子极化率变化的大小，可以用振动时通过平衡位置两边的电子云改变程度来定性估计，电子云形状改变越大，分子极化率也越大，则拉曼散射强度也大。

(2) 能量守恒原理。除上述之外，拉曼光谱也同红外光谱一样，遵守 $\Delta E=h\nu$ 的光谱选律。

**3. 拉曼光谱图**

拉曼光谱图如图 2-12 所示，纵坐标为谱带的强度，横坐标是波数，它表示的是拉曼位移值($\Delta\nu$)。拉曼光谱图中的拉曼位移是在入射光频率为零时的相对频率作量度的，由于位移值相对应的能量变化对应于分子的振动和转动能级的能量差，所以同一振动方式的拉曼位移值和红外吸收频率相等。因此，无论用多大频率的入射光照射某一样品，记录的拉曼谱带都具有相同的拉曼位移值。

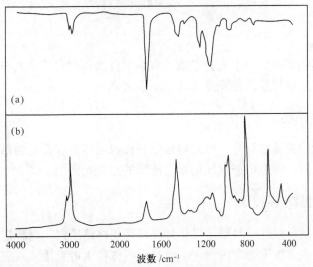

图 2-12　聚甲基丙烯酸甲酯的红外光谱图(a)和拉曼光谱图(b)

多数的光谱图只有两个基本参数：频率和强度，但是拉曼光谱还有一个重要参数：去偏振度(又称退偏度比，用 $\rho$ 表示)。激光是偏振光，而大多数有机化合物都是各向异性的，样品被激光照射时，可散射出各种不同方向的散射光，因此在拉曼光谱中，用去偏振度 ($\rho$) 来表征分子对称性振动模式的高低。$\rho=I_\perp/I_\parallel$，$I_\perp$ 和 $I_\parallel$ 分别代表与激光相垂直和平行的谱线强度。

去偏振度与分子极化率有关，$\rho$ 值越小，分子的对称性越高，一般 $\rho<3/4$ 的谱带称为偏振谱带，即分子有较高的对称振动模式。$\rho=3/4$ 的谱带称为去偏振谱带，表示分子有较低的对称振动模式。

## 二、拉曼光谱仪及样品制备技术

### (一) 拉曼光谱仪

拉曼光谱仪主要由激光光源、外光路系统、样品池、单色器、检测器和记录仪组成(图 2-13)。

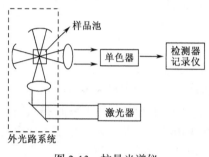

图 2-13　拉曼光谱仪

#### 1. 外光路系统和样品池

外光路系统包括激光器以后、单色器以前的一系列光路，为了分离所需的激光波长，最大限度地吸收拉曼散射光，采用了多重反射装置。为了减少光热效应和光化学反应的影响，拉曼光谱仪的样品池多采用旋转式样品池。

#### 2. 单色器

常用的单色器是由两个光栅组成的双联单色器，或由三个光栅组成的三联单色器，其目的是将拉曼散射光分光并减弱杂散光。

#### 3. 检测及记录系统

样品产生的拉曼散射光，经光电倍增管接收后转变成微弱的电信号，再经直流放大器放大后，即可由记录仪记录下清晰的拉曼光谱图。

### (二) 拉曼样品制备技术

拉曼样品制备较红外简单，气体样品可采用多路反射气槽测定。液体样品可装入毛细管中或多重反射槽内测定。单晶、固体粉末可直接装入玻璃管内测试，也可配成溶液，由于水的拉曼光谱较弱、干扰小，因此可配成水溶液测试。特别是测定只能在水中溶解的生物活性分子的振动光谱时，拉曼光谱优于红外光谱。而对有些不稳定的、贵重的样品，则可不拆密封，直接用原装瓶测试。

## 三、聚合物拉曼光谱的特征谱带

拉曼光谱的谱带频率与官能团之间的关系与红外光谱基本一致。但是，由于拉曼光谱和红外光谱的选律不同，有些官能团的振动在红外光谱中能观测到，而另一些基团则正相反，在红外光谱中很弱，甚至不出现，在拉曼光谱中则以强谱带形式出现。因此，在高分子的结构分析中，二者相互补充。表 2-2 列出聚合物中常用有机基团的拉曼特征谱带及强度[9,10]。

表 2-2　聚合物中常见有机基团的拉曼特征吸收

| 振动 | 频率范围/cm$^{-1}$ | 强度 | | 振动 | 频率范围/cm$^{-1}$ | 强度 | |
|---|---|---|---|---|---|---|---|
| | | 拉曼 | 红外 | | | 拉曼 | 红外 |
| $\nu_{O-H}$ | 3650~3000 | w | s | $\nu_{C-C}$ | 1500~1400 | m~w | |
| $\nu_{N-H}$ | 3500~3300 | m | m | $\nu_{as,\,C-O-C}$ | 1150~1060 | w | |
| $\nu_{\equiv C-H}$ | 3300 | w | s | $\nu_{s,\,C-O-C}$ | 970~800 | s~m | |
| $\nu_{=C-H}$ | 3100~3000 | s | | $\nu_{as,\,Si-O-Si}$ | 1110~1000 | w | |
| $\nu_{-C-H}$ | 3000~2800 | s | s | $\nu_{Si-O-Si}$ | 550~450 | s | |
| $\nu_{-S-H}$ | 2600~2550 | s | s | $\nu_{O-O}$ | 900~840 | s | |
| $\nu_{C\equiv N}$ | 2255~2200 | m~s | s | $\nu_{S-S}$ | 550~430 | s | |
| $\nu_{C\equiv C}$ | 2250~2100 | $v_s$ | m~w | $\nu_{C-F}$ | 1400~1000 | s | |
| $\nu_{C=O}$ | 1680~1520 | s~w | | $\nu_{C-Cl}$ | 800~550 | s | |
| $\nu_{C\equiv C}$ | 2250~2100 | $v_s$~m | | $\nu_{C-Br}$ | 700~500 | s | |
| $\nu_{C=S}$ | 1250~1000 | s | | $\nu_{C-I}$ | 660~480 | s | |
| $\delta_{CH_2}$ | 1470~1400 | m | | $\nu_{C-Si}$ | 1300~1200 | s | |
| $\nu_{C-C}$ | 1600~1580 | s~m | | | | | |

# 第四节　振动光谱在聚合物结构分析中的应用

## 一、红外光谱与拉曼光谱的比较

红外光谱和拉曼光谱同属于振动光谱，所测定的吸收波数范围也相同。许多情况下，红外能测到的信息同样在拉曼光谱中也能得到，但由于这两种光谱分析的机理不同，提供的信息也有差异。有些振动模式仅仅呈现红外活性，而另一些振动模式只有在拉曼光谱中才能测到。对聚合物结构分析中，红外光谱更适合于高分子端基和侧基，特别是一些极性基团的测定；而拉曼光谱对研究高聚物的骨架特征特别有效。在聚合物对称性研究方面，分子的对称性越高，红外光谱与拉曼光谱的区别就越大；具有对称中心的非对称振动，是红外活性而非拉曼活性，反之亦然。例如，多数情况，C═C 伸缩振动的拉曼谱带比相应的红外吸收强烈，而 C═O 伸缩振动的红外谱带比拉曼谱带更强。

红外测定受水干扰较大，样品需要干燥无水，而拉曼光谱却能在水溶液中测定。但在定量方面，拉曼光谱受仪器影响，却没有红外光谱方便。

因此，红外光谱与拉曼光谱具有互补性，两者结合起来，为聚合物的结构研究提供了更多的信息。下面分别介绍红外光谱与拉曼光谱在聚合物结构分析中的应用。

## 二、红外光谱在聚合物结构分析中的应用

### (一) 红外光谱在聚合物定性分析中的应用

红外光谱在聚合物定性分析中的应用又称谱图解析，主要是依据吸收峰的位置、形状、强度及数目来推测聚合物的结构。

### 1. 已知物的鉴定

已知物谱图解析最直接、最可信的方法是直接比对标准谱图，目前已出版了多种有关有机化合物和聚合物材料的红外光谱数据和谱图集[11-16]。使用这些谱图集时，应注意测试样品的状态，使用的溶剂与标准谱图是否一致，否则谱图会出现一些变化。

常用谱图集如下：

(1) 最广泛应用的谱图是美国 Sadtler 研究实验室编集和出版的大型光谱集 *Sadtler Reference Spectra Collections*。这套大型谱图集包括标准红外光谱、标准紫外光谱、核磁共振氢谱、核磁共振碳谱，共收集 7.9 万张 IR 谱图(1990 年，vol.99)，UV 谱图 40.36 万张(1991 年，vol.150)，$^1$H NMR 谱图 5.4 万张(1991 年，vol.98)，标准 $^{13}$C NMR 谱 3.3 万张(1991 年，vol. 160)。主要有标准光谱(纯度 98%以上样品的 IR、VV、NMR)和商业谱图(主要是工业产品的光谱，如单体、聚合物、表面活性剂、纺织助剂、纤维、医药、石油产品、颜料、染料等)。

(2) Hummel 和 Scholl 等著的 *Infraqred Analysis of Polymers*、*Resins and Additives*、*An Atlas* 共三册。

第一册为聚合物的结构与红外光谱图；
第二册为塑料、橡胶、纤维及树脂的 IR 和鉴定方法；
第三册为助剂的 IR 和鉴定方法。

### 2. 未知物结构测定[3, 4, 7]

红外光谱最重要的用途是测定未知物的结构。常用的解析方法有以下几种。

(1) 否定法。如果已知某波数的谱带对某一基团具有特征性，那么，当这个波段没有出现这一谱带时，即可判断在样品中不存在这个分子基团。可用基团频率特征谱图来查找，一般先查找 1300cm$^{-1}$ 以上区域，确定没有哪些官能团，再查 1000cm$^{-1}$ 以下区域，检查 C—H 面外弯曲振动情况，最后再查 1300~1000cm$^{-1}$ 区域，就可确定没有哪些基团了。

　　(2) 肯定法。肯定法主要是针对谱图中的主要吸收带，确定未知物具有的官能团，然后再分析有较强特征的吸收带。但是对于一些弱谱带往往不容易解释清楚。有些谱带是有特征的，比较容易判断。但在某些波段内，很多基团的吸收谱带都可能存在，比较难做出明确判断。有时单从一个谱带不能得到肯定的结论，则需要根据一个基团的各种振动频率，从几个波数区域谱带的组合来判断某官能团的存在。或借助于 NMR、UV 等其他光谱技术，来确证某种官能团或某种结构的存在。

　　(3) 肯定法与否定法相结合。在审视一张未知物的光谱图时，往往同时采用肯定法与否定法，即根据谱带，一面肯定某些官能团的存在，一面又排除某些结构存在的可能。例如，在图 2-14 中，根据基团频率的分析，看出存在着甲基、亚甲基及可能存在的次甲基，以及酯基官能团。归属于这些官能团的谱带已分别标识在图中。否定法发现，样品中不存在胺、芳香烃、氰基、醇、酰胺、环及亚胺等结构。

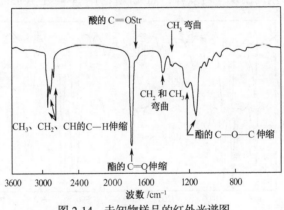

图 2-14　未知物样品的红外光谱图

## (二) 红外光谱在聚合物定量分析中的应用[3, 6]

　　红外光谱的定量分析，主要依据朗伯-比尔(Lambert-Beer，L-B)定律。红外光谱定量分析法与其他定量分析方法相比，存在一些缺点，因此只在特殊的情况下使用。它要求所选择的定量分析峰应有足够的强度，即摩尔吸光系数大的峰，且不与其他峰相重叠。红外光谱的定量方法主要有直接计算法、工作曲线法、吸收度比值法和内标法等，常常用于异构体的分析。随着化学计量学及计算机技术等的发展，利用各种方法对红外光谱进行定量分析也取得了较好的结果，如最小二乘回归、相关分析、因子分析、遗传算法、人工神经网络等的引入，使得红外光谱对于复杂多组分体系的定量分析成为可能。

## (三) 聚合物立体构型、构象分析及结晶度测定[3, 6]

　　聚合物分子链通过 C—C 键的旋转产生不同的构象异构体。聚合物立体结构不同，反映在红外光谱上谱带吸收位置、强度都不同，因此，可通过红外光谱图的比较来确定聚合物的立体异构体或进行构象分析。例如，1,4-聚丁二烯光谱中 C—H 面外弯曲振动的谱带，反式异构体时出现在 $967cm^{-1}$，而顺式异构体则出现在 $738cm^{-1}$。

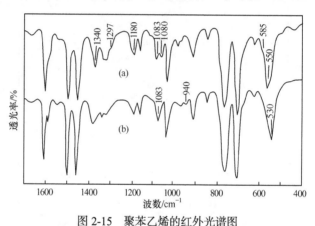

顺式聚1,4-丁二烯　　　　　　　反式聚1,4-丁二烯　　　　　　聚1,2-丁二烯
$\delta_{C-H}$: $738cm^{-1}$　　　　　　　$\delta_{C-H}$: $967cm^{-1}$　　　　　　$\delta_{C-H}$: $910cm^{-1}$

　　图 2-15 是全同(a)与无规(b)聚苯乙烯的红外光谱图，两者的吸收有明显不同，首先在 $1365cm^{-1}$ 处吸收峰形不同，全同的谱带尖锐，而无规的谱带则较宽；在 $1060cm^{-1}$ 附近，全同出现一对双峰，而无规仅有一单峰在 $1065cm^{-1}$ 附近。

图 2-15　聚苯乙烯的红外光谱图
(a) 全同；(b) 无规

　　结晶度是影响聚合物物理性能的重要因素之一，用红外光谱可以方便地测出它的结晶度，结晶度可由下式求出：

$$X = \frac{A_{晶}}{A_{内标}} \times k \tag{2-7}$$

式中，$k$ 为比例常数，应用不同的谱带测定，其值也随着改变。测量时，选择对结构变化敏感的晶带为分析谱带，选择对结构变化不敏感的非晶带作内标。选用已知结晶度的样品，求出 $k$ 值，然后测定未知样品的 $A_{晶}$ 和 $A_{内标}$，即可求出未知样品的结晶度 $X$。

　　高分子链上支链的数目、长短分布对聚合物形态有较大影响，会破坏结晶度，可以用红外吸收法测定聚合物的支化度。这里不再介绍，有兴趣的读者可参考文献[3, 4, 6, 7]。

## (四) 共聚物研究

共聚物的性能与共聚物组成和序列分布有关。用红外光谱可测定两种单体反应活性的比率(竞聚率)及共聚物的组成分析和序列分布等。

嵌段和接枝共聚物的红外光谱一般等于两种单体单元光谱的叠加,与混合物光谱区别不大,但对于无规共聚物,特别是一些偶合敏感振动,其谱图有些差别。因此,从红外光谱图中谱带位移及强度的微小变化,反映出重复单元的长度及序列结构,给出共聚物微观连接的信息。例如,四氟乙烯(A)和三氟氯乙烯(B)共聚物的光谱(图2-16)。纯的聚四氟乙烯在 $1000\sim900cm^{-1}$ 区域没有吸收,而在共聚物谱图中,于$957cm^{-1}$ 处出现一条谱带,归属于三单元组(ABA)的C—Cl 伸缩振动,随 B 组分的增加,在$967cm^{-1}$处又出现一吸收峰;对应于三单元组(ABB),如 B 组分进一步增加,则出现归属于纯聚三氟乙烯的 $977cm^{-1}$ 谱带(BBB)。因此,根据这些对应不同单元组的谱带强弱可计算共聚物的序列分布。

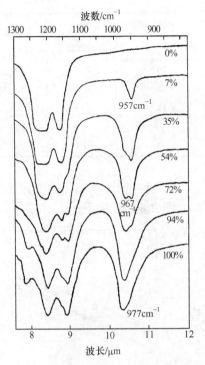

图 2-16　四氟乙烯和三氟氯乙烯不同组分的共聚物在 $1000\sim900cm^{-1}$ 区域谱带的变化(图中百分数为三氟氯乙烯的含量)

在丙烯酸甲酯(MA)与苯乙烯(St)共聚物的红外光谱图中,丙烯酸甲酯的羰基(—C═O)的伸缩振动的位置对序列分布敏感,因此,根据这条谱带的位移可以计算共聚物的序列分布。表 2-3 列出不同组分比的共聚物时所观测的 C═O 基的振动频率($\nu_{C═O}$)[17]。

表 2-3　丙烯酸甲酯和苯乙烯共聚物的序列分布

| MA 物质的量分数/% | | 转化率 | $\nu_{C═O}$ /$cm^{-1}$ | $P_{MM}$ (测量) | $P_{MM}$ (计算) | $P_{MMM}$ (计算) |
|---|---|---|---|---|---|---|
| 单体混合物 | 共聚物 | | | | | |
| 100 | 100 | — | 1739.6 | — | 1.0 | 1.0 |
| 98.1 | 89.3 | 8.1 | 1739.1 | 0.89 | 0.91 | 0.83 |
| 97.0 | 85.0 | 4.5 | 1738.8 | 0.83 | 0.82 | 0.67 |
| 94.9 | 80.1 | 3.7 | 1738.4 | 0.75 | 0.78 | 0.61 |
| 90.0 | 68.7 | 3.6 | 1737.6 | 0.57 | 0.62 | 0.39 |

续表

| MA 物质的量分数/% | | 转化率 | $\nu_{C=O}$ /cm$^{-1}$ | $P_{MM}$ (测量) | $P_{MM}$ (计算) | $P_{MMM}$ (计算) |
|---|---|---|---|---|---|---|
| 单体混合物 | 共聚物 | | | | | |
| 76.5 | 54.6 | 2.8 | 1737.6 | 0.36 | 0.36 | 0.13 |
| 66.9 | 49.4 | 1.8 | 1737.0 | 0.23 | 0.27 | 0.07 |
| 12.3 | 13.0 | 2.5 | 1737.9 | 0 | 0 | 0 |
| 9.9 | 11.0 | 2.5 | 1735.0 | 0.02 | 0 | 0 |
| 6.5 | 7.3 | 2.4 | 1734.9 | 0 | 0 | 0 |

图 2-17 给出 $\nu_{C=O}$ 和在共聚物链中，MA-MA 及 MA-MA-MA 键接存在概率 ($P_{MM}$ 和 $P_{MMM}$)的关系。

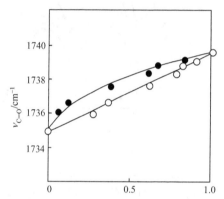

图 2-17　在甲基丙烯酸甲酯和苯乙烯共聚物中，羰基伸缩振动频率和 MA-MA、MA-MA-MA 键接存在的概率

〇—$P_{MM}$；●—$P_{MMM}$

对低转化率共聚物，$P_{MM}$ 和 $P_{MMM}$ 可由投料比和竞聚率求得[表中 $P_{MM}$(计算)]。同时，$P_{MM}$ 还可由红外光谱图求出，由图 2-16 可知，$\nu_{C=O}$ 和 $P_{MM}$ 有线性关系：可用式(2-8)表示：

$$\nu_{C=O}=aP_{MM}+bP_{MS} \tag{2-8}$$

式中，$P_{MS}$ 为共聚物链中 MA-St 键接存在概率；分数 $a$ 和 $b$ 分别表示 MA 单元的羰基谱带在 MA-MA 和 MA-St 两单元组中的频率，其值可分别由 MA 的均聚物和含少量甲基丙烯酸甲酯组分的共聚物的谱图中求出。在某溶液中求出 $a$=1739.6 和 $b$=1734.9 以及 $P_{MM}+P_{MS}=1$，则 $P_{MM}$ 值可由下式求出：

$$P_{MM}=\frac{\nu_{C=O}-b}{a-b}=\frac{\nu_{C=O}-1734.9}{4.7} \tag{2-9}$$

其值结果列于表 2-3 中，测量值与计算值能较好地符合。

(五) 聚合反应的研究

用傅里叶变换红外光谱，可直接对高聚物反应进行原位测定反应等级及化学过程，可研究聚合反应动力学和降解、老化过程的反应机理等。例如，环氧树脂与环氧酸酐的固化反应通过检测 1858cm$^{-1}$ 的酸酐的羰基谱带的强度变化，测定其反应动力学，如在体系中加入适当的二胺促进剂，在 80℃条件下固化，用红外光谱可测定其交联度。

## (六) 聚合物表面研究

FTIR-ATR 在聚合物表面结构定性及定量方面发挥了重要作用。很多高分子材料如橡胶制品、纤维、纺织品和涂层等，用一般的透射法测量困难，而 FTIR-ATR 技术却可以很方便地测定其红外光谱图。

把透射法和 ATR 法结合起来，可以了解样品表面和本体的组成或结构差异。图 2-18 是丙烯酸(b)和 N, N-亚甲基双丙烯酰胺(c)在含光敏物的聚丙烯腈基膜(a)表面接枝前后的 FTIR-ATR 和透射的红外光谱图[18]。

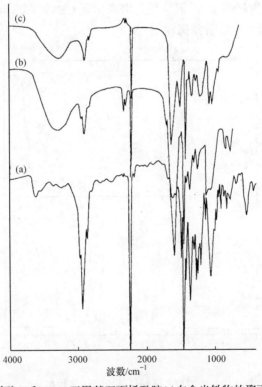

图 2-18　丙烯酸(b)和 N, N-亚甲基双丙烯酰胺(c)在含光敏物的聚丙烯腈基膜(a)
表面接枝前后的 FTIR-ATR 和透射的红外光谱图

一般的透射红外光谱技术的灵敏度对测定单分子膜(L-B 膜)还有一定困难。但用 FTIR-ATR 法则可得到 L-B 膜分子排列的重要信息。例如，用 FTIR-ATR 可测得 1～11 层硬脂酸 L-B 膜的红外光谱，而 FTIR 透射法只可测得 3～11 层的红外光谱。比较各层间红外光谱的差别，可推出 L-B 膜各层结构方式。

# 三、拉曼光谱在聚合物结构分析中的应用

## (一) 高分子链碳-碳骨架运动的表征

拉曼光谱在表征高分子链的碳-碳骨架运动方面更有效。例如，C—C 的伸缩振动，在红外光谱中一般较弱，而在拉曼光谱中，在 $1150\sim800\,cm^{-1}$ 处有强吸收，可用于区分伯、仲、叔以及成环化合物。拉曼光谱对烯类 C═C 振动也很敏感，有利于区分含有双键的聚合物的异构物。

图 2-19 是线型聚乙烯的红外光谱和拉曼光谱。比较两者可发现，两种谱图都以 C—H 伸缩振动为最强谱带，但拉曼光谱未出现 $CH_2$ 摇摆振动峰，而在 $1070\,cm^{-1}$ 和 $1130\,cm^{-1}$ 处呈现 C—C 骨架振动谱带。

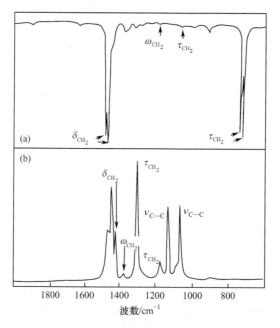

图 2-19　线型聚乙烯的红外光谱(a)和拉曼光谱(b)

图 2-20 是聚对苯二甲酸乙二醇酯的红外光谱和拉曼光谱，红外光谱中最强谱带为 C═O 及 C—O 伸缩振动吸收，而拉曼光谱中呈现了明显的芳环骨架伸缩振动[19]。

拉曼光谱还可用于区别同类型聚合物方面，其典型例子是尼龙。不同种类聚酰胺的红外光谱很相似，只能依靠指纹区来区分，但不同种类聚酰胺的骨架振动，在拉曼光谱中有明显区别，很容易区分。

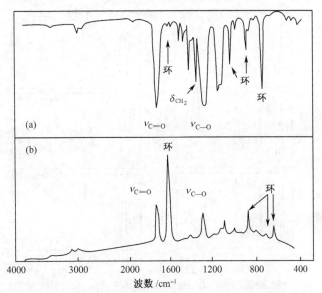

图 2-20 聚对苯二甲酸乙二醇酯的红外光谱(a)和拉曼光谱(b)

## (二) 聚合物空间结构及结晶的研究

拉曼光谱可以用于研究聚合物的结晶和取向[20-23]。图 2-21 是聚乙烯的拉曼光谱图，在 1600～1040cm$^{-1}$ 的 C—C 伸缩振动区，由(a)到(c)随着结晶度降低谱带由尖锐逐渐变成扩散型谱带，在 1500～1400cm$^{-1}$ 的 CH$_2$ 面内弯曲振动区，结晶聚乙烯呈现三个峰，它们是由三种不同的相态所形成的，分别为斜方系结晶态、熔融无定形态和各向异性的无序态。

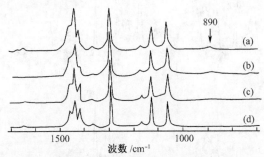

图 2-21 不同分子量和结晶度的聚乙烯的拉曼光谱

拉曼光谱与红外光谱配合可研究聚合物构象。图 2-22 为聚丙烯的拉曼光谱和红外光谱，比较这两张图可观察到，在拉曼光谱图中，三种立构体有明显的差异。

## (三) 生物大分子的研究

拉曼光谱最主要的特点之一是能测定水溶液样品，这为研究生物大分子在模

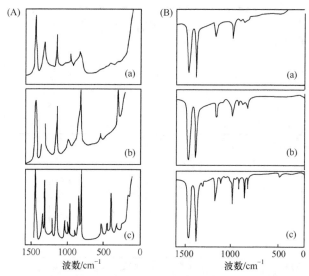

图 2-22　聚丙烯在 1600cm⁻¹ 以下拉曼光谱(A)和红外光谱(B)

(a) 无规；(b) 间规；(c) 等规

拟生理条件下的结构、构象提供了其他仪器难以得到的有利条件。

多肽、蛋白质结构的拉曼信息非常丰富，主链酰胺键($C=O$、$C-N$)伸缩及 $N-H$ 变形的特征振动可精确描述它们的二级结构。许多拉曼谱线可归属于含芳环的氨基酸残基和 $S-S$、$C-S$ 键振动的特征频率。图 2-23 是溶菌酶的拉曼光谱。

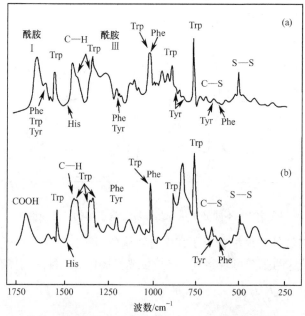

图 2-23　溶菌酶的拉曼光谱(a)以及组成氨基酸的重叠谱(b)

核酸由磷酸与核糖相互连接而成，根据连接的碱基对不同，可分为核糖核酸(RNA)和脱氧核糖核酸(DNA)(图 2-24)。RNA 接的是腺嘌呤、尿嘧啶、鸟嘌呤、胞嘧啶，而 DNA 的碱基对由胸腺嘧啶代替了尿嘧啶。在拉曼光谱中，可清楚区分核酸的碱基和主链振动、特征频率。具体主要归纳如下：

(1) 双键振动区(1500~1800cm$^{-1}$)。尿嘧啶(U)在 1690cm$^{-1}$ 附近有强拉曼线，对应于 C=O 伸缩振动。胞嘧啶(C)由于分子间结合使谱线变宽呈不规则状，在 1525~1550cm$^{-1}$ 范围有强拉曼线。嘌呤碱在 1605cm$^{-1}$ 以下不显示拉曼频率。

(2) 环伸缩振动区(包括环上双键和 C—N 键)(1400~1200cm$^{-1}$)。嘧啶碱的振动频率在 1215~1350cm$^{-1}$ 范围出现，尿嘧啶的强拉曼线在 1230cm$^{-1}$ 附近。而胞嘧啶(C)碱残基振动向较高频率位移。嘌呤碱残基的环振动一般在 1300cm$^{-1}$ 以上。

(3) 环的呼吸振动区(600~800cm$^{-1}$)。环的呼吸振动有强拉曼效应，嘧啶碱残基振动在 780cm$^{-1}$ 附近，是强拉曼线。腺嘌呤的拉曼线在 720cm$^{-1}$ 附近，而鸟嘌呤的拉曼频率更低，谱线在 680~620cm$^{-1}$，宽而弱。

(4) 核酸的主链振动。核糖磷酸酯在拉曼光谱中有两种振动模式，谱线 814cm$^{-1}$ 是 O—P—O 的对称伸缩振动。谱线 1100cm$^{-1}$ 是—PO$_2^-$基的对称伸缩振动，它们的状态决定着核酸的构型。

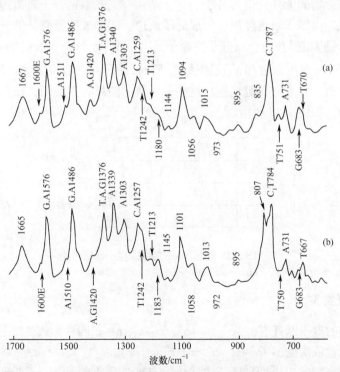

图 2-24　小牛胸腺纤维(DNA)的拉曼光谱

(a) 相对湿度 98%；(b) 相对湿度 75%

除以上介绍外，拉曼光谱还可测定液晶高分子的组成和结构，可提供液晶分子中间相类型和相转变的外界温度、压力等的定性定量关系，为深入研究高分子结构与性能关系提供有益信息。

# 第五节　紫外光谱

紫外光谱是当光照射样品分子或原子时，外层的电子吸收一定波长的紫外光，由基态跃迁至激发态而产生的光谱。不同结构的分子，其电子跃迁方式不同，吸收的紫外光波长也不同，吸收率也不同。因此，可以根据样品的吸收波长范围、吸光强度来鉴别不同的物质结构的差异。

## 一、基本原理

### (一) 分子轨道能级与分子跃迁类型

**1. 分子轨道能级**

有机聚合物的紫外光谱与分子的电子结构有关。根据分子轨道理论，当原子形成分子时，由原子轨道经组合形成分子轨道，即形成能量较低的成键轨道和能量较高的反键轨道。按结合成分子的原子的电子类型，分子轨道包括σ成键轨道和σ*反键轨道、π成键轨道和π*反键轨道。同时，分子中还存在着未共用的电子对，属于非键轨道，称为n非键轨道。这些分子轨道能量各不相同，按其能量由低到高依次排列，如图2-25所示。

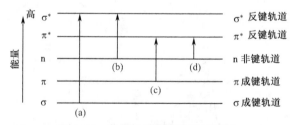

图 2-25　分子轨道能级及电子跃迁
(a) σ→σ*; (b) n→σ*; (c) π→π*; (d) n→π*

**2. 电子跃迁类型**

聚合物的电子跃迁有σ→σ*、n→σ*、π→π*、n→π*四种形式，如图2-25所示，跃迁所需能量依次为σ→σ*>n→σ*>π→π*>n→π*。

有机聚合物的以上四种跃迁方式中，有紫外吸收的是 π→π*跃迁和 n→π*跃迁。因此，紫外光谱主要研究和应用的就是这两种跃迁的吸收特征。除此之外，紫外光谱中常用的还有两种较特殊的跃迁方式：主要存在于过渡金属络合物溶液中的 d-d 跃迁和电荷转移跃迁。

## (二) 吸收带的类型

在紫外光谱中将跃迁方式相同的吸收峰称为吸收带。化合物的结构不同，跃迁类型不同，因此，吸收带也不同。在有机化合物和高聚物的紫外光谱分析中，常将吸收谱带分为以下四种类型。

### 1. R 吸收带(简称 R 带)

它是由 n→π*跃迁形成的谱带。含有杂原子的基团,如 C=O、—NO₂、—CHO、—NH₂ 等都有 R 带。由于吸收比较小，谱带较弱，而被强吸收带掩盖。

### 2. K 吸收带(简称 K 带)

它是由 π→π*跃迁形成的吸收带，含有共轭双键及取代芳香化合物可产生这类谱带。K 带吸收系数一般大于 $10^4$，吸收强度较大。

### 3. B 吸收带

它是芳香化合物和杂芳香化合物的特征谱带。此带为一宽强峰，并常分裂成一系列多重小峰，而反映出化合物的"精细结构"。其最大峰值在 230~270nm，中心在 254nm，是判断苯环存在的主要依据。

### 4. E 吸收带

与 B 吸收带类似，它也是芳香化合物的特征峰之一，吸收强度较大，但吸收波长偏向低波长部分，有时在真空紫外区。

由此可见，有机化合物或高聚物分子在紫外区的特征吸收与电子跃迁有关，表 2-4 给出有机化合物常见电子结构与跃迁。

表 2-4　电子结构与跃迁的总结表

| 电子结构 | 例子 | 跃迁 | $\lambda_{最大}$/nm | $\varepsilon_{最大}$/[L/(mol·cm)] | 吸收带 |
|---|---|---|---|---|---|
| σ | 乙烷 | σ→σ* | 135 | | |
| n | 水 | n→π* | 167 | 7000 | |
| | 甲醇 | n→π* | 183 | 500 | |
| | 1-己硫醇 | n→π* | 224 | 126 | |

续表

| 电子结构 | 例子 | 跃迁 | $\lambda_{最大}$/nm | $\varepsilon_{最大}$/[L/(mol·cm)] | 吸收带 |
|---|---|---|---|---|---|
| n | 正丁基碘 | n→π* | 257 | 486 | |
| π | 乙烯 | π→π* | 165 | 10000 | |
| | 乙炔 | π→π* | 173 | 6000 | |
| π 和 n | 丙酮 | π→π* | 约 150 | | |
| | | n→σ* | 188 | 1860 | |
| | | n→π* | 279 | 15 | R |
| π-π | 1,3-丁二烯 | π→π* | 217 | 21000 | K |
| | 1,3,5-己三烯 | π→π* | 258 | 35000 | K |
| π-π 和 n | 丙烯醛 | π→π* | 210 | 11500 | K |
| | | n→π* | 315 | 14 | R |
| 芳香性 π | 苯 | 芳香族 π→π* | 约 180 | 60000 | $E_1$ |
| | | 芳香族 π→π* | 约 200 | 8000 | $E_2$ |
| | | 芳香族 π→π* | 255 | 215 | B |
| 芳香性 π-π | 苯乙烯 | 芳香族 π→π* | 244 | 12000 | K |
| | | 芳香族 π→π* | 282 | 450 | B |
| 芳香性 π-σ | 甲苯 | 芳香族 π→π* | 208 | 2460 | $E_2$ |
| (超共轭) | | 芳香族 π→π* | 262 | 174 | B |
| 芳香性 π-π 和 n | 苯乙酮 | 芳香族 π→π* | 240 | 13000 | K |
| | | 芳香族 π→π* | 278 | 1110 | B |
| | | n→π* | 319 | 50 | R |
| 芳香性 π-n | 苯酚 | 芳香族 π→π* | 210 | 6200 | $E_2$ |
| (助色基) | | 芳香族 π→π* | 270 | 1450 | B |

## (三) 生色基与助色基

在讨论电子光谱时,经常用到一些术语,下面做一些简单介绍。

### 1. 生色基

有机聚合物分子中能够产生电子吸收的不饱和共价键基团,称为生色基。根据定义,能产生 n→π* 和 π→π* 跃迁的电子体系,如 C=C、C=O、—NO₂ 等基团,都是生色基。表 2-5 给出了一些生色基结构与电子跃迁类型。

表 2-5　生色基结构与电子跃迁类型

| 生色基 | 电子跃迁 |
|---|---|
| —C—C—　　　—C—H | $\sigma \to \sigma^*$ |
| —C—Ö—　　　—C—S̈— | $n \to \sigma^*$ |
| —C—N̈—　　　—C—Cl̈: | $\sigma \to \sigma^*$ |
| C=C　　　—C≡C— | $\pi \to \pi^*$, $\sigma \to \sigma^*$ |
| 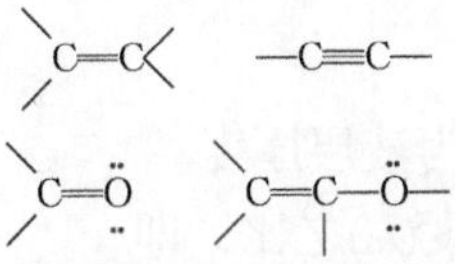 C=Ö　　　C=C—Ö— | $n \to \pi^*$, $n \to \sigma^*$, $\pi \to \pi$, $\sigma \to \sigma^*$ |

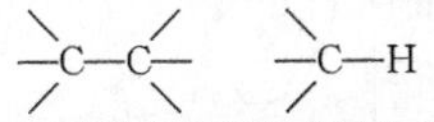

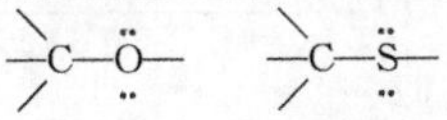

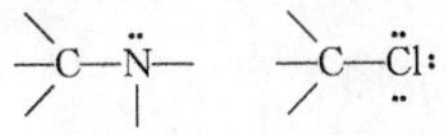

## 2. 助色基

某些原子或饱和基团虽本身无电子吸收，但当与生色基相连时，能改变生色基的最大吸收波长及吸收强度，称之为助色基，如—OH、—NH$_2$、—Cl 等。

## 3. 红移与蓝移

由于取代基或溶剂效应，生色基吸收峰波长发生位移。当吸收峰波长向长波方向移动时，称之为红移；当吸收峰波长向短波方向移动时，称之为蓝移。

## 4. 增色与减色效应

凡使吸收峰的吸收强度增强的效应称为增色效应，反之，使吸收峰强度减弱的效应称为减色效应。

## 5. 溶剂效应

溶剂极性的不同会引起某些化合物吸收峰产生红移或蓝移，这种作用称为溶剂效应。

## (四) 紫外光谱表示法

### 1. 紫外光谱的表示方法

有机或聚合物的紫外光谱通常以紫外吸收曲线来表示，如图 2-26 所示。

横坐标一般用波长($\lambda$)表示，纵坐标为吸收强度，常用透光率($T$，单位为%)，或吸光度($A$)表示，吸光度与透光率的关系根据 L-B 定律，可用式(2-10)表示：

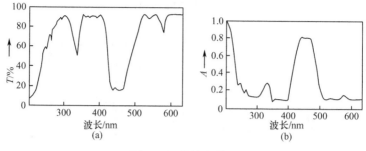

图 2-26　紫外光谱图

$$A=\varepsilon bc \tag{2-10}$$

式中，$\varepsilon$ 为摩尔吸光系数；$c$ 为样品波长；$b$ 为液层厚度。

而透光率可表示为透射光强度($I$)与入射光强度($I_0$)之比，即

$$T=I/I_0 \tag{2-11}$$

则透光率与吸光度的关系为

$$A = -\lg T \tag{2-12}$$

**2. 吸收谱带的特征**

　　紫外光谱吸收谱带的主要特征是其位置和强度，吸收与光的波长相对应，该波长所具有的能量与电子跃迁所需能量相等。吸收强度主要取决于价电子由基态跃迁到激发态的概率。在电子光谱中通常用摩尔吸光系数($\varepsilon$)表示电子跃迁而产生的吸收强度。

## 二、仪器与样品制备

(一) 仪器构成

　　紫外光的测定仪器为紫外-可见分光光度计。现代化的光电式分光光度计主要由以下五部分组成：

　　(1) 光源。分光光度计的光源可分为两部分，紫外部分一般常用氘灯作光源，其波长范围为 190～400nm；可见光部分用钨灯或卤素灯作光源，其波长范围为 350～2500nm。两光源间可进行波长切换。

　　(2) 单色器。早期的分光光度计仪器多采用棱镜作为单色器，现代的仪器多采用光栅作单色器。

　　(3) 试样室。盛放分析样品的装置，主要由比色皿等组成。比色皿有玻璃和石

英两种材料。石英比色皿适用于紫外光和可见光区，而玻璃比色皿只可用于可见光区的测定。为减少光损失，比色皿的光学面必须完全垂直于入射光方向，且没有擦痕、指痕等污染。

(4) 检测器。光电倍增管的灵敏度高，是目前应用最多的一种检测器。

(5) 记录系统。将监测器检测到的信号用记录仪等记录下来。

## (二) 紫外分光光度计测试原理

紫外分光光度计的类型很多，最常用的有单光束和双光束两种。图 2-27 是双光束分光光度计示意图。

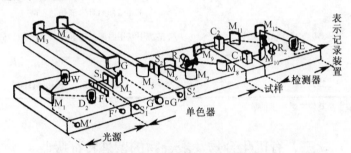

图 2-27　双光束分光光度计示意图

由光源 W(钨灯，用于可见光区)或 $D_2$（氘灯用于紫外光区）出来的光经过反射镜 $M_1$ 反射，经散射光过滤器 F 后，通过狭缝 $S_1$，再经过 $M_2$ 和 $M_3$ 两反射镜反射，在光栅 G 处被分开，再经反射镜 $M_4$ 和 $M_5$ 及狭缝 $S_2$ 后得到单色光。单色光经反射镜 $M_6$ 和 $M_7$，被斩波器 $R_1$ 分为二光路，试样光路经反射镜 $M_8$，通过样品池 $C_1$，另一光路经反射镜 $M_9$ 通过参比池 $C_2$ 之后，两光路分别经过反射镜 $M_{10}$ 和 $M_{11}$ 到达与 $R_1$ 同步的斩波器 $R_2$。两束光在 $R_2$ 处，交替经过反射镜 $M_{12}$ 到达光电倍增管 E。光电倍增管 E 先后接收来自参比池和试样池的光束而产生光电流，光电流增幅后被输送到记录仪部分。

## (三) 样品与溶剂

紫外光谱测定所用样品可分为气相或溶液。气相样品可使用气相专用的带气体入口及出口的石英吸收池，其光路长度为 $0.1\sim100\text{mm}$。

有机化合物及聚合物的紫外光谱测定常用均相溶液，这就要求选择优良溶剂：溶剂的溶解性好，与样品无化学反应，稳定无挥发，在测定波长范围内基本无吸收等。由于存在溶剂效应，溶剂的极性对紫外光谱影响很大。例如，极性溶剂可使 $n\rightarrow\pi^*$ 跃迁发生蓝移，使 $\pi\rightarrow\pi^*$ 跃迁发生红移。

在紫外区可使用的溶剂较多，最常用的三种溶剂是环己烷、95%乙醇及 1, 4-

二氧六环。芳香族化合物，特别是多核芳香族在环己烷中溶解性较好，且谱图可保留精细结构。而在极性较强的溶剂中，这些精细结构常常消失。当需要用极性较强的溶剂时，一般选用95%乙醇。但如果用无水乙醇，使用前需除去其中所含的痕量苯。表2-6列出常用的溶剂可使用的最短波长区域。

表 2-6　溶剂可使用的最短波长区域

| 可使用的最短波长/nm | 主要溶剂 |
| --- | --- |
| 200 | 蒸馏水，乙腈，环己烷 |
| 220 | 甲醇，乙醇，异丙醇，乙醚 |
| 250 | 1,4-二氧六环，氯仿，乙酸 |
| 270 | N,N-二甲基甲酰胺，丁酸，四氯化碳(175)* |
| 290 | 苯，甲苯，二甲苯 |
| 335 | 丙酮，丁酮，嘧啶，二硫化碳(380)* |

\* 括号中数字是其他文献报道的数据。

## 三、有机化合物及聚合物的紫外特征吸收

在前面的紫外光谱理论中，曾指出有机聚合物的紫外吸收能力与其电子结构有关，这里将讨论各电子结构基团特征吸收及影响因素。

高分子的紫外吸收峰通常只有 2～3 个，峰形平稳，且只有具有重键和芳香共轭体系的高分子才有紫外活性，所以紫外光谱能测定的高分子种类有一定局限，但对多数高分子单体、各种有机小分子添加剂的分析却有独到之处[2]。

### (一) 仅含 σ 电子的聚合物及有机化合物

饱和烷烃含有 σ 电子，因产生 $\sigma \to \sigma^*$ 跃迁的能量为185kJ/mol，吸收波长约为150nm，处于真空紫外区，可作为测定用溶剂使用。

### (二) 含有 n 电子的饱和聚合物及有机化合物

含有杂原子如氧、氮、硫或卤素的饱和化合物除 σ 电子外还有不成键 n 电子。产生的 $n \to \sigma^*$ 跃迁所需的能量比 $\sigma \to \sigma^*$ 跃迁要少，但这类化合物中的大部分在紫外区仍没有吸收。

硫化物(R—SR′)、二硫化物(R—SS—R′)、硫醇(R—SH)、胺、溴化物及碘化物在紫外区有弱吸收。这种吸收经常以肩峰或拐点出现。表 2-7 列出含有 n 电子的杂原子饱和化合物的吸收特征。

表 2-7 含杂原子的饱和化合物的吸收特征(n→σ*)

| 化合物 | $\lambda_{最大}$/nm | $\varepsilon_{最大}$/[L/(mol·cm)] | 溶剂 |
|---|---|---|---|
| 甲醇 | 177 | 200 | 己烷 |
| 2-正丁基硫醚 | 210 | | 乙醇 |
| | 229s | 1200 | |
| 2-正丁基二硫醚 | 204 | 2089 | 乙醇 |
| | 251 | 398 | |
| 1-己硫醇 | 224s | 126 | 环己烷 |
| 三甲基胺 | 199 | 3950 | 己烷 |
| N-甲替哌啶 | 213 | 1600 | 乙醚 |
| 氯代甲烷 | 173 | 200 | 己烷 |
| 溴甲烷 | 208 | 300 | 己烷 |
| 碘代甲烷 | 259 | 400 | 己烷 |
| 二噁英 | 188 | 1995 | 气相 |
| | 177 | 3981 | |

注：s 为肩峰或拐点。

## (三) 含有 π 电子有机化合物(生色基)及聚合物

表 2-8 中给出了一些含有单一的孤立的生色基的化合物的特征吸收。这类化合物都含有 π 电子，许多化合物还含有不成键电子对。可产生三种跃迁方式：n→σ*、π→π* 及 n→π*。

表 2-8 孤立的生色基的吸收数据

| 生色基 | 体系 | 例子 | $\lambda_{最大}$/nm | $\varepsilon_{最大}$/[L/(mol·cm)] | 跃迁 | 溶剂 |
|---|---|---|---|---|---|---|
| 烯 | RHC=CHR | 乙烯 | 165 | 15000 | π→π* | 乙烯蒸气 |
| | | | 193 | 10000 | π→π* | |
| 炔 | R—C≡C—R | 乙炔 | 173 | 6000 | π→π* | 乙炔蒸气 |
| 羰基 | RR₁C=O | 丙酮 | 188 | 900 | π→π* | 正己烷 |
| | | | 279 | 15 | n→π* | |
| 醛基 | RHC=O | 乙醛 | 290 | 16 | n→π* | 庚烷 |

续表

| 生色基 | 体系 | 例子 | $\lambda_{最大}$/nm | $\varepsilon_{最大}$/[L/(mol·cm)] | 跃迁 | 溶剂 |
|---|---|---|---|---|---|---|
| 羧基 | RCOOH | 乙酸 | 204 | 60 | $n\rightarrow\pi^*$ | 水 |
| 酰胺基 | RCONH$_2$ | 乙酰胺 | <208 | — | $n\rightarrow\pi^*$ | — |
| 甲亚胺 | —C=H— | 丙酮肟 | 190 | 5000 | $\pi\rightarrow\pi^*$ | 水 |
| 腈 | —C≡N | 乙腈 | <160 | | $\pi\rightarrow\pi^*$ | 二氧六环 |
| 偶氮 | —N=N— | 偶氮甲烷 | 347 | 4.5 | $n\rightarrow\pi^*$ | 乙醚 |
| 亚硝基 | —N=O | 亚硝丁烷 | 300 | 100 | — | 二氧六环 |
|  |  |  | 665 | 20 | $n\rightarrow\pi^*$ |  |
| 硝酸酯 | —ONO$_2$ | 硝酸乙酯 | 270 | 12 | $n\rightarrow\pi^*$ | 醇 |
| 硝基 | —N(=O)O | 硝基甲烷 | 271 | 18.6 | — | 石油醚 |
| 亚硝酸酯 | —ONO | 亚硝酸戊酯 | 218.5 | 1120 | $\pi\rightarrow\pi^*$ | 醇 |
|  |  |  | 346.5[a] | — | $n\rightarrow\pi^*$ |  |
| 亚砜 | S=O | 甲基环己亚砜 | 210 | 1500 | — | — |
| 砜 | O=S=O | 二甲基亚砜 | <180 | — | — | — |

a. 精细结构组中的最强峰。

## 1. 孤立烯烃生色基

孤立烯键的强吸收是由 $\pi\rightarrow\pi^*$ 跃迁引起的，但几乎都发生在真空紫外区，例如，气体状态乙烯在 165nm[$\varepsilon_{最大}=15000$L/(mol·cm)] 处吸收，在 200nm 附近有第二吸收带。

## 2. 共轭烯烃

共轭的结果是最高成键轨道与最低反键轨道之间能级差减小，使跃迁所需能量减小，吸收波长红移。无环的共轭二烯在 215～230nm 区域有强 $\pi\rightarrow\pi^*$ 跃迁吸收峰。1,3-丁二烯在 217nm[$\varepsilon_{最大}=21000$L/(mol·cm)] 处有吸收。在开链的二烯与多烯中进一步的共轭效应引起向长波移动，并伴有吸收强度增加(增色效应)。

## 3. 炔烃

炔烃生色基特征吸收峰比烯基要复杂。乙炔在 173nm 处有一个由 $\pi\rightarrow\pi^*$ 跃迁引起的弱吸收带,共轭的多炔类在近紫外区有两个主要谱带,并具有特征的精细结构。

## 4. 羰基化合物

羰基生色基含有一对 π 电子和两对不成键 n 电子，饱和酮和醛显示三个吸收谱带。其中两个在真空紫外区，即靠近 150nm 处的 $\pi\rightarrow\pi^*$ 跃迁和 190nm 处的 $\pi\rightarrow\sigma^*$ 跃迁。第三个谱带是由 $n\rightarrow\pi^*$ 跃迁产生的位于 270～300nm 区域的 R 带。R 带较弱，$\varepsilon_{max}<30L/(mol\cdot cm)$，当溶剂极性增加时，由于形成氢键，其吸收向短波方向移动，可用来衡量氢键的强度。

羰基、酯和酰胺化合物，由于含有孤电子对的基团连在羰基上，诱导效应对前者有明显的影响，使 R 带向短波移动，但对强度无明显的影响。

## 5. 芳香族化合物

(1) 苯。苯有三个吸收带：$E_1$ 吸收带 184nm[$\varepsilon_{最大}=60000L/(mol\cdot cm)$]、$E_2$ 吸收带 204nm[$\varepsilon_{最大}=7900L/(mol\cdot cm)$] 和 B 吸收带 256nm[$\varepsilon_{最大}=200L/(mol\cdot cm)$]，是由 $\pi\rightarrow\pi^*$ 跃迁造成的。判断苯环主要依据 B 吸收带，芳香类化合物 B 吸收带的特征是有相当多的精细结构，而在极性溶剂中，溶质和溶剂的相互作用使精细结构减少，例如，苯酚在非极性溶剂庚烷中 B 吸收带呈现精细结构，而在极性溶剂乙醇中则消失。

(2) 取代苯。烷基取代苯的 B 吸收带向长波移动(红移)。表 2-9 中列出了一些烷基苯的 B 吸收带特征吸收。

表 2-9　烷基苯的吸收数据(B 吸收带)

| 化合物 | $\lambda_{最大}$/nm | $\varepsilon_{最大}$/[L/(mol·cm)] |
|---|---|---|
| 苯 | 256 | 200 |
| 甲苯 | 261 | 300 |
| 间二甲苯 | 262.5 | 300 |
| 1, 3, 5-三甲基苯 | 266 | 305 |
| 六甲基苯 | 272 | 300 |

助色基(—OH、—NH₂ 等)在苯环上的取代基使 E 吸收带和 B 吸收带发生红移，并失去精细结构，但吸收强度增强，见表 2-10。

表 2-10　助色基取代对苯光谱的影响

| 化合物 | $E_2$ 吸收带 | | B 吸收带 | | 溶剂 |
|---|---|---|---|---|---|
| | $\lambda_{最大}$/nm | $\varepsilon_{最大}$/[L/(mol·cm)] | $\lambda_{最大}$/nm | $\varepsilon_{最大}$/[L/(mol·cm)] | |
| 苯 | 204 | 7900 | 256 | 200 | 己烷 |
| 氯苯 | 210 | 7600 | 265 | 240 | 乙醇 |

续表

| 化合物 | E₂吸收带 | | B 吸收带 | | 溶剂 |
|--------|--------|--------|--------|--------|--------|
| | $\lambda_{最大}$/nm | $\varepsilon_{最大}$/[L/(mol·cm)] | $\lambda_{最大}$/nm | $\varepsilon_{最大}$/[L/(mol·cm)] | |
| 苯硫酚 | 236 | 10000 | 269 | 700 | 己烷 |
| 苯甲醚 | 217 | 6400 | 269 | 1840 | 2%甲醇 |
| 苯酚 | 210.5 | 6200 | 270 | 1450 | 水 |
| 苯酚阴离子 | 235 | 9400 | 287 | 2600 | 碱水溶液 |
| 邻苯二酚 | 214 | 6300 | 276 | 2300 | 水(pH=3) |
| 邻苯二酚阴离子 | 2365 | 6800 | 292 | 3500 | 水(pH=11) |
| 苯胺 | 230 | 8600 | 280 | 1430 | 水 |
| 苯胺阳离子 | 203 | 7500 | 254 | 160 | 酸水溶液 |
| 二苯基醚 | 255 | 11000 | 272 | 2000 | 环己烷 |
| | | | 278 | 1800 | |

而直接连接在苯环上的生色基使 B 吸收带向短波移动，同时在 200~250nm 区域出现一个 K 吸收带[$\varepsilon_{最大}$>10000L/(mol·cm)]。表 2-11 列出一些生色基取代苯的吸收特征。

表 2-11　生色基取代苯的吸收特征

| 化合物 | K 吸收带 ($\pi \rightarrow \pi^*$跃迁) | | B 吸收带 ($\pi \rightarrow \pi^*$跃迁) | | R 吸收带 ($n \rightarrow \pi^*$跃迁) | | 溶剂 |
|--------|--------|--------|--------|--------|--------|--------|--------|
| | $\lambda_{最大}$/nm | $\varepsilon_{最大}$/[L/(mol·cm)] | $\lambda_{最大}$/nm | $\varepsilon_{最大}$/[L/(mol·cm)] | $\lambda_{最大}$/nm | $\varepsilon_{最大}$/[L/(mol·cm)] | |
| 苯 | — | — | 255 | 215 | — | — | 醇 |
| 苯乙烯 | 244 | 12000 | 282 | 450 | — | — | 醇 |
| 苯乙炔 | 236 | 12500 | 278 | 650 | — | — | 己烷 |
| 苯乙醛 | 244 | 15000 | 280 | 1500 | 328 | 20 | 醇 |
| 苯乙酮 | 240 | 13000 | 278 | 1100 | 319 | 50 | 醇 |
| 硝基苯 | 252 | 10000 | 280 | 1000 | 330 | 125 | 己烷 |
| 苯甲酸 | 230 | 10000 | 270 | 1400 | — | — | 水 |
| 苯基氰 | 224 | 13000 | 271 | 977 | — | — | 水 |
| 二苯亚砜 | 232 | 14000 | 262 | — | — | — | 醇 |
| 苯基甲基砜 | 217 | 6700 | 264 | — | — | — | — |
| 二苯甲酮 | 252 | 20000 | — | — | 325 | 180 | 醇 |

续表

| 化合物 | K 吸收带 ($\pi \to \pi^*$跃迁) | | B 吸收带 ($\pi \to \pi^*$跃迁) | | R 吸收带 ($n \to \pi^*$跃迁) | | 溶剂 |
| --- | --- | --- | --- | --- | --- | --- | --- |
| | $\lambda_{最大}$/nm | $\varepsilon_{最大}$ /[L/(mol·cm)] | $\lambda_{最大}$/nm | $\varepsilon_{最大}$ /[L/(mol·cm)] | $\lambda_{最大}$/nm | $\varepsilon_{最大}$ /[L/(mol·cm)] | |
| 联苯 | 246 | 20000 | 淹没 | — | — | — | 醇 |
| 顺式芪 | 283 | 12300a | 湮灭 | — | — | — | 醇 |
| 反式芪 | 295b | 25000a | 湮灭 | — | — | — | 醇 |
| 顺式 1-苯基-1,3-丁二烯 | 268 | 18500 | — | — | — | — | 异辛烷 |
| 反式 1-苯基-1,3-丁二烯 | 280 | 27000 | — | — | — | — | 异辛烷 |
| 顺式 1,3-戊二烯 | 223 | 22600 | — | — | — | — | 醇 |
| 反式 1,3-戊二烯 | 223.5 | 23000 | — | — | — | — | 醇 |

a. 强谱带也发生在 200~230nm 区域；b. 精细结构的最强谱带。

值得注意的是苯胺和苯酚的紫外光谱。它们的紫外吸收与溶液的 pH 有直接关系。在碱性溶液中苯酚转变成相应的阴离子，$E_2$ 和 B 吸收带向长波移动，同时 $\varepsilon_{最大}$ 增加[图 2-28(a)]。在酸性溶液中，苯胺转化成苯胺阳离子，这样苯胺的不成键电子对不再与苯环上的 $\pi$ 电子相互作用，因此得到一个与苯几乎相同的光谱，如图 2-28(b)所示。

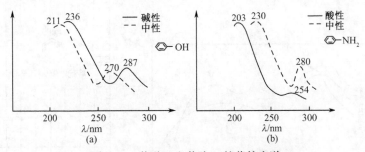

图 2-28　苯酚(a)和苯胺(b)的紫外光谱

因此，将一化合物在中性和碱性溶液中得到的紫外光谱图加以比较，可判断该化合物是否含有苯酚结构。同样比较中性和酸性溶液测定的谱图，可判断是否有苯胺衍生物。

(3) 稠环芳烃。多环芳香族可当作单个生色基来处理。随稠环数目的增加，吸收峰逐渐向长波移动，直到出现在可见区域(图 2-29)。

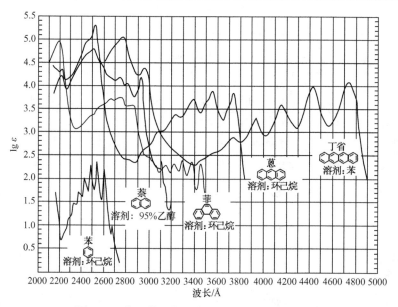

图 2-29　苯、萘、菲、蒽及丁省的电子吸收光谱

(4) 芳香杂环化合物。饱和的五元和六元杂环化合物在大于 200nm 波长区域无吸收，只有不饱和杂环化合物在近紫外区有吸收。

不饱和的五元和六元杂环化合物的紫外吸收与相应的芳烃或取代物相似。例如，嘧啶的光谱与苯相似，而喹啉的光谱与萘相似(图 2-30、图 2-31)。表 2-12、表 2-13 列出一些不饱和五元、六元杂环化合物的吸收特征。

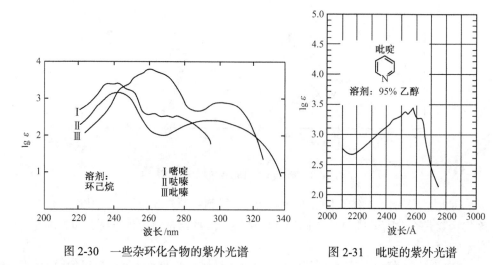

图 2-30　一些杂环化合物的紫外光谱　　　　图 2-31　吡啶的紫外光谱

表 2-12　五元芳香杂环的吸收特征

| 母体 | 取代基 | 谱带 I | | 谱带 II | |
|---|---|---|---|---|---|
| | | $\lambda_{最大}$/nm | $\varepsilon_{最大}$/[L/(mol·cm)] | $\lambda_{最大}$/nm | $\varepsilon_{最大}$/[L/(mol·cm)] |
| 呋喃 | — | 200 | 10000 | 252 | 1 |
| 呋喃 | 2—CHO | 277 | 2200 | 272 | 13000 |
| 呋喃 | 2—C(O)—CH₃ | 225 | 2300 | 270 | 12900 |
| 呋喃 | 2—C—CH₃ | 214 | 3800 | 243 | 10700 |
| 呋喃 | 2—COOH | 225 | 3400 | 315 | 8100 |
| 呋喃 | 2—NO₂ | | | 315 | 9600 |
| 吡咯 | 2—Br, 5—NO₂ | 183 | — | 211 | 15000 |
| 吡咯 | 2—CHO | 252 | 5000 | 290 | 16600 |
| 吡咯 | 2—C(O)—CH₃ | 250 | 4400 | 287 | 16000 |
| 吡咯 | 2—COOH | 228 | 4500 | 258 | 12600 |
| 吡咯 | 1—C(O)—CH₃ | 234 | 10800 | 288 | 760 |
| 噻吩 | — | 231 | 7100 | — | — |
| 噻吩 | 2—CHO | 265 | 10500 | 279 | 6500 |
| 噻吩 | 2—C(O)—CH₃ | 252 | 10500 | 273 | 7200 |
| 噻吩 | 2—COOH | 249 | 11500 | 269 | 8200 |
| 噻吩 | 2—NO₂ | 268~272 | 6300 | 294~298 | 6000 |
| 噻吩 | 2—Br | 236 | 9100 | — | — |

注：取代基处数字 1、2 表示取代基的 C 位置。

表 2-13　一些含氮的芳香杂环及其碳环类似物的吸收特征

| 化合物 | E₁ 吸收带* | | E₂ 吸收带* | | B 吸收带* | | 溶剂 |
|---|---|---|---|---|---|---|---|
| | $\lambda_{最大}$/nm | $\varepsilon_{最大}$/[L/(mol·cm)] | $\lambda_{最大}$/nm | $\varepsilon_{最大}$/[L/(mol·cm)] | $\lambda_{最大}$/nm | $\varepsilon_{最大}$/[L/(mol·cm)] | |
| 苯 | 184 | 60000 | 204 | 7900 | 256 | 200 | — |
| 萘 | 221 | 100000 | 286 | 9300 | 312 | 280 | — |
| 喹啉 | 228 | 40000 | 270 | 3162 | 315 | 2500 | 环己烷 |

续表

| 化合物 | E₁ 吸收带* | | E₂ 吸收带* | | B 吸收带* | | 溶剂 |
|---|---|---|---|---|---|---|---|
| | $\lambda_{最大}$/nm | $\varepsilon_{最大}$/[L/(mol·cm)] | $\lambda_{最大}$/nm | $\varepsilon_{最大}$/[L/(mol·cm)] | $\lambda_{最大}$/nm | $\varepsilon_{最大}$/[L/(mol·cm)] | |
| 异喹啉 | 218 | 63000 | 265 | 4170 | 313 | 1800 | 环己烷 |
| 蒽 | 256 | 180000 | 375 | 9000 | — | — | — |
| 吖啶 | 250 | 200000 | 358 | 10000 | — | — | 乙醇 |

\* 这些谱带都有精细结构。

# 第六节　荧　光　光　谱

早在 1575 年 Monardes 就观察到一种名为愈创木的植物切片，其水溶液具有荧光。但直到 1852 年，Stokes 用分光计才观察到荧光的波长比入射光的波长稍长，1905 年 Wood 发现共振荧光，1922 年 Franck 等发现了增感荧光。近几十年来，荧光在理论研究和实际应用中都取得了很大的进展。

荧光光谱、磷光光谱与紫外光谱一样都属于电子光谱。被测分子吸收辐射能后被激发到较高电子能态。当不稳定分子返回基态时，释放出能量而发射出一定波长的荧光、磷光。其光谱提供被测分子结构信息，还可用于定量分析。值得注意的是，荧光光谱应与荧光 X 射线分析进行区分。

## 一、荧光光谱基本原理

### (一) 分子电子能态

由紫外光谱原理可知，分子中的电子处在一定能级的分子轨道中，分子轨道有能量较低的成键轨道和能量较高的反键轨道。处于分子轨道中电子的状态有两种，即单重态和三重态。通常基态电子处于能量较低的成键轨道上。大多数分子含有偶数个电子，在基态时这些电子都成对地处于原子或分子轨道中，并且自旋相反，这种状态是抗磁性的，称为单重态。在激发态时，成对电子可有三种存在状态，其中一组仍显示抗磁性，称为激发单重态。另外两组显示出顺磁性，称为激发三重态，如图 2-32 所示。

### (二) 荧光的产生

图 2-33 为荧光和磷光的发射示意图。在室温时，分子处于基态的最低振动能级 ($S_0$)，但分子吸收一定波长光时，分子中的电子被激发到第一电子激发态(激发单重态 $S_1$)或第二电子激发态(激发单重态 $S_2$)的各个不同振动能级和转动能级，受激单重

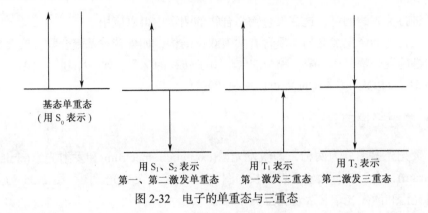

基态单重态
（用 $S_0$ 表示）

用 $S_1$、$S_2$ 表示　　　　用 $T_1$ 表示　　　用 $T_2$ 表示
第一、第二激发单重态　　第一激发三重态　第二激发三重态

图 2-32　电子的单重态与三重态

态的平均寿命为 $10^{-7} \sim 10^{-9}$s。然后以碰撞(如溶液中溶质分子与溶剂分子发生的碰撞)形式将一部分能量以无辐射形式进行交换，跃迁至激发态的最低振动能级。再从此最低激发态落至基态中不同的振动能级，此时能量以光的形式释放，这种光称为荧光。

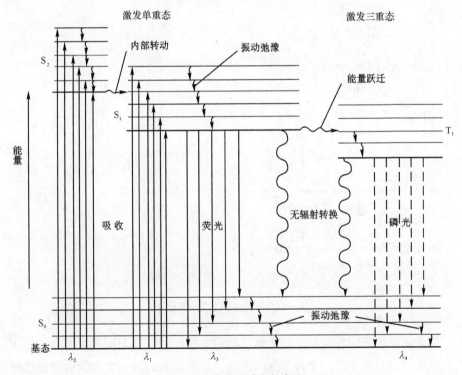

图 2-33　荧光和磷光的产生

## (三) 聚合物的荧光

大部分聚合物与含有荧光基团的有机化合物作用可生成产生荧光的络合物，

然后进行荧光的测定，这在聚合物络合物的测定中得以应用。

聚合物能产生荧光的物质含有共轭双键结构，如含芳香基聚合物，或含多共轭双键的聚合物分子。聚合物中能使 π 电子转移的基团，如—$NH_2$、—OH、—F、—$OCH_3$、$N(CH_3)_2$、—CN 等可以增强荧光。

## (四) 荧光光谱图

荧光光谱图分为两种，即激发光谱(excitation spectrum)和发射光谱(emission spectrum)，发射波长大于激发波长。图 2-34 为菲的荧光光谱图，图 2-35 为蒽的发射光谱和激发光谱，表现为互为镜像。

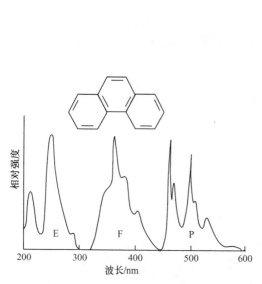

图 2-34　菲的荧光光谱图
E 表示荧光激发光谱；F 表示荧光发射光谱；
P 表示磷光光谱

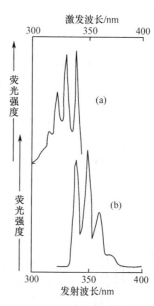

图 2-35　蒽的发射光谱(a)和激发光谱(b)

## 二、荧光计和荧光光谱仪

测量试样荧光的方法与紫外光谱的测定方法相似，其不同点主要在于使用了两个单色器或滤光片，一个为激发辐射选择适当波长，另一个为发射辐射选择适当波长，而且几乎所有的仪器都为双波长。

测量样品荧光的装置有两种，一种称为荧光计(fluorometer)，其特点是装置简单，价格便宜；另一种称为荧光光谱仪(spectrofluorometer)，可同时测定出发射光谱和激光光谱，并可进行准确的定量分析。下面分别进行简单的介绍。

## (一) 荧光计

图 2-36 为荧光计的光路图，荧光计激发光波部分采用低压真空汞灯，可产生 254nm、366nm、405nm、436nm、546nm、577nm 和 773nm 波长的光。采用较便宜的滤光片作分光器，光电信号倍增管为检测器。

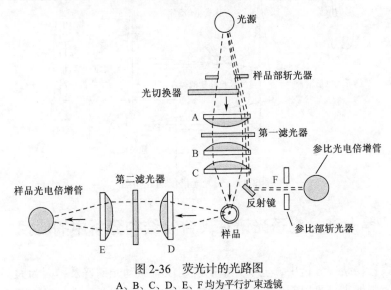

图 2-36 荧光计的光路图
A、B、C、D、E、F 均为平行扩束透镜

测试原理如下：光源发出的光被分成参照光路和试样光路；参照光路的光被透镜放大，使之始终保持与荧光同等强度。两个光路的光同时通过第一滤光器，然后参照光路被反射到参比光电倍增管。而试样光路被两个透镜聚集到试样池，并引起样品荧光发射，发射光通过第二滤光器到达样品光电倍增管，两个检测器的电流差输送到数据处理部分，经记录后，即可得到所需的分析数据。

## (二) 荧光光谱仪

荧光光谱仪可提供激发和发射两种光谱。图 2-37 为一商品型号荧光光谱仪的光路图。荧光光谱仪的光源采用氙弧灯，可发射 300～1300nm 波长的连续光谱，并且发射出的射线强度大。采用两个光栅作单色器，光电倍增管为检测器，光源发出的光经第一个光栅单色器后被分成参照光和试样光，试样发出的光经第二个光栅单色器后被第二个光电倍增管检测。

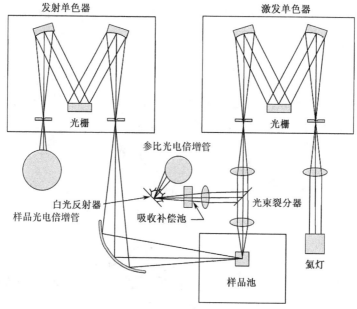

图 2-37 荧光光谱仪的光路图

# 第七节 电子光谱在聚合物结构分析中的应用

在聚合物结构分析中,电子光谱的应用没有振动光谱普及,因为大多数聚合物不吸收紫外光,难以制成透明的溶液。同时大多数聚合物也不具有荧光或磷光性质。但是多数聚合物单体能吸收紫外光,可利用紫外光对其进行表征或定量分析。多数聚合物能与含有荧光基团的有机化合物作用生成荧光络合物,然后进行荧光测定。

## 一、紫外光谱在聚合物结构分析中的应用

### (一) 定性分析

在聚合物结构分析中,紫外光谱的定性分析主要应用于聚合物中官能团的鉴定,如含有芳香基、羰基或氧、硫、卤等杂原子的可溶性聚合物,可用紫外光谱进行表征。在定性分析时,可参照前述的红外光谱解析要点,从谱带分类、电子跃迁方式来判断,并注意吸收带的波长范围、吸收系数及是否有精细结构等,同时还要注意所用溶剂极性对谱带的影响。表 2-14 列出一些聚合物的紫外吸收特征。

**表 2-14　某些高分子的紫外吸收特征**

| 高分子 | 生色基 | 最长的吸收波长/nm |
|---|---|---|
| 聚苯乙烯 | 苯基 | 270，280(吸收边界) |
| 聚对苯二甲酸乙二醇酯 | 对苯二甲酸酯基 | 290(吸收尾部)，300 |
| 聚甲基丙烯酸甲酯 | 脂肪族酯基 | 250～260(吸收边界) |
| 聚乙酸乙烯酯 | 脂肪族酯基 | 210(最大值处) |
| 聚乙烯基咔唑 | 咔唑基 | 345 |

## (二) 定量分析

在多种光谱分析方法中，紫外光谱最常用于定量分析。

### 1. 聚合物中残留单体的测定[7]

准确测量聚合物中残留单体的含量具有重要意义。例如，聚苯乙烯中苯乙烯残留单体的测定。苯乙烯单体在 270nm、283nm 和 292nm 处有吸收峰，而聚苯乙烯只在 270nm 处有吸收峰，选用 292nm 吸收峰可测定苯乙烯的含量，由于添加剂在这一波长范围有背景吸收。测定的吸收值应加以校正，扣除背景吸收然后从标准曲线上查出对应的浓度，即可换算出苯乙烯残留单体的浓度。

### 2. 聚合物材料中添加剂含量的测定[24]

在高分子材料学科中对助剂的研究占有相当重要的地位。多数助剂在紫外区有特征吸收，可用紫外光谱法对其进行分析测定。例如，用紫外光谱可对聚丙烯中紫外光稳定剂含量进行测定。在聚丙烯的紫外稳定剂中，有一种商品名为Tinuvin326 的紫外稳定剂，其化学成分是 2-(2-羟基-5-叔丁基)-3-氯苯丙三唑，在紫外区有特征吸收，可用标准曲线法求其含量。

### 3. 聚合反应动力学

对于反应物(单体)或产物(高分子)有紫外特征吸收的聚合反应，可利用紫外光谱进行聚合反应动力学或反应机理研究，一般的紫外光谱仪器都配有动力学附件，可通过测定反应物和产物的光谱变化得到反应动力学数据。

## 二、荧光光谱在聚合物结构分析中的应用

### (一) 聚合物荧光光谱研究中的"探针"与"标记"

聚合物能在紫外光照射下产生荧光的很少，但可以通过引入含有荧光基团的

有机化合物生成荧光的聚合物。这种可发出荧光的官能团即称为荧光"探针"或"标记"。一般将荧光官能团用物理法分散于高分子体系中的称为荧光"探针"，而荧光官能团用化学键连接在高分子上的则称为荧光"标记"。

## (二) 荧光光谱在聚合物研究中的应用

荧光光谱由于其灵敏度高，在高分子溶液、共混物、反应动力学、高分子结构等研究中都有重要应用前景。

### 1. 高分子在溶液中的形态转变

钱人元等用荧光光谱研究了聚苯乙烯在二氯乙烷和环己烷中的溶液行为[25, 26]。图 2-38 为聚苯乙烯在二氯乙烷溶液中的荧光激发光谱和发射光谱。

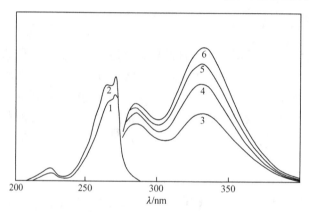

图 2-38　聚苯乙烯(试样 F)-二氯乙烷溶液的荧光激发光谱和发射光谱

激发光谱：发射波长 1—330nm，2—285nm；激发狭缝宽 2.5nm；

发射光谱：生色基浓度 3—$1.04 \times 10^{-3}$mol/L，4—$2.45 \times 10^{-2}$mol/L，5—0.367mol/L，6—1.10mol/L

其荧光量子产率与单生色基荧光产率之比($I_E/E_M$)对浓度对数(lg$c$)的关系如图 2-39 所示。

聚苯乙烯是柔性链高分子，二氯乙烷是其良溶剂，在极稀的良溶剂中是扩张的线团形态。由于线团间的距离大而不存在线团与线团的相互作用，$I_E/I_M$ 为恒定值，随着溶度增加，孤立的高分子线团逐渐靠近，当浓度达到某一值($c_s$)时，高分子的形态开始受邻位线团的影响而收缩，$I_E/I_M$ 随浓度升高而增加。

### 2. 高分子共混物的相容性和相分离

不同品种的高分子均聚物共混，有可能获得具有新性能，或综合两者的优点的新材料体系，用荧光光谱可研究高分子共混体系。

例如，江明用荧光光谱法研究了乙烯基苯和甲基丙烯酸甲酯的共聚物(PV-M)

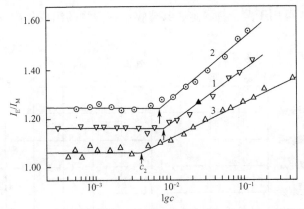

图 2-39　聚苯乙烯-二氯乙烷溶液荧光光谱 $I_E/I_M$ 与 $\lg c$ 的关系

试样的 $M_w$：1—$9.54 \times 10^3$；2—$2.52 \times 10^5$；3—$6.09 \times 10^6$；$I_E/I_M$ 为 $I_{330}/I_{285}$

与含羟基聚苯乙烯[PS(OH)]共混体系[27]。在羟基含量很低时，$I_E/I_M$ 不随 OH 含量而变，表明 PV-M 在 PS(OH)中的状态是独立的。在羟基含量较高时，$I_E/I_M$ 在一个低值水平上保持不变，这表明 PV-M 已和 PS(OH)充分贯穿均匀混合了。而在这两区域之间，明显存在一个转变区，在转变区内，PV-M 由自身聚集的状态过渡到 PS(OH)基质中的充分均匀混合。

## 第八节　光谱法的新进展

　　随着科学技术的不断进步，光谱分析方法的实验技术也有很多新的进展，在这一节中主要介绍近红外光谱法(near-infrared spectroscopy)、远红外光谱法(far-infrared spectroscopy)和光声红外光谱法(photoacoustic infrared spectroscopy)[28]。

### 一、近红外光谱法

　　一般将 770～3000nm($13000$～$3300\text{cm}^{-1}$)波长范围的光列为近红外区。在这个范围产生吸收的是一些位于 $3000$～$1700\text{cm}^{-1}$ 产生伸缩振动基频的倍频，如 C—H、N—H、O—H 等基团。由于多是倍频或复合频，所以这一区域的吸收较弱。

　　早期高分子的近红外光谱出现过多的倍频或复合频导致谱带重叠，从而谱图难以解析。随着近年来多元统计分析等数据处理技术的进步，克服了谱带重叠的难题，从而使近红外光谱成为基频红外光谱重要的补充技术。

　　现在许多商品的红外光谱仪已具备近红外区测定的功能，或通过改装扩展到近红外区域。近红外光谱的样品可以是无散射的固体样品、熔融高分子或高分子溶剂。图 2-40 列出一些近红外常用的透射特性。近红外光谱在聚合物研究中可与红外光谱相似。可用于聚合物鉴定、共聚物或共混物的组成分析、聚合物结构分析等。

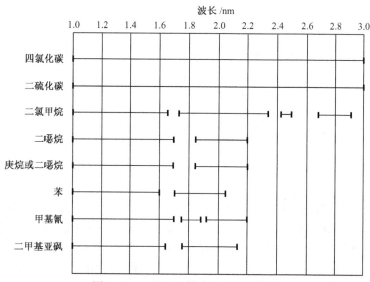

图 2-40　一些近红外常用的透射特性

近红外光谱技术应用于高分子领域比较晚。20 世纪 70 年代，Crandall 开始研究一系列逐步聚合反应体系的熔膜和溶液的近红外光谱，发现聚酯、聚氨酯、聚酰胺和脲醛树脂均表现出羰基、羟基和 N—H 倍频吸收特征，通过各吸收带与 C—H 吸收峰的对比，认为近红外光谱可用于热固性树脂固化反应的定量研究。此后近红外光谱用来研究各种合成聚合物并对光谱吸收特征进行解析。聚烯烃、聚酰胺、聚氨酯、聚酰胺酸以及酚醛、脲醛树脂的典型近红外区域的合频及倍频吸收峰在判别分析、聚合物物性以及反应机理研究方面表现出巨大的应用潜能。目前，近红外光谱技术已经在聚合物合成和加工过程的在线监测、回收废塑料的分拣以及物性指标测定方面成功应用，在机理研究方面也取得了很大的成绩，新的应用领域正在不断地拓展。

## (一) 聚合、加工过程的监测

聚合物的生产过程一般包括原料制备、聚合反应、高聚物回收和精加工四个主要步骤，近红外光谱可以在线监控生产过程的每一步。在原料制备过程中，在线监测进料纯度；聚合反应过程中监测聚合的程度和反应动力学；在回收时测定残余溶剂量；在精加工阶段监测添加剂的含量和加工过程中结构变化及有关物理化学性质。加工过程的应用，主要应用于聚合物挤出加工过程，近红外光谱可在线分析挤出产品中不同组分的含量以及挤出高聚物的物性分析。此外，还应用于

三元乙丙橡胶 γ 射线辐照交联过程中辐照剂量的测定。

## (二) 聚合物类型的判别分析

由于近红外光谱的特征性不像红外光谱那样明显，一般很少用于化合物精细结构的表征。但是不同类型的聚合物的近红外光谱仍有一定的差别，可以用作判别分析，最常见的应用是对回收的废塑料进行分拣以便二次加工。

## (三) 聚合物物性指标的测定

聚合物的物性指标通常包括分子量、熔点、力学性能(拉伸强度、屈服强度)、电性能(介电性、导电性等)以及高聚物的取向(等规度)等。聚合物的物性指标主要取决于聚合物的结构或组成。此外，聚合物的微观结构、分子间及分子内的作用力对高聚物的物性指标均有影响。而聚合物的结构或组成变化必将反映在其光谱的变化上。近红外光谱技术在聚合物物性测试中典型的应用有分子量、聚乙烯密度和熔体流动速率、弹性体中橡胶相的尺寸、聚氯乙烯树脂固体粉末黏度和白度、老化性能、力学性能和微观结构的测定。

## (四) 聚合物化学组成的测定

聚合物混合物及共聚物的组分分析是近红外光谱技术在高分子领域的另一个重要用途，采用该技术可以定量测定聚合物混合物中各均聚物的含量以及共聚物中各单体的比例。此外，还可用于高聚物中添加剂含量的测定、生物可降解聚合物中共聚比的测定及层压塑料板中各组分定性判别和定量分析等。

## (五) 聚合物反应机理的研究

在近红外光谱区开展的聚合反应机理研究一般是沿用传统红外光谱技术，在近红外光谱区进行聚合反应中聚合物的化学键、结晶性和各向异性等相关基础理论研究。例如，双马来酰亚胺-二氨体系的固化反应机理、尼龙 11 薄膜的单轴拉伸过程中链段取向机理、导电高分子的掺杂反应机理、间苯二胺及苯基环氧丙烷基醚的反应机理、聚异丁烯酸甲酯作为改性剂存在下双酚 A 环氧树脂固化体系的聚合反应机理和烷氧基硅烷溶胶-凝胶反应机理等都是近红外光谱技术在聚合物反应机理研究中的应用。

## 二、远红外光谱法

远红外光的范围为 $200 \sim 10 cm^{-1}$，由于现在红外光谱仪均在 $400 cm^{-1}$ 以上，因此远红外光谱范围从 $400 cm^{-1}$ 开始，在远红外光区有很多无机分子的振动。结晶聚合物的晶格振动频率也在远红外光区域内，因此在聚合物结晶研究中具有重要的意义。

对于远红外光谱的研究，使用光源、检测器等技术限制了其发展。随着红外仪器技术的提高，特别是傅里叶变换远红外光谱的进步，远红外光谱领域的研究也逐渐兴起，形成一个新的红外研究领域。

远红外光谱样品测定方法与一般红外光谱相似，但不用盐片，而是采用聚烯烃类材料。图 2-41 给出一些常用材料的远红外光谱。在固体压片时，常用石蜡油和聚乙烯为分散剂。

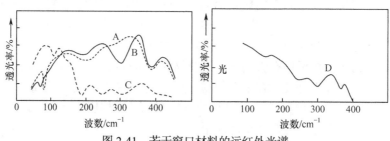

图 2-41　若干窗口材料的远红外光谱

A—高密度聚乙烯；B—低密度聚乙烯；C—聚丙烯；D—聚 4-甲基-1-戊烯

远红外光谱在聚合物研究中主要用于高分子结晶研究。从不同结晶度的全同聚丙烯的远红外光谱可看出，随着结晶度的增加，其谱带明显变得尖锐。

## 三、光声红外光谱法

光声红外光谱原理由 Alexander Graham Bell 于 1880 年发现。当样品被周期性调制光照射时，会吸收一定波长的光，从振动基态跃迁至激发态，当其从激发态回至基态时，能量以热的形式释放出来，这种放热过程是周期性的。这就造成样品池中气体介质的周期扰动，而产生"声音"，并被光灵敏"麦克风"检测出来，转变成光谱信号，称为光声光谱。在早期的光声光谱研究中，都在容易获得强光源的紫外可见光区内进行。随着傅里叶变换红外光谱仪的应用，1979 年 Vidrine 和 Rockley 各自测得了固体傅里叶变换红外光声光谱(FTIR-PAS)，使得这一新的测定技术得以迅速应用。

FTIR-PAS 对气体、液体、固体样品都能进行测定，特别对于一些颜色深暗、不透光、强散射的高分子固体样品，用常规红外透射法难以测定时，FTIR-PAS 可直接或稍加制备即可测定。现在各仪器公司的仪器都配有标准光声附件。FTIR-PAS 在聚合物结构研究中主要应用于聚合物表面结构及表面吸附研究等方面。

用 FTIR-PAS 可研究聚氯乙烯(PVC)的降解。图 2-42 为 PVC 复合材料在沙漠中风蚀了半年后的光声红外光谱。在风蚀后样品的谱图中，有宽大的 3300cm$^{-1}$ 谱带，归属于氢键结合的—OH 伸缩振动，表明在风蚀后的 PVC 表面存在羟基。

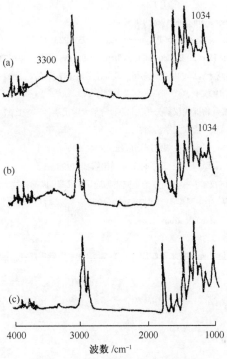

图 2-42 风蚀后 PVC 的光声光谱

测定光学速度：(a) 0.235cm/s；(b) 0.396cm/s；(c) 0.665cm/s

# 参 考 文 献

[1] Skoog D A, Leary J J. Principles of Instrumental Analysis. 4th ed. Philadelphia: Saunders College Publishing, 1992

[2] Silverstein 等. 有机化合物のスペクトルによ同定法. 5 版. 荒木峻, 益子洋一郎, 山本修, 译. 东京: 东京化学同人, 1992

[3] 沈德言. 红外光谱法在高分子研究中的应用. 北京: 科学出版社, 1991

[4] 薛奇. 高分子结构研究中的光谱法. 北京: 高等教育出版社, 1995

[5] 汪昆华, 罗传秋, 周啸. 聚合物近代仪器分析. 北京: 清华大学出版社, 1991

[6] 高家武. 高分子近代测试技术. 北京: 北京航空航天大学出版社, 1994

[7] 泉美治, 小川雅弥, 加藤俊二, 等. 机器分析のてびき第 1 集. 增补定訂版. 东京: 东京化学同人, 1985

[8] 何素芹, 王留阳, 朱诚身, 等. 郑州大学学报(自然科学版), 2000, (4): 82-84, 87

[9] Andrews D L. Molecular Photophysics and Spectroscopy. Singapore: Morgan & Claypool Publishers, 2014

[10] 薛奇. 高分子结构研究中的光谱法. 北京: 高等教育出版社, 1995

[11] Kranes A, Large A, Ezna M. Plastic Guide. New York: Hanser Publishers, 1983

[12] Bork L S, Allen N S. Analysis of Polymer System. London: Applied Science Publishers, 1982

[13] Hommel D O, Scholl F K. Infrared Analysis of Polymer, Resins and Additives: An Atlas. Vol. 1. New York: Hanser, 1969

[14] Urbanski J, Czeerwinski W, Janicka K, et al. Handbook of Analysis of Synthetic Polymer and Plastics. New York: John Wiley & Sons, 1977

[15] Loongo J P. Applied Polymer Symposia, 1969, 10: 121

[16] Iwasaki M, Aoli M, Okvhara K. Journal of Polymer Science, 1957, 223: 116

[17] Oi N, Morigvchi K, Shinada H, et al. Bulletin of the Chemical Society of Japan, 1973, 46: 634

[18] 张颖. 光接枝改性聚丙烯腈超滤膜的研究. 郑州: 郑州大学硕士学位论文, 2002

[19] 王永霞, 薛奇. 化学通报, 1995, 1: 5-10

[20] 汪昆华, 罗传秋, 周啸. 聚合物近代仪器分析. 北京: 清华大学出版社, 1991: 37-47

[21] 孟令芝. 有机波谱分析. 武汉: 武汉大学出版社, 1996

[22] 崔永芳. 实用有机波谱分析. 北京: 中国纺织出版社, 1994

[23] 陈洁. 有机波谱分析. 宋启, 译. 北京: 北京理工大学出版社, 1996

[24] 陈志军, 方少朋. 近代测试技术——在高分子研究中的应用. 成都: 成都科技大学出版社, 1998

[25] 钱人元, 曹锑, 陈尚贤, 等. 中国科学(B 辑), 1983, 12: 1080

[26] Qian R Y, Cao T. Polymer Communications, 1986, 27: 169

[27] 江明. 自然科学年鉴, 1988, 2: 38

[28] 吴瑾光. 近代傅里叶变换红外光谱技术及应用. 北京: 科学技术文献出版社, 1994

# 第三章 核磁共振与电子顺磁共振

核磁共振(nuclear magnetic resonance，NMR)与电子顺磁共振(electron paramagnetic resonance，EPR)也是分子吸收光谱的一种，EPR又称为电子自旋共振(electron spin resonance，ESR)波谱。紫外光谱是由分子的电子能级跃迁产生的，而NMR则是由分子的原子核能级间的跃迁产生的，ESR是由分子内未成对电子自旋能级间的跃迁而产生的。

1946年美国哈佛大学的珀塞尔(E. M. Purcell)和斯坦福大学的布洛赫(F. Bloch)独立地在各自的实验室里分别观测到水、石蜡质子的核磁共振信号，为此他们荣获了1952年的诺贝尔物理学奖。从20世纪中期到21世纪初的60多年间，先后有6位科学家因在核磁共振领域的突出成就而在3个以上学科(物理学、化学、生理学或医学)先后荣获至少4次以上诺贝尔奖，足以说明NMR领域的重要性及技术先进性。目前，核磁共振谱学不仅是研究化学物质的分子结构、构象和构型的重要方法，也是物理、生物、医药和材料学等研究领域不可或缺的工具[1-5]。

核磁共振谱按照被测定对象可分为氢谱和碳谱，氢谱常用 $^1H\ NMR$ 表示，碳谱常用 $^{13}C\ NMR$ 表示，其他还有 $^{19}F$、$^{31}P$ 及 $^{15}N$ 等的核磁共振谱，其中应用最广泛的是氢谱和碳谱。

核磁共振谱还可按测定样品的状态分为液体NMR和固体NMR。测定溶解于溶剂中的样品的称为液体NMR，测定固体状态样品的称为固体NMR，其中最常用的是液体NMR，而固体NMR则在高分子结构研究中起重要作用。

## 第一节 核磁共振原理

核磁共振谱是材料分子结构表征中最有用的一种仪器测试方法之一。用一定频率的电磁波对样品进行照射，可使特定化学结构环境中的原子核实现共振跃迁，在照射扫描中记录发生共振时的信号位置和强度，就得到核磁共振谱。

### 一、原子核的自旋与核磁共振的产生

#### (一) 原子核的自旋

原子是由原子核和电子组成的，而质子和中子又组成了原子核。原子核具有

质量并带有电荷。某些原子核能绕核轴做自旋运动，各自有它的自旋量子数($I$)，自旋量子数有 0、1/2、1、3/2 等值。$I=0$ 意味着原子核没有自旋。每个质子和中子都有其自身的自旋，自旋量子数是这些自旋的合量，即与原子核的质量数($A$)及原子序数($Z$)之间有一定的关系，若原子核的原子序数和质量数均为偶数时，$I$ 为零，原子核无自旋，如 $^{12}$C 原子和 $^{16}$O 原子，它们没有 NMR 信号。若原子序数为奇数或偶数，质量数为奇数时，$I$ 为半整数；原子序数为奇数、质量数为偶数时，$I$ 为整数，见表 3-1。

表 3-1　原子核的自旋量子数

| 原子序数 | 质量数 | $I$ | 实例 |
|---|---|---|---|
| 偶 | 偶 | 0 | $^{12}_{6}$C，$^{16}_{8}$O，$^{32}_{16}$S |
| 奇、偶 | 奇 | 半整数 | $^{1}_{1}$H，$^{13}_{6}$C，$^{19}_{9}$F，$^{15}_{7}$N，$^{31}_{15}$P $\left(I=\dfrac{1}{2}\right)$ <br> $^{17}_{8}$O $\left(I=\dfrac{5}{2}\right)$，$^{11}_{5}$B $\left(I=\dfrac{3}{2}\right)$ |
| 奇 | 偶 | 整数 | $^{2}_{1}$D $(I=1)$，$^{10}_{5}$B $(I=3)$ |

## (二) 原子核的磁矩与自旋角动量

原子核在围绕自旋轴(核轴)做自旋运动时，由于原子核自身带有电荷，因此沿核轴方向产生一个磁场，而使核具有磁矩($\mu$)，$\mu$ 的大小与自旋角动量($P$)有关，它们之间关系的数学表达式为

$$\mu = \gamma P \tag{3-1}$$

式中，$\gamma$ 为磁旋比，是核的特征常数。

依据量子力学原理，自旋角动量是量子化的，其状态是由核的自旋量子数($I$)所决定的，$P$ 的绝对值为

$$|P| = \frac{h}{2\pi}\sqrt{I(I+1)} = \hbar\sqrt{I(I+1)} \tag{3-2}$$

式中，$\hbar = \dfrac{h}{2\pi}$，$h$ 为普朗克常量。

## (三) 磁场中核自旋的能量

在一般情况下，自旋的磁矩可任意取向，但当把自旋的原子核放入外加磁场($H_0$)中，除自旋外，原子核还将绕 $H_0$ 运动，由于磁矩和磁场的相互作用，核磁矩的取向是量子化的。核磁矩的取向数可用磁量子数($m$)来表示，$m=I, I-1, I-2, \cdots,$

$-(I-1)$，$-I$。共有$(2I+1)$个取向，而使原来简并的能级分裂成$2I+1$个能级。每个能级的能量

$$E = -\mu_H H_0 \tag{3-3}$$

式中，$H_0$为外加磁场强度；$\mu_H$为磁矩在外磁场方向的分量，$\mu_H = \gamma m \dfrac{h}{2\pi}$，所以

$$E = -\gamma m \frac{h}{2\pi} H_0 = -\gamma m \hbar H_0 \tag{3-4}$$

由于自旋核在外磁场中有$(2I+1)$个能级，这说明自旋原子核在外加磁场中的能量是量子化的，不同能级之间的能量差为$\Delta E$。根据量子力学选律，只有$\Delta m = \pm 1$的跃迁才是允许的，则相邻能级之间跃迁的能级差为

$$\Delta E = r \Delta m \hbar H_0 \tag{3-5}$$

## (四) 核磁共振的产生

### 1. 拉莫尔进动

如图3-1所示，在外加磁场$(H_0)$中，自旋核绕自旋轴旋转，而自旋轴与磁场$H_0$又以特定夹角绕$H_0$旋转，类似一陀螺在重力场中的运动，这样的运动称为拉莫尔(Larmor)进动。进动频率(又称Larmor频率)由式(3-6)算出：

$$\omega_0 = 2\pi \nu_0 = \gamma H_0 \tag{3-6}$$

而自旋角动量是量子化的，其在磁场方向上的分量$P_z$和磁量子数有以下关系$P_z = m\hbar$，因$m$共有$2I+1$个值，与此相应，$P_z$也有$2I+1$个值，与此项对应自旋核在$z$轴上的磁矩：

$$\mu_z = \gamma P_z = \gamma m \hbar \tag{3-7}$$

则$\mu$与$H_0$相互作用能量：

$$E = -|\mu||H_0|\cos\theta = -\mu_z H_0 \tag{3-8}$$

将各式代入其中得

$$E = -\gamma m \hbar H_0 \tag{3-9}$$

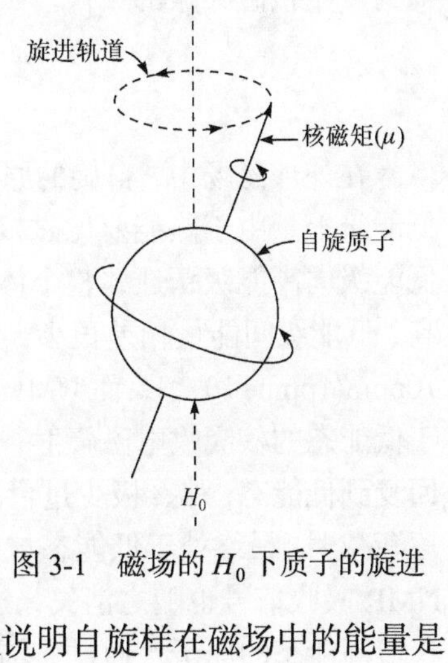

图3-1　磁场的$H_0$下质子的旋进

因$m$是量子化的，所以$E$值也是量子化的。这说明自旋样在磁场中的能量是量子化的，其能级差：

$$\Delta E = -\gamma \Delta m \hbar H_0 \tag{3-10}$$

如图3-2所示。

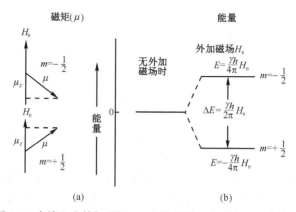

图 3-2　自旋和在外加磁场($H_0$)中的能量($E$)与磁矩 ($\mu$) 的关系
(a) 不同能量时磁矩($\mu$)在外加磁场中的取向；(b) 磁核能量($E$)与磁场强度的关系

**2. 核磁共振的产生**

　　根据式(3-9)所述，在外加磁场中，自旋的原子核具有不同的能级，如用一特定的频率($\nu$)的电磁波照射样品，并使 $\nu = \nu_0$，即 $h\nu = \Delta E = \gamma \hbar H_0$ 时，原子核即可进行能级之间的跃迁，产生核磁共振吸收，而

$$\nu = \Delta E / h = \gamma H_0 / 2\pi \tag{3-11}$$

即为产生核磁共振的条件。

## 二、饱和与弛豫过程

　　在外加磁场中，自旋的原子核(磁核)的能级分裂成($2I+1$)个，磁核优先分布在低能级上。由于热能要比磁核能级差高几个数量级，磁核在热运动中仍有机会从低能级向高能级跃迁，整个体系处在高、低能级的动态平衡之中。但是由于磁核高、低能级间能量相差很小，处于低能级的核仅比处于高能级的核过量很少[约为10ppm($1ppm=10^{-6}$)]，而 NMR 信号就是靠这极弱量的低能态的原子核产生的。处于低能态的核吸收电磁辐射，向高能态跃迁。如果这一过程连续下去，而没有核回复到低能态，那么极少过量的低能态原子核就会逐渐减少，NMR 信号的强度也逐渐减弱，最终处于低能态与处于高能态的原子核数目相等，体系没有能量变化，NMR 吸收信号也随之消失，这种情况称为"饱和"。实际上存在一个过程，使处于较高能态的原子核通过非辐射途径把能量转移到周围环境并回到低能态，这个过程称为弛豫过程，这样就可以连续地观察到 NMR 信号。

　　弛豫过程的能量交换目前观察到的有两种，第一种为自旋-晶格弛豫(纵向弛豫)，第二种为自旋-自旋弛豫(横向弛豫)。

## (一) 自旋-晶格弛豫

处于高能态的原子核,将其能量转移到周围环境,并回到低能态的过程,称为自旋-晶格弛豫,因固体样品中是把能量转移给晶格,在液体样品中是把能量转移给周围分子或溶剂分子,变成热能,原子核又回复到低能态,通过这一过程,使高能态的核减少,体系又恢复平衡,全部自旋-晶格弛豫过程所需时间可用半衰期 $T_1$ 来表示,$T_1$ 越小,表示弛豫过程越快,$T_1$ 与核的种类、样品状态、温度有关,液体样品 $T_1$ 较短(<1s),固体样品 $T_1$ 较长,可达几小时甚至更长。

## (二) 自旋-自旋弛豫

处于高能态的自旋原子核把能量转移到同类低能态的自旋核,结果是各个自旋状态的原子核的总数目不变,总能量也不变,称为自旋-自旋弛豫。其时间用 $T_2$(半衰期)表示。液体样品的 $T_2$ 较小,约 1s。

## (三) 弛豫时间与核磁共振的谱线宽度

对于自旋的原子核,它的总体弛豫时间取决于弛豫时间 $T_1$ 和 $T_2$ 中的较小者,而弛豫过程的时间会影响谱线的宽度。根据海森伯测不准原理,核磁共振谱线应有一定宽度 $\Delta \nu$,其谱带宽度可由式(3-12)算出:$\Delta E \Delta t \approx h$,而 $\Delta E = h \Delta \bar{\nu}$,$\Delta t$ 是核在某一能级上停留的平均时间,取决于 $T_1$、$T_2$ 中的较小者,因而为计算得到的 NMR 谱线宽度。

$$\Delta \bar{\nu} \Delta t \approx 1 \tag{3-12}$$

液体样品 $T_1$、$T_2$ 适中,可得到适当宽度的 NMR 谱线。固体和黏稠液体高分子样品,由于分子阻力大,分子相邻距离近,产生自旋-晶格弛豫的概率减小,使 $T_1$ 增大;而自旋-自旋弛豫的概率增大,使 $T_2$ 减小;自旋的原子核,它的总体弛豫时间取决于弛豫时间 $T_1$、$T_2$ 中的较小者,因此测得的谱线加宽,实际上常检测不到 NMR 信号,所以 NMR 常在溶液中测定,但在高聚物研究中,也可直接用宽谱线的 NMR 来研究聚合物的形态和分子运动。

# 三、化 学 位 移

## (一) 电子屏蔽效应与化学位移的产生

由产生核磁共振的条件可知,自旋的原子核应该只有一个共振频率 $\nu$。例如,在 H 核的 NMR 中,由于它们的磁旋比是一定的,因此,在外加磁场中,所有质子的共振频率应该是一定的,如果这样,NMR 对分子结构的测定毫无意义,事实上，在实际测定化合物中处于不同环境的质子时发现，同类磁核往往出现不同的共振频率。例如，选用 90MHz 的 NMR 仪器测氯乙烷的氢谱时，得到两组不同共振频率的 NMR 信号，如图 3-3 所示。

这主要是由于这些质子各自所处的化学环境不同。如图 3-4 所示，在核周围存在着由电子运动而产生的"电子云"，核周围电子云的密度受核邻近成键电子排布及外加磁场 $H_0$ 的影响。核周围的电子云受外磁场的作用，产生一个与 $H_0$ 方向相反的感应磁场，使外加磁场对原子核的作用减弱，实际上，原子核感受的磁场强度为 $H_0^1 = H_0 - \sigma H_0 = (1-\sigma)H_0$，其中，$\sigma$ 称为屏蔽常数，是核外电子云对原子核屏蔽的量度，对分子来说是特定原子核所处的化学环境的反映。那么，在外加磁场的作用下的原子核的共振频率为

$$\nu = \frac{\gamma(1-\sigma)H_0}{2\pi} \tag{3-13}$$

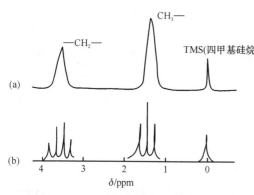

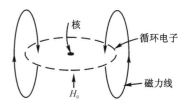

图 3-3　CH₃CH₂Cl 的 NMR 谱图　　　　图 3-4　由循环电子引起的核的逆磁
(a) 低分辨谱图；(b) 高分辨谱图　　　　　　　　　屏蔽

因此，分子中相同的原子核，由于所处的化学环境不同，$\sigma$ 不同，其共振频率也不相同，也就是说共振频率发生了变化，一般地，把分子中同类磁核因化学环境不同而产生的共振频率的变化量称为化学位移。

## (二) 化学位移的表示

在核磁共振测定中，外加磁场强度一般为几特斯拉(T)而屏蔽常数不到万分之一特斯拉，因此，由于屏蔽效应而引起的共振频率的变化是极小的，也就是说，按通常的表示方法表示化学位移的变化量极不方便，且因仪器不同，其磁场强度和屏蔽常数不同，则化学位移的差值也不相同。为了克服上述问题，在实际工作中，使用一个与仪器无关的相对值表示，即以某一物质的共振吸收峰为标准($\nu_{标}$)，

测出样品中各共振吸收峰($\nu_{样}$)与标准的差值$\Delta\nu$，并采用无量纲的$\Delta\nu$与$\nu_{标}$的比值$\delta$来表示化学位移，由于其值非常小，故乘以$10^6$，以ppm(百万分之一)作为其单位，数学表达式为

$$\delta = \frac{\Delta\nu}{\nu_{标}} = \frac{\nu_{样} - \nu_{标}}{\nu_{标}} = \frac{\nu_{样} - \nu_{标}}{\nu_0} \tag{3-14}$$

### (三) 标准物质

在$^1$H NMR 和 $^{13}$C NMR 谱中，最常用的标准样品是四甲基硅烷(tetramethyl silicon，TMS)。

$$
\begin{array}{c}
\text{CH}_3 \\
| \\
\text{CH}_3-\text{Si}-\text{CH}_3 \\
| \\
\text{CH}_3
\end{array}
$$

TMS 的各质子有相同的化学环境，—CH$_3$中各质子在 NMR 谱图中以一个尖锐单峰的形式出现，易辨认。由于 TMS 中氢核外围的电子屏蔽作用比较大，其共振吸收位于高场端，而绝大多数有机化合物的质子峰都出现在 TMS 左边(低场方向)，因此，TMS 对一般化合物的吸收不产生干扰。TMS 化学性质稳定而溶于有机溶剂，一般不与待测样品反应，且容易从样品中分离除去(沸点低，27℃)。由于 TMS 具有上述许多优点，国际纯粹与应用化学联合会(IUPAC)建议化学位移采用$\delta$值且规定 TMS 单峰的$\delta$值为 0ppm。TMS 左侧$\delta$为正值，右侧$\delta$为负值，早期用$\tau$值表示化学位移，$\tau$与$\delta$之间的换算关系为$\tau = 10.00 - \delta$。

用 TMS 作为标准物，通常采用内标法，即将 TMS 值直接加入待测样品的溶液中，其优点是可抵消溶剂等测试环境引起的误差。

## 四、自旋的偶合与裂分

由以上化学位移的探讨得知，样品中有几种化学环境的磁核，NMR 谱图上就应有几个吸收峰。例如，图 3-3 中氯乙烷的$^1$H NMR 谱图。当用低分辨的 NMR 仪进行测定时，得到的谱图中有两条谱线，在$\delta = 3.6$ppm 处 CH$_2$质子，在$\delta = 1.5$ppm 处为 CH$_3$质子。当采用高分辨率NMR仪进行测定时，得到两组峰，即以$\delta = 3.6$ppm 为中心的四重峰和以$\delta = 1.5$ppm 为中心的三重峰，质子的谱线发生了分裂。这是由于内部相邻的碳原子上自旋的氢核的相互作用，这种相互作用称为核的自旋-自旋偶合，简称为自旋偶合。由自旋偶合作用而形成共振吸收峰分裂的现象，称为"自旋裂分"。

## 第二节　核磁共振波谱仪及实验要求

### 一、核磁共振波谱仪

现代常用的核磁共振波谱仪有两种形式，即连续波(CW)方式和脉冲傅里叶变换(PET)方式。这里首先以 CW 式仪器为例，说明仪器基本结构及测试原理，然后简要介绍脉冲傅里叶变换核磁共振波谱仪[6]。

### (一) CW-NMR 波谱仪

图 3-5 是 CW-NMR 波谱仪结构示意图，主要由以下四部分构成。

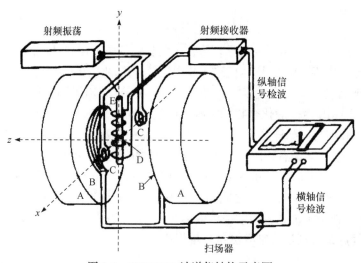

图 3-5　CW-NMR 波谱仪结构示意图

(1) 磁铁(A)。其作用是产生一个恒定的、均匀的磁场，使原子核自旋体系发生能级裂变，磁铁上绕有扫描线圈(B)以改变磁场的磁通量，为使磁场恒定均匀，配备有锁场、均场、旋转试样管(E)等装置。

(2) 射频振荡器。其作用是产生与磁场强度相适应的电磁辐射，使核磁产生磁能级间跃迁。

(3) 射频接收器和记录系统。与振荡器及扫描线圈互相垂直，当磁核发生共振时，射频接收器会感应出共振信号，并经检波、放大后记录出谱图。

(4) 探头。探头中有射频振荡器线圈、射频接收器线圈(D)等。样品管插于探头内，样品管可以绕轴($y$轴)高速旋转，使样品基本处于一个恒定、均匀的磁场中。现代仪器还带有变温装置，这对于研究高聚物试样特别重要，因为一般的高聚物溶液黏度都较高，使吸收谱线变宽，分辨率低，而升高样品温度，可得到较高的分辨率。

## (二) 测试原理

测试时将样品管放在磁极中心，由磁铁提供的强而均匀的磁场使样品管以一定速度旋转，以保持样品处于均匀磁场中。采用固定照射频率而连续改变磁场强度的方法(称为扫场法)和固定磁场强度而连续改变照射频率的方法(称为扫频法)对样品进行扫描。在此过程中，样品中不同化学环境的磁核相继满足共振条件，产生共振信号。接收线圈感应出共振信号，并将它送入射频接收器，经检波后经放大输入记录仪，这样就得到 NMR 谱图。

## (三) 锁场

在 NMR 测试中，为了得到恒定、均匀的磁场，在仪器中配置了锁场或锁频系统。一般采用锁场试样进行锁场，锁场方法主要有以下两种。

### 1. 外部锁场

在磁场中，样品管附近放入水或 $^{16}F$ 的化合物作锁场试样，用水的质子或 $^{16}F$ 核的 NMR 信号来恒定磁场强度。这种方法操作简单，不需要向样品中加入锁场化合物，一般多被采用。

### 2. 内部锁场

在被测样品中加入锁场化合物，用锁场化合物的信号来恒定磁场强度。锁场化合物一般用 TMS，用内部锁场方法得到的谱图重现性好，在进行一些特殊的精密测定时使用。

## (四) PFT-NMR 波谱仪

PFT-NMR 波谱仪是更先进的 NMR 波谱仪。它将 CW-NMR 波谱仪中连续扫场或扫频改成强脉冲照射，当样品受到强脉冲照射后，接收线圈就会感应出样品的共振信号干涉图，即自由感应衰减(FID)信号，经计算机进行傅里叶变换后，即可得到一般的 NMR 谱图。图 3-6 是一种商品化的 PFT-NMR 波谱仪结构模型图。连续晶体振荡器发出的频率为 $\nu_c$ 的脉冲波，经脉冲开关及能量放大，经射频发射器后，被放大成可调振幅的强脉冲波。如图 3-6 中脉冲波长为 5μs。样品受强脉冲照射后，产生一射频 $\gamma_n$ 的共振信号，被射频接收器接收后，输送到检测器。检测器检测到共振信号 $\nu_n$ 与发射频率 $\nu_c$ 的差别，并将其转变成 FID 信号，FID 信号经傅里叶转换，即可记录出一般的 NMR 谱图。

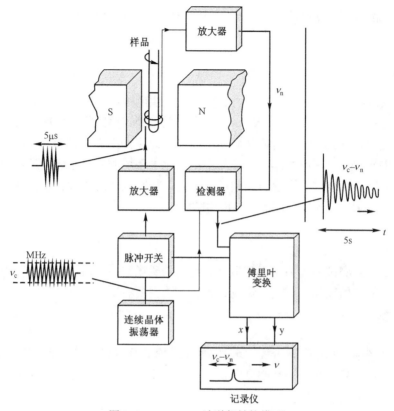

图 3-6　PFT-NMR 波谱仪结构模型

　　PFT-NMR 波谱仪的采用提高了仪器测定的灵敏度，并使测定速度大幅提高，可以较快地自动测定分辨谱线及所对应的弛豫时间，特别适合于聚合物的动态过程及反应动力学的研究。

## 二、实 验 技 术

　　进行 NMR 测试的样品可以是溶液或固体，一般多应用溶液测定。现就溶液样品的制备加以说明。

### 1. 样品管

　　商品的样品管常用硬质玻璃制成，外径(5±0.01)mm，内径 4.2mm，长度约为180mm，并配有特氟龙材料制成的塞子。图 3-7 是几种不同形状的样品管。当试样量较少时可用实心底部的 A 型管、带内管的 B 型管或带球型内管的 C 型管。当试样不能与基准物混装时，可选用带毛细管的 D 型管。样品管试用前应洗净并干燥。样品管外侧也要注意避免灰尘及指痕的污染。

## 2. 溶液的配制

样品溶液浓度一般为 5%～10%，体积约 0.4mL。

## 3. 溶剂的选择

NMR 测定对溶剂的要求：

(1) 不产生干扰试样的 NMR 信号。

(2) 具有较好的溶解性能。

(3) 与试样不发生化学反应。最常用的是四氯化碳和氘代氯仿。

一般溶剂的选择要注意以下几点：

(1) 要考虑到试样的溶解度来选择相对应的溶剂，特别对低温测定、高聚物溶液等，要注意不能使溶液黏度较高。

(2) 高温测定时应选用低挥发性的溶剂。

(3) 所用的溶剂不同，得到的试样 NMR 信号会有较大变动。

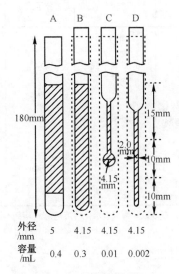

图 3-7 几种不同形状的样品管

(4) 用重水作溶剂时，要注意试样中的活性质子有时会和重水的氘发生交换反应。

表 3-2 给出一些 NMR 常用的溶剂及化学位移值。

表 3-2 一些 NMR 常用的溶剂及化学位移值

| | 溶剂 | 分子式 | 沸点 (bp)/℃[a] | 熔点 (mp)/℃[a] | $\delta(^1H)/ppm^a$ | 备注 |
|---|---|---|---|---|---|---|
| 一般溶剂 | 四氯化碳 | $CCl_4$ | 76.7 | −22.6 | — | 常用 |
| | 二硫化碳 | $CS_2$ | 46.5 | −112.0 | — | 低温用 |
| 重水化溶剂 | d₆-丙酮 | $(CD_3)_2CO$ | 56.3 | −94 | 2.1 | 常用，极性物质用 |
| | d-氯仿 | $CDCl_3$ | 61.2 | −63.5 | 7.3 | 常用 |
| | d₈-环氧己烷 | $O \langle (CO_2)_2 \atop (CO_2)_2 \rangle O$ | 101.4 | 11.8 | 3.5 | 难溶性物质用(高价) |
| | d₁₂-环己烷 | $C_6D_{12}$ | 80.7 | 6.5 | 1.4 | 同上 |
| | d₆-二甲基亚砜 | $(CD_3)_2SO$ | 189 | 18.5 | 2.5 | 难溶性、高温用 |

续表

| 溶剂 | 分子式 | 沸点<br>(bp)/℃ᵃ | 熔点<br>(mp)/℃ᵃ | δ(¹H)/ppmᵃ | 备注 |
|---|---|---|---|---|---|
| 重水 | $D_2O$ | 101.4 | 1.1 | 4.7 | 水溶性物质用 |
| d₂-二氯甲烷 | $CD_2Cl_2$ | 40.2 | −96.8 | 5.3 | 低温用(高价) |
| 苯 | $C_6D_6$ | 80.1 | 5.5 | 7.2 | 芳香族物质用 ᶜ |
| d₅-吡啶 | $C_5D_5N$ | 116 | −41.8 | 7.0 | 同上 |
| | | | | 7.3 | |
| 甲醇 | $CD_2OD$ | 64.7 | −97.8 | 8.5 | 低温用(高价) |
| | | | | 3.3,4.8ᵇ | |

重水化溶剂

a. $D_2O$ 以外为未重水化的溶剂；b. 溶剂不同会有变化；c. 注意溶剂中的 $C_6H_6$ 的吸收。

### 4. 基准物

在 NMR 测定中，试样的 NMR 信号是与基准物的差算出的相对值，基准物最常用是 TMS。当以重水作溶剂时，TMS 不溶，可选用 DSS(2,2-二甲基-2-硅戊烷-5-磺酸钠，sodium 2,2-dimethyl-2-silapentane-5-sulfonate，固体)为基准物；而高温测定时则选用 HMDS(六甲基硅氧烷，hexamethyldisiloxane)为基准物。

## 第三节　核磁共振氢谱

核磁共振氢谱，又称质子核磁共振谱，是研究化合物中 H 原子核(即质子)的核磁共振信息，它可提供化合物分子中氢原子所处的不同化学环境和它们之间相互关系的信息，依据这些信息可确定分子的组成、连接方式、空间结构等信息。

### 一、¹H NMR 谱图表示法

标准的 NMR 谱图如图 3-8 所示，横坐标表示化学位移和偶合常数，纵坐标为强度。

TMS 峰位于谱图最右侧，并规定为 0ppm。在表述 NMR 谱图时，还常用到以下术语。

高场与低场：TMS 一侧、低化学位移方向为高场；相反，高化学位移方向则称为低场。

屏蔽效应与去屏蔽效应：电子云密度大，屏蔽效应大，δ 位于高场，称为屏蔽效应，反之，则称去屏蔽效应。

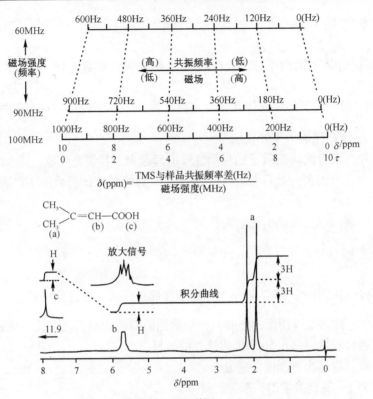

$$\delta(ppm)=\frac{TMS与样品共振频率差(Hz)}{磁场强度(MHz)}$$

图 3-8 标准的 NMR 谱图 $(\tau=10.00-\delta)$

顺磁性位移与抗磁性位移：分子中 π 电子产生的磁场与外加磁场方向相同，产生顺磁性屏蔽，则 NMR 信号向低场移动，称为顺磁性位移；反之，称为抗磁性位移。

除化学位移和强度外，NMR 谱还会出现相应的积分曲线，高度反映下方谱线的峰面积，各组峰面积之比反映各官能团中氢原子数目之比，即积分曲线高度之比等于官能团中氢原子数目之比。例如，图 3-8 中两组—COOH，由于氧原子的电负性大，与氧相连的氢核的电子云密度减少，屏蔽效应减弱，去屏蔽效应增强，化学位移应向低场移动，$\delta=11.90ppm$。

谱图中两个裂分峰之间的距离，即为偶合常数的数值。

## 二、一级谱图与二级谱图

核磁共振氢谱谱图可分为一级谱图和二级谱图。一级谱图可用$(n+1)$规律近似处理，而二级谱图不符合$(n+1)$规律。

## (一) 一级谱图

自旋偶合体系的两个核的化学位移之差和偶合常数之比 $\left(\dfrac{\Delta\nu}{J}\right)$ 大于或等于 $6\left(\dfrac{\Delta\nu}{J}\geqslant 6\right)$ 时，属于弱偶合体系，由这种弱偶合体系得到的 NMR 谱图则称为一级谱图，一级谱图有以下特征：

(1) 相互偶合的两组质子的化学位移值远远大于其偶合常数。

(2) 偶合峰的裂分数目符合$(n+1)$规律，裂分峰强度比符合$(a+b)^n$展开项系数之比。

(3) 由谱图可直接读出化学位移值和偶合常数。

## (二) 二级谱图

随偶合强度增大，当 $\dfrac{\Delta\nu}{J}<6$ 时，属于强偶合体系，由这种强偶合体系得到的 NMR 谱图，称为二级谱图，此时，一级谱图的特征均不存在，其特征如下：

(1) 偶合峰数目超出$(n+1)$规律计算的数目。

(2) 裂分峰的相对强度关系复杂。

(3) $\delta$ 值不能直接读出，需进行计算。

量子力学对二级谱图有一套完整的解析方法，能计算出各系统的理论谱线的数目、强度，并根据这些理论总结出一些规则，依据这些规则可计算出化学位移和偶合常数。

实际上，由于 $\dfrac{\Delta\nu}{J}$ 随仪器工作频率增加而加大，随着核磁共振波谱仪中超导磁铁的应用，高磁场强度的仪器得以普遍使用，而使复杂的二级谱图转化为一级谱图，给分析工作带来方便，因此，我们仅仅讨论一级谱图。

# 第四节　核磁共振碳谱

碳原子是有机化合物及高分子化合物的基本骨架，它可为有机分子的结构提供重要的信息，特别是高分子结构研究中，研究碳的归属具有重要意义。

## 一、概　　述

由于 $^{12}C$ 的自旋量子数 $I=0$，无核磁共振，$^{13}C$ 的自然丰度仅为 $^{12}C$ 的 1.1%，$^{13}C$ 的核磁信号很弱。虽然科学家在 1957 年首次观察到 $^{13}C$ 的 NMR 信号，已认识到它的重要性,但直到 20 世纪 70 年代 PFT-NMR 波谱仪器出现以后,才使 $^{13}$C NMR 的应用日益普及。目前,FPT-$^{13}$C NMR 已成为阐明有机分子及高聚物结构的常规方法,在结构测定、构象分析、动态过程研究,活性中间体及反应机理的研究,聚合物立体规整性和序列分布的研究,以及定量分析等各方面都已取得了广泛的应用[7-9]。

以下是对 $^{13}$C NMR 与 $^1$H NMR 的比较。

(1) 灵敏度。$^{13}$C 的天然灵敏度很低,因此 $^{13}$C NMR 谱的灵敏度比 $^1$H NMR 谱低得多,仅为 $^1$H 的 1/5700。

(2) 分辨率。$^{13}$C 的化学位移为 0~300ppm,比 $^1$H 大 20 倍,具有较高的分辨率,因此微小的化学环境变化也能区别。

(3) 偶合情况。$^{13}$C 中 $^{13}$C—$^{13}$C 之间偶合率较低,可以忽略不计。但与直接相连的 H 和邻碳的 H 都可发生自旋偶合而使谱图复杂化,因此常采用去偶技术使谱图简单化。

(4) 测定对象。$^{13}$C NMR 可直接测定分子的骨架,给出不与氢相连的碳的共振吸收峰,可获得季碳、C=O、C≡N 等基团在 $^1$H 谱中测不到的信息。

(5) 弛豫。$^{13}$C 的自旋-晶格弛豫和自旋-自旋弛豫比 $^1$H 慢得多(可达几分钟),因此,$T_1$、$T_2$ 的测定比较方便,可通过测定弛豫时间了解更多的结构信息和运动情况。

(6) 谱图。$^{13}$C 与 $^1$H 虽然偶合,但由于共振频率相差很大(例如,$^{13}$C 为 25MHz,$^1$H 为 100MHz)$^1J_{CH}$ 为 100~300Hz,所以 CH、CH$_2$、CH$_3$ 都可构成简单的 AX、AX$_2$、AX$_3$ 自旋系统,可用一级谱图解析。

碳谱和氢谱核磁一样,可通过吸收峰在谱图中的强弱、位置(化学位移)、峰的裂分数目及偶合常数来确定化合物结构,但由于采用了去偶技术,峰面积受到一定的影响(NOE 效应),因此通过峰面积不能准确地确定碳的数目,这点与氢谱不同,由于碳谱分辨率高,化学位移值扩展到 300ppm,化学环境稍有不同的碳原子就有不同的化学位移值,因而,碳谱中最重要的判断因素就是化学位移。

## 二、$^{13}$C NMR 的去偶技术

$^{13}$C 测定灵敏度仅为 $^1$H 的 1/5700,因此,用一般的连续扫场法得不到所需信号,现在多采用 PFT-NMR 技术,其实验方法与 $^1$H NMR 基本相同。

但在 $^{13}$C NMR 谱中,$^1$H 对 $^{13}$C 的偶合是普遍存在的,并且偶合常数比较大,使得谱图上每个碳信号都发生裂分,这不仅降低了灵敏度,而且使谱峰相互交错重叠,难以归属,给谱图解析、结构分析带来困难。通常采用质子去偶技术来克服 $^{13}$C 和 $^1$H 之间的偶合。图 3-9 给出一些 $^{13}$C NMR 中常用的去偶技术,下面做简单介绍。

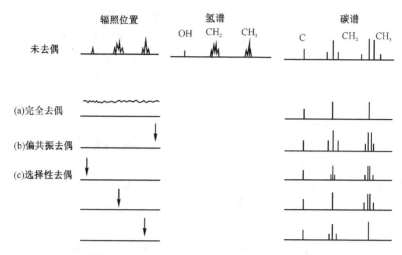

图 3-9　HO—C(CH₂—CH₃)₃ 的几种去偶结构

辐照范围包括该化合物氢核所有官能团的共振频率

## (一) 质子宽带去偶

质子宽带去偶即完全去偶，是一种双共振技术，其方法是在测定 ¹³C NMR 的同时，附加一个射频场，使其覆盖全部质子的共振频率范围，且用强功率照射使所有的质子达到饱和，从而使质子对 ¹³C 的偶合全部去掉，这样得到的 ¹³C NMR 谱线均以单峰出现，去偶谱为 ¹³C NMR 的常规谱图，如图 3-9(a)所示。

## (二) 偏共振去偶

完全去偶虽大大简化了谱图，但同时也失去了有关碳原子类型的信息，无法识别伯、仲、叔、季等不同类型的碳。偏共振去偶采用一个频率范围很小、比质子宽带去偶功率弱的射频场，其频率略高于待测样品所有氢核的共振吸收位置，使 ¹³C 与邻近碳原子上的偶合可用(n+1)规律解释，如伯碳 CH₃ 为四重峰，仲碳 CH₂ 为三重峰，叔碳 CH 为双峰。

除以上去偶以外，还有选择性去偶方法、门控去偶、反转门控等技术，可根据测量分析要求选择采用。

## (三) 核的 Overhauser 效应

质子宽带去偶不仅使 ¹³C NMR 谱图大大简化，而且由于偶合多重峰的合并，峰强度大大提高，然而峰强度的增大幅度远远大于多峰的合并(约大 200%)，这种现象称为核的 Overhauser 效应(nuclear overhauser effect)，常用 NOE 表示，NOE

与两核间的距离有关，因此，NOE 可提供分子内碳核间的几何关系，在高分子构型及构象分析中非常有用。

## 三、$^{13}C$ 的化学位移及影响化学位移的因素

### (一) $^{13}C$ 的化学位移值

$^{13}C$ 的化学位移范围扩展到 300ppm，由高场到低场各基团化学位移的顺序与 $^1H$ 谱的顺序基本平行，按饱和烃、含杂原子饱和烃、双键不饱和烃、芳香烃、醛、羧酸、酮的顺序排列。图 3-10 给出高分子中常见基团的 $^{13}C$ 原子的化学位移。

### (二) 影响 $^{13}C$ 化学位移的因素

一般来说，影响 $^1H$ 化学位移各种因素，也基本上都影响 $^{13}C$ 的化学位移，但 $^{13}C$ 核外有 p 电子云，使 $^{13}C$ 化学位移主要受顺磁屏蔽作用的影响，归纳起来，影响 $^{13}C$ 化学位移的主要因素有以下几点。

### 1. 碳的杂化

碳原子的轨道杂化($sp^3$、$sp^2$、$sp$ 等)在很大程度上决定着 $^{13}C$ 化学位移的范围。一般情况下，屏蔽常数 $\sigma_{sp^3} > \sigma_{sp} > \sigma_{sp^2}$，这使 $sp^3$ 杂化的 $^{13}C$ 的共振吸收出现在最高场，$sp$ 杂化的 $^{13}C$ 次之，$sp^2$ 杂化的 $^{13}C$ 信号出现在低场，见表 3-3。

表 3-3 杂环状态对 $^{13}C$ 化学位移的影响

| 碳的杂化形式 | 典型基团 | $^{13}C$ 的化学位移值/ppm |
|---|---|---|
| $sp^3$ | $-CH_3$, $-CH_2$, $\overset{\mid}{\underset{\mid}{-C-}}$, $\overset{\mid}{-C-X}$ | 0～70 |
| $sp$ | $-C\equiv CH$, $-C\equiv C-$ | 70～90 |
| $sp^2$ | $>C=C<$, $-CH=CH_2$, ⬡, $>C=O$ | 100～150 150～200 |

### 2. 取代基的电负性

与电负性取代基相连，使碳核外围电子云密度降低，化学位移向低场方向移动，且取代基电负性越大，$\delta$ 值向低场位移越大。

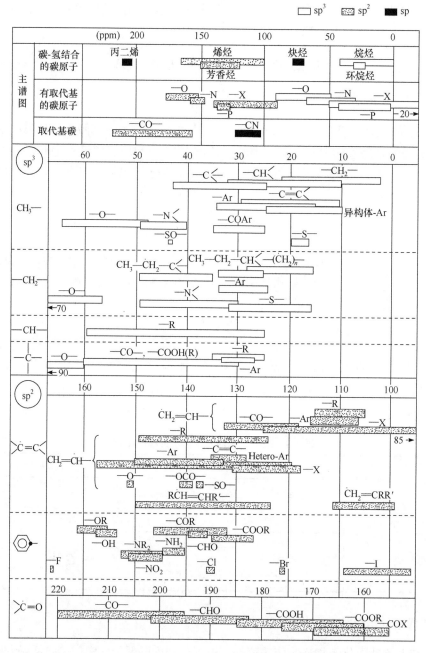

图 3-10　高分子中常见基团中 $^{13}C$ 原子的化学位移

## 3. 立体构型

　　$^{13}C$ 的化学位移对分子的构型十分敏感，当碳核与碳核或与其他核相距很近

时，紧密排列的原子或原子团会相互排斥，将核外电子云彼此推向对方核附近，使其受到屏蔽，$\delta_C$ 向高场位移。例如，烯烃的顺反异构体，烯碳的化学位移相差 1～2ppm，顺势在较高场。

$\delta_C$=196.9ppm　　　　　$\delta_C$=199.0ppm

分子空间位阻的存在，也会导致 $\delta$ 值改变，例如，邻一取代苯甲酮和邻二取代苯甲酮，随 π-π 共轭程度的降低，羰基 C 的 $\delta$ 值向低场移动。

多环的大分子、高分子聚合物等的空间立构、差向异构以及不同的归整度、序列分布等，可使碳谱的 $\delta_C$ 值有相当大的差异，因此，$^{13}C$ NMR 是研究天然及合成高分子结构的重要工具。

## 4. 溶剂效应

不同溶剂可使 $^{13}C$ 的化学位移改变几 ppm 到十几 ppm。

## 5. 溶剂酸度

若 C 核附近有随 pH 变化而影响其电离度的基团如 OH、COOH、SH、$NH_2$ 时，基团上负电荷密度增加，使 $^{13}C$ 的化学位移向高场移动。

## 四、碳核磁谱图解析的典型实例

在碳谱中化学位移的范围扩展到 300ppm，因此其分辨率较高。由高场到低场各基团化学位移的顺序大体上按饱和烃、含杂原子饱和烃、双键不饱和烃、芳香烃、羧酸和酮的顺序排列，这与氢谱的顺序大体一致。

碳-60($C_{60}$)是一种球状分子，每个分子内含 60 个碳原子，外形酷似现代的足球，所以也称足球烯。受 Buckminster Fuller 的建筑启发，1985 年 Kroto 等大胆地提出了著名的碳球结构模型，并用姓名加上烯烃的字尾 ene 将 $C_{60}$ 命名为 Bukminster fullerene。此后的 5 年中，大量计算表明球形分子笼是碳-60 最完美最合理的结构，但人们却一直未能制备出常量的 $C_{60}$ 样品，$C_{60}$ 仍只存在于原子簇束中，是一个未经证实的模型。直到 1990 年，德国海德堡马克斯·普朗克研究所的克里斯曼(W. Kratschmer, et al. *Nature*, 1990, 347: 354)和美国亚利桑那大学的霍

夫曼教授等改进了 $C_{60}$ 的制备方法，他们通过在氦气气氛中蒸发石墨的方法成功地从石墨烟灰中分离出 $C_{60}$，得到了 100mg 的 $C_{60}$。$C_{60}$ 的核磁共振谱只有一条化学位移为 142.5ppm 的谱线，进一步说明了 $C_{60}$ 分子中 60 个碳原子处于等价位置，具有高度对称性，属 $I_h$ 点群，故 $C_{60}$ 是富勒烯中最稳定的分子，用红外光谱、X射线衍射以及扫描探针显微镜等分析方法也得到同样的结论。从这以后，富勒烯真正得到科学界的广泛重视，成为物理学家、化学家、生物学家和纳米材料科学家竞显身手的场所。

## 第五节　核磁共振在聚合物研究中的应用

NMR 是聚合物研究中很有用的一种方法，它可用于鉴别高分子材料、测定共聚物的组成、研究动力学过程等。但在一般的 NMR 的测试中，试样多为溶剂，这使高分子材料的研究受到限制，而固体高分辨率核磁共振波谱法，采用魔角旋转及其他技术，可直接测定高分子固体试样。同时高分子溶液黏度大，给测定带来一定的困难，因此要选择合适的溶剂并提高测试温度。下面具体介绍一些 NMR 在聚合物研究中的应用。

### 一、聚合物鉴别

许多聚合物，甚至一些结构类似、红外光谱也基本相似的高分子，都可以很容易用 ${}^1H$ NMR 或 ${}^{13}C$ NMR 来鉴别。

例如，聚丙烯酸乙酯和聚丙烯酸乙烯酯，它们的红外光谱图很相似，几乎无法区别，但用 ${}^1H$ NMR 则很容易鉴别。两者的 $H_a$ 由于所连接的基团不同，而受到不同的屏蔽作用：聚丙烯酸乙酯中，$H_a$ 与氧相连，受到的屏蔽作用减弱，其化学位移向低场方向移动，$\delta=1.21ppm$，而聚丙烯酸乙烯酯中 $H_a$ 与羰基相连，受到的屏蔽作用较大，其化学位移向高场方向移动，$\delta=1.11ppm$，易于鉴别[10]。

### 二、聚合物立构规整度

NMR 可用于研究聚合物立构规整度。例如，聚甲基丙烯酸甲酯(PMMA)有三种不同的立构结构，两个链接排列次序如下：

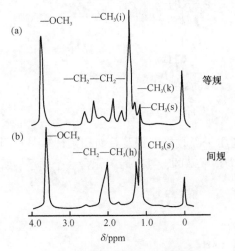

等规结构　　　　　　　　　　　间规结构

在等规结构中，亚甲基的两个质子 $H_a$ 和 $H_b$ 由于所处的化学环境不同，在 [1]H NMR 谱图上裂分为四重峰($H_a$、$H_b$ 各两个峰)，在间规结构中，$H_a$ 与 $H_b$ 所处的化学环境完全一样，在 NMR 谱图上呈现单一峰。而其他许多小峰则归属于无规聚合物。从谱图 3-11 中还可看出各种结构的 $CH_3$ 的化学位移明显不同。等规为 $\delta = 1.33$ppm，无规为 1.21ppm，间规为 1.10ppm。根据 $CH_3$ 峰的强度比，可确定聚合物中三种立构结构的比例[11, 12]。

应用聚合物的碳谱也可进行上述结构研究。

图 3-12 为聚丙烯的 [13]C NMR 谱图。全同聚丙烯的 [13]C 谱只有三个单峰，分属亚甲基($CH_2$)、次甲基(CH)和甲基($CH_3$)[图 3-12(a)]；无规聚丙烯的三个单峰都较宽，而且分裂成多重峰[图 3-12(b)]，从化学位移值可辨出不同的立构体。

无规聚丙烯的 $\alpha$ - 甲基碳由于空间位置的不同，出现了三个峰，分别属于 mm、mr、rr 三个单元组，如图 3-12(b)所示。

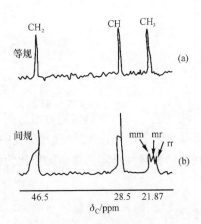

图 3-11　PMMA 的 [1]H NMR 谱图
溶剂：氯苯(约 30%)；仪器：60Hz
(a) 100℃；(b) 145℃

图 3-12　聚丙烯的 [13]C NMR 谱图
60℃，邻二氯苯溶液
(a) 5%的全同聚丙烯；(b) 20%的无规聚丙烯

## 三、共聚物组成的测定

利用共聚物的 NMR 谱中各峰面积与共振核数目成正比例的原则，可定量计算共聚物的组成。图 3-13 是氯乙烯与乙烯基异丁醚共聚物的 $^1$H NMR 谱，各峰归属如图所示。

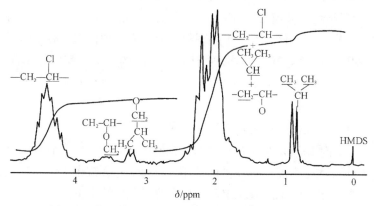

图 3-13　氯乙烯与乙烯基异丁醚共聚物的 $^1$H NMR 谱图

100MHz；溶剂：对二氯代苯；温度：140℃

两种组分的物质的量比可通过测定各质子吸收峰面积及总面积来计算[13]。因乙烯基异丁醚单元含 12 个质子，其中 6 个是甲基的，氯乙烯单元含 3 个质子，所以共聚物种两种单体的物质的量比为

$$\frac{x}{y}=\frac{\dfrac{2\times A_{\delta=0.9}}{12}}{\dfrac{A_{总}-2A}{3}}$$

式中，$A_{\delta=0.9}$ 为 $\delta=0.9$ppm 处甲基吸收峰面积；$A_{总}$ 为所有吸收峰的总面积。

## 四、聚合物序列结构研究

核磁共振可用于研究共聚物中单体序列和构型序列。例如，偏二氯乙烯(结构单元 A)-异丁烯(结构单元 B)共聚物的序列结构分析。图 3-14 是聚异丁烯(a)、聚偏二氯乙烯(d)及其共聚物[(b)和(c)]的 $^1$H NMR 图。

均聚的聚偏二氯乙烯在 $\delta=3.82$ppm 处有一吸收峰,聚异丁烯中亚甲基($CH_2$)在 $\delta=1.46$ppm 处、甲基($CH_3$)在 $\delta=1.08$ppm 处各有一吸收峰。从共聚物的 NMR 谱图上可见,在 $\delta=3.6$ppm(X 区)和 $\delta=1.4$ppm(Z 区)处分别有一些吸收峰,它们分别归属于 AA 和 BB 二单元组,而在 $\delta=2.8$ppm 和 $\delta=2.3$ppm(Y 区)处的吸收峰对应于 AB 或 BA 二单元组,从图中不同组成的偏二氯乙烯-异丁烯共聚物的谱图[图 3-14(b)和(c)],X、Y、Z 三区共振峰的相对强度随共聚物组成而变,根据其相对吸收强度值可计算其共聚物组成[14]。

分析 X、Y、Z 区域中各峰的归属,根据单元结合对称性原则,还可分出三单元、四单元甚至五单元结合,其结果列出表 3-4。

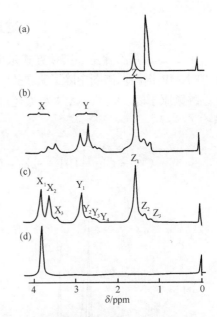

图 3-14　聚偏二氯乙烯、聚异丁烯及其共聚物的 $^1$H NMR 谱

(a) 聚异丁烯;(b, c) 聚偏二氯乙烯与异丁烯共聚物;(d) 聚偏二氯乙烯

表 3-4　偏二氯乙烯与异丁烯共聚物的二单元组、三单元组、四单元组归属

| | 二单元组合 | 归属 | 四单元组合 | | $\delta$/ppm |
|---|---|---|---|---|---|
| $CH_2$ | AA | $X_1$ | AAAA | | 3.82 |
| | | $X_2$ | AA<u>A</u>B | B<u>A</u>AA | 3.60 |
| | | $X_3$ | BAAB | | 3.41 |
| | AB | $Y_1$ | AA<u>B</u>A | A<u>B</u>AA | 2.84 |
| | | $Y_2$ | A<u>B</u>AB | B<u>A</u>BA | 2.64 |
| | | $Y_3$ | AA<u>B</u>B | BB<u>A</u>A | 2.46 |
| | | $Y_4$ | B<u>A</u>BB | BB<u>A</u>B | 2.38 |
| | 三单元组合 | 归属 | ppm | | |
| $CH_3$ | A<u>B</u>A | $Z_1$ | 1.56(还包括 BB 组合的 $CH_2$) | | |
| | BB<u>A</u><br>A<u>B</u>B | $Z_2$ | 1.33 | | |
| | BBB | $Z_3$ | 1.1 | | |

## 五、键接方式研究

聚 1, 2-二氟乙烯主要键接方式是头-尾结构，偶尔也会有头-头结构。图 3-15 是 $^{19}$F NMR 谱图。谱图中除了头-尾结构的 A 峰外，还有头-头结构引起的 B、C、D 三种氟原子峰。从 $^{19}$F NMR 数据还可以算出，该聚合物中含有 3%～6%的头-头结构。

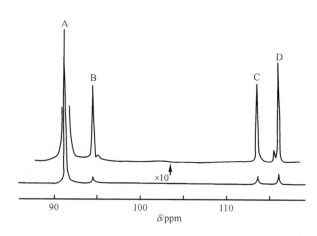

$$—CH_2—\underset{A}{CF_2}—CH_2—\underset{C}{CF_2}—\underset{D}{CF_2}—CH_2—CH_2—\underset{B}{CF_2}—CF_2—$$

图 3-15　聚偏二氟乙烯 188MHz $^{19}$F NMR 谱

# 第六节　核磁共振技术新进展

## 一、二维核磁共振谱概述

在 NMR 测量中，自由感应衰减(FID)信号通过傅里叶变换，得到谱线强度与频率关系，这是一维谱，其变量只有一个——频率。而二维谱有两个时间变量，经过二次傅里叶变换后得到两个独立的频率变量的谱图[15]。二维核磁共振谱有两种主要的展示形式，一是堆积图，二是等高线图。堆积图由很多条一维谱线紧密排列而成，有直观性好、立体感强等特点。例如，图 3-16 中(a)为 1,3-丁二醇的二维 $^{13}$C NMR 谱图，(b)为普通的一维谱图。在 $\delta_1$ 轴上，得到的是未去偶的 $^{13}$C 谱，在 $\delta_2$ 轴上，则得到的是完全去偶的 $^{13}$C 谱，它可显示出与各碳原子结合的质子数，而这些信息在一维谱图中则无法显示。

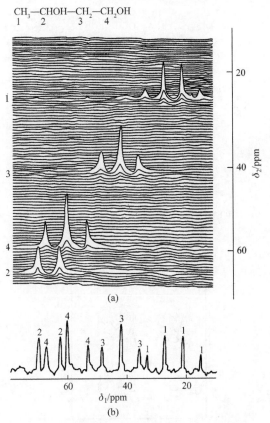

图 3-16　1,3-丁二醇的二维和一维 $^{13}$C NMR 谱图
(a) 二维 $^{13}$C NMR 谱图；(b) 一维 $^{13}$C NMR 谱图

　　图 3-17 为聚苯乙烯(PS)和聚乙烯甲基醚(PVME)共混物的二维 $^1$H 自旋扩散谱。混合物分别由氯仿溶液和甲苯溶液浇注而得。在一维谱图中，因其峰形基本无差别，因此不能得出两种共混物是否均匀的结论。但在二维谱图中，两者有明显的差别：图 3-17(a)中不存在属于不同化合物的交叉峰，因而不存在 PS 和 PVME 两种高分子在分子水平上的相互作用，这说明由氯仿溶液浇注出来的共混物是不均匀的；而图 3-17(b)中则存在强的交叉峰，这说明两种高分子在分子水平上混合，产生相互作用的均匀区域，这表明由甲苯溶液浇注出来的共混物存在均匀区。由此可研究高分子共混体系的相容性。

## 二、聚合物材料的核磁共振成像技术

　　通常的 NMR 谱图用来测定样品的化学结构。但它不能确定被激发原子核在样品中的位置。NMR 成像是一种能记录被激发核在样品中位置，并使之成像的技术，从而可观察核在空间的分布。

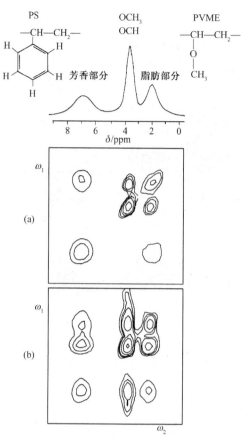

图 3-17　聚苯乙烯与聚乙烯基甲醚的共混物中质子的自旋扩散谱图
(a) 由氯仿溶液浇注出来的不均匀聚合物；(b) 由甲苯溶液浇注出来的均匀聚合物

在普通的 NMR 中，样品放在均匀的磁场中，所有化学环境相同的核都受到同样磁场的作用，在这种情况下，观察到的质子呈现一条尖锐的共振峰。而 NMR 成像则将样品放在非均匀磁场中，将梯度磁场线圈对均匀磁场进行改性，以产生线性变化的梯度磁场。这一梯度磁场使样品中不同区域线性地标记上不同的 NMR 频率，因为磁场在样品的特定区域中按已知的方式进行变换，NMR 信号的频率即可以指出共振磁核的空间位置。

图 3-18 为挤出成型的玻璃纤维增强尼龙棒相隔 0.5cm 的两张 NMR 成像图，尼龙棒在水中浸过，图中明亮部分即为水，比较两张图像，可以看出图中存在一些空穴，且这些空穴出现在同样位置，这说明这些空穴是相连的。孔洞的形成，可能是由于挤塑过程中混入空气，或物料未充分塑化等引起的，因此 NMR 成像技术用来检测加工产品，提高产品质量，改进加工条件。

图 3-18 同一强尼龙棒相隔 0.5cm 的成像

高分子的 NMR 成像对照取决于磁核所处的物理与化学环境，如能确立成像与这些环境的联系，这一技术在高分子材料研究方面的能力将大大提高。

### 三、核磁共振仪器的进展

NMR 灵敏度的增强一直是 NMR 发展中难题。NMR 是所有分子光谱学技术中分辨率最高的(线宽在 Hz 量级)，而伴随而来的固有弱点是灵敏度极低，是所有分子光谱学技术中灵敏度最低的。半个世纪以来，人们在灵敏度增强方面做出了不懈的努力。在 NMR 工业生产中，采用最简单但又最有效提高磁场强度的办法，使灵敏度得到极大的提高。早期的 30～60MHz NMR 谱仪已逐渐被淘汰，代之而来的是 300～600MHz 的强磁场谱仪。在这些强磁场谱仪中，用于质子 NMR 的分析浓度已能低至 mmol/L 量级。

2001 年 3 月，德国布鲁克(Bruck)公司自豪地向美国 Pittcon 会议推出世界第一台 900MHz 超导 NMR 商品仪器，并于当年 6 月在斯克利普斯研究中心(TSRI)安装，成为 NMR 生产史上重要的里程碑。

## 第七节 电子顺磁共振简介及应用

电子顺磁共振(EPR)波谱，又称电子自旋共振(ESR)波谱。1945 年 E. Zavoisky 首次将 ESR 应用于过渡金属离子的研究。目前 ESR 已应用到化学、生物等各个领域，特别是在自由基及过渡金属离子的研究方面，更有其独到优点。

### 一、电子顺磁共振的基本原理

#### (一) 顺磁性及抗磁性物质

物质中的原子或分子中电子轨道上有未配对电子即自旋平行电子。在没有外加磁场时，由于热运动，自旋取向是随机的。但在外加磁场的作用下，电子自旋磁矩不等于零，而是按一定的取向排列，我们称之为顺磁性物质。反之，如果物质中的原子或分子都由稳定的共价键或离子键组成，其核外电子都是反平行配对(自旋反平行的电子)时，电子的自旋磁矩等于零，即电子轨道运动的磁性能抵消外部的磁场效应，我们称之为抗磁性物质。多数化合物是抗磁性物质，但也有一些物质，如 H 原子、$O_2$ 分子、$Ph_3C$·自由基等的自旋都具有这种行为，是顺磁性的。

研究中常见的顺磁性物质有以下几类：

(1) 含有自由基的化合物，具有一个未成对电子，是聚合物反应过程中最常见的物质。

(2) 三线态分子，这类化合物中具有两个未成对电子，它们可在同一个原子上，也可分别在不同的原子上，如三次甲基甲烷、六氯苯二价阳离子、三苯基苯二价负离子都是三线态分子(图 3-19)。

(3) 过渡金属和稀土金属离子，这类原子中的 d 轨道或 f 轨道具有未成对电子。

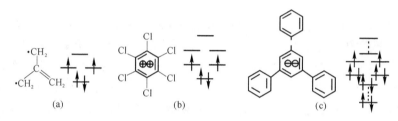

图 3-19　基态三线分子上的电子的分布

(a) 三次甲基甲烷；(b) 六氯苯二甲基氧离子；(c) 三苯基二甲基负离子

## (二) 电子顺磁共振原理

ESR 原理与 NMR 原理相似，都是在外加磁场作用下产生的，下面简单做一介绍。

将一顺磁性物质置于外加磁场($H_0$)中，其磁矩为 $\mu$，则其于外加磁场发生磁相互作用的能量($E$)为

$$E = -\mu H_0 = -\mu \cos\theta \qquad (3\text{-}15)$$

式中，$\theta$ 为顺磁核与磁场矢量夹角。$\theta=0$ 时，$E=-\mu H_0$，表示能量最低，处于最稳定能级。$\mu=180°$ 时，$E=+\mu H_0$，处于最高能级，体系不稳定。

同时，在外加磁场的作用下，电子本身还以一定角度旋进(拉摩尔进动)，其自旋磁矩 $\mu_s$(在 z 方向分量大小 $\mu_{sz}$)与自旋角动量 $S$(在 z 方向分量 $S_z$)存在如下关系：

$$\mu_{sz} = -g\beta S_z \qquad (3\text{-}16)$$

式中，$g$ 为自由电子的 $g$ 因子，是一无量纲常数，其值为 2.0023；$\beta$ 称为玻尔磁子，其值可由式(3-17)计算出，单位为 erg/G 或 J/T。

$$\beta = \frac{eh}{2mc} = 9.2741 \times 10^{-21} \text{erg/G} = 9.2741 \times 10^{-24} \text{J/T} \qquad (3\text{-}17)$$

将式(3-15)与式(3-16)合并，得

$$E = -\mu H_0 = -(g\beta S)H_0 = -g\beta S_z H_0 \qquad (3\text{-}18)$$

由电子自旋波函数可知 $S_z$ 的表征值有两个，即 $M_z = +1/2$(用 $\alpha$ 表示)和 $M_z = -1/2$ (用 $\beta$ 表示)。则相应两个自旋状态的能量为

$$E_\alpha = 1/2g\beta H_0 \qquad (3\text{-}19)$$

$$E_\beta = -1/2g\beta H_0 \qquad (3\text{-}20)$$

这就是说，电子自旋能级在此场 $H_0$ 中被分裂成两个能级($\alpha$ 能级和 $\beta$ 能级)

两个能级的能量差($\Delta E$)为

$$\Delta E = E_\alpha - E_\beta = 1/2g\beta H_0 - (-1/2g\beta H_0) = g\beta H_0 \qquad (3\text{-}21)$$

如果没有外加磁场的作用，$E_\alpha = E_\beta$，不会引起 $\alpha$ 自旋电子和 $\beta$ 自旋电子之间的转变。如果在垂直于磁场 $H_0$ 的方向上加上频率为 $\nu$ 的电磁波，并满足其能量：$E = h\nu = g\beta H_0$，此时，处于低能量($E_\beta$)的 $\beta$ 自旋电子会吸收电磁波的能量 $h\nu$，并跃迁到 $\alpha$ 的自旋状态，即产生电子自旋共振现象。

## (三) 产生条件

同核磁共振原理相同，式(3-21)中的

$$h\nu = g\beta H_0 \qquad (3\text{-}22)$$

即为电子自旋共振条件方程式。

例如，对 $S=1/2$，$g=2.00$ 的顺磁性样品，在 $H_0=3400G$ 时产生的 ESR 电磁波频率 $\nu$：

$$\nu = g\beta H_0/h = 2.00 \times 9.27 \times 10^{-21} \times 3400/6.33 \times 10^{-27} = 9558 \times 10^6 (\text{Hz}) = 9.958(\text{GHz})$$

换算成波长：$\lambda = 3.01\text{cm}$，属于微波领域。

与 NMR 一样，产生共振条件的方法有两种，一种是扫场法，另一种是扫频法。目前 ESR 仪器多用扫场法，根据实测的 $\nu$ 和 $H_0$ 值，来计算 $g$ 因子数值。

## 二、电子顺磁共振波谱仪及实验技术

### (一) ESR 波谱仪

图 3-20 是常用的 ESR 波谱仪结构图，主要包括微波振荡器、磁铁、谐振腔、信号放大器等组成。

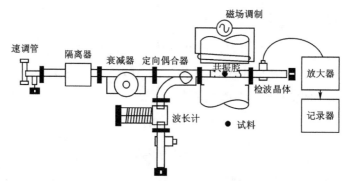

图 3-20　ESR 测定装置结构图

磁铁是 ESR 仪器中最重要部件，其要求与 NMR 波谱仪中的磁铁一样，能产生强度磁场，现多采用超导磁铁。

由速调管产生的微波，通过隔离器除去反射波，并使微波的位相一致，经衰减器调节微波的功率，然后进入插入了样品的共振腔中，在外加磁场的作用下，样品吸收微波而产生共振，使检波电流或电压发生变化，经放大器放大后，信号被记录仪记录下来。

实际测量中，共振频率采用 X 波段 9400MHz(波长 3cm)，因此，ESR 仪器振荡频率通常设计在 8800～9600MHz 的范围内变化。

## (二) ESR 实验技术

ESR 测定样品可以是气体、固体和液体。在聚合物方面，主要进行自由基的测定，多采用液体样品。ESR 对样品的制备及样品管的选择都有一定的要求，下面对溶液样品制备及样品管的选择做简单介绍。

### 1. 样品管

ESR 测定中的样品管有多种形式，如图 3-21 所示，即使同一种样品，如果样品管选择不当，就有可能完全得不到 ESR 谱图。溶液样品测定可选用(a)或(b)型管；生物组织样品使用与(b)型管尺寸相同的(c)型管；固体样品可按样品量的多少选用(d)、(e)、(f)、(g)型管；使用极性溶剂(如四氢呋喃、2-甲基四氢呋喃)可用(f)型管；用氯仿、四氯化碳、二氯乙烷等试剂作溶剂时，用(g)型管；苯、甲苯、二甲苯等试剂作溶剂时，可用(d)或(e)型管。

### 2. 样品取样方法

对于固体和气体样品，只要将样品放入适当的样品管即可，而对于液体样品，由于溶液中溶解的氧会使谱线分辨率降低，因此，取样时必须进行真空脱氧，或通入氮气以除去氧气，然后快速封住管口。

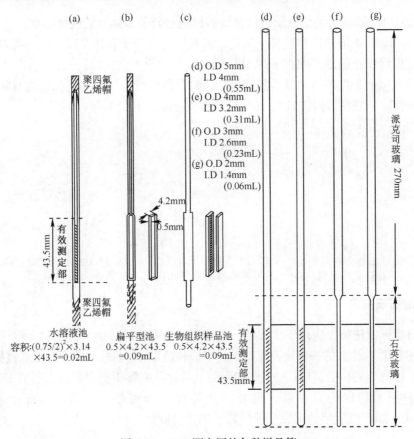

图 3-21 ESR 测定用的各种样品管

各样品池的容量和容积(测定时的有效容量)：(a) 0.02mL；(b) 0.09mL(封闭式)
(c) 0.09mL(开合式)；(d) 0.55mL；(e) 0.31mL；(f) 0.23mL；(g) 0.06mL(均可使用圆筒形腔)

### 3. 溶剂的选择

所选的溶剂要求对溶液中的自由基无干扰。

### (三) 自旋标记法与自旋捕获技术

### 1. 自旋标记法

自旋标记法是把 ESR 易于观测的自由基与被研究分子结合起来，利用其记录电子的 ESR 谱线，来解析自由基及其周围状态的方法。通常引入的是氮-氧自由基(≡N—O)。将自旋标记法中所使用的易于观测的自由基制成自旋标记试剂，要求具备如下条件：

(1) 自由基在空气中稳定，并能够被分离出来。

(2) 自由基分子是小分子，以保持被标记的分子和体系的性质不变。

(3) 其 ESR 谱图简单且易于解析，即被标记的分子和体系所处的环境及运动状态能明确而正确地反映在 ESR 谱图上。

满足以上条件的自由基为氮-氧自由基。目前广泛使用的自旋标记物有哌啶氮氧化物(a)、吡咯氮氧化物(b)、噁唑烷氮氧化物(c)，其分子结构如下：

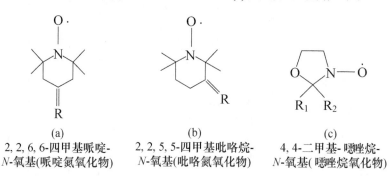

|     (a)     |     (b)     |     (c)     |
| :---: | :---: | :---: |
| 2, 2, 6, 6-四甲基哌啶- | 2, 2, 5, 5-四甲基吡咯烷- | 4, 4-二甲基-噁唑烷- |
| N-氧基(哌啶氮氧化物) | N-氧基(吡咯氮氧化物) | N-氧基(噁唑烷氧化物) |

## 2. 自旋捕获技术

自旋标记法可以应用于多领域，当标记的是寿命较短的自由基时，将这种短寿命的自由基附加在中性分子或离子的不饱和键上，由于短寿命的自由基被捕捉，变成了较稳定的自由基(如下方程式所示)。因此可由解析捕获后自由基的 ESR 谱图来解析不稳定的自由基，这种方法特称为自由基捕获技术(spin trapping method)。捕获时所用的中性分子或离子称为自旋捕获剂。

　　　　　R· ＋ 自旋捕获剂(spin trap) ⟶ 自旋加合物(spin adduct)

例如：　　　　R· ＋(CH₃)₃—C—N＝O ⟶ · R—NO—C—(CH₃)₃

常用的自旋捕获剂有以下几种：

2-甲基-2-亚硝基丙烷(MNP)　　　　　2, 4, 6-三叔丁基-1-亚硝基(TBND)

苯基-叔丁基-次甲基氮氧化合物(PBN)　　5, 5-二甲基-1-吡咯-N-氧化物(DMPO)

自旋捕获技术在聚合物反应历程的研究及聚合物链结构的研究中非常重要。

## 三、电子顺磁共振谱图

### (一) ESR 谱图表示法

在一般的管谱分析中，如红外、NMR，其谱图大多采用吸收积分曲线，但在 ESR 谱图中，多采用的是吸收曲线的一阶微分曲线，如图 3-22 所示。谱图的横坐标是磁场强度，单位为特斯拉(T)或高斯(G)，纵坐标是相对强度的微分值，其值与 NMR 中的相对强度分布规律相同，也遵守二项式展开式各项系数规律。从吸收曲线的面积可以求出被测自由基浓度。

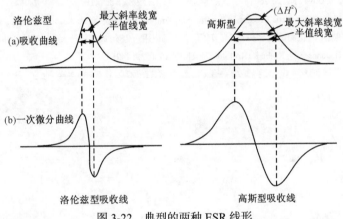

图 3-22　典型的两种 ESR 线形

值得注意的是，NMR 在很多领域得到应用，并形成了一系列标准谱图，而 ESR 到目前为止还没有标准谱图，这给 ESR 的普及应用带来了困难。

### (二) ESR 的超精细结构

超精细结构(hyperfine structure，HFS)是组成顺磁性分子中的原子，由于其电子自旋和顺磁性核的自旋产生相互作用，而引起的 ESR 谱线裂分，相当于 NMR 中磁核于磁核之间自旋-自旋相互作用产生的峰的裂分。

自旋量子数 $I$ 为半整数(如 $^1H$、$^{13}C$、$^{31}P$、$^{19}F$)和整数[如 $^{15}N$、$^2H(D)$]的核可以产生 HFS 结构。$I=0$(如 $^{16}O$、$^{12}C$)的核是非磁性核，不能产生 HFS 结构。HFS 结构可用 HFS 偶合常数($\alpha$)来表示，$\alpha$ 值可从谱图直接求出。

### 参 考 文 献

[1] Skoog D A, Leary J J. Principles of Instrumental Analysis. 4th ed. Philadelphia: Saunders College Publishing, 1992:

310-351

[2] Silverstein 等. 有机化合物のスペクトルによる同定法. 5 版. 荒木峻，益子洋一郎，山本修 译. 东京: 东京化学同人, 1992: 153-251

[3] 张美珍. 聚合物研究方法. 北京: 中国轻工业出版社, 2000

[4] 王培铭, 许乾慰. 材料研究方法. 北京: 科学出版社, 2005

[5] 薛奇. 高分子结构研究中的光谱法. 北京: 高等教育出版社, 1995: 198-295

[6] 高家武. 高分子近代测试技术. 北京: 北京航空航天大学出版社, 1994

[7] 邹建平, 王璐, 曾润生. 有机化合物结构分析. 北京: 科学出版社, 2005

[8] 沈其丰. 核磁共振碳谱. 北京: 北京大学出版社, 1983

[9] 赵天增. 核磁共振碳谱. 郑州: 河南科学技术出版社, 1993

[10] 董炎明. 高分子材料实用剖析技术. 北京: 中国石化出版社, 1997: 231-246

[11] Schilling F C S, Bovey F A, Brach M D, et al. Macromolcules, 1985, 18: 1418

[12] Bovey F A. Nuclear Magnetic Resonance Spectroscopy. 2nd ed. San Diego, CA: Academic, 1988

[13] 陈志军, 方少朋. 近代测试技术——在高分子研究中的应用. 成都: 成都科技大学出版社, 1998

[14] Helluege K H, Johnsen U, Kolbe K. Kolloid-Zeitschrift, 1966, 39: 1426

[15] 恩斯特 R R, 博登豪斯 G, 沃考恩 A. 一维和二维核磁共振原理. 杜有如, 等译. 北京: 科学出版社, 1997

# 第四章 热 分 析

热分析(thermal analysis)技术是在程序控制温度下，测量物质的物理化学性质与温度关系的一类技术。聚合物热分析，是近几十年来热分析发展最活跃的领域。据不完全统计，全球所发表的有关热分析的论文中，聚合物的热分析占 1/5。现在热分析已应用到聚合物结构与性能研究的几乎所有领域，已成为最重要的聚合物结构分析方法之一。

## 第一节 热分析概论

热分析广泛应用于研究物质的各种物理转变与化学反应，并可用于物质及其组成和特性参数的测定等，是现代结构分析法中历史较久、应用面很宽的方法之一[1]。

### 一、热分析发展简史

热分析顾名思义是以热(heat)进行分析的一种方法。而实际上，热分析是根据物质的温度(temperature)变化所引起的物性变化来确定状态变化的方法。之所以产生此混淆，与人们对热与温度的认识发展有关。

#### (一) 热与温度认识的发展

热和温度这两个概念，在 18 世纪以前人们一直混淆不清，只是直观地认识到热的物体温度高，冷的物体温度低，而温度高的物体可将热量传递给温度低的物体。实际上热是能量的传递，而温度则是表征物体热状态的参量。

现代科学认为，热是构成物质系统的大量微观粒子无规则混乱运动的宏观表现；热量是热力学系统同外界或系统各部分间存在温差发生传热时所传递的能量，它是由热接触引起的热力学系统能量的变化量，只与传热的过程有关，仅在系统状态发生变化时才有意义。热量和功相当，都是传递着的能量，其区别在于"功"与系统在广义力作用下产生的广义位移相联系，即与系统各部分的宏观运动相联系；而传热是基于系统与外界温度不一致而传递的能量，与物质的微观运动相联系。

温度是表征物体冷热程度的物理量，这是人们对温度概念的通俗理解，而严格的温度定义是建立在热力学平衡定律基础之上。该定律指出：处于任意状态两物体的状态参量，在两物体达到热平衡时不能任意取值，而是存在一个数值相等的状态函数，即温度。温度具有标志一个物体是否同其他物体处于热平衡状态的性质，其特征就在于一切互为热平衡的物体都具有相同的数值。

## (二) 热分析仪器的起源与发展[2]

热分析一词是 1905 年由德国的 Tammann 提出的。但热分析技术的发明要早得多。热重法(TG)是所有热分析技术中发明最早的。1780 年，英国人 Higgins 在研究石灰黏结剂和生石灰的过程中第一次用天平测量了试样受热时所产生的质量变化。6 年之后，同是英国人的 Wedgwood 在研究黏土时测得了第一条热重曲线，发现黏土加热到暗红(500～600℃)时出现明显失重。最初设计热天平的是日本东北大学的本多光太郎，于 1915 年他把化学天平的一端秤盘用电炉围起来制成第一台热天平，并使用了"热天平"(thermobalance)一词。第一台商品化热天平是 1945 年在 Chevenard 等工作的基础上设计制作的。

公认的差热分析的奠基人是法国的 Le Chárlier，他于 1887 年用铂-铂/铑热电偶测定了黏土加热时其在升-降温环境条件下，试样与环境温度的差别，从而观察是否发生吸热与放热反应，研究了加热速率($dT_s/dt$)随时间($t$)的变化。在 1899 年英国人 Roberts-Austen 采用差示热电偶和参比物首次实现了真正意义上的差热分析(DTA)，并获得了电解铁的 DTA 曲线。20 世纪初，人们在参比物中放入第二个热电偶，从而测得样品和参比物间的温差($\Delta T$)，Saladin 用照相法直接记录$\Delta T$随样品温度($T$)的变化，从 20 世纪 40 年代末起，以美国 Leeds & Northrup 公司为中心，使自动化的电子管 DTA 有了商品出售。

由于受到当时科技发展水平的限制，在 20 世纪 40 年代以前，热分析仪样品用量大，仪器灵敏度低；数据分析主要是手工操作，测量时间长，劳动强度高，主要应用于无机化合物，如黏土、矿物的研究。50 年代电子工业迅速发展，才使自动控制与自动记录技术开始应用于热分析仪，70～80 年代，热分析应用领域进一步扩展，技术不断改进，涌现出许多新的热分析方法和仪器。21 世纪以来计算机在热分析仪中大量应用，提高了测试精度，简化了数据处理，实现了整个实验过程的程序控温，多参数实验的分时处理，以及数据、谱图的存储与检索。当前热分析仪正朝着自动化、高性能、微型化和联用技术的方向发展。

## 二、热分析的定义与分类

热分析中的"热"并不完全指"热"(或"热量")，而是指与温度有关的测量。因此并非所有以热进行分析的手段均可称为热分析，而是有其严格的定义。

## (一) 热分析的定义

国际热分析会(ICTA)于 1977 年提出的热分析定义为：热分析是在程序控制温

度下，测量物质的物理性质与温度关系的一类技术[3]。该定义已被国际纯粹与应用化学联合会(IUPAC)和美国材料与试验协会(ASTM)相继接受。

这里的物质指测量样品本身或其反应产物，包括中间产物。该定义包括三方面内容。一是程序控温，一般指线性升(降)温，也包括恒温、循环或非线性升降温，或温度的对数或倒数程序；二是选一种观测的物理量 P(可以是热学、力学、光学、电学、磁学、声学的物理量等)；三是测量物理量 P 随温度 T 的变化，而具体的函数形式往往并不十分显露，在许多情况下甚至不能由测量直接给出它们的函数关系。该定义包括所有可能的方法和所提供的测量。实际上迄今出现的绝大多数分析技术所测的物理量都是物质的物理性质，所以 ICTA 在给热分析下定义时指出，像 X 射线衍射、红外光谱等，虽偶尔也在受热条件下进行分析，但不在热分析之列。

## (二) 热分析的分类

根据热分析的定义，按所测物质物理性质的不同，热分析按大类分可以分为热分析和热物性分析，具体分类和应用领域如图 4-1 所示，各种热分析方法的详细定义见表 4-1。

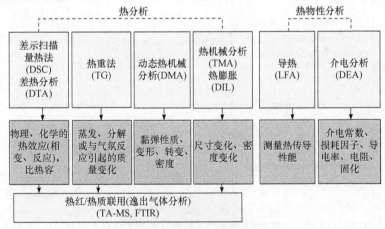

图 4-1　热分析简明分类图

**表 4-1　热分析方法的分类及其定义**

| 物理性质 | 方法名称 | 定义 | 典型曲线 |
|---|---|---|---|
| 温度 | 差热分析<br>(differential thermal analysis, DTA) | 在程控温度下，测量物质和参比物之间的温差与温度关系的技术。向上表示放热，向下表示吸热 | (+) 温差 (−) T → |

| 物理性质 | 方法名称 | 定义 | 典型曲线 |
|---|---|---|---|
| 焓<br>(热量) | 差示扫描量热法<br>(differential scanning calorimetry，DSC) | 在程控温度下，测量输入到物质和参比物之间的功率差与温度关系的技术。横轴为温度；纵轴为热流率 | |
| 质量 | 热重法<br>(thermogravimetry，TG) | 在程控温度下，测量物质的质量与温度关系的技术。横轴为温度或时间；纵轴为质量 | |
| 尺寸 | 热膨胀法<br>(thermodilatometry，DIL) | 在程控温度下，测量物质在可忽略负荷时的尺寸与温度关系的技术 | |
| | 热机械分析<br>(thermomechanical analysis，TMA) | 在程控温度下，测量物质在非振动负荷下的形变与温度关系的技术 | |
| 力学性质 | 动力学分析<br>(dynamic mechanical analysis，DMA) | 在程控温度下，测量物质在振动负荷下的动态模量和(或)力学损耗与温度关系的技术 | |
| 电学性质 | 热介电法<br>(thermodielectric analysis；dynamic dielectric analysis，DDA) | 在程控温度下，测量物质在交变电场下的介电常数和(或)损耗与温度关系的技术 | |
| 电学性质 | 热释电法<br>(thermal stimulatic current analysis，TSCA) | 先将物质在高电压场中极化(高温下)再速冷冻结电荷。然后在程控温度下测量释放的电流与温度的关系 | |

续表

| 物理性质 | 方法名称 | 定义 | 典型曲线 |
|---|---|---|---|
| 光学性质 | 热显微镜法 (thermomicroscopy) | 在程控温度下，用显微镜观察物质形态变化与温度关系的技术 | |
| 磁学性质 | 热磁法 (thermomagnetometry) | 在程控温度下，测量物质的磁化率与温度关系的技术 | |

# 第二节　差热分析与差示扫描量热法

差热分析(DTA)是在程序控制温度下测量样品与参比物之间的温差和温度之间关系的热分析方法；差示扫描量热(DSC)是在程控温度下测量保持样品与参比物温度恒定时输入样品和参比物的功率差与温度关系的分析方法。两者均是测定物质在不同温度下，由于发生量变或质变而出现的热焓或比热容变化，如图 4-2 所示。

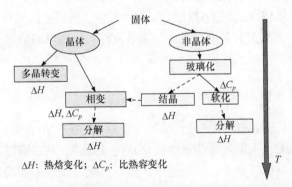

$\Delta H$：热焓变化；$\Delta C_p$：比热容变化

图 4-2　材料热效应的来源——物理或化学变化

发生吸热反应的过程有：晶体熔化、蒸发、升华、化学吸附、脱结晶水、二次相变、气态还原等；放热反应有：气体吸附、结晶、氧化降解、气态氧化、爆炸等。玻璃化转变是非晶态物质在加热过程中在一定区间出现的比热容变化而非热效应；而结晶形态的转变、化学分解、氧化还原、固态反应等过程则可以是吸热的，也可是放热的。上述反应均可用 DSC 与 DTA 来分析。这两种方法不反映物质是否发生质量变化，也不能区分是物理或化学变化，只反映在某温度下物质发生反应的热效应，不能确定反应的实质。

# 一、DTA 与 DSC 仪器的组成与原理

## (一) 差热分析仪的组成与原理

DTA 仪器由炉子、温度控制器与数据处理部分组成。炉子中的核心部件为样品支持器，由试样和参比物容器、热电偶与支架等组成。现在一些仪器已经将炉子和温度控制器集成为一体。DTA 的基本原理图如图 4-3 所示。

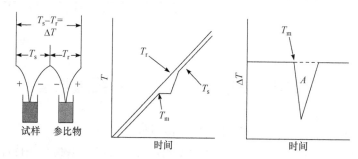

图 4-3　差热分析(DTA)原理图

试样(s)和参比物(r)分别放在加热炉内相应的杯中(常用铝坩埚,高温时用铂坩埚、陶瓷坩埚),当炉子按某一程序升温时,测温热电偶测得参比物的温度 $T_r$,同时也测得试样温度($T_s$),温差 $\Delta T(T_s - T_r)$ 为一常数。当温度达到样品的熔点时,由于样品只吸热不升温,它与参比物的温差 $\Delta T(T_s - T_r)$ 则以峰的形式体现,信号经放大后输入计算机,最后绘出 DTA 曲线。

## (二) 差示扫描量热仪的组成与原理

普通 DTA 仅能测量温差,其大小虽与吸放热焓的大小有关,但由于 DTA 与试样内的热阻有关,不能定量测量焓变($\Delta H$)。热流型 DSC 则可以满足热量的测量,仪器的基本组成有炉子、控制器、计算机终端以及液氮辅助制冷系统等。和 DTA 一样,现在多数仪器炉子和温度控制器为一集成体。常用的 DSC 有热流型与功率补偿型两种。

### 1. 热流型 DSC

热流型 DSC 在原理上与 DTA 完全相同,通过测试 $\Delta T$ 信号并建立 $\Delta H$ 与 $\Delta T$ 之间的联系:

$$\Delta H = K \int_0^t \Delta T \mathrm{d}t \to \Delta H = \int_0^t K(T) \Delta T \mathrm{d}t \qquad (4\text{-}1)$$

也就是说，在给予试样和参比物相同的功率下，测定试样和参比物两端的温差 $\Delta T$，然后根据热流方程，将 $\Delta T$ (温差) 换算成 $\Delta Q$ (热量差) 作为信号的输出，以表征所有与热效应有关的物理变化和化学变化。

图 4-4 所示为热流型 DSC 原理图，是将感温元件由样品中改放到外面，但紧靠试样和参比物，以消除试样热阻($R$)随温度变化的影响，而仪器热阻的变化在整个要求的温度范围内是可被测定的，导致在试样和感温元件间出现一个热滞后，以 $R$ 对温度的校正可使被校正的 $\Delta T$ 峰转化为该转变过程的熔变$\Delta H$。

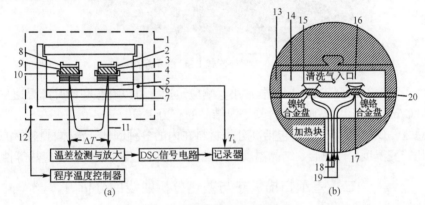

图 4-4  热流型 DSC 原理图

(a) 仪器方框图；(b) 样品支持器方框图

1—电炉；2，8—容器；3—参比物(r)；4，10—支持器；5—散热片；6，12—测温热电偶；7—金属均温块；
9—试样(s)；11—温差热电偶；13—银圈；14—样品室；15—参比皿；16—试样皿；17—热电偶；
18—铝镁合金丝；19—铬镍合金丝；20—康铜合金片

$T_h$ 表示炉体温度

热流型 DSC 仪器的优点是基线稳定、可使用范围较宽、$\Delta H$ 与曲线峰面积具有较好的定量关系，可用于反应热的定量测定。

## 2. 功率补偿型 DSC

1963 年美国的 Watson 和 O'neil 等在美国匹茨堡召开的 "分析化学和应用光谱" 会议上首次提出了差示扫描量热法并自制了仪器，后来 Perkin-Elmer 公司采用该技术生产了 DSC-1 型商品化仪器。

功率补偿型 DSC 采取两套独立的加热装置，在相同的温度环境下($\Delta T = 0$)，以热量补偿的方式保持两个量热器皿的平衡，从而测量试样对热能的吸收或放出。在试样和参比物始终保持相同温度的条件下，测定为满足此条件试样和参比物两端所需的能量差，并直接作为信号$\Delta Q$(热量差)输出。由于两个量热器皿均放在程控温度下，采取封闭回路的形式，所以能精确迅速地测定热容和热焓。图 4-5 是功率补偿型 DSC 的示意图。同 DTA 相比，在 DSC 中增加了功率补偿控制器。

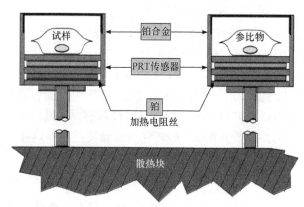

图 4-5　功率补偿式 DSC 的示意图

由于功率补偿型 DSC 炉子非常小，响应迅速，可以有很高的升降温速率(可达 500℃/min)，所以是研究聚合物等温结晶的有力工具。

总之，DSC 可用于测量包括高分子材料在内的各种固体、液体材料的熔点、玻璃化转变温度、比热容、结晶温度、结晶度、纯度、反应温度、反应热等性质。

## 二、差示扫描量热与差热分析曲线的分析

### (一) DSC(DTA)曲线的特征温度与熔点的表示方法

DSC(DTA)曲线上有许多特征温度，其中直观数值有起始温度 $(T_i)$、峰顶温度 $(T_p)$ 和终止温度 $(T_f)$ 等。当有热效应发生时，曲线开始偏离基线的点称为起始温度 $(T_i)$，曲线回复到基线的温度为终止温度 $(T_f)$。$T_i$ 和 $T_f$ 的影响因素较多，一般重复性较差。$T_p$ 受试样质量影响较大。最重要的是正切温度 $(T_{onest})$。ICTA 规定正切温度 $(T_{onset})$ 为试样熔点，它是由基线的切线和吸热峰局部最大值点的切线相交而得。$T_{onset}$ 受试样质量的影响较小，具有比较好的稳定性和重复性。图 4-6 为标准样金属 In 的特征温度测试图，其标准熔点 156.6℃对应的是图中的 $T_{onset}$。表示方法如图 4-6 所示。

同样地，反应终止后由于整个体系的热惯性，热量仍有个散失过程，真正的终止温度通常也是使用正切温度，即由后基线的切线和吸热峰下降部分曲率最大值点的切线相交而得，标记为 $T_{end}$。

### (二) DSC 峰面积的计算

无论是计算反应过程的吸(放)热量以计算反应程度，还是进行反应动力学处

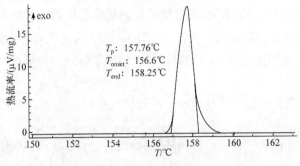

图 4-6 熔点的测定

理,都涉及反应峰面积的计算。现代热分析仪器都具有积分功能,只需要设定好计算面积的起始温度点和终止温度点,反应热焓就能够准确计算得到。当反应前后基线没有或很少偏移时,连接基线即可求得峰面积,如图 4-6 所示。

一些试样在测试过程中由于热传导、热容等基本性质发生了变化,反应前后的基线发生偏移,从而使起止温度点难以确定,给面积的计算带来困难。当发生偏移时,可按图 4-7(a)~(f)所示的方法进行计算。

(1) 分别作峰前后基线的延长线,切点即为反应起始温度 ($T_i$) 与终止温度 ($T_f$),连接 $T_i$ 与 $T_f$,与峰所包围的面积即为 $S$,如图 4-7(a)所示。

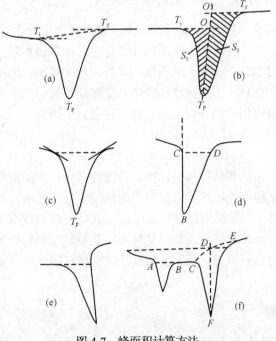

图 4-7 峰面积计算方法

(2) 如图 4-7(b)所示，作起始边与终止边基线的延长线和峰顶温度 $(T_p)$ 的垂线，求得 $T_iT_pOT_i$ 的面积 $(S_1)$ 和 $O'T_pT_fO'$ 的面积 $(S_2)$，两者之和即为峰面积 $S$，这里反应前部分少计算的面积 $S_1$ 在后部分 $S_2$ 中得到了补偿。前述两种方法是经常采用的方法。

(3) 由峰两侧曲率最大的两点 $A$、$B$ 间连线所得峰面积。只适于对称峰，如图 4-7(c)所示。

(4) 在图 4-7(d)中，作 $C$ 点切线的垂线交另一边于 $D$ 点，$CBDC$ 所围面积即为 $S$。

(5) 直接作起始边基线的延长线而求得峰面积，如图 4-7(e)所示。

(6) 如图 4-7(f)所示，基线有明显移动的情形，则需画参考线，从有明显移动的基线 $BC$ 连接 $AB$，此时视 $BC$ 为中间产物的基线而不是第一反应的持续；第二部分面积为 $CDEF$，$FD$ 是从峰顶到基线的垂线。

## 三、影响 DSC 与 DTA 曲线的因素

许多因素可影响 DSC 与 DTA 曲线上特征温度与特征峰的位置、大小与形状，但概括起来可分为仪器因素、操作条件和试样状态三类。

### (一) 仪器因素对 DSC 与 DTA 曲线的影响

仪器方面的影响，主要来自炉子的结构。试样和参比物是否放在同一炉子内，热电偶置于试样皿内或外，炉子采用内加热还是外加热，加热池及环境的结构几何因素等，均会对 DSC 与 DTA 的测量结果带来较大影响，因此不同仪器测得的结果差别较大，在选择使用热流型和功率补偿型仪器时应综合考虑多种因素，使其尽可能合理，以得到好的分析结果。此外还有以下因素。

**1. 均温块体**

其主要作用是传热到试样和参比物，是影响基线好坏的重要因素。均温效果好，则基线平直，检测性能稳定。目前普遍使用的材料有镍、铝、银、镍铬钢、铂等金属，以及刚玉之类的陶瓷材料。在 20～1000℃ 的温度范围内，材料的热导率和热辐射系数对均温块体与支持器材料同样重要，特别是处于靠辐射传热的温度范围时，磨光金属表面的热辐射系数只是陶瓷材料的 10%～25%，因此可能后者传热更快。

**2. 热电偶和支持器**

热电偶的位置与形状将影响 DSC 与 DTA 的分析结果。目前使用的多为平板

式热电偶，置于样品皿底部，热电偶均对称地固定在圆柱形试样皿的中心以使所测的 DSC 与 DTA 峰面积最大和最准确。目前商用 DSC 的新型传感器(sensor)可提供最多 56 对热电偶，同时感应温度的变化，具有高的灵敏度、短的响应时间和极好温度分辨率。

DSC 与 DTA 曲线的形状受到热从热源向试样传递和反应性试样内部放出或吸收热量速率的影响，所以支持器在 DSC 与 DTA 实验中也起着重要的作用。

### 3. 试样器皿

试样皿也称作坩埚，常用的坩埚均为圆柱形，多用金属铝、镍、铂及无机材料如陶瓷、石英或石墨等制成。坩埚的制作材料、大小、质量、几何形状及使用后遗留的残余物的清洗程度对分析结果均有影响。

使用坩埚首先要确保其在测试温度范围内保持物理与化学惰性，自身不得发生物理与化学变化，对试样、中间产物、最终产物、气氛、参比也不能有化学活性或催化作用。例如，碳酸钠的分解温度在石英坩埚或陶瓷坩埚中比在铂坩埚中低，原因是在 500℃左右碳酸钠会与 $SiO_2$ 反应形成硅酸钠；聚四氟乙烯也不能用陶瓷坩埚、玻璃坩埚和石英坩埚，以免与坩埚反应生成挥发性硅化合物；而铂坩埚不适合做含 S、P、卤素的高聚物试样，铂还对许多有机化合物具有加氢或脱氢催化活性等。因此，在使用时应根据试样的测温范围与反应特性进行选择。

## (二) 操作条件对 DSC 与 DTA 曲线的影响

操作条件的影响不容忽视，选择适宜的操作条件是实验成功的前提。

### 1. 升温速率

目前商品热分析仪的升温速率范围可为 0.1～500℃/min，常用范围为 5～30℃/min，尤以 10℃/min 居多。图 4-8 为不同升温速率对试样 DSC 曲线的影响，从中可以看出，提高升温速率 $\beta$，热滞后效应增加，会使峰顶温度 $T_p$ 线性升高，同时 $\beta$ 增大常会使峰面积有某种程度的增大，曲线峰形状变得更宽，并使小的转变被掩盖从而影响相邻峰的分辨率。就提高分辨率的角度而言，采用低升温速率有利。但对于热效应很小的转变，或试样量非常少的情况，较大的升温速率往往能提高结果的灵敏度，使 $\beta$ 较小时不易观察到的现象显现出来。另外，根据所测试样的实际情况，有时往往会采用不同的升温速率进行研究。例如，动力学研究中的等转化率法就是利用熔融(结晶)温度对 $\beta$ 的依赖性，通过一系列不同升温速率的测试来实现活化能的计算[4, 5]。

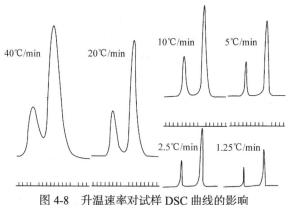

图 4-8　升温速率对试样 DSC 曲线的影响

## 2. 气氛的影响

所用气氛的化学活性、流动状态、流速、压力等均会影响样品的测试结果。

(1) 气氛的化学活性。实验气氛的氧化性、还原性和惰性对 DSC 与 DTA 曲线影响很大。可以被氧化的试样，在空气或氧气中会有很强的氧化放热峰，在氮气等惰性气体中则没有。

(2) 气氛的流动性、流速与压力。实验所用气氛有两种方式：静态气氛，常采用封闭系统；动态气氛，气体以一定速度流过炉子。前者对于有气体产物放出的试样会起到阻碍反应向产物方向进行的作用，故以流动气氛为宜。气体流速的增大，会带走部分热量，从而对 DSC 与 DTA 曲线的温度和峰大小有一定影响。压力由纯净气体如氧、氮、氢、二氧化碳等产生。气体压力对有气体产物生成的反应具有明显影响。压力增大，即便是惰性气体，一般也使转变温度升高。

## 3. 参比物与稀释剂

作为参比的物质自身在测试温度范围内必须保持物理与化学惰性，除因升温所吸热量外，不得有任何热效应。在聚合物的热分析中，最常用的参比物为空坩埚和$\alpha$-Al$_2$O$_3$。

有时测试所得到的 DSC 与 DTA 曲线的基线随温度升高偏移很大，使得产生"假峰"或得到的峰形变得很不对称。此时可在试样中加入稀释剂以调节试样的热传导率，从而达到改善基线的目的。通常用参比物作稀释剂，这样可使试样与参比物的热容尽可能相近，使基线更接近水平。

使用稀释剂还可起到在定量分析中制备不同浓度的反应试样、防止试样烧结、降低所记录的热效应、改变试样和环境之间的接触状态等作用，并且可以进行特殊的微量分析。

## (三) 试样状态对 DTA 与 DSC 曲线的影响

### 1. 试样量

灵敏度是仪器能检出的试样最小量的能力，在灵敏度足够的前提下，试样的用量应尽可能少，目前仪器推荐使用的试样量为 3～6mg。图 4-9 为不同试样量对 DSC 曲线的影响。

试样量过多，由试样内传热较慢所形成的温度梯度就会显著增大，热滞后明显，从而造成峰形扩张、分辨率下降，峰顶温度向高温移动。特别是含结晶水试样的脱水反应时，样品过多会在坩埚上部形成一层水蒸气，从而使转变温度大大上升。同一个试样，因用量不同，其特征温度可相差许

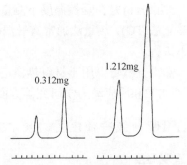

图 4-9　同一试样不同质量的 DSC 曲线

多，例如，涤纶用量从 5mg 增加到 50mg 时，其熔点由 261℃升高到 266℃，热降解温度也相应升高了 7℃。一般地，当测量 $T_m$ 时，试样量应尽量小，否则温度梯度大将导致熔程增长；而当测量 $T_g$ 时，应适当加大试样量以提高灵敏度。

### 2. 试样粒度

试样粒度和颗粒分布对峰面积和峰温均有一定影响。通常小粒子比大粒子应更容易反应，因较小的粒子有更大的比表面积与更多的缺陷，边角所占比例更大，从而增加了样品的活性部位。一般粒度越小，反应峰面积越大。大颗粒状铋的熔融峰比扁平状样品的要低而宽；与粉末状样品相比，粒状 $AgNO_3$ 熔融起始温度由 161℃升高到 166.5℃，而经冷却后再熔融时两者熔点相同。

### 3. 试样装填方式

DSC 与 DTA 曲线峰面积与试样的热导率成反比，而热导率与试样颗粒分布和装填的疏密程度有关，接触越紧密，则热传导越好。对于无机试样，可先研磨过筛，高聚物的块状试样应尽量保证有一截面与坩埚底部密切接触，粉末试样填充到坩埚内时应将试样装填得尽可能均匀紧密。

## 第三节　热 重 分 析

热重分析(TG)是应用最早的热分析技术，与 DTA(DSC)和 DMA(TMA)共成

为热分析技术的三大组成,在聚合物结构分析中有着广泛的应用。

# 一、热重分析基本原理

## (一) 热重分析的定义

热重分析是在程控温度下测量试样与温度或时间关系的一种热分析技术,简称热重法(TG),热重法通常有升温(动态)和恒温(静态)之分,但通常在等速升温条件下进行。

热重分析可以用于材料热稳定性研究、分解温度测定、组分分析、吸附-脱附、氧化-腐蚀和反应动力学研究等方面。

## (二) TG 曲线特征温度的表示方法

### 1. 直观温度值

直观温度值即直接从 TG 或 DTG 曲线上读取的对应于特定点的特征温度,是最常用的特征温度表示方法,包括起始温度($T_i$)、终止温度($T_f$)、特定失重量时温度 $T_x$ 以及最大失重速率温度 $T_p$。$T_p$ 是 DTG 曲线上峰顶温度,此时失重速率最大,也称峰顶温度。

DTG 是 TG 曲线的一阶导数,也称微分热重,它是 TG 的伴生曲线,其横坐标与 TG 相同,纵坐标为质量变化速率 $dm/dT$ 或 $dm/dt$, DTG 有清晰的物理意义,所以常被用来描述失重过程,例如,图 4-10 中 DTG 的峰顶温度(455.0℃)就表示当温度达到 455.0℃时该试样达到最大失重速率。

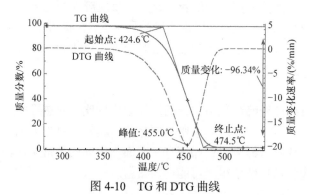

图 4-10    TG 和 DTG 曲线

### 2. 正切温度

ICTA 规定试样分解温度为正切温度($T_{onset}$),它是由基线的切线和分解速率局部最大值点的切线相交而得,计算方法如图 4-10 所示。该温度点与试样量基本无关，只和升温速率有关，具有相当好的稳定性。避免了 $T_i$ 重复性不好的缺陷，可以反映样品的特性，是一种起始降解或分解温度表示方法。需要指出的是，当试样温度达到 $T_{onset}$ 点时，一般来说分解已经进行了 10%以上了。所以，以该点表示分解温度更倾向于研究意义，而工程上则很少采用。

## 二、热天平的基本结构

TG 仪器的基本组成包括微量电子天平/炉子、温度程序控制器、恒温水浴和计算机数据终端。温度控制器和炉子目前也多为一个整体。热天平的基本组成单元大致相同，根据天平和炉子的相对位置，热天平可分为垂直式和水平式，而垂直式又分为上皿式和下皿式，如图 4-11 所示。

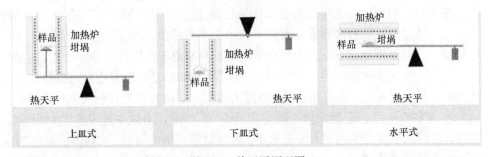

图 4-11 热天平原理图

## (一) 下皿式

下皿式即垂直吊丝式。样品皿(样品支持器)在天平的下方。它适用于简单 TG 测量。下皿式的炉子一般做得较小，因此，加热速率和降温速率都较快，热惰性小。日本 SHIMADZU(岛津)和美国 PE(珀金-埃尔默)公司都有下皿式热天平。

## (二) 上皿式

上皿式即垂直顶部装样式。样品皿在天平的上方。这种热天平除了可单独测量 TG 外，还可用于 TG/DSC 联用测量，其中炉子一般做得较大，因此，可加大样品用量，适用于大容量分析。PE 和德国 NETZSCH(耐驰)公司都有上皿式热天平。

## (三) 水平式

水平式(卧式)即样品皿和支持器处于水平位置，这种形式的热天平浮力相对较小，也可用于 TG/DSC 联用测量。PE 和瑞士 METTLER(梅特勒)公司都有水平式热天平。

## 三、影响热重数据的因素

影响热重数据的因素主要有仪器本身的因素、实验条件和样品状况等。仪器本身的因素主要有浮力、对流和挥发物的冷凝。它们对 TG 数据都有一定的影响，其影响程度随热天平方式的不同而异。实验条件包括升温速率、所选用的样品皿和气氛种类等。

### (一) 仪器因素及解决方法

#### 1. 浮力与样品基线

在升温过程中，热天平在加热区中的部件(包括样品、坩埚和支持器等)所排开的空气随温度不断升高而发生膨胀，质量在不断减少，即浮力在不断减小。也就是说，在样品质量没有发生变化的情况下，只是由于升温样品就在增重，引起 TG 基线上漂，这种增重称为表观增重。据计算，300℃时的浮力约为室温的一半，而 900℃只有 1/4。三种热天平都会有浮力效应，解决方法是在相同条件下(相同的升温速率和温度范围)预先做一条空载基线，以扣除浮力效应造成的 TG 曲线的漂移。虽然水平式天平的浮力变化最小，但对要求严格的测试，也应预先做基线。

如果样品总失重大于 95%，且低温区无明显失重信号，也可以将浮力的影响忽略不计。

#### 2. 挥发物的再凝聚

在 TG 实验过程中，由样品受热分解或升华而逸出的挥发物，有可能在热天平的低温区再冷凝。这不仅会污染仪器，也会使测得的样品失重偏低，待温度进一步上升后，这些冷凝物会再次挥发，可能产生假失重，使 TG 曲线出现混乱，造成结果不准确。尽量减小样品用量并选择合适的吹扫气体流量以及使用较浅的样品皿都是减少再凝聚的方法。

### (二) 实验条件方面的影响

#### 1. 升温速率

不同的升温速率对 TG 结果有显著的影响。升温速率越快，产生的热滞后越严重，做出的实验结果与实际情况相差越大，这是由电加热丝与样品之间的温差和样品内部存在温度梯度所致。随着升温速率的增大，样品的起始分解温度($T_{onset}$)和终止分解温度($T_{end}$)都将有所提高，即向高温方向移动。升温速率过快，会降低分辨率，有时会掩盖相邻的失重反应，甚至把本来应出现平台的曲线变成折线。

升温速率越低，分辨率越高，但升温速率太低又会降低实验效率。考虑到高分子的传热性不及无机化合物和金属，因此升温速率一般选定 10℃/min(或 5℃/min)。在特殊情况下，也可以选择更低的升温速率。对复杂结构的分析，如共聚物和共混物，采用较低的升温速率可观察到多阶分解过程，而升温速率高就有可能将其掩盖。

## 2. 气氛种类

气氛对 TG 实验结果有显著影响。因此，实验前应考虑气氛对热电偶、样品皿和仪器的原部件有无化学反应，是否有爆炸和中毒的危险等。可用气氛包括惰性气体、氧化性气体和还原性气体，常用于聚合物 TG 实验的主要有 $N_2$、Ar 和空气三种。其中样品在 $N_2$ 或 Ar 中的热分解过程一般是单纯的热分解过程，反映的是热稳定性，而在空气(或 $O_2$)中的热分解过程是热氧化过程，氧气有可能参与反应，因此它们的 TG 曲线可能会明显不同。

气氛处于静态还是动态对实验结果也有很大影响。TG 实验一般在动态气氛中进行，以便及时带走分解物，但应注意流量对样品分解温度、测温精度和 TG 谱图形状等的影响。现有的热重仪一般都拥有两路气体，分为保护气和吹扫气。保护气为惰性气体，专用于保护热天平，气流量一般在 10～20mL/min；吹扫气根据测试目的不同可有不同的选择，同时吹扫气流也能带走样品分解产生的气体，其流量稍大于保护气，一般在 20～40mL/min。

## 3. 样品皿

样品皿即坩埚的材质种类很多，包括氧化铝、铂、玻璃、石墨、石英等，但用于聚合物热分析的主要有氧化铝、铂和石墨。选择样品皿时，首先要考虑样品皿对样品、中间产物和最终产物不会产生化学反应，还要考虑欲做样品的耐温范围。此外，样品皿的形状以浅柱状为好，实验时将样品薄薄地摊在其底部，不加盖，以利于传热和生成物的扩散。

## (三) 样品状况的影响

## 1. 样品量

样品量越大，信号越强，但传热滞后也越大，会造成分辨率降低。此外，挥发物不易逸出也会影响曲线变化的清晰度，况且聚合物样品的热传导率比无机化合物和金属都小。因此，样品用量应在热天平的测试灵敏度范围内尽量减少，一般为 5～8mg。但当需要提高灵敏度或扩大样品差别时，应适当加大样品量。再者，当与其他仪器联用时，为了联用分析也应加大样品量。

## 2. 样品粒径

样品粒径大时，TG 曲线失重段向高温移动。例如，经过研磨的水合硅酸镁石棉粉体从 50～850℃产生连续失重，600～700℃分解最快；而天然矿样粗粒一直到 600℃仅有微小的失重。因此在做 TG 实验时，应注意样品粒径均匀，批次间尽量一致。

## 3. 样品装填方式

样品装填方式对 TG 曲线也有影响，其影响主要通过改变热传导实现。一般认为，样品装填越紧密，样品间接触越好，有利于热传导，因而温度滞后效应越小。但过于密集则不利于气体逸出和扩散，致使反应滞后，同样会带来实验误差。因此，为了得到重现性较好的 TG 曲线，样品装填时应轻轻振动，以增大样品与坩埚的接触面，并尽量保证每次的装填情况一致。

## 四、热重实验及谱图辨析

进行 TG 实验前，需根据样品特点和对样品的要求，综合考虑上述各种影响因素，包括选择样品皿和气氛、升温速率和温度范围，然后按照操作规程进行实验。一般情况下，首先要根据对样品的要求(温度范围和升温速率)做基线，如果预先存有符合要求的基线数据，也可直接调出使用。

为确保实验的准确性和可重复性，最好先开机在待做的温度范围内先进行"老化实验"，以消除湿气的可能影响；如做低温 TG，为防止水分的影响，要反复抽真空—充氮气(氩气)过程；对挥发分和灰分较少而又要作为重点考察时，要加大样品量。此外，还要严格防震，因震动而引起的天平零点的变化会被记录下来，从而对谱图产生影响。

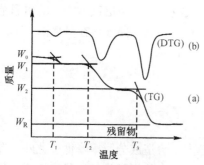

图 4-12　(a)热重曲线(TG)；
(b)微分热重曲线(DTG)
$W_0$、$W_1$、$W_2$、$W_R$ 分别为原始
重量、第一、第二失重阶段的重量，
以及残留物重量

### 1. 积分曲线和微分曲线

图 4-12 中(a)曲线是积分曲线(TG)曲线，即是程序升温条件下聚合物质量随温度的变化。TG 曲线表示加热过程中样品失重的累积量，为积分型曲线，其纵坐标可以是绝对质量值或剩余百分数。

对 TG 曲线的处理包括开始失重温度和失重阶段以及失重百分率的确定，并可同时在原始积分曲线(TG)的基础上做出微分曲线(DTG)，即质量变化率 $\mathrm{d}W/\mathrm{d}T$ 或 $\mathrm{d}W/\mathrm{d}t$，以清楚地观察每阶段失重最快时的温度，如图 4-12(b)所示。DTG 曲线是 TG 曲线对温度或时间的一阶导数，DTG 曲线上出现的峰与 TG 曲线上两台阶间质量发生变化的部分相对应，峰的面积与样品对应的质量变化成正比，峰顶与失重速率最大时的温度相对应。

TG 曲线上质量基本不变的部分称为平台，两平台之间的部分称为台阶。聚合物的 TG 曲线一般都可以观察到 2～3 个台阶。第一个失重台阶($W_0$–$W_1$)多数发生在 100℃以下，最可能的原因是样品中的吸附水或样品内残留的溶剂；第二个台阶往往是样品内添加的小分子助剂，如高分子增塑剂、抗老剂等；发生在高温区的第三个台阶则属于样品本体的分解。在某种特殊情况下 TG 曲线还会发生增重现象，除浮力变化造成的影响外，这可能是样品与环境气体发生了反应(或吸附)所致。

对分解温度的确定如图 4-13 所示。$T_1$ 即为分解开始的温度(也称外延起始温度)，由曲线切线部分的延长线与分解前基线的交点为定点。$T_2$ 是分解过程的中间温度，由失重前的水平延长线和失重后的水平延长线距离的中点与失重曲线的交点为定点。$T_3$ 为分解的最终温度，其定点方法如 $T_1$。

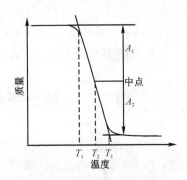

图 4-13　分解温度的测定方法

## 2. 热重图谱解析注意事项

(1) 热重曲线一般为失重曲线，但也会出现增重曲线。其处理方法分别如图 4-14 和图 4-15 以及相应的公式所示。

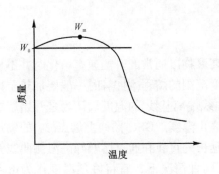

图 4-14　增重曲线的处理与计算

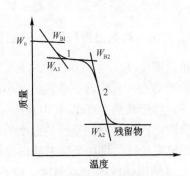

图 4-15　失重曲线的处理与计算

$$W_G(增重)(\%) = \frac{W_m - W_0}{W_0} \times 100\%$$

$$组分1含量(\%) = \frac{W_{B1} - W_{A1}}{W_0} \times 100\%$$

$$组分2含量(\%) = \frac{W_{B2} - W_{A2}}{W_0} \times 100\%$$

$$残留物含量(\%) = \frac{W_{A2}}{W_0} \times 100\%$$

(2) 热分析数据(包括 DSC 和 TG)受仪器结构、实验条件和试样本身反应的影响，因此在表达热分析数据时必须注明这些条件，如仪器型号、样品质量、升温速率等。

(3) 对于多阶段分解过程，尤其是不易区分的多阶分解过程，要借助 DTG 曲线，选择分解速率最小处进行合理分段。

## 第四节　热分析技术在聚合物研究中的应用

热分析是研究高聚物热性能的主要手段，同时也能获得结构方面的信息，而且随着热分析技术的发展，新的功能还在不断出现，加之热分析仪操作方便，价格相对较低，因此已成为从事聚合物材料研究的必备的仪器。本节将在运用 DSC 和 TG 测定聚合物基本热性能参数的基础上，简要介绍 DSC 和 TG 在聚合物结晶行为、聚合物液晶的多重转变、共聚物和共混物组分的相容性、聚合物热稳定性、辅助高聚物剖析以及其他研究方面的应用。

### 一、聚合物的结晶行为

(一) 结晶热力学参数的测定

**1. 熔融温度、结晶温度和平衡熔融温度**

熔融温度($T_m$)：在 DSC 曲线上，结晶高聚物以通常的升温速率熔化时并不显现明确的熔点，而出现一个覆盖一小段温度范围的熔程(测 $T_m$ 时一般要加热至比熔融终止温度高约 30℃)。其中开始吸热(曲线偏离基线)的温度被认为是开始熔融温度，而曲线重新回到基线的温度为熔融终止温度。DSC 曲线上熔点($T_m$)的确定在前面已有论述，即由低温基线向高温侧延长的直线和通过熔融峰高温侧曲线斜率最大点所引切线的交点温度。但在以下两种情况下，宜将峰顶温度作为熔点($T_m$)。一种情况是聚合物的熔融过程因拖尾太长而不宜判断，由此得到的外推熔融温度会因人而异；另一种情况是出现两个相连但独立的熔融峰，此时并不能清楚地看到第一个熔融峰的熔融起始温度。熔点的确定还受升温速率以及热历史的影响，与温度标定速率一致时更为准确。

结晶温度($T_c$)：与升温熔融曲线相反，将 DSC 降温曲线中曲线偏离基线开始放热的温度称为开始结晶温度，同样可得到结晶终止温度和峰顶温度。也有两种确定结晶温度的方法，即开始结晶温度(通常为外推结晶起始温度)或峰顶温度(最大结晶速率温度)，但通常将后者作为聚合物的结晶温度。结晶温度的确定同样受降温速率的影响，例如，当尼龙 1010 样品以 10～80℃/min 的速率冷却结晶时，其 DSC 曲线上的放热峰起始温度($T_i$)随降温速率($\beta$)增大呈线性降低(图 4-16)。

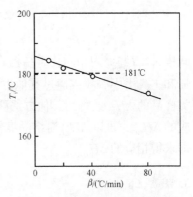

图 4-16 尼龙 1010 的结晶起始温度与降温速率的关系

平衡熔融温度 ($T_m^0$)：聚合物的平衡熔点即热力学熔点。由于高聚物晶区的完善程度可以差别很大，因此实际测量的熔点往往低于平衡熔点。由于真正完善的晶型不易得到，实际中可用间接方法获得 $T_m^0$，即测定不同结晶温度下等温结晶所得到的系列样品的 $T_m$，以 $T_m$ 对 $T_c$ 作图，并将 $T_m$ 对 $T_c$ 的关系图外推到与 $T_c = T_m$ 直线相交，其交点即为该样品的 $T_m^0$。依据的原理是聚合物晶体的完善程度与结晶温度有关，结晶温度越高，生成的晶体也越完善，其相应的熔融温度也越高。图 4-17 是尼龙 1010 的 $T_m$-$T_c$ 图[4]。实际中也有人用熔融过程终止的温度作为平衡熔点。

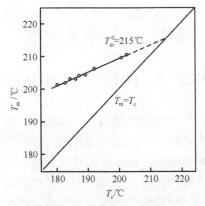

图 4-17 尼龙 1010 的 $T_m$-$T_c$ 图

## 2. 熔融焓、熔融熵和结晶度

熔融焓($\Delta H$) 指结晶热焓或结晶熔融热，是结晶部分熔融所吸收的热量，可从 DSC 测到的熔融峰面积直接得到，并用来衡量聚合物结晶度的大小。

熔融熵($\Delta S$) 可从 $T_m^0$ 与 $\Delta H$ 和 $\Delta S$ 的关系式中求出：

$$T_m^0 = \frac{\Delta H}{\Delta S} \tag{4-2}$$

结晶度($W_c$)可定义为聚合物的结晶部分熔融所吸收的热量与 100%结晶的同类聚合物熔融所吸收的热量之比，也可定义为聚合物结晶所放出的热量与形成 100%结晶所吸收的热量之比。虽然理论上某一结晶样品熔融热焓 ($\Delta H_m$) 与结晶热焓 ($\Delta H_c$) 应相等，但对大多数结晶聚合物而言，用 DSC 测定的 $\Delta H_\text{m}$ 总是稍大于相应的 $\Delta H_\text{c}$，其差值大小取决于样品的结晶速率和结晶平衡过程。因此，通常采用 $\Delta H_\text{m}$ 来计算结晶度 $W_\text{c}$：

$$W_\text{c} = \frac{\Delta H_\text{m样品}}{\Delta H_\text{m标准}} \times 100\% \tag{4-3}$$

式中，$\Delta H_\text{m标准}$ 为相同化学结构、100% 结晶的同类样品的熔融热焓，可从文献手册和工具书中查找或通过其他方法获得[2]。例如，测定已知结晶度为 100% 的同类样品的 $\Delta H_\text{m}$ 或将用其他方法测得的不同结晶度的系列样品，用 DSC 测定其相应的 $\Delta H_\text{m}$，再以 $\Delta H_\text{m}$ 对结晶度作图，并将所得到的曲线外推到 100% 结晶度，即求得相应的 $\Delta H_\text{m标准}$。

### 3. 热容 $C_p$

在升温速率不变时，DSC 谱图中基线的偏移量只与样品和参比物的热容差有关，因此可利用基线偏移量来测定某一高聚物的热容。具体方法是，选择已知热容的物质，如蓝宝石为基准，按一定的恒温-升温-恒温程序分别测定蓝宝石、高聚物样品和空坩埚的 DSC 曲线。由蓝宝石和样品的 DSC 曲线与空白基线的热流率差与相应质量之比，得到样品的热容，如式(4-4)所示：

$$C_{px} = \frac{h}{H} \cdot \frac{m_\text{s}}{m_\text{x}} \cdot C_{ps} \tag{4-4}$$

式中，$C_{px}$ 和 $C_{ps}$ 分别为样品和蓝宝石的热容；$m_\text{x}$ 和 $m_\text{s}$ 分别为样品和蓝宝石的质量；$h$ 为样品与空白基线的热流率差；$H$ 为蓝宝石与空白基线的热流率差。随着热分析仪的发展，温度调制式差示扫描量热计可由单一实验直接测量热容。

### (二) 熔体结晶和冷结晶

以上所涉及结晶行为的基本参数均与熔体结晶有关，但对骤冷聚合物冷结晶及其熔融的研究，对于探讨结晶机理、了解结晶结构以及选择聚合物加工工艺和热处理条件也都具有十分重要的意义。从图 4-18 可清楚地看到如何从聚酯薄膜的冷结晶行为来确定其加工条件。试样在测定前先进行熔融并快速淬火处理，以得到基本上非晶的结构。从冷结晶 DSC 曲线上可清楚地看到冷结晶开始和结束温度以及熔融温度，从而可以确定薄膜的拉伸温度必须选择在 $T_\text{g}$ 以上到 117℃ 之间的温度范围内，以免由于发生结晶而影响拉伸，拉伸后热定型热温度则一定要高于 152℃，使之冷结晶完全，但又不能太接近熔点，以免结晶熔融。

熔体降温和玻璃态升温(预先熔融后淬火)虽然都能使结晶高聚物结晶，但结晶出现的温度范围有所不同，冷结晶出现的温度要低于熔体结晶而且速率更快。冷结晶在高于 $T_\text{g}$ 时就可能发生，而且在熔体淬火时就可能已存在小晶核或少量不

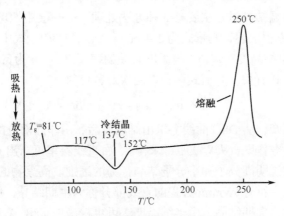

图 4-18　聚酯薄膜的 DSC 曲线

完整晶体，因此冷结晶试样成核密度更高。将熔体以相同速率降温结晶时，可将结晶温度 $T_c$ 和 $T_m$ 的温差(过冷度)作为结晶能力的量度；而将淬火试样以相同速率升温时，可把冷结晶的温度与 $T_g$ 之差作为非等温冷结晶速率的量度。

## (三) 等温结晶动力学

在获得了有关结晶的基本参数后，可通过 DSC 结晶动力学研究，进一步深入了解结晶聚合物的结晶行为。结晶过程可分为等温结晶和非等温结晶。等温结晶不涉及降温速率的动态过程，避免了试样内的温度梯度，理论处理相对容易，因此，等温结晶是研究和展示聚合物结晶行为常用的实验方法之一。

图 4-19 是典型的 DSC 等温结晶曲线。为得到结晶时间适宜和较为完整的结晶曲线，一般选择结晶温度应低于熔融温度 30℃左右。选择温度过低，从熔融态尚未达到该温度时结晶即可能发生，选择温度过高，结晶完成时间延长，结晶速率趋于变缓，甚至可能长时间不能结晶。比较合适的方法是，选择样品 3～6mg，升温至熔点以上 20～30℃，在该温度停留 2～5min 后以最快的降温速率迅速降至所设定的结晶温度，此时，经一定的结晶诱导期即出现明显的放热曲线。

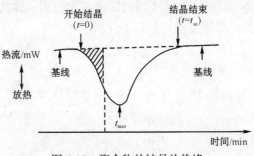

图 4-19　聚合物的结晶放热峰

　　高聚物的等温结晶过程主要有 3 种方法处理，但一般用处理小分子等温过程的经典 Avrami 方程描述，其形式为 $1 - a(t) = \exp[k(T)t^n]$。式中，$a(t)$ 为时间 $t$ 时的结晶分数(相对结晶度)；$k(T)$ 为与温度有关的速率常数；$n$ 为 Avrami 指数，与成核机理和生长方式有关。对上式两边取两次对数可得

$$\ln[-\ln(1-a)] = \ln k + n \ln t \tag{4-5}$$

　　由式(4-5)可知，从 DSC 曲线上求出结晶度后，由非晶部分的量(非晶分数)的双对数与时间对数作图，从其截距可求得 $k$，由直线斜率可求出 $n$。直线最后部分可能产生的偏离说明高分子和小分子结晶行为的区别。高聚物的结晶过程可认为分两个阶段，其中符合 Avrami 方程的直线部分称为主期结晶，偏离 Avrami 方程的非线性部分称为次期结晶。由半结晶期法可更精确地求出 Avrami 方程中的两个参数 $n$ 和 $k$，详见文献[5]。

## (四) 非等温结晶动力学

　　在高分子材料加工过程中，结晶过程都是在非等温条件下进行的，如纤维的熔融纺丝以及塑料成型加工等。因此，研究非等温结晶动力学更具有理论和实际意义。非等温结晶动力学的研究也更活跃，不断地有新的处理方法和模型出现。但由于非等温结晶的复杂性，对其动力学的处理不像等温结晶那样有比较成熟的测试与数学处理方法。

　　对非等温结晶的研究可分为线性降温和非线性降温，但多为线性降温研究。非等温结晶的 DSC 实验较为简单，将结晶聚合物升温至熔点以上 20~30℃，停留数分钟以消除热历史，然后以一定速率(通常 10℃/min)降温，就可以看到类似等温结晶的曲线。与等温结晶的最大不同是增加了降温速率的变化，因此非等温动力学的理论处理都包含了降温速率的影响。

　　非等温结晶动力学的处理方法多数采取对 Avrami 方程的修正，也有人提出不同于 Avrami 方程的宏观动力学方程，有些研究的数学处理比较复杂，主要包括 Kissinger 法、Ozawa 法、Jeziorny 法、Nakamura 法、Ishizuka 和 Koyama 法、Markworth 法以及莫志深法等[6]，不同的结晶高聚物可能适用不同的非等温结晶理论。其中最为常见的处理方法包括以下 4 种。

### 1. Kissinger 法

　　Kissinger 法是 20 世纪 50 年代提出的，其数学模型为

$$\frac{\mathrm{d}\ln(\varPhi/T_{\max}^2)}{\mathrm{d}(1/T_{\max})} = \frac{\Delta E}{R} \tag{4-6}$$

式中，$\varPhi$ 为降温速率；$T_{\max}$ 为对应 DSC 结晶峰位的绝对温度。不同的 $\varPhi$ 对应着

不同的 $T_{max}$ 值，用 $\ln(\Phi/T_{max}^2)$ 对 $(1/T_{max})$ 作图，可得一条直线，从直线斜率可求出结晶活化能 $\Delta E$。

## 2. Ozawa 法

Ozawa 法是 20 世纪 70 年代初出现的处理聚合物非等温结晶的方法，其特点是以聚合物结晶的成核和生长为着眼点。他提出的方程为

$$1-a=\exp\left[-K(T)/\Phi^m\right] \tag{4-7}$$

式中，$K(T)$ 为冷却函数；$\Phi$ 为降温速率；指数 $m$ 是与成核机理和晶体增长维数有关的常数，类似于 Avrami 方程中的指数 $n$。在给定的结晶温度 $T_c$ 下，以 $\lg[-(1-a)]$ 对 $\lg\Phi$ 作图，可得到一直线，其截距为 $K(T)$，斜率为指数 $m$。

## 3. Jeziorny 法

Jeziorny 法也是 20 世纪 70 年代提出的方法。该法是基于等温结晶动力学的假设，对 Avrami 动力学方程进行修正得到的，因此可称为修正 Avrami 方程的 Jeziorny 法。Jeziorny 将得到的结晶速率常数 $k$ 进行修正，假设非等温结晶的样品降温速率 $\Phi$ 为恒定值，则相应的结晶速率常数 $k_c$ 可表示为

$$\lg k_c = \lg k/\Phi \tag{4-8}$$

## 4. 莫志深等提出的方法

莫志深等结合 Avrami 和 Ozawa 方程，于 1997 年提出了一个新的非等温结晶动力学方程：

$$\lg\Phi = \lg F(T) - a\lg t \tag{4-9}$$

式中，$\Phi$ 为降温速率；$F(T)$ 和降温速率有关；$a=n/m$；$t$ 为结晶时间。在某一给定的相对结晶度时，以 $\lg\Phi$ 对 $\lg t$ 作图可得一直线，其截距为 $F(T)$，斜率为 $a$。$F(T)$ 可理解为在单位时间内达到某一结晶度时所要采取的降温速率。

## 二、液晶聚合物的多重转变

液晶是具有明显各向异性的有序流体，是除气态、液态和固态外物体可以存在的另一种稳定的热力学相态。小分子和高分子都可在一定条件下形成液晶，其中液晶高分子是由稳定高分子高级结构的"液晶元基团"和柔性链构成。液晶高分子按其分子结构可粗略地分为主链型液晶高分子和侧链型液晶高分子，液晶元基团接在高分子主链上的称为主链型液晶高聚物，液晶元基团接在高分子侧链位置的称为侧链型液晶高聚物。由于温度变化而呈现液晶性的为热致型液晶高聚物，

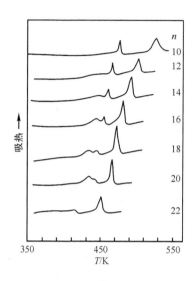

图 4-20　聚酯同系物 PB-*n* 的
升温 DSC 曲线

(升温速率：10K/min，N$_2$)

而由于溶剂作用的变化而导致液晶性的为溶致型液晶高聚物。液晶高聚物可以处于向列相、胆甾相(螺旋向列相)和近晶相，也可具有多液晶型现象。其中热致型液晶可观察到液晶态随温度的转变，因此 DSC 被广泛用于测量液晶高聚物从向列相向各向同性液相转变的各个过程的转变温度和熵变。

## (一) 晶-晶转变、晶-液晶转变和液晶-液相转变

与未形成液晶的聚合物相比，液晶聚合物在加热过程中的热转变往往包括从晶相到液晶相的转变，以及液晶相到各向同性液相的转变。图 4-20 是一种聚酯同系物 PB-*n*(*n* 为连接液晶相的柔性链单元)的升温 DSC 曲线。从图中可以看出，当柔性链单元较少时，DSC 曲线上呈现两个吸热峰，分别表示晶相向近晶相的转变以及近晶相向各向同性液相的转变。当柔性链单元长到一定程度时，在低温侧还出现了宽峰，可归因于从一种晶相到另一种晶相的转变。从图 4-20 还可以看出，随着柔性链的增加，所有转变温度均向低温位移。

## (二) 双液晶基元的复杂液晶转变

图 4-21 是含有两种不同液晶基元复杂高分子(K15)[6]从各向同性液体缓慢冷却至 270K，然后升温测得的 DSC 曲线。可以看出，在从晶相向液晶相和由胆甾相、向列相向各相同性液相转变之间，存在 6 个小的液晶转变峰。这是由它复杂的液晶基元所致。对这些相转变的归属可结合偏光显微镜进行研究。

## 三、聚合物的玻璃化转变温度及共聚共混物相容性

虽然有不同实验手段用于测定聚合物的玻璃化转变温度($T_g$)，如黏弹性测量、核磁共振谱法、介电测量等，但最常用的还是 DSC 法。热机械分析法(DMA)也可用于玻璃化转变温度的测定(见第五章)。多嵌段共聚物中的 $T_g$ 及其变化还可反映其中软硬段的相容性，而共混物中的 $T_g$ 也是判断两组分相容性的标志之一。

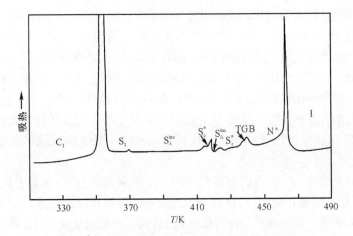

图 4-21 K15 的升温 DSC 曲线(升温速率 5K/min)

## (一) 玻璃化转变温度

高聚物在 $T_g$ 时由于热容的改变 DSC 的基线发生平移，因此可看到明显的转变区，图 4-22 即是测定 $T_g$ 的典型 DSC 曲线示意图。

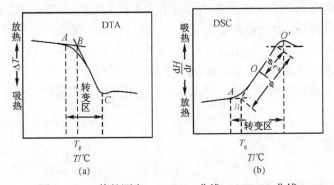

图 4-22 $T_g$ 值的测定：(a) DTA 曲线；(b) DSC 曲线

图中 $A$ 点是 DSC 曲线开始偏离基线的点，是玻璃化转变的起始温度，把低温区的基线由 $A$ 点向右外延，并与转变区切线相交的点 $B$ 作为外推起始温度。ICTA 已做出了在曲线上如何确定 $T_g$ 的规定，即将外推起始温度(以转折线的延长线与基线延长线的交点 $B$)作为 $T_g$，但也仍有人将中点温度 $O$ 作为玻璃化转变温度($T_g$)，将转变区曲线与高温区基线向左外推的交点通常作为终止温度。在玻璃化转变区往往会出现一个异常小峰(熔变松弛)，其峰回落后与基线的交点称为外推玻璃化温度。

由于玻璃化转变是一种非平衡过程，操作条件和样品状态会对实验结果有很大影响。其中升温速率越快,玻璃化转变越明显,测得的 $T_g$ 值也越高。测 $T_g$ 时常用 10~20℃/min 的升温速率,为便于对比,测定的样品 $T_g$ 值应当注明升温速率条件。样品的热历史对 $T_g$ 也有明显的影响,因此需消除热历史的影响才能保证同类样品 $T_g$ 的可比性。消除热历史的方法是将样品进行退火处理,退火温度应高于样品的 $T_g$,但如需消除结晶对 $T_g$ 的影响,则应将样品加热到熔点以上。此外,样品中残留的水分或溶剂等小分子化合物将会有利于高聚物分子链的松弛,从而造成测定的 $T_g$ 值偏低。因此实验前,应将样品充分干燥,彻底除尽残留的水分或溶剂。

需要说明的是,上述 $T_g$ 的测定都是指非晶态聚合物。由于热容变化信号较弱,用 DSC 测定结晶聚合物的 $T_g$ 存在一定的困难,一般可以通过采取加大样品量和提高升温速率的方式来改善。也可以采用 DMA、介电测量或 NMR 等其他方法来观测结晶聚合物中的非晶区受限运动。另外,对于由几种不相容非晶态聚合物构成的体系,也很难测定少量组分的 $T_g$。

## (二) 研究多相聚合物体系的相容性

通过 DSC 测定多相聚合物中的 $T_g$,进而判断相容性是一种十分有效的方法。如对某共混体系只观察到单一的 $T_g$,其值介于两个纯组分之间,则可认为构成共混物的各组分是相容的;如果出现两个 $T_g$,则可推断共混物的组分间是不相容的,有相分离产生。但如果一种组分的量很少[$W$(质量分数)<5%)],或两组分各自的 $T_g$ 相差不到 20℃,则用 DSC 不易检测出微弱相的存在。

对于相容的聚合物共混物,可用不同的理论和经验方程描述相容共混物 $T_g$ 与组成的关系。

### 1. Fox 方程[7]

$$\frac{1}{T_g} = \frac{W_1}{T_{g1}} + \frac{W_2}{T_{g2}} \tag{4-10}$$

式中,$T_g$ 为共混物的玻璃化转变温度;$T_{g1}$ 和 $T_{g2}$ 分别为组分 1 和组分 2 的玻璃化转变温度;$W_1$ 和 $W_2$ 分别为组分 1 和组分 2 的质量分数。

### 2. Gordon-Taylor 方程[8]

$$T_g = \frac{W_1 T_{g1} + K W_2 T_{g2}}{W_1 + K W_2} \tag{4-11}$$

式中,$K$ 与玻璃化转变前后的热容增量有关,其他各量的定义与式(4-10)相同。

### 3. Couchman 方程[9]

$$\ln T_g = \frac{W_1 \ln T_{g1} + W_2 \dfrac{\Delta C_{p2}}{\Delta C_{p1}} \ln T_{g2}}{W_1 + W_2 \dfrac{\Delta C_{p2}}{\Delta C_{p1}}} \tag{4-12}$$

式中，$\Delta C_{p1}$ 和 $\Delta C_{p2}$ 分别是组分 1 和组分 2 玻璃化转变前后的热容增量，其他各量定义与式(4-10)相同。

### 4. Kwei 方程[10, 11]

$$T_g = \frac{W_1 T_{g1} + k W_2 T_{g2}}{W_1 + k W_2} + q W_1 W_2 \tag{4-13}$$

式中，$k$ 和 $q$ 为拟合常数，其他各量定义与式(4-10)相同。Kwei 方程可用于分子间存在特殊作用如氢键相互作用的聚合物体系。$k$ 和 $q$ 可通过非线性最小二乘法中的拟合获得。$q$ 与氢键强度有关，反映的是混合物中一个组分内氢键的解离和两组分分子间氢键形成的平衡。

　　图 4-23 是酚醛树脂和聚己内酯(PCL)各种比例的共混物以及两种聚合物单独存在时的 DSC 曲线[12]。从图中可以看出，纯的酚醛树脂的 $T_g$ 为 64.6℃，而纯的 PCL 的熔点是 60.9℃($T_g$是-62.3℃)。所有不同比例的共混物都只显示一个 $T_g$，表明两种聚合物的非晶态具有良好的混溶性。对此共混物的计算表明，$q$ 为-10，表明 PCL 和酚醛树脂中的分子间相互作用要弱于酚醛树脂中自身的相互作用，因此在酚醛树脂/PCL 共混物中一定存在着特殊的相互作用，从而克服酚醛树脂中自身的氢键。图 4-24 是酚醛树脂/PCL 共混物中 $T_g$ 和组成的关系。可以看出，$T_g$ 和组成的关系基本符合 Kwei 方程，在高 PCL 含量时，线性关系偏离的原因是 PCL 的结晶。

### (三) 研究与玻璃化转变有关的其他性能

#### 1. 分子间相互作用对 $T_g$ 的影响

　　分子间的氢键显著地影响聚合物的 $T_g$。由聚羟基苯乙烯及其衍生物的 $T_g$ 数据[4]可知，最有利于形成分子间氢键的聚合物 $T_g$ 最高。但在天然聚合物中，由于普遍存在分子内氢键和分子间氢键，难以测量 $T_g$。

#### 2. 聚合物的交联和降解的影响

　　由于聚合物交联后链段运动受阻，因而表现为 $T_g$ 升高；聚合物降解后，分子

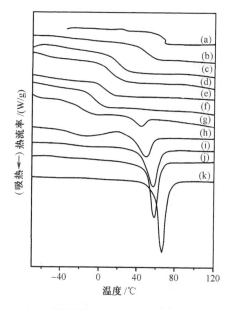

图 4-23  酚醛树脂/PCL 共混物的 DSC 曲线
酚醛树脂/PCL 组成(质量比)：
(a) 100/0；(b) 90/10；(c) 80/20；(d) 75/25；
(e) 60/40；(f) 50/50；(g) 40/60；
(h) 25/75；(i) 20/80；(j) 10/90；(k) 0/100

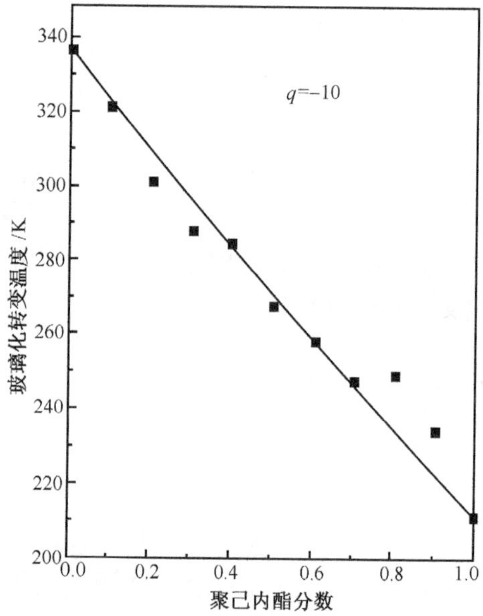

图 4-24  $T_g$ 与组成的关系
■：实验值；—：Kwei 方程

量减小，$T_g$ 降低，因此可以用 $T_g$ 的变化幅度来表征聚合物交联或降解的程度。有人总结了经验关系式 $T_g' = T_g + K\rho$。式中，$T_g'$ 为交联后的玻璃化转变温度；$T_g$ 为未交联的玻璃化转变温度；$K$ 为常数(可通过其他方法测出)；$\rho$ 为交联密度。但在交联密度高时，则很难测到 $T_g$，也就不再有上述 $T_g$-交联密度关系式。

### 3. $T_g$ 与增塑剂含量的关系以及增塑剂有效性的评价

在塑料中添加增塑剂的目的是改变塑料的熔融流动性能和加工性能。增塑剂的加入不仅可降低聚合物的玻璃化转变温度($T_g$)，还会使 $T_g$ 温区变宽，因此如果增塑剂与聚合物是相容的，就可通过 Fox 公式[式(4-10)]研究增塑剂含量和 $T_g$ 的关系。另外，通过 $T_g$ 的测定也可以用来衡量增塑剂的有效性。例如，在聚氯乙烯(PVC)中添加 20%的增塑剂邻苯二辛酯，可使它的 $T_g$ 由 85℃降到 30℃[13]。

### 4. 研究玻璃化转变与分子量和分子量分布的关系

当聚合物的分子量较低时，$T_g$ 随分子量的增大而提高，并遵从如下关系：

$$T_g = T_{g\infty} - C\bar{M}_w \tag{4-14}$$

式中，$T_{g\infty}$为计算所得理论值。

以聚苯乙烯(PS)为例，PS 的 $T_g$ 随分子量的增加而升高，直到分子量达到 $5 \times 10^4$，保持在一个恒定的数值(360K 左右)，该恒定值与合成方法、纯度和分子量分布有关。通常，商品 PS 的 $T_g$ 要比纯 PS 低 6~10℃，因为商品试样中的残留单体有增塑作用。此外，$T_g$ 温度范围随分子量分布的加宽而扩宽，分子量较小时，还可观察端基的影响。

## 四、聚合物的热稳定性及热分解机理

热分析中的热重法可测定高聚物的热分解温度，并评估其热稳定性能，包括在 $N_2$ 中的热稳定性和在空气或氧气中的热氧稳定性，从而确定聚合物成型加工及使用的温度范围。热稳定性的研究在生产中直接用于控制工艺过程，理论上则可以研究聚合物分子链的端基情况。通过热分解反应的动力学研究，还可以求得降解反应的反应级数、频率因子及反应的活化能等动力学参数，这些参数有助于揭示热分解反应机理，并进一步估算高聚物的热寿命。此外，通过 TG 分析还可进行复合材料成分分析及挥发物含量测定等与质量变化有关的过程的研究。

### (一) 热稳定性

用 TG 法通过 $N_2$ 气氛可以研究高聚物的热稳定性。从图 4-25 可以看出不同聚合物失重最剧烈时的温度明显不同，由此可比较它们的热稳定性。实验表明，具有杂环结构的聚酰亚胺(PI)稳定性最高，以氟原子代替聚烯烃链上的 H 原子 (PTFE)也大大增加了热稳定性。而高聚物链中存在的氯原子将形成弱键致使聚氯乙烯(PVC)的热稳定性最差。

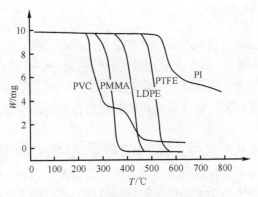

图 4-25 五种聚合物的热稳定性比较

## (二) 热氧稳定性

聚合物的热氧稳定性是指聚合物在空气或氧气中的稳定性。聚合物在氮气气氛中的热失重是对其纯热稳定性的考察，而热氧稳定性更接近聚合物的实际使用状态，因此对聚合物热氧稳定性的考察具有特别的意义。由于氧气可能参与聚合物的降解，其热氧稳定机理可能与热稳定机理不同。例如，一种共聚甲醛，在空气和氮气气氛中的降解反应级数分别为 0.36 和 1.06(经 Freeman-Carroll 方法处理)，差别很大即说明这一问题[14]。DSC 和 TG 均可用于热氧稳定性的测试。例如，塑料的行业标准测试方法——氧化诱导期测定方法(OIT)就是利用 DSC 来测定塑料氧化稳定性的。该方法是首先在氮气气氛下以 20℃/min 的升温速率由 20℃升至 200℃并恒温 5min，之后在氧气气氛下继续恒温大约 200min 至反应结束。所得曲线如图 4-26 所示。

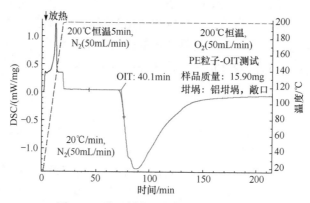

图 4-26　聚乙烯粒子的氧化诱导期测试

## (三) 热分解反应动力学

运用热重分析法可以研究高聚物的热分解反应动力学，这种方法具有快速、简便、样品用量少等特点。由于实验记录的热分析曲线中蕴藏着反应动力学信息，因此通过对聚合物的 TG 曲线进行一定的数学处理，可获取有关的动力学参数如反应级数($n$)和活化能($E$)等，从而对物质的热稳定性和热降解过程及反应机理等进行预测和推断。

从 20 世纪 60 年代至今，有关物质热分解动力学数据的处理方法已有许多种，目前公认的是非等温多重扫描速率法，又称等转化率法(iso-conversional method)。由于用于计算的数据来源于不同速率的升温过程，故可避免单曲线法计算时所造成的无法提供全面的动力学参数和准确的反应模型等弊端。

就其本质而言，等转化率法可分为微分法和积分法两类。其中应用最为广泛的是积分法中的 Ozawa-Flynn-Wall 法、Coats-Redfern 法、Avrami-Erofeev 法和微分法中的 Friedman 法、Freeman–Carroll 法等[15]，这些方法可在不使用动力学模式函数的情况下求出比较可靠的活化能数据，因此也称为免模式法(model-free method)。

### 1. Ozawa-Flynn-Wall(OFW)动力学分析

OFW 方法是多曲线积分法，是通过几个不同速率($\beta$)的线性升温过程，求得对应相同转化率时的不同分解温度($T$)，并在不涉及反应模型的情况下计算动力学参数。公式为

$$\ln \beta \cong 常数 - 1.052 \frac{E}{RT} \tag{4-15}$$

式中，$R$ 为摩尔气体常量。可以看出，$\ln\beta$-$1/T$ 图的直线斜率为$-1.05E/R$，由此可求出反应活化能($E$)。

### 2. Friedman 动力学分析

Friedman 动力学分析法是多曲线微分法，公式为

$$\ln \left( \frac{\mathrm{d}\alpha}{\mathrm{d}t} \right)_{\alpha=\alpha_j} = \ln[A \cdot f(\alpha_j)] - \frac{E}{RT} \tag{4-16}$$

式中，$\alpha$ 为转化率；$f(\alpha_j)$ 为反应模式函数；$A$ 为频率因子；$E$ 为反应活化能；$R$ 为摩尔气体常量。

Friedman 提出，同一反应中，$\alpha = \alpha_j$ 时，反应速率 $\left( \frac{\mathrm{d}\alpha}{\mathrm{d}t} \right)_{\alpha=\alpha_j}$ 与 $\frac{1}{T}$ 呈直线关系，斜率为$-E/R$，从而可求出活化能($E$)和频率因子($A$)。

以上两种等转化率法出发的角度不同，如果得出的数据有较好的相关性则可说明动力学参数的估算接近了真实值。但由于反应体系各异，目前还没有一种是公认为最好的方法，因此也有不少文献用多种方程相结合的方法来考察所得动力学参数的可靠性，图 4-27 为聚乳酸(PLA)/有机蒙脱土(OMMT)在不同升温速率时的 TG 曲线，可以看出相对同一转化率，升温速率不同时对应的温度不相同。

由此利用式(4-15)即可求算动力学参数，研究反应机理[16]。

### (四) 热寿命估算

构成高聚物使用寿命的有三个相互关联的因素，即寿命终止指标(如失重率大于 10%或 20%等)、温度和时间，仅提及其中一个并没有实际意义，因此寿命问题

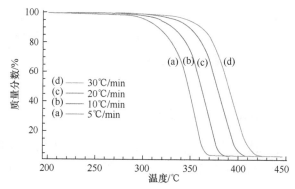

图 4-27　PLA/OMMT 不同升温速率时的 TG 曲线

是一个三维的概念，影响因素十分复杂。虽然对热老化寿命的估算早就有成熟的公式，但耗时过长，因此用 TG 法对热寿命进行估算是一种简单有效的近似方法。

　　Dakin 首次用实验证明了寿命的对数与使用温度的倒数呈直线关系，即

$$\lg \tau = a \cdot \frac{1}{T} + b \tag{4-17}$$

式中，$\tau$ 为寿命；$T$ 为使用温度；$a$ 和 $b$ 为两个常数。虽然这是个从实验中总结出来的经验公式，但通过动力学表达式，并经积分可得到如下公式[17]：

$$\lg \tau = \frac{E}{2.303R} \cdot \frac{1}{T} + \lg\left(\frac{1}{1-n}\left[1 - C^{(1-n)}\right]\right) - \lg A, \quad n \neq 1 \tag{4-18}$$

式中，$\tau$ 为寿命；$C$ 为失重分数；$n$、$E$、$A$ 分别为反应级数、活化能和频率因子，可由热失重动力学求得。虽然与 TG 热分解动力学相关的模型有很多，但能够同时获得三个动力学参数的数学模型只有 Freeman-Carroll 差减微分法和积分法。将得到的动力学参数代入上述公式中，即可确定常数 $a$ 和常数 $b$。设定不同的温度，即可以计算出材料在指定温度下的寿命值。

　　需要注意的是，寿命终止指标需根据情况自定，如认为失重 10%～20% 即为寿命终止，则式(4-18)中 $C$ 为 0.1 或 0.2，动力学模型公式的选择需根据所研究的聚合物是否适合而定。在用 TG 曲线求算动力学参数时，可在几个不同的温度下分别进行，以求出动力学参数的平均值。还需要指出的是，这种方法只考虑了热(氮气气氛)和氧(空气或氧气气氛)两种因素，不包括湿、光、生物、化学等自然气候因素，因而与使用寿命相关，但不等同。对热寿命的估算还可采用其他方法。

## 五、聚合物的剖析

热分析是对聚合物进行剖析鉴定的一种有效辅助方法，尤其是各种联用仪的出现，使得对聚合物的剖析可能直接给出定性结果。在热分析三大主要技术中，DSC、TG 和 DMA 均可起各自的作用，本节对 DSC 和 TG 在这方面的应用做简要介绍。

### (一) 测定聚合物中挥发物的含量

当聚合物中含有水分、残留溶剂、未反应的单体或其他挥发组分时，可以很方便地用 TG 进行定量。这些小分子组分在聚合物主链分解前就会逸出，有时通过改变测试气氛(真空—氮气—空气)，有助于深入剖析材料成分。

将 NR/SBR 共混橡胶材料，在 $N_2$ 气氛下按照标准的 TG 方法进行分析时，测得增塑剂的失重率为 9.87%。此时增塑剂失重与橡胶分解台阶有较大重叠，会引起实验误差；若将该样品在真空下进行测试，由于增塑剂沸点的降低，挥发温度与橡胶分解温度拉开距离，得到了更准确的增塑剂 13.10%的失重率，如图 4-28 所示。

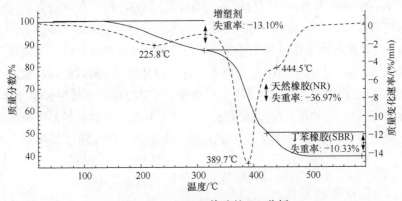

图 4-28　NR/SBR 橡胶的 TG 分析

### (二) 聚合物复合材料成分分析

许多聚合物材料都含有无机添加剂，它们的热失重温度往往要高于聚合物材料，因此根据热失重曲线，可得到较为满意的成分分析结果。图 4-29 是轮胎用橡胶的 TG 曲线。可以看出，温度程序是真空中升温到 600℃，然后通氮气恒温 20min，之后切换到空气气氛再升温到 900℃。TG 曲线上可以看出，在 300℃以下小分子添加剂开始分解失重，其失重率为 20.43%，400～550℃是橡胶的碳链断裂热分解，留下炭黑和 SiO₂，在 600℃时通入空气加速碳的氧化失重，最后残留物为 SiO₂。
根据图上的失重曲线，很容易定出橡胶质量分数为 42.57%，炭黑为 9.08%，而 SiO₂
为 28.03%。

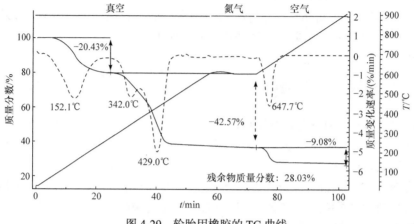

图 4-29　轮胎用橡胶的 TG 曲线

## (三) 测定多组分体系的组成

对于不相容的非晶相多组分体系，通过利用 DSC 测定各组分在玻璃化转变
区的比热增量可以定量确定不相容、非晶相多组分体系的组成。多组分体系中某
一组分 $i$ 的含量可由多组分体系中组分 $i$ 与纯组分 $i$ 在玻璃化转变区的比热增量
的比值获得，但应注意加热速度应小于或等于冷却速度，测试前样品应进行退火
处理和除掉试样中的水和溶剂等小分子杂质；对于相容的非晶相多组分体系，可
由 Fox 方程确定 $T_g$ 和质量分数的关系；而对于不相容并含有结晶组分的多组分
体系，可通过测定多组分体系和可结晶组分熔融热焓的比值获得可结晶组分的
含量。

## (四) 鉴别聚合物的种类

利用聚合物的特征热谱图，可以对聚合物的种类进行鉴别。一般聚合物的 TG
谱图可从有关手册或文献中查到。如果是热稳定性差异非常明显的聚合物同系物，
通过 TG 则很容易区别。图 4-30 是聚苯乙烯(PS)、聚 $\alpha$-甲基苯乙烯(P-$\alpha$MS)、苯
乙烯和甲基苯乙烯无规共聚物(S-$\alpha$MS 无规)以及其嵌段共聚物(S-$\alpha$MS 嵌段)四种
试样的 TG 曲线。由此可见，PS 和 P-$\alpha$MS 热失重差别明显，无规共聚物介于两
者之间，而嵌段共聚物则由于形成聚苯乙烯和聚甲基苯乙烯各自的段区而出现明
显两个阶段的失重曲线。

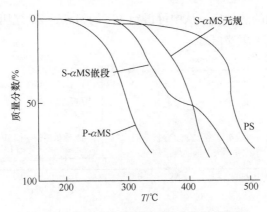

图 4-30　用 TG 法鉴别同系聚合物和共聚物

# 第五节　热分析仪器的新进展与热分析联用技术的发展

随着计算机在线分析反馈控制技术的发展以及多种联用分析技术的商品化，热分析技术也有了显著的进展。其总的发展趋势是新技术的进步和应用领域的延伸。热分析仪与其他功能仪器相结合而实现的联用分析，不仅扩大了仪器的应用范围，节省了实验成本和时间，更重要的是提高了分析测试的准确性和可靠性。

本节将简要介绍同步热分析仪 TG-DSC/DTA、温度调制式 DSC、高压差示扫描量热仪和高分辨热重分析仪，以及目前已广泛应用的联用技术，包括 DSC 热台-显微镜系统、TG-FTIR 和 TG-MS 联用仪等。

## 一、热分析仪器的新进展

### (一) 同步热分析仪(TG-DSC/DTA)

将热重分析仪(TG)与差热分析仪(DTA)或差示扫描量热仪(DSC)结合为一体，利用同一实验条件同步得到样品热重和差热信息，将大大减小由两次实验引起的系统误差。与单独的 TG 或 DSC 测试相比，TG-DSC 联用具有如下显著特点：

(1) 可消除称量、样品均匀性和温度对应性等因素的影响，因而 TG 与 DTA/DSC 曲线对应性更好。

(2) 根据某一热效应是否对应质量变化，将有助于判别该热效应所对应的物化过程，以区分熔融峰、结晶峰、相变峰、分解峰和氧化峰等。

(3) 在反应温度处可知样品的实际质量，有利于反应热焓的准确计算。

(4) 可用 DTA 或 DSC 的标准参样来进行仪器温度标定。

图 4-31 是添加有炭黑的聚乙烯(PE)的 TG-DSC 联用曲线，从图中可清楚地看

到热失重过程伴随的热效应。从中可得到 PE 的熔点、分解温度、分解焓以及炭黑的含量和燃烧热等重要信息。

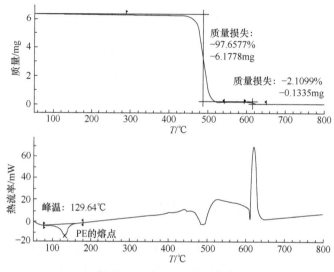

图 4-31　TG-DSC 联用曲线

## (二) 温度调制式 DSC

温度调制式 DSC(TMDSC)，不同的仪器生产商也称 DDSC、MDSC、ADSC 等，是在常规 DSC 的基础上改进的一项新技术。它克服了常规 DSC 的局限性，能够提供更多的常规 DSC 无法得到的独特信息。

常规 DSC 虽然具有分析速度快、操作简便、测量范围宽和定量程度好等优点，但其不足也很明显，主要包括基线的问题(倾斜和弯曲，使实际的灵敏度降低)，同时提高灵敏度和分辨率的矛盾，以及多种转变互相覆盖和无法在恒温或反应过程中测定热容等。TMDSC 的实验原理与普通 DSC 相类似，即都是测量样品和参比间热量随时间和温度的变化，但两者的升温速率不同。TMDSC 的升温方式是在一般线性加热或冷却的基础上叠加了一个正弦的加热速率，再利用傅里叶变换的叠加法，从而得到总热流、调幅热量、可逆热流、不可逆热流及热容等更多的信息。MTDSC 的温度表达式为

$$T(t) = T_0 + \beta t + A_T \sin(\omega t) \tag{4-19}$$

式中，$T_0$ 为起始温度；$\beta$ 为线性升温速率；$t$ 为时间；$A_T$ 为温度调制幅度；$\omega = 2\pi/P$，为调制频率，$P$ 为周期。

图 4-32 为 TMDSC 的升温程序，可以看出温度的升高不是线性的，而是在线性基础上增加了周期性正弦温度微扰(调制项)。它以基础升温的慢速率来改善分

辨率，并以瞬时快速升温速率提高灵敏度，从而使 TMDSC 将高分辨率与高灵敏度巧妙地结合在一起，实现了在同一个实验中既有高的灵敏度，又有高的分辨率，同时，TMDSC 将可逆和不可逆热效应区分开来，从而显著提高了检测微弱转变、多相转变、多组分的复杂转变以及定量测定结晶度等方面的可信度。

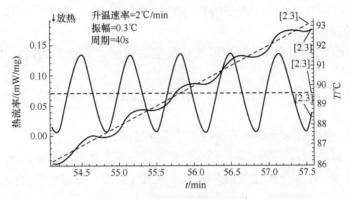

图 4-32 TMDSC 的升温程序

鉴于上述特点，TMDSC 可用于测量结晶聚合物的玻璃化转变以及其他温度相近的热转变。图 4-33 为样品 PET 的 TMDSC 曲线，从中看出 TMDSC 可通过同时测量总热流量和热容，将玻璃化转变(与热容有关的现象)和热焓松弛(动力学效应)分开，将复杂转变分离成更易解释的成分。TMDSC 还可由单一实验直接测量热容和热流量，避免了用传统 DSC 需要进行多次实验才能测量热容($C_p$)的烦琐过程。此外，TMDSC 还可进行相角测量、热导率测量等。

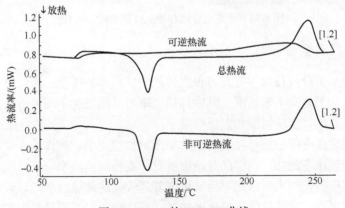

图 4-33 PET 的 TMDSC 曲线

但 TMDSC 也有一定的使用限制，如不适宜快速升降温、耗时较长等，另外质量大、导热差的坩埚(高压坩埚和玻璃坩埚)和热传导差的样品(如纤维素等)均不适宜用 TMDSC 分析。

## (三) 高压差示扫描量热仪(DSC HP)

在材料测试、工艺开发或质量控制中有时需要在压力下进行 DSC 测试。加压将影响所有伴随有体积发生改变的物理变化和化学反应。在高压下的测试扩展了 DSC 技术的应用范围：

(1) 由于较高的压力和温度可加速反应的进程，所以加压可以缩短分析的时间。

(2) 高压能够抑制和延迟蒸发，通过加压可使重叠效应加以区分以利于改进测量分析结果。

(3) 可以模拟实际反应环境进行工艺条件选择。

如图 4-34 所示，可燃冰是一种在低温、高压下形成的固态甲烷水合物，它大量存在于深海，在深海天然气钻井中会堵塞油气管道，损害钻井设备。其本身又是一种极有潜力的新能源。研究甲烷水合物需要在低温、高压和还原性气氛中进行，需要高压差示扫描量热仪实现。

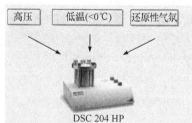

图 4-34　甲烷水合物和测试仪器 DSC 204 HP

## (四) 高分辨热重分析仪

高分辨热重分析技术主要是可根据样品裂解速率的变化，由计算机自动调整加热速率，从而提高了解析度。其中加热速率可采用三种不同的方法加以控制，即动态加热速率、步阶恒温和定反应速率。

动态加热速率即根据样品裂解速率来调整加热速率。当样品未裂解时，程序以较高的加热速率加热；当样品开始裂解时，则将加热速率降低，以避免升温过快，影响解析度；而当裂解完毕后又可恢复到较高的加热速率，以节省时间。步阶恒温即程序以一定的初始加热速率加热，当达到预定的质量损失或质量损失速率时，则恒温；样品完全裂解后，又回复到初始加热速率。定反应速率即根据选定的裂解速率来控制加热炉的温度，以维持一定的裂解速率。

利用高分辨热重分析，可更精确地对样品中各组分进行定量。如图 4-35 所

示，传统的 TG 图中两组分间无明显分界，难以准确定量，而同一样品的高分辨
TG 谱图，可清楚地分辨出两个转折，对组分的定量分析具有重要意义。

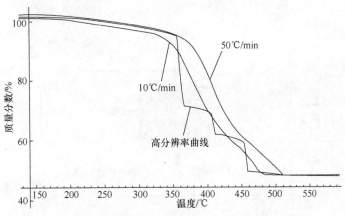

图 4-35　梅特勒公司 TGA/SDTA851e 高分辨热重分析

## 二、热分析联用技术的发展

### (一) DSC 热台-显微镜系统

　　DSC 热台-显微镜系统是用图像表征各种热转变过程的有力工具，它能够直
接观察样品在加热或冷却过程中的晶态变化，还可以观察到结晶过程中形状、结
构、颜色以及尺寸大小和数量的变化，用以表征相转变并提供有关收缩和膨胀行
为的信息。其优点是可以在根据 DSC 原理测量热流的同时观察到样品形态和形
貌的变化，同步得到定性和定量信息。图 4-36 为 DSC 热台-显微镜系统的剖面示
意图，仪器的工作温度范围为-60～375℃，遥控手持器可在观察研究中控制实验

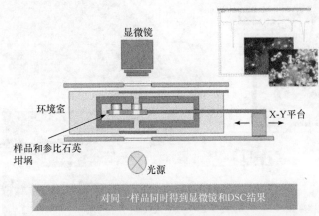

图 4-36　梅特勒公司 DSC 热台-显微镜系统剖面示意图

升温速率。图 4-37 为磺胺吡啶的 DSC 和光学观察,同步进行的显微成像与 DSC 测量提供了样品完整的热分析和晶态变化图像信息。

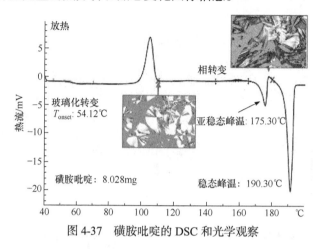

图 4-37　磺胺吡啶的 DSC 和光学观察

## (二) 热重-傅里叶变换红外联用

热重-傅里叶变换红外(TG-FTIR)联用是将两种仪器通过接口连接,可同时连续地记录和测定样品在受热过程中所发生的变化,以及在各个失重过程中所生成的分解产物或降解产物的化学成分,从而将 TG 的定量分析能力和 FTIR 的定性分析能力结合为一体,有效检出有机官能团,为聚合物材料在热性能和结构方面的综合分析提供更多的支持。

图 4-38 是 TG-FTIR 联用仪的工作原理图和测试谱图。TG 和 FTIR 之间通过

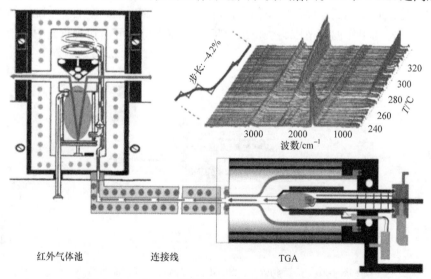

图 4-38　TG-FTIR 联用仪的工作原理图和测试谱图

高温传输管路相连接，保证逸出气体不会在管路凝聚。图中所示谱图为药物成分定性/定量分析的 TG-FTIR 三维谱图，实验温度范围为 240～320℃，升温速率为 10℃/min，横坐标为红外光谱中的波数(cm⁻¹)，平面坐标为实验温度 $T$(℃)，也可换算成实时记录的时间(s)。对应温度坐标同时还有样品失重率。结合 TG 曲线的失重区间，从图中可选出升温到不同温度(或时间)时的红外光谱图进行对比，了解在不同温度(或时间)时分解气体红外光谱的变化，从而对分解产物作出分析，并推测可能的分解机理。

### (三) 热重-质谱联用

将热重(TG)和质谱(MS)联用，可同时提供反应体系在受热过程中的产物组分信息，对研究热分解反应进程和解释反应机理具有重要意义[18,19]。

图 4-39 是 TG-MS 联用仪的原理图，图 4-40 是 PBT 的 TG、DTG 和总离子色谱(TIC)曲线。在 TIC 曲线最大强度处测得的质谱示于图 4-41。可见分解组分逸出的碎片离子的质量处于小于 $m/z=122$ 的范围。将图 4-41 所示的 TIC 和标准质谱图相比，可知 $m/z$=77、39 和 122 的离子归因于苯甲酸，$m/z$=27、39 和 54 的离子是丁二烯，因此可认为，在热分解过程中主要形成以上两种有机成分。从 TG-MS 数据和控制速率 TG 的结果比较，还可得出 PBT 热分解是主链无规断裂的结论。可见 TG-MS 联用技术是阐明热分解机理的有效方法。

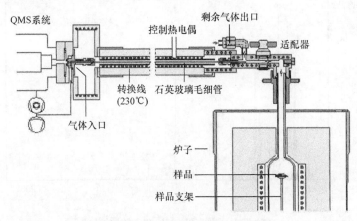

图 4-39　TG-MS 联用仪的原理图

另外，目前已有将 TG/STA-FTIR/MS 同时联用的系列仪器，为分解过程的剖析提供了强有力的分析手段。

除上述联用系统外，应用较多的还有 TG-DTA-GC(气相色谱)联用、DSC-MS 联用、DSC-FTIR 联用等[20]。

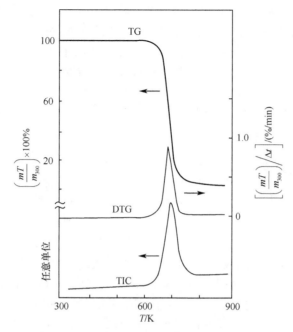

图 4-40　PBT 的 TG、DTG 曲线和总离子色谱

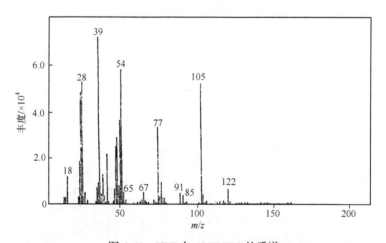

图 4-41　PBT 在 685K TIC 的质谱

　　联用技术不仅可以分析样品热解过程的质量或热量变化特性，也能对热解过程中气体产物的形成和释放特性进行快速在线分析，并可与失重过程相互验证，推断反应机理，为低升温速率下样品的热解提供足够的动力学信息，方法快速、简便。

　　热分析联用技术在今后将会有更大的发展，可主要集中在下列几个方面：首先，联用仪器将配有更高级的计算机软件，解析各种重叠峰的问题；引入二次分离，对于分析混合物样品具有较大帮助；其次，热分析联用技术的应用和研究范围将更加宽广，将在材料的热化学和热物理研究以及环保科技、航天技术和信息技术等领域中发挥更大的作用，成为一类多学科通用的分析测试技术。

## 参 考 文 献

[1] 刘振海. 热分析导论. 北京: 化学工业出版社, 1991: 41

[2] 刘振海, 畠山立子, 陈学思. 聚合物量热测定. 北京: 化学工业出版社, 2002: 120

[3] 王晓春. 材料现代分析与测试技术. 北京: 国防工业出版社, 2010: 109

[4] 朱诚身, 王经武, 蒲帅天, 等. 应用化学, 1992, 9(1): 32-36

[5] Kang X, He S Q, Zhu C S. Journal of Applied Polymer Science, 2005, 95: 756-763

[6] Mandelkern L. Biophysical Chemistry, 2004, 112 (2): 109-116

[7] Fox T G. Bulletion of the American Physical Society, 1956, 1(2): 123-123

[8] Gordon M, Taylor J S. Journal of Applied Chemistry, 1952, 2: 493-500

[9] Couchman P R. Macromolecules, 1978, 11(6): 1156-1161

[10] Kwei T J. Journal of Polymer Science Part C: Polymer Letters, 1984, 22: 307-313

[11] Kuo S W, Chang F C. Macromolecular Chemistry and Physics, 2001, 202: 3112-3119

[12] 高家武. 高分子材料近代测试技术. 北京: 北京航空航天大学出版社, 1994: 55

[13] 陆振荣. 热分析动力学的新进展. 无机化学学报, 1998, 14(2): 119-126

[14] 胡荣祖, 史启祯. 热分析动力学. 北京: 科学出版社, 2001: 1-17

[15] 于伯龄. 化工技术, 1982, 4: 27-48

[16] Shen X Q, Li Z J, Zhang H Y, et al. Thermochimica Acta, 2005, 428: 77-81

[17] 汪昆华, 罗传球, 周啸. 聚合物近代仪器分析. 北京: 清华大学出版社, 2000: 175

[18] 陆昌伟. 中国科学: 化学, 2015, 45(1): 57-67

[19] 杨锐, 陈蕾, 唐国平, 等. 高分子通报, 2012, 12(12): 16-21

[20] Cheng H, Liu Q, Liu J, et al. Journal of Thermal Analysis and Calorimetry, 2014, 116(1): 195-203

# 第五章　动态热机械分析与介电分析

材料在外部变量的作用下，其性质随时间的变化称为松弛。如果外部变量是力学量(应力或应变)，这种松弛称为力学松弛(mechanical relaxation)；如果材料受到的是电场或磁场的作用，就发生介电松弛(dielectric relaxation)和磁松弛(magnetic relaxation)。松弛过程引起能量消耗，即内耗(internal friction)。研究内耗可以查知松弛过程，并揭示松弛的动态过程和微观机制，从而得到材料的组织成分和内部结构。研究内耗的主要方法有动态热机械分析和动态介电分析。

动态热机械分析(dynamic thermomechanical analysis，DMA)是指试样在交变外力作用下的响应。它所测量的是材料的黏弹性即动态模量和力学损耗(即内耗)，测量方式有拉伸、压缩、弯曲、剪切和扭转等，可得到保持频率不变的动态力学温度谱和保持温度不变的动态力学频率谱。当外力保持不变时的热力分析为静态热力分析，也就是在程序温度下，测量材料在静态负荷下的形变与温度的关系，也称为热机械分析(thermomechanical analysis，TMA)。

动态介电分析(dynamic dielectric analysis，即 DDA 或 DEA)是指试样在交变电场中的响应。它所测量的是试样的介电常数和介电损耗(内耗)，同样可得到保持频率不变的温度谱和保持温度不变的频率谱。

## 第一节　动态热机械分析

聚合物材料具有黏弹性，其力学性能受时间、频率和温度影响很大。无论实际应用还是基础研究，动态热机械分析均已成为研究聚合物材料性能的最重要方法之一。它不仅可以给出宽广温度、频率范围的力学性能，用于评价材料总的力学行为，而且可检测聚合物的玻璃化转变及次级松弛过程，这些过程均与聚合物的链结构和聚集态结构密切相关。当聚合物的化学组成、支化和交联、结晶和取向等结构因素发生变化时，均会在动态力学谱图上体现出来，这使得动态热机械分析成为一种研究聚合物分子链运动以及结构与性能关系的重要手段。

### 一、动态热机械分析的基本原理

#### (一) 黏弹性

一个理想弹性体的弹性服从胡克定律，应力与应变成正比，其比例系数为弹性模量，当受到外力时，平衡形变是瞬时达到的，与时间无关；一个理想的黏性体服从牛顿定律，应力与应变速率成正比，比例系数为黏度，受到外力时，形变随时间线性增长；而黏弹性材料的力学行为既不服从胡克定律，也不服从牛顿定律，而是介于两者之间，应力同时依赖于应变与应变速率，形变与时间有关。

在恒定应力作用下，理想弹性体的应变不随时间变化；理想黏性体的应变随时间线性增长；而黏弹体的应变随时间发生非线性变化。应力去除后，理想弹性体的应变立即回复；理想黏性体的应变保持不变，即形变不可回复；而黏弹体的应变随时间逐渐回复，且只有部分回复。这是因为当弹性体受到外力作用时，它能将外力对它做的功全部以弹性能的形式储存起来，外力一旦去除，弹性体就通过弹性能的释放使应变立即全部回复；对于理想黏性体，外力对它做的功将全部消耗于克服分子之间的摩擦力以实现分子间的相对迁移，即外力做的功全部以热的形式消耗掉了，所以外力去除后，应变完全不可回复；对于黏弹体，因为既有弹性又有黏性，外力对它做的功有一部分以弹性能的形式储存起来，另一部分又以热的形式消耗掉，外力去除后，弹性形变部分可以回复，而黏性形变部分不可回复。

聚合物材料是典型的黏弹性材料，这种黏弹性表现在聚合物的一切力学行为上。聚合物的力学性质随时间的变化统称为力学松弛，根据聚合物材料受到外部作用的情况不同，可以观察到不同类型的力学松弛现象，最基本的有蠕变、应力松弛、滞后和力学损耗(内耗)等。

## (二) 内耗

在动态力学实验中，最常用的交变应力是正弦应力，以式(5-1)表示正弦交变拉伸应力

$$\sigma(t) = \sigma_0 \sin \omega t \tag{5-1}$$

式中，$\sigma(t)$为随时间变化的应力；$\sigma_0$为应力最大值；$\omega$为角频率，$\omega = 2\pi f$（$f$为频率）；$t$为时间；$\omega t$为相位角。

试样在正弦交变应力作用下的应变响应随材料性质不同而不同，如图 5-1 所示。对于理想弹性体，应变对应力的响应是瞬时的，应变响应是与应力同相位的正弦函数

$$\varepsilon(t) = \varepsilon_0 \sin \omega t \tag{5-2}$$

式中，$\varepsilon(t)$为随时间变化的应变；$\varepsilon_0$为应变最大值。

对于理想黏性体，应变落后于应力 90°

$$\varepsilon(t) = \varepsilon_0 \sin(\omega t - 90°) \tag{5-3}$$

对于黏弹性材料，应变落后于应力一个相位角 $\delta$，$0<\delta<90°$。

$$\varepsilon(t) = \varepsilon_0 \sin(\omega t - \delta) \tag{5-4}$$

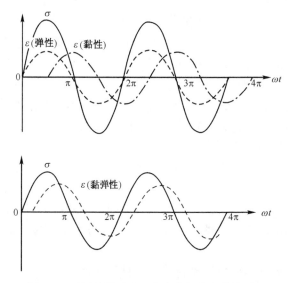

图 5-1　不同材料动态交变应力与应变的关系

聚合物在交变应力作用下，应变落后于应力变化的现象称为滞后现象。滞后现象的发生是由于链段在运动时要受到内摩擦力的作用，滞后相位角 $\delta$ 越大，说明链段运动越困难，越跟不上外力的变化。

如前所述，当应力和应变的变化一致时，没有滞后现象，每次应变所做的功等于恢复原状时取得的功，没有功的消耗。如果应变的变化落后于应力的变化，发生滞后现象，则每一循环变化中就要消耗功，称为力学损耗，也称内耗。

聚合物在交变应力作用下产生内耗的原因可以从应力-应变曲线上拉伸回缩的循环和试样内部的分子运动情况来解释。图 5-2(a)表示橡胶拉伸-回缩过程中应力-应变的变化情况。如果应变完全跟得上应力的变化，拉伸与回缩曲线重合在一起。发生滞后现象时，拉伸曲线上的应变达不到与其应力相对应的平衡应变值，而回缩时，情况正相反，回缩曲线上的应变大于与其应力相对应的平衡应变值，在图 5-2(a)上对应于应力 $\sigma_1$，有 $\varepsilon_1' < \varepsilon_1''$。在这种情况下，拉伸时外力对聚合物体系做的功，一方面用来改变分子链段的构象，另一方面用来提供链段运动时克服链段间内摩擦所需要的能量。回缩时，伸展的分子链重新蜷曲起来，聚合物体系对外做功，但是分子链回缩时的链段运动仍需克服链段间的摩擦阻力。这样，一个拉伸-回缩循环中，有一部分功被损耗掉，转化为热。内摩擦阻力越大，滞后现象便越严重，消耗的功也越大，即内耗越大。

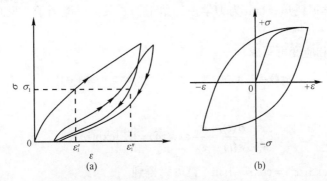

图 5-2　橡胶的拉伸-回缩循环(a)和拉伸-压缩循环(b)的应力-应变曲线[1]

　　拉伸和回缩时，外力对橡胶所做的功和橡胶对外力所做的回缩功分别相当于拉伸曲线和回缩曲线下所包的面积，于是一个拉伸-回缩循环中所损耗的能量与这两块面积之差相当。橡胶的拉伸-压缩循环的应力-应变曲线如图 5-2(b)所示，所构成的闭合曲线常称为"滞后圈"，滞后圈的大小为单位体积的橡胶在每一个拉伸-压缩循环中所损耗的功。

　　当 $\varepsilon(t) = \varepsilon_0 \sin \omega t$ 时，因应力变化比应变领先一个相位角($\delta$)，有 $\sigma(t) = \sigma_0 \sin(\omega t + \delta)$，此式可展开成

$$\sigma(t) = \sigma_0 \sin \omega t \cos \delta + \sigma_0 \cos \omega t \sin \delta \tag{5-5}$$

可见应力由两部分组成，一部分与应变同相位，幅值为 $\sigma_0 \cos \delta$，体现材料的弹性；另一部分与应变相差 90°，幅值为 $\sigma_0 \sin \delta$，体现材料的黏性。定义 $E'$、$E''$ 为

$$E' = \frac{\sigma_0}{\varepsilon_0} \cos \delta \tag{5-6}$$

$$E'' = \frac{\sigma_0}{\varepsilon_0} \sin \delta \tag{5-7}$$

则应力的表达式为

$$\sigma(t) = \varepsilon_0 E' \sin \omega t + \varepsilon_0 E'' \cos \omega t \tag{5-8}$$

$E'$ 是与应变同相位的模量，为实数模量，又称储能模量，反映储能大小；$E''$ 是与应变相差 90°的模量，为虚数模量，又称损耗模量，反映耗能大小。用复数模量表示如下

$$E^* = E' + iE'' \tag{5-9}$$

图 5-3 示出了各参数之间的关系，由图可知

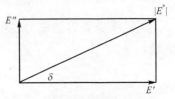

图 5-3　复数模量示图

$$\tan \delta = \frac{E''}{E'} \tag{5-10}$$

式中，$\delta$为力学损耗角；$\tan\delta$为力学损耗角正切，又称耗能因子，反映了内耗的大小。

上述应力和应变可写成

$$\varepsilon(t) = \varepsilon_0 \exp(\mathrm{i}\omega t), \quad \sigma(t) = \sigma_0 \exp[\mathrm{i}(\omega t + \delta)]$$

此时复数模量为

$$E^* = \frac{\sigma(t)}{\varepsilon(t)} = \frac{\sigma_0}{\varepsilon_0} \exp(\mathrm{i}\delta) = \left|E^*\right| \exp(\mathrm{i}\delta) \tag{5-11}$$

利用欧拉公式 $\exp(\mathrm{i}\delta) = \cos\delta + \mathrm{i}\sin\delta$，可以得到

$$E^* = \left|E^*\right|(\cos\delta + \mathrm{i}\sin\delta) = E' + \mathrm{i}E'' \tag{5-12}$$

$$E = \left|E^*\right| = \sqrt{E'^2 + E''^2} \tag{5-13}$$

式中，$\left|E^*\right|$ 称为绝对模量(动态模量)。

同样可以得到复数柔量($D^*$)的表达式。

$$D^* = D' - \mathrm{i}D'' \tag{5-14}$$

$$D' = \left|D^*\right|\cos\delta = \frac{\varepsilon_0}{\sigma_0}\cos\delta \tag{5-15}$$

$$D'' = \left|D^*\right|\sin\delta = \frac{\varepsilon_0}{\sigma_0}\sin\delta \tag{5-16}$$

$$\left|D^*\right| = \sqrt{D'^2 + D''^2} \tag{5-17}$$

$$\tan\delta = \frac{D''}{D'} \tag{5-18}$$

式中，$D^*$、$D'$、$D''$、$\left|D^*\right|$ 分别为复数柔量、储能柔量、损耗柔量、绝对柔量。动态柔量和动态模量之间的关系为

$$D^* = \frac{1}{E^*}, \quad D' = \frac{E'}{E'^2 + E''^2}, \quad D'' = \frac{E''}{E'^2 + E''^2} \tag{5-19}$$

当试样受到剪切应力发生形变时，剪切模量($G$)和剪切柔量($J$)应有类似表达式。

$$G^* = G' + \mathrm{i}G'', \quad J^* = J' - \mathrm{i}J'' \tag{5-20}$$

$$G' = \left|G^*\right|\cos\delta, \quad J' = \left|J^*\right|\cos\delta \tag{5-21}$$

$$G'' = \left|G^*\right|\sin\delta, \quad J'' = \left|J^*\right|\sin\delta \tag{5-22}$$

$$\tan\delta = \frac{G''}{G'} = \frac{J''}{J'} \tag{5-23}$$

对于黏弹性流体(熔体或溶液)的剪切流动，其动态力学性能的表达式为

$$\eta^* = \eta' - i\eta'' \tag{5-24}$$

$$\eta' = G''/\omega \tag{5-25}$$

$$\eta'' = G'/\omega \tag{5-26}$$

聚合物内耗的大小与试样本身的结构有关，还与温度、频率、时间、应力(或应变)及环境因素(如湿度、介质等)有关。

从实际应用考虑，聚合物材料制造的零部件常受动态交变载荷作用，如车辆轮胎的转动过程、塑料齿轮的传动过程、减震阻尼材料的吸震过程等。当聚合物材料作为刚性结构材料使用时，希望材料有足够的弹性刚度，以保持其形状的稳定性，同时又希望材料有一定的黏性，以避免脆性破坏。而作为减震或隔声等阻尼材料使用时，除了希望它们有足够的黏性外，减震效果还与弹性成分有关。此外，在聚合物熔体的加工中，弹性成分不利于制品形状与尺寸的稳定性，需尽量减少。可见，表征材料的黏弹性具有重要的实际意义。同时，研究黏弹性材料的动态力学性能随温度、频率、升降温速率、应变应力水平等的变化，可以揭示许多关于材料结构和分子运动的信息，对理论研究与实际应用都具有重要意义。

### (三) 聚合物的动态热机械温度谱[1-10]

在一定频率下，聚合物动态力学性能随温度的变化称为动态热机械温度谱，即 DMA 温度谱。聚合物结构复杂、品种繁多。非晶、结晶、液晶及取向聚合物，线型、支化及交联聚合物，均相与多相聚合物等，它们的 DMA 温度谱各不相同。

### 1. 非晶态聚合物

图 5-4 为非晶态聚合物的典型 DMA 温度谱。由图可以看到，随温度升高，模量逐渐下降，并有若干段阶梯形转折，$\tan\delta$ 在谱图上出现若干个突变的峰，模量跌落与 $\tan\delta$ 峰的温度范围基本对应。温度谱按模量和内耗峰可分成几个区域，不同区域反映材料处于不同的分子运动状态。转折的区域称为转变，分主转变和次级转变。这些转变和较小的运动单元的运动状态有关，各种聚合物材料由于分子结构与聚集态结构不同，分子运动单元不同，因而各种转变所对应的温度不同。玻璃态与高弹态之间的转变为玻璃化转变，转变温度用 $T_g$ 表示；高弹态与黏流态之间的转变为流动转变，转变温度用 $T_f$ 表示。

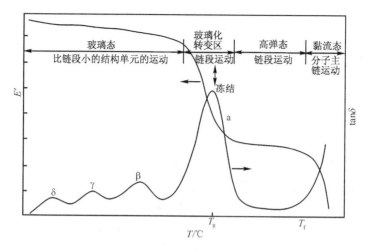

图 5-4　非晶态聚合物的典型 DMA 温度谱

　　玻璃态的模量一般在 1～10GPa，高弹态的模量为 1～10MPa。玻璃化转变区模量下降的范围视聚合物类型而不同。对于非晶聚合物而言，一般模量降低 3～4 个数量级；对于结晶聚合物而言，模量一般降低 1.5～2.5 个数量级；对于交联聚合物而言，模量一般降低 1～2 个数量级。

　　玻璃化转变反映了聚合物中链段由冻结到自由运动的转变，这个转变称为主转变或α转变。这段除模量急趋下降外，$\tan\delta$ 急剧增大并出现极大值后再迅速减小。在玻璃态，虽然链段运动已被冻结，但是比链段小的运动单元(局部侧基、端基、极短的链节等)仍可能有一定程度的运动，并在一定的温度范围内发生由冻结到相对自由的转变，所以在 DMA 温度谱的低温区，$E'\text{-}T$ 曲线上可能出现数个较小的台阶，同时在 $E''\text{-}T$ 和 $\tan\delta\text{-}T$ 曲线上出现数个较小的峰，这些转变称为次级转变，从高温到低温依次命名为β转变、γ转变、δ转变，对应的温度分别记为 $T_\beta$、$T_\gamma$、$T_\delta$。每一种次级转变对应于哪一种运动单元，则随聚合物分子链的结构不同而不同，需根据具体情况进行分析。据文献报道，β转变常与杂链高分子中包含杂原子的部分(如聚碳酸酯主链上的—O—CO—O—、聚酰胺主链上的—CO—NH—、聚砜主链上的—SO₂—)的局部运动，较大的侧基(如聚甲基丙烯酸酯上的侧酯基)的局部运动，主链上 3 个或 4 个以上亚甲基链的曲柄运动有关。γ转变往往与那些与主链相连体积较小的基团如α-甲基的局部内旋转有关。δ转变则与另一些侧基(如聚苯乙烯中的苯基，聚甲基丙烯酸甲酯中酯基内的甲基)的局部扭振运动有关。

　　当温度超过 $T_f$ 时，非晶聚合物进入黏流态，储能模量和动态黏度急剧下降，$\tan\delta$ 急剧上升，趋向于无穷大，熔体的动态黏度范围为 $10～10^6$ Pa·s。

　　从 DMA 温度谱上得到的各转变温度在聚合物材料的加工与使用中具有重要的实际意义：对于非晶态热塑性塑料来说，$T_g$ 是它们的最高使用温度以及加工中模具温度的上限；$T_f$ 是它们以流动态加工成型(如注塑成型、挤出成型、吹塑成型等)时熔体温度的下限；$T_g$～$T_f$ 是它们以高弹态成型(如真空吸塑成型)的温度范围。对于未硫化橡胶来说，$T_f$ 是它们与各种配合剂混合和加工成型的温度下限。此外，凡是具有强度较高或温度范围较宽的 β 转变的非晶态热塑性塑料，一般在 $T_β$～$T_g$ 的温度范围内能实现屈服冷拉，具有较好的冲击韧性，如聚碳酸酯、聚芳砜等。在 $T_β$ 以下，塑料变脆，因此，$T_β$ 也是这类材料的韧-脆转变温度。另外，正是由于在 $T_β$～$T_g$ 温度范围内，高分子链段仍有一定程度的活动能力，所以能通过分子链段的重排而导致自由体积的进一步收缩，这正是所谓物理老化的本质。

## 2. 结晶聚合物

结晶聚合物由晶相与非晶相组成。一般而言，结晶度较低(<40%)时，晶相为分散相，非晶相为连续相；结晶度较高时，晶相为连续相，而非晶相为分散相。其中非晶相随温度的变化会发生上述玻璃化转变和次级转变，但这些转变在一定程度上会受到晶相的限制；晶相在温度达到熔点 $T_m$ 时，将会熔化，发生相变；在低温下也会发生与晶相有关的次级转变。对于同一种结晶聚合物，非晶相的 $T_g$ 必然低于晶相的 $T_m$，所以在升温过程中，将首先发生非晶相的玻璃化转变，然后熔化。

部分结晶聚合物的储能模量介于晶相储能模量与非晶相储能模量之间。由于晶相储能模量高于非晶相储能模量，所以部分结晶聚合物的结晶度越高，则储能模量越高。

如图 5-5 为结晶聚合物的动态热机械温度谱。当 $T<T_g$ 时，非晶相处于玻璃态，晶相处于晶态，两相均为硬固体，这时结晶聚合物表现为刚性塑料，储能模量高于 $10^9$Pa。但由于非晶相(玻璃)的储能模量与晶相的储能模量差别不大，整个材料的储能模量受结晶度的影响较小。当 $T_g<T<T_m$ 时，非晶相转变为高弹态，储能模量为 $10^6$～$10^7$Pa，而晶相储能模量高于 $10^9$Pa，整个材料就相当于橡胶增韧塑料。材料的储能模量受结晶度的影响很大。结晶度越低，材料的储能模量就越小。在 $T≈T_g$ 时，材料的储能模量发生明显跌落，结晶度越低，跌落幅度越大。储能模量跌落的同时，也出现损耗模量和 tanδ 峰。当 $T>T_m$ 时，晶相熔融转变为非晶相。这样，整个材料就全部处于非晶态。不过，所处的非晶态有两种可能，一是高弹态，二是黏流态，这取决于分子量的大小。如果聚合物没有结晶，以非晶态存在，那么它就与非晶态线型聚合物一样，存在玻璃化转变温度($T_g$)和黏流温度($T_f$)。$T_f$ 与分子量有关，分子量越大，$T_f$ 越高。当聚合物在合适的条件下结晶后，其晶相的熔点 $T_m$ 与分子量几乎无关。因此它不结晶时的 $T_f$ 与它结晶后晶相的 $T_m$ 之间就存在两种可能：①如果分子量较低，从而 $T_f<T_m$，则当温度升到

熔点($T_m$)时,该聚合物将处于黏流态,储能模量或动态黏度随温度升高而迅速降低,$\tan\delta$ 迅速增大,趋于无穷大(曲线 1);②如果分子量较高,从而 $T_f>T_m$,那么,在熔点以上和黏流温度以下($T_m<T<T_f$)的温度范围内,聚合物将处于高弹态,储能模量降到 $10^6\sim10^7$Pa,只有当温度继续升到 $T_f$ 以上,高聚物才处于黏流态(曲线 2)。

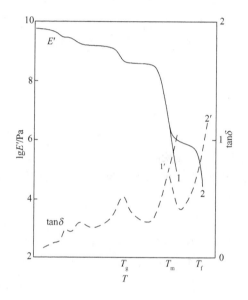

图 5-5　结晶聚合物的 DMA 温度谱[2]

　　结晶聚合物中非晶区的次级转变与前面讨论过的相似,并且这些转变的机理,由于可能在不同程度上受到晶区存在的牵制,将表现得更为复杂。在晶区中也存在各种分子运动,它们也要引起各种新的次级转变。晶区引起的松弛转变对应的分子运动可能有:①晶区的链段运动;②晶型转变;③晶区中分子链沿晶粒长度方向的协同运动,这种松弛与晶片的厚度有关;④晶区内部侧基或链端的运动,缺陷区的局部运动,以及分子链折叠部分的运动等。

　　结晶聚合物多用作塑料和纤维。对于这类聚合物,$T_m$ 是它们使用温度的上限。对于 $T_m>T_f$ 的结晶聚合物,$T_m$ 也是其熔体加工中熔体温度的下限,但对于 $T_m<T_f$ 的结晶聚合物,$T_f$ 才是其熔体加工中的温度下限。$T_g$ 的高低决定这类材料在使用条件下的刚度与韧性:$T_g$ 低于室温者,在常温下犹如橡胶增韧塑料,既有一定的刚度又有良好的韧性,如聚乙烯、聚四氟乙烯等;$T_g$ 高于室温者,在常温下具有良好的刚度,如聚酰胺、聚对苯二甲酸丁二醇酯等。此外,$T_\beta\sim T_m$ 是纤维冷拉和塑料冲压成型的温度范围。

### 3. 交联聚合物

交联聚合物是指分子链之间以化学键连接起来的聚合物。它可以通过线型聚合物的交联形成,例如,橡胶硫化形成硫化橡胶、聚乙烯辐照交联形成交联聚乙烯;也可以从低分子量树脂开始,通过加热和/或与固化剂反应而形成,如酚醛或环氧树脂与固化剂反应形成的热固性塑料。交联的存在大大影响了高分子的结晶能力。除轻度交联的某些橡胶,如天然橡胶,尚可能在一定条件下结晶以外,高度交联的聚合物,如硬橡胶和热固性塑料,都基本或完全丧失了结晶能力,即使交联前的线型高分子或低分子量树脂本身具有结晶能力。图 5-6 给出了一组交联度不同的非晶态交联聚合物的 DMA 温度

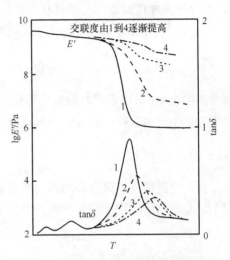

图 5-6 交联聚合物的 DMA 温度谱[2]

谱。与非晶态线型聚合物的 DMA 温度谱相比,其最大的特点是没有黏流态,同时从这组曲线还可以看到,随着交联度的增加,玻璃化转变温度升高,高弹储能模量增加,损耗峰降低。

对于非晶态交联聚合物,$T_g$ 是交联橡胶的最低使用温度,是热固性塑料的最高使用温度。

聚合物的 DMA 温度谱随着测试频率的变化而变化,所得转变温度,除熔点外,均随实验频率的提高而向高温方向移动,移动的幅度取决于相应运动单元的活化能。如图 5-7 所示,随频率提高,次级转变移动的幅度较小,而主转变移动的幅度较大。

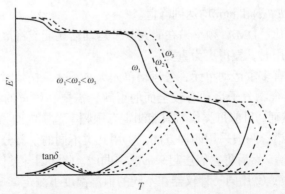

图 5-7 频率对非晶态线型聚合物的 DMA 温度谱的影响[2]

频率$\omega$与所得转变温度$T$之间的关系用式(5-27)表示

$$\omega = \omega_0 e^{-\Delta H/RT} \tag{5-27}$$

式中，$\Delta H$为相应运动单元的活化能。以玻璃化转变为例，$\Delta H$就是链段运动活化能$\Delta H_{链段}$，转变温度就是$T_g$。将式(5-27)两边取对数，即得

$$\ln \omega = \ln \omega_0 - \frac{\Delta H_{链段}}{RT_g} \tag{5-28}$$

改变实验频率，得到不同的玻璃化转变温度，作直线$\ln\omega$-$1/T_g$，从斜率求得$\Delta H_{链段}$。同样方法也可得到任一次级转变的活化能。

## (四) 动态热机械频率谱

在一定温度下，聚合物动态力学性能随频率的变化称为动态热机械频率谱，即 DMA 频率谱，用于研究材料力学性能与速率的依赖性。图 5-8 为非晶态聚合

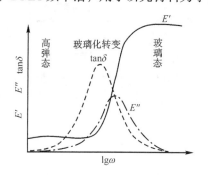

图 5-8　典型非晶态聚合物的 DMA 频率谱

物的 DMA 频率谱图。当外力作用频率$\omega \gg \omega_0$($\omega_0$=1/$\tau_0$，$\omega_0$为链段运动最可几频率；$\tau_0$为链段运动最可几松弛时间)，链段基本上来不及对外力做出响应，这时材料表现为刚硬的玻璃态，具有以键角变形为主对外力作出瞬间响应的普弹性，因而$E'(\omega)$很高，$E''(\omega)$和 tan$\delta$都很小，且与频率变化关系不大。当$\omega \ll \omega_0$时，链段能自由地随外力的变化而重排，这时材料表现为理想的高弹性，$E'(\omega)$很小，$E''(\omega)$和 tan$\delta$也很小，且与频率关系不大。当$\omega=\omega_0$时，链段由不自由到比较自由的运动，即玻璃化转变，此时$E'(\omega)$随频率急剧变化，由于链段运动需要克服较大的摩擦力，$E''(\omega)$和 tan$\delta$均达到峰值。

与温度谱相比，DMA 频率谱在研究分子运动活化能或将聚合物作为减震隔声等阻尼材料应用时，显得更为重要。

由于聚合物有多重运动单元，各运动单元大小不一，松弛时间的分布也就相当宽。为了对聚合物分子运动有较全面的了解，需要在很宽的频率范围内测定 DMA 频率谱。然而，目前每类仪器只能测定有限频率范围内的频率谱，要获得宽频率范围的频率谱，一般采用两种方法：①用几类不同的仪器分别测定不同频率段的 DMA 频率谱，然后将它们连起来形成主曲线。此法因各类仪器的固有误差，结果不能令人满意。②用同一种仪器在不同的恒温温度下测定某一频率段的 DMA 频率谱，然后利用时温转换原理将它们组合成某一温度下的一条主曲线。

从实验考虑，改变温度比改变频率方便，所以在研究聚合物材料的各种转变时，常采用 DMA 温度谱。当需要了解材料在特定频率段内的动态力学参数或深入研究分子运动机理时，多用 DMA 频率谱。

## 二、动态热机械分析仪器

研究聚合物材料动态力学性能的仪器很多。各种仪器测量的频率范围不同，被测试样受力的方式也不相同，所得到的模量类型也就不同。表 5-1 给出了目前动态力学实验中常用的振动模式、形变模式和适用的频率范围。

**表 5-1　动态力学实验方法**[2]

| 振动模式 | 形变模式 | 模量类型 | 频率范围/Hz |
|---|---|---|---|
| 自由振动 | 扭转 | 剪切模量 | $0.1 \sim 10$ |
| 强迫共振 | 固定-自由弯曲<br>自由-自由弯曲 | 弯曲模量 | $10 \sim 10^4$ |
|  | S 形弯曲 | 弯曲模量 | $3 \sim 60$ |
|  | 自由-自由扭转 | 剪切模量 | $10^2 \sim 10^4$ |
|  | 纵向共振 | 纵向模量 | $10^4 \sim 10^5$ |
| 强迫非共振 | 拉伸<br>单向压缩 | 杨氏模量 | $0.01 \sim 200$ |
|  | 单、双悬臂梁弯曲<br>三点弯曲 | 弯曲模量 |  |
|  | 夹心剪切<br>扭转 | 剪切模量 |  |
|  | S 形弯曲 | 弯曲模量 | $0.1 \sim 85$ |
|  | 平行板扭转 | 剪切模量 | $0.01 \sim 10$ |
| 声波传播 | 声脉冲传播 | 杨氏模量 | $3 \times 10^3 \sim 10^4$ |
|  | 超声脉冲传播 | 纵向与剪切模量 | $1.25 \times 10^6 \sim 10^7$ |

目前大多数动态热机械分析仪器都可以用来测定聚合物试样的动态力学性能温度谱和频率谱，仪器的组成部分中一般都包括温控炉、温度控制与记录仪。程序控温范围可达-150～+600℃，甚至更宽。国际标准要求：测温精度不低于±0.5℃；恒温条件实验时，控温炉内沿试样长度的温度波动不超过±1℃；等速升温条件实验时，升温速率不超过 2℃/min(做比较实验时，升温速率可较高，如 3～10℃/min)，在每一测试点测试过程中温度波动不超过±0.5℃。炉内气氛一般用空气或氮气。此外，在测定一种材料在某一温度和某一频率下的动态力学性能时，应测试 3 个试样，最少不能少于 2 个试样，在测定温度谱和频率谱时，一般测 1 个试样即可。

## (一) 自由振动仪器

自由振动法是一种常用的动态力学性能测试方法。它是研究试样在驱动力作用下自由振动时的振动周期、相邻两振幅间的对数减量以及它们与温度关系的技术，一般测定的是温度谱。扭摆仪和扭辫仪均属于自由振动法的范畴。

### 1. 扭摆仪

图 5-9 为扭摆仪(TPA)的原理示意图。若给惯性摆杆一定力，使其扭转一小角度，随即撤去外力，由于试样的弹性回复力使惯性体开始做周期性扭转自由振动，由于试样内部分子之间内摩擦作用，振动受到阻尼衰减，振幅随时间延长越来越小，直到自动停止。如果实验在真空中进行，则这种衰减主要是由试样内部的力学阻尼所致。图 5-10 是扭摆仪的结构组成图。下夹具 5 被固定，试样 7 通过上夹具 6 与惯性体 8 相连，并用细丝悬挂在滑轮 12 上，其质量由平衡锤 13 来平衡，这样可使试样上所受的拉力为零。电磁铁 10 驱动样品初始扭转，当线圈 9 伴随试样在永久磁铁 11 中做同步扭转时，线圈中即有变化着的交流信号发生，由记录仪记录信号衰减曲线。用扭摆仪测得的模量为剪切模量 $G'$ 和 $G''$。剪切模量 $G'$ 可由式(5-29)和式(5-30)计算。

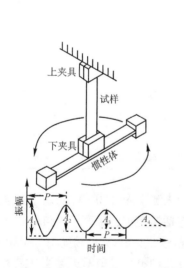

图 5-9　扭摆仪的原理示意图

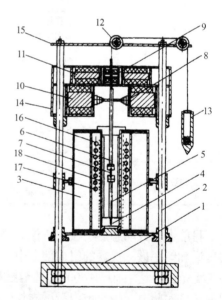

图 5-10　扭摆仪的结构组成图[11]

1—底座；2—支架；3—炉子；4—滑块；5—下夹具；6—上夹具；7—试样；8—惯性体；9—线圈；10—电磁铁；11—永久磁铁；12—滑轮；13—平衡锤；14—铝盒；15—顶板；16—电热丝；17—冷凝管；18—电阻丝

对于矩形试样

$$G' = \frac{64\pi^2 IL}{CD^3 \mu P^2} \tag{5-29}$$

对于圆柱形试样

$$G' = \frac{8\pi IL}{r^4 P^2} \tag{5-30}$$

式中，$L$、$C$、$D$ 分别为试样的有效长度、宽度和厚度；$\mu$ 为试样的形状因子，其值取决于试样的 $C/D$ 值，见表5-2；$P$ 为振动周期；$I$ 为体系的转动惯量；$r$ 为试样的截面半径。

表 5-2　试样的宽厚比($C/D$)与形状因子($\mu$)之间的关系[11]

| $C/D$ | $\mu$ | $C/D$ | $\mu$ |
|---|---|---|---|
| 1.00 | 2.249 | 4.00 | 4.493 |
| 1.20 | 2.658 | 4.50 | 4.586 |
| 1.40 | 2.990 | 5.00 | 4.662 |
| 1.60 | 3.250 | 6.00 | 4.773 |
| 1.80 | 3.479 | 7.00 | 4.853 |
| 2.00 | 3.659 | 8.00 | 4.913 |
| 2.25 | 3.842 | 10.00 | 4.997 |
| 2.50 | 3.990 | 20.00 | 5.165 |
| 2.75 | 4.111 | 50.00 | 5.266 |
| 3.00 | 4.213 | 100.00 | 5.300 |
| 3.50 | 4.373 | $\infty$ | 5.333 |

由式(5-29)和式(5-30)可知，聚合物试样的模量与试样的尺寸、振动体系的转动惯量和振动周期有关。实验时，当试样的尺寸和转动惯量选定后，模量只与振动周期的平方成反比。

在扭摆试样中，内耗通常用对数减量($\Lambda$)来衡量，它定义为两个相邻振动振幅之比的自然对数

$$\Lambda = \ln \frac{A_1}{A_2} = \ln \frac{A_2}{A_3} = \cdots = \ln \frac{A_n}{A_{n+1}} \tag{5-31}$$

式中，$A_1$，$A_2$，$A_3$，$\cdots$，$A_n$，$A_{n+1}$ 分别为第 1，2，3，$\cdots$，$n$，$n+1$ 个振动的振幅。损耗剪切模量 $G''$ 由 $G'$ 和 $\Lambda$ 计算

$$G'' = G' \cdot \frac{\Lambda}{\pi} \tag{5-32}$$

由式(5-32)即可求出 $\tan\delta$

$$\tan\delta = \frac{\Lambda}{\pi} \tag{5-33}$$

实验时，选择适当尺寸的试样，调节转动惯量，使扭摆振动频率约为 1Hz，改变温度并测量各温度下的振动周期和振动曲线，即可计算出 $G'$ 和 $\tan\delta$，结果可得 DMA 温度谱。

**2. 扭辫仪**

作为扭摆法的延伸，Lewis 和 Gillham 于 20 世纪 60 年代发明了扭辫仪(TBA)。国内也先后研制了几种扭辫仪。其原理、数据测量和处理均与扭摆仪基本相同。扭辫仪除了仪器的结构与扭摆仪稍有差异外，主要是试样制备不同。被测试样先要制成 5%以上的溶液或加热使试样熔融，然后浸渍在一条由几千根惰性物质单丝(通常用玻璃纤维)编成的辫子上，再抽真空除去溶剂，即得到被测材料与惰性载体组成的复合试样，供测试用。扭辫技术最近进一步发展到用三股未固化的复合材料预浸料直接编成辫子作为试样，使扭摆技术直接用于研究预浸料的固化成为可能。

图 5-11 所示为扭辫仪装置示意图。仪器用步进电机启动扭摆运动，用光通过 45°交叉的偏振片及光电二极管来测量摆动角度，并将其转换成电信号，然后输入记录仪(或数字电压表及数字计时器)记录(或测量)$1/P^2$ 和 $\Lambda$。由于这种方法使用的试样是复合体，其几何形状不规则，无法测量试样尺寸，所以测不出试样剪切模量的绝对值，仅以相对刚度 $1/P^2$(振动周期平方的倒数)表示。因此扭摆仪所测数据

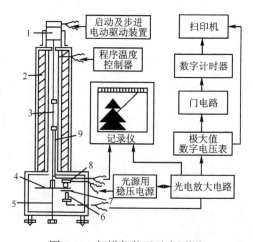

图 5-11　扭辫仪装置示意图[12]

1—步进电机；2—加热或冷却炉；3—试样；4—摆盘及起偏振片；
5—摆盘脱去拉杆；6—光电二极管；7—检偏振片；8—光源；9—测温电偶

不能与其他仪器测得的模量数据做比较，这是扭摆仪的缺点。扭摆仪的优点是试样用量少(100mg 以下)，制样简单，因此适合于探索新型聚合物。此外，由于采用玻璃纤维作载体，能在–180～+600℃的温度范围内研究材料的多重转变，其中包括材料无法支持其本身质量的温度区域，即不受试样状态变化的局限，可以从液态、凝胶态、橡胶态一直研究到玻璃态，因而扭摆技术还可用于研究一些高分子反应，使它成为一个既能研究聚合物的物理转变，又能研究其化学转变的分析技术。

## (二) 强迫共振仪器

在约为几赫兹到几万赫兹的频率范围内，用强迫共振技术可以很方便地测定材料的模量和内耗。采用这些方法时，将一个周期变化的力或力矩施加到片状或杆状试样上，监测试样所产生的振幅，试样的振幅是驱动力频率的函数，当驱动力频率与试样的共振频率相等时，试样的振幅达最大值，这时测量试样的共振频率即可计算出试样的模量和内耗。

在共振研究中常用的振动类型如图 5-12 所示。它们是弯曲共振、扭转共振和纵向共振，弯曲共振和扭转共振又有不同的支撑方式。弯曲共振的频率最高，扭转共振次之，纵向共振的频率最低。

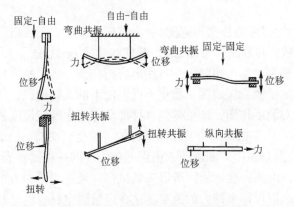

图 5-12　强迫振动中常用的振动类型[2]

在上述共振类型中，其中试样垂直放置，一端固定，另一端自由，这种方法称为振簧法。如图 5-13 为振簧仪原理示意图。仪器有一个可以改变频率的电磁振动器，试样的一端固定在振动头上，强迫做横向振动，另一端自由。当改变振动频率与试样的自然频率相同时，引起试样的共振，试样自由端振幅将出现极大值时(图 5-14)的频率称为共振频率 $f_r$(在该频率的谐波频率时也会出现振幅最大值，但试样振动花样不同，一般采用基波频率)，振幅为极大值的 $1/\sqrt{2}$ 时的振动频率 $f_1$ 和 $f_2$ 之差 $\Delta f = f_2 - f_1$，称为半宽频率。

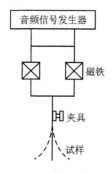

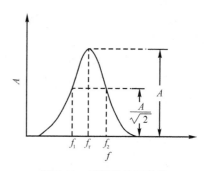

图 5-13　振簧仪原理示意图　　　　　图 5-14　振簧仪共振曲线

试样的动态模量和内耗由式(5-34)~式(5-36)计算。

$$E' = \frac{B\rho L^4}{D^2} f_r^2 \tag{5-34}$$

$$E'' = \frac{B\rho L^4}{D^2} f_r \Delta f \tag{5-35}$$

$$\tan\delta = \frac{\Delta f}{f_r} \tag{5-36}$$

式中，$L$、$D$ 分别为试样的长度和宽度；$\rho$ 为试样的密度；$f_r$ 为试样基频共振频率；$B$ 为试样形状系数，片状试样 $B=38.24$，圆柱状试样 $B=51.05$。

实验时，试样自由端的振幅大小可用电容拾振器、光电拾振器及压电拾振器测量，或用读数显微镜直接观测。测定不同温度下的共振曲线，得到各温度的动态模量和内耗，对温度作图，即可得到试样的动态力学性能温度谱。

这种"固定-自由"振动的振簧仪使试样的一端受到夹持，因而造成"夹持误差"，试样越硬及损耗越小，测得的 $E'$ 值误差越大。同一根试样当夹持力不同时，测得的 $f_r$ 就不同，由此影响 $E'$ 值，所以夹紧试样时最好用可测力矩的扳手来拧紧夹持试样的螺钉，以保持夹持力的恒定，这在定量测定材料模量时至关重要。

除上述"固定-自由"振簧仪外，强迫共振仪器还有"自由-自由"和"固定-固定"振动仪器。所谓"自由-自由"振动是指试样两端处于无夹持的自由状态，试样的支撑或悬挂位置为试样的波节线，即支撑或悬挂点到试样端点的距离 $L_n$ 由式(5-37)计算。

$$L_n = \frac{0.66L}{2n+1} \tag{5-37}$$

式中，$L$ 为试样长度；$n$ 为振动阶数，对于基频共振 $L_1=0.22L$。

此种仪器由于试样不受夹持，从而消除了夹持误差。但悬挂试样的线要足够柔软，并精确挂在试样的波节位置，否则会引起一定的误差。

由美国杜邦公司生产的 Du Pont DMA980-983 系列属于"固定-固定"共振仪器。试样夹持在一对浮装在摩擦系数很小的支点上的刚性金属臂之间，有垂直夹持和水平夹持两种试样的夹持方式，垂直夹持适用于刚度较高的试样，如塑料及增强塑料；水平夹持适用于刚度较低的试样，如预浸料之类未固化树脂与纤维或织物的复合物。

用强迫共振仪器测定聚合物的 DMA 温度谱时，由于试样模量随温度逐渐变化，所以共振频率随温度变化，这样就很难严格地在固定频率下测定 DMA 温度谱，但如果频率只在一定有限范围内变化，那么它的变化对 DMA 温度谱影响不大，所以强迫共振法还是动态力学分析常用的方法；如果要用此法测定 DMA 频率谱，只能通过在宽广的频率范围内测多阶共振曲线才能得到，但阶数越高，信号越弱，并且容易引起整个测试系统中机械部分的共振，实验发现最多测定 1～6 阶的共振曲线，所以用强迫共振法测 DMA 频率谱比较困难。

## (三) 强迫非共振仪器

强迫非共振法是指强迫试样以设定频率振动，测定试样在振动中的应力与应变幅值以及应力与应变之间的相位差，按定义式直接计算储能模量、损耗模量、动态黏度及损耗角正切值等性能参数。强迫非共振仪器可分为两大类：一类主要适用于测试固体，称为动态黏弹谱仪；另一类适用于测试流体，称为动态流变仪，这里主要介绍前者。由于此方法是强迫非共振型，温度和频率是两个独立可变的参数，因此可得到不同频率下的 DMA 温度谱，也可得到不同温度下的 DMA 频率谱。强迫非共振法试样的形变模式有多种，包括拉伸、压缩、剪切、弯曲(三点弯曲、单悬臂梁弯曲与双悬臂梁弯曲)等，有些仪器中还有杆、棒的扭转模式。在每一种形变模式下，不仅可以在固定频率下测定宽温度范围内的动态力学温度谱或在固定温度下测定宽频率范围内的频率谱，而且还允许多种变量组合在一起的复杂实验模式。不同形变模式与不同实验模式的种种组合，大大拓展了动态力学测试技术在材料科学与工程研究中的应用价值。

这类仪器在市场上品种很多。早期有日本的 DDV Ⅱ-Ⅲ 系列。继而有 Polymer Laboratory 公司的 DMTA Ⅰ-Ⅲ 系列和 Rheometric Scientific 公司的 RSA Ⅱ-Ⅲ 系列与 DMTA Ⅳ-Ⅴ 系列，Du Pont 公司和 TA 公司的 DMA 980-983 系列、DMA2980 与 DMA Q800，Imass 公司的 Dynastat，Perkin Elmer 公司的 DMA7 和 Netzsch 公司的 DMA242，Skeiko 公司的 DMA110/120 和 200/210 系列和 Mettler 公司的 DMA861$^e$ 等。Mettler 公司的 DMA/SDTA861$^e$ 创立了市场的新标准。与传统 DMA 仪器相比，该仪器拥有全新而独特的性能优势：测量可以模拟材料在真实条件下进行，频率范围最高可达 1000Hz，并且可以通过测力传感器进行精确的模量测定；力的范围宽，从 1mN 至 40N 允许测量非常软到非常硬的试样；频率范围宽，从 0.001Hz 至 1000Hz，这说明，可以在实际条件下测量，或在更高频率条件下更快速测量；温度范围很宽，在一次测量中，温度范围可从 150℃至 700℃。

DDA 型黏弹谱仪的振动源是超低频信号发生器驱动的电磁激振头。振动器一端与试样相连，另一端与位移变换器相连，试样另一端与测力传感器相连。振动器工作时，驱动试样按激振频率振动，由位移变换器和测力传感器分别测量试样的应变和应力幅值，同时通过电路比较应力、应变正弦信号之间的相位差，由此得到 $E'$、$E''$ 和 $\tan\delta$。以日本株式会社生产的 DDV 型黏弹谱仪为例，频率有高频和低频两档，高频分 3.5Hz、11Hz、35Hz 和 110Hz 四级，低频分 0.01Hz、0.03Hz、0.1Hz、0.3Hz 和 1Hz 五级；测试温度范围为–150～+250℃；试样最大尺寸为 5mm×10mm×70mm；弹性模量范围为 1～$10^5$MPa；损耗范围为 0.002～9.99。该种仪器载荷范围有限，不适于测量刚度较大的聚合物材料，DDV-Ⅱ型只适用于测量纤维、薄膜和纺织品；DDV-Ⅲ型载荷范围较大(5kg)，可测量橡胶、热塑性塑料。

由 TA、Perkin-Elmer、Netzsch、Mettler 和 Rheometric Scientific 等公司生产的 TA DMA Q800、PE DMA7、Netzsch DMA242、Mettler DMA861$^e$ 和 DMTA Ⅳ等仪器的功能和实验模式大同小异。图 5-15 和图 5-16 示出了 TA DMA Q800 和 Netzsch DMA242 的主机结构。这些仪器均设计了多种形变模式，如拉伸、压缩、剪切、单/双悬臂两点和三点弯曲。在每一形变模式下实验模式有单点测试、应变扫描、温度扫描、频率扫描、频率-温度扫描及时间扫描等。除上述各种应变控制下的动态实验模式外，有些仪器还可实现应力控制下的动态实验模式(多频温度扫描)和静态实验模式(蠕变和热机械分析)，以及应变控制下的静态实验模式(应力松弛)。表 5-3 给出了一些这类动态黏弹谱仪的技术参数。

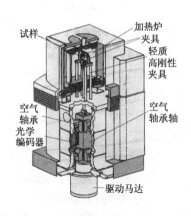

图 5-15　TA DMA Q800 主机结构示意图

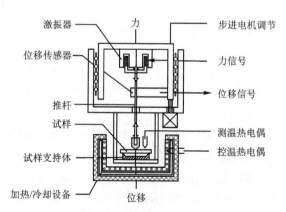

图 5-16　Netzsch DMA242 主机结构示意图

**表 5-3　各类动态黏弹谱仪的技术参数**

| 项目 | DMTA IV | DMA Q800 | MAK 04 | Mettler DMA861$^e$ |
|---|---|---|---|---|
| 频率范围/Hz | 无级调节，$1.6\times10^{-6}\sim318$ | $0.01\sim200$ | $5\sim1000$ | $0.001\sim1000$ |
| 温度范围/℃ | $-150\sim+600$ | $-150\sim+600$ | $-100\sim+350$ | $-150\sim+500$ |
| 升温速率/(℃/min) | $0.1\sim40$ | $0.1\sim20$ | | 可达 100 |
| 降温速率/(℃/min) | $0.1\sim20$ | $0.1\sim10$ | | 可达 50 |
| 测温准确度/℃ | ±0.1 | ±0.1 | ±0.1 | ±0.5 |
| 最大载荷/N | 15 | 18 | 100 | 40 |
| 形变范围/μm | $\pm0.5\sim128$ | $\pm0.5\sim10000$ | $\pm0.1\sim500$ | ±1600 |
| 形变分辨率/nm | <1 | 1 | | 0.6 |
| 模量范围/Pa | $10^3\sim10^{12}$ | $10^3\sim10^{12}$ | $10^3\sim10^{12}$ | $10\sim10^8$ |
| tan$\delta$灵敏度 | 0.0001 | 0.0001 | 0.0001 | 0.0001 |
| tan$\delta$分辨率 | 0.00001 | 0.00001 | | 0.00001 |
| 三点弯曲最大样品/mm | 60×18×5 | 50×15×7 | | 90×15×5 |
| 单/双悬臂最大样品/mm | | 17.5/35×15×5 | | 80×15×5 |

## (四) 声波传播仪器[2,8]

用声波传播法(sound wave propagation method)测定材料动态力学性能的基本原理是：声波在材料中的传播速度取决于材料刚度，以及声波振幅的衰减取决于材料阻尼。用这类方法测试时，要求试样尺寸远大于声波波长。声波波长与频率之间存在反比关系：频率越低，波长越长。对于不同的试样形式，需采用不同的声波频率。具体方法分两类：一是声脉冲传播法，典型频率为 $3\times10^3\sim10^4$Hz，适用于测定细而长的纤维与薄膜试样，一般纤维试样的尺寸为 300mm×$\varphi$0.1mm，薄膜试样的尺寸为 300mm×5mm×0.1mm；二是超声脉冲传播法，典型的频率范围为 $1.25\times10^6\sim10^7$Hz，主要适用于测定较小尺寸的试样，一般试样尺寸为 50mm×20mm×5mm，尤其适用于测定各向异性材料试样。

## 第二节　动态热机械分析在聚合物研究中的应用

聚合物的动态力学性能准确地反映了聚合物分子运动的状态，每一特定的运动单元发生"冻结" ⇔ "自由"转变(α、β、γ、δ···转变)时，均会在动态热机械温度谱和频率谱上出现一个模量突变的台阶和内耗峰。聚合物的分子运动不仅与高分子链结构有关，而且与高分子聚集态结构(结晶、取向、交联、增塑、相结构等)密切相关，聚集态结构又与工艺条件或过程有关，所以动态热机械分析已成为研究聚合物的工艺-结构-分子运动-力学性能关系的一种十分有效的手段。再者，动态热机械分析实验所需试样少，可以在宽阔的温度和频率范围内连续测定，在较短时间即可获得聚合物材料的模量和力学内耗的全面信息。尤其在动态应力条件下应用的制品，测定其动态力学性能数据更接近于实际情况。因此动态热机械分析技术在许多领域得到了广泛的应用。

## 一、评价聚合物材料的使用性能

### (一) 耐热性[5,13,14]

如前所述(第一节的动态力学温度谱)，测定塑料的 DMA 温度谱，不仅可以得到以力学损耗峰顶或损耗模量峰顶对应的温度表征塑料耐热性的特征温度 $T_g$(非晶态塑料)和 $T_m$(结晶态塑料)，还可得知模量随温度的变化情况，因此比工业上常用的热变形温度和维卡软化点更加科学。同时还可以依据具体塑料产品使用的刚度(模量)要求，准确地确定产品的最高使用温度。

图 5-17 为尼龙 6 和 PVC 的模量与温度的谱图。如用热变形仪可测得尼龙 6 热变形温度为 65℃，而 PVC 热变形温度为 80℃。若由此判定 PVC 耐热性高于尼龙 6，这显然是不正确的。从图中可看到，显然在 80℃时 PVC 与尼龙 6 在 65℃时的模量 $E'$ 基本相同，但对于 PVC 来说，80℃意味着玻璃化转变，在该温度附近，模量急剧变化，$E'$ 下降几个数量级，而对于尼龙 6 而言，65℃仅意味着非晶区的玻璃化转变，而尼龙晶区部分仍保持晶态，这时尼龙 6 处于韧性塑料区，仍有承载能力，而且此时温度继续升高，模量变化也不大，一直到 220℃附近，尼龙才失去承载能力。

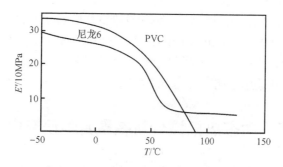

图 5-17　尼龙 6 和 PVC 的 $E'$-$T$ 图

对于复合材料，短期耐热的温度上限也应是 $T_g$，因为一切聚合物材料的一切

物理力学性能在 $T_g$ 或 $T_m$ 附近均发生急剧的甚至不连续的变化，为了保持制件性能的稳定性，使用温度不得超过 $T_g$ 或 $T_m$。

除了可以得到 $T_g$(或 $T_m$)外，从 DMA 温度谱图至少还可得到关于被测样品耐热性的下列信息：材料在每一温度下储能模量值或模量的保留的百分数；材料在各温度区域内所处的物理状态；材料在某一温度附近，性能是否稳定。显然，只有把工程设计的要求和材料随温度的变化结合起来考虑，才能确切地评价材料的耐热性。设计人员可以利用 DMA 温度谱获得的上述几种信息来决定聚合物材料的最高使用温度或选择适用的材料。即 DMA 谱图可以对聚合物材料在一个很宽温度范围内(且连续变化)的短期耐热性给出较全面且定量的信息。

## (二) 耐寒性或低温韧性[15]

塑料，本质上是非晶态聚合物的"玻璃态"，或部分结晶高聚物的"晶态+玻璃态"(硬塑料)或"晶态+橡胶态"(韧塑料)。塑料不像小分子玻璃那么脆，其根本原因在于：许多塑料在使用条件下，虽然处于主链链段运动被冻结的状态，但某些小于链段的小运动单元仍具有运动的能力，因此在外力作用下，可以产生比小分子玻璃大得多的形变而吸收能量，然而，当温度一旦降到某一温度以下，以致材料中可运动的结构单元全部被"冻结"时，则塑料就会像小分子玻璃一样呈现脆性。因此，塑料的耐寒性或者说低温韧性主要取决于组成塑料的聚合物在低温下是否存在链段或比链段小的运动单元的运动。通过测定它们的 DMA 温度谱中是否有低温损耗峰进行判断。若低温损耗峰所处的温度越低，强度越高，则可以预测这种塑料的低温韧性好。因此凡存在明显的低温损耗峰的塑料，在低温损耗峰顶对应的温度以上具有良好的冲击韧性。例如，聚乙烯的 $T_g$ 约为-80℃，是典型的低温韧性塑料。在-80℃出现明显次级转变峰的非晶态塑料聚碳酸酯，是耐寒性最好的工程塑料。相反，缺乏低温损耗峰的聚苯乙烯塑料是所有塑料中冲击强度最低的塑料。当使用 $T_g$ 远低于室温的顺丁橡胶改性后，在-70℃有了明显损耗峰的改性聚苯乙烯，就成为低温韧性好的高抗冲聚苯乙烯。

对于橡胶材料，一旦温度低于 $T_g$，构成橡胶的柔性链堆砌得十分紧密，自由体积很小，受力时变得比塑料还要脆，失去使用价值，因此评价橡胶耐寒性的依据主要是它的 $T_g$。组成橡胶材料的聚合物材料分子链越柔软，橡胶的 $T_g$ 就越低，其耐寒性就越低。可得出下面几种橡胶的耐寒性依次为

硅橡胶>氟硅橡胶>天然橡胶>丁腈橡胶、氯醇橡胶

## (三) 阻尼特性

为了减震、防震或吸音、隔音等，在民用工业、通信、交通及航空航天等领

域均需要使用具有阻尼特性的材料。阻尼材料要求材料具有高内耗，即 $\tan\delta$ 大。理想的阻尼材料应该在整个工作温度范围内均有较大的内耗，$\tan\delta$-$T$ 曲线变化平缓，与温度坐标之间的包络面积尽量大。因此，用材料的 DMA 温度谱可以很容易选择出适合于在特定温度范围内使用的阻尼材料。

目前各类阻尼材料已广泛应用于火箭、导弹、人造卫星、精密机床等领域。随着现代科技的发展以及应用领域的拓宽，在实际工程技术中，对阻尼材料的性能要求也越来越高。性能优异的阻尼材料要求使用温度区域至少在 60～80℃ 以上，而一般均聚物的阻尼功能区仅为 20～30℃。因此，研究者就通过各种途径研制具有不同结构和性能的聚合物阻尼材料来满足实际需求[16-21]。

## (四) 老化性能[22-29]

聚合物材料在水、光、电、氧等作用下发生老化，性能下降，其原因在于结构发生了变化。这种结构变化往往是大分子发生了交联或致密化，或分子断链和产生新的化合物，由此体系中各种分子运动单元的运动活性受到抑制或加速。这些变化常常可能在 $\tan\delta$-$T$ 谱图的内耗峰上反映出来(表 5-4)。采用 DMA 技术不仅可迅速跟踪材料在老化过程中刚度和冲击韧性的变化，而且可以分析引起性能变化的结构和分子运动变化的原因，同时也是一种快速择优选材的方法。

表 5-4　塑料在老化过程中分子运动的变化在 $\tan\delta$-$T$ 谱图上的反映[8]

| 谱图的变化 | 谱图变化的原因和减少 |
| --- | --- |
| 玻璃化转变峰向高温移动 | 交联或致密化，分子链柔性减少 |
| 玻璃化转变峰向低温移动 | 分子链断裂，分子链柔性增加 |
| 次级转变峰高度升高 | 相应的分子运动单元的活动性增加 |
| 次级转变峰高度降低 | 相应的分子运动单元的活动性减少 |
| 新峰的产生 | 发生化学反应 |

图 5-18 为尼龙 66 吸水前后的 DMA 温度谱。由图可见，未吸水的干尼龙 66 的三个内耗峰α、β、γ分别在 70℃、−60～−40℃、−120～−110℃，分别对应于主链链段运动、酰胺基局部运动和酰胺键之间的—$(CH_2)_n$—的运动。比较干态尼龙和吸水尼龙的 DMA 温度谱，至少可得到这些信息：①尼龙 66 随吸水量的增加，$T_g$ 大幅度下降。这是由于尼龙分子与水分子形成氢键而削弱了尼龙分子之间的氢键，从而使分子链柔性增加，$T_g$ 下降。②当尼龙 66 吸水量足够大以致 $T_g$ 降至室温之下时，吸水尼龙在室温附近便处于韧性塑料区，冲击强度必定比干尼龙高。③当温度低于吸水尼龙的 $T_g$ 时，吸水尼龙的模量反比干态尼龙的模量高，说明尼龙吸水后，由于分子链柔性的增加，有利于排列堆砌，从而提高了结晶度。④尼

龙 66 吸水后，β 峰向低温方向移动，说明酰胺链的运动变得更为自由，但 γ 峰的高度明显降低，推测 γ 峰受水与高分子相互作用的影响，吸水量增加时，水与高分子之间的相互作用增强，$\text{---(CH}_2\text{)}_n$ 短链的运动反而受到抑制。

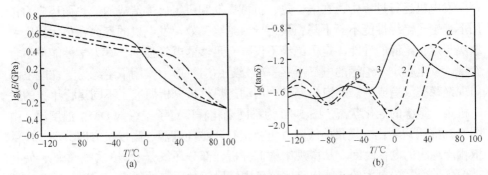

图 5-18 尼龙 66 吸水前后的 DMA 温度谱[11]

1—干态尼龙 66；2—相对湿度 50%环境吸水后；3—相对湿度 100%环境吸水后

在为某种特定环境选材的工作中，DMA 技术更是一种快速择优的方法。例如，需要为灯光系统选择一种耐光老化的薄膜，待选材料有六种：尼龙 6、PET、乙烯/丙烯酸共聚物、聚醚砜(PES)、水基聚氨基酸甲酸酯树脂和 UV 固化硫醇树脂，以每种待选材料的薄膜制备试样，在规定的老化条件下加速老化不同的时间，测定它们的 $\tan\delta$-$T$ 谱，结果如图 5-19 所示。从图中可以看出，只有乙烯/丙烯酸

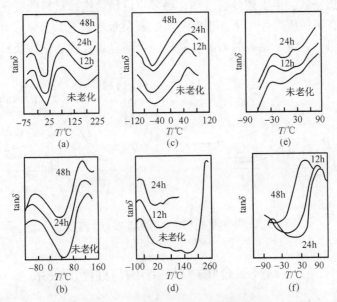

图 5-19 六种材料的内耗温度谱[5]

(a) 尼龙 6；(b) PET；(c) 乙烯/丙烯酸共聚物；(d) PES；

(e) 水基聚氨基酸甲酸酯；(f) UV 固化硫醇

共聚物及水基聚氨基甲酸酯在经历规定的老化条件下加速老化之后，其 $\tan\delta\text{-}T$ 谱没有多大变化，从而可以迅速得出结论：这两种材料制成的薄膜适合用于灯光系统。

发电机运行过程中，在电、热、机械振动和机组启停造成的冷热循环应力作用下，定子绝缘性能不断下降，最终导致绝缘失效。发电机的寿命在很大程度上取决于定子绝缘的性能。定子绝缘不仅要有足够的电气强度，其力学性能也不容忽视，发电机定子绝缘的电气击穿一部分是由运行应力作用下绝缘力学性能下降出现绝缘裂纹造成的。郝艳捧等[24,25]用动态热机械分析研究了不同运行年数的发电机定子绝缘的老化状态。图 5-20 为不同老化程度定子绝缘的 DMA 温度谱。由图 5-20(a)可以看出，模量曲线随发电机运行年数向高温、高模量方向移动，模量依赖于绝缘的老化时间。从微观结构上分析，部分环氧分子链的柔性降低，使其玻璃化转变需要更大的热能以克服分子内链段运动所需的位垒，玻璃化转变向高温移动。环氧的玻璃化转变过程在保持原有转变的部分外，叠加了向高温移动的部分，最终形成转变区变宽。从宏观上分析，绝缘的模量越大，其弹性越差，脆性增强，脆性绝缘在机械应力的作用下更容易产生分层或裂纹等微观缺陷。图 5-20(b)的 $\tan\delta$ 峰随绝缘老化时间的延长向高温、低 $\tan\delta$ 值方向移动，说明绝缘老化越严重，促成环氧发生玻璃化转变的活性侧基或发生局部运动的活性链段越少，从而造成分子链的刚性增强，玻璃化转变需要的热能更大，峰值向高温移动，这与 $E'$ 温度谱的分析一致。由上述分析可知，经多年运动后绝缘材料的脆性很大，这种脆性的材料在机械应力作用下，很容易发生断裂而造成绝缘击穿。所以对于运行年久的发电机，其定子绝缘的力学性能是一个不容忽视的老化特征量。

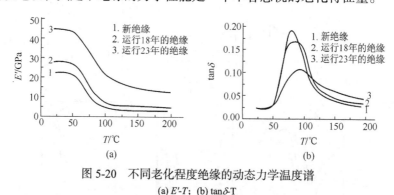

图 5-20　不同老化程度绝缘的动态力学温度谱
(a) $E'\text{-}T$；(b) $\tan\delta\text{-}T$

## 二、研究聚合物材料的结构与性能的关系

在本章第一节的 DMA 温度谱中，已涉及了结晶和交联结构。下面就其他方面作简要阐述。

## (一) 取向[30-32]

当聚合物材料被拉伸取向时，分子会沿拉伸方向有序重排，并使聚合物结晶度增大，还可能改变晶型，从而改变 DMA 谱图。

涤纶短纤维的纺丝及后处理生产工艺决定了涤纶短纤维的结构，并直接影响涤纶短纤维的性能与品质。孟家明等[30]用 DMA 等方法研究了涤纶短纤维在纺丝及后处理过程中的结晶、取向及超结构的形成与变化，测定了不同结晶度 PET 纤维的 $T_g$，结合密度、双折射研究了涤纶短纤维在后加工过程中 $T_g$ 与纤维结晶、取向及性能之间的关系。涤纶短纤维的纺丝及后处理生产工艺流程为：熔体输送→纺丝机→卷绕机→原丝(1#样)→第一牵伸机→第二牵伸机(2#样)→加热箱(3#样)→第三牵伸机(4#样)→紧张热定型机→叠丝机→蒸气加热箱(5#样)→卷曲机→切断机→成品纤维(6#样)。图 5-21 为原丝及纺丝过程中各阶段样品的 tan$\delta$-$T$ 图，由图 5-21(a)可见，PET 初生纤维存在两个 α 内耗峰，即有两个玻璃化转变温度。可以认为峰形尖锐的低温 $T_g(L)$ 表征 PET 无取向非晶部分的分子链段运动，而微弱的高温 $T_g(u)$ 表征在纺丝过程中产生的取向非晶(中介态)部分的分子链段运动。由于初生纤维的分子链段预取向对其在后加工过程中的可纺性影响极大，对初生纤维 $T_g(u)$ 的测定具有实用意义。图 5-21(b)中的 2#样谱图出现明显的α双峰，且其低温 $T_g(L)$ 峰钝化，高温 $T_g(u)$ 峰增加，表明 PET 纤维在一次牵伸过程中主要是大分子链段的有序化，非晶区取向增加，此时结晶尚未开始，但晶核出现，处于预结晶阶段。2#样的 $T_g(L)$、$T_g(u)$ 的峰位较 1#样均向高温移动，说明在拉伸过程中聚集态结构因分子链束平行排列而导致致密化，从而使纤维的柔顺性降低。3#和 4#样的 DMA 谱图中，$T_g(L)$ 峰均消失，$T_g(u)$ 峰有所降低，表明随 PET 纤维结晶逐渐完善，分子链活动性降低，此外，玻璃化转变温度区域有所扩展，这主要是因为与 PET 结晶区域有相互作用的 "过渡相"(松散链与结晶相连接的非晶部分)随结晶完善逐渐增加。5#样在后加工过程中线速度降低，使纤维在一定张力下产生部分热松弛导致取向非晶部分解取向，因而 $T_g(u)$ 峰温降低，峰宽变窄。6#样经过机械卷曲后，非晶取向遭到进一步破坏，使 $T_g(u)$ 峰温、峰宽也进一步降低。

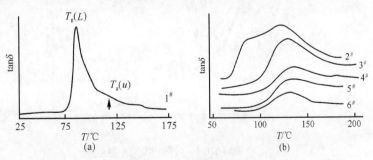

图 5-21　PET 初生纤维(原丝)(a)和纺丝过程中(b)的 DMA 谱图

## (二) 均聚物、共聚物和共混物的结构

每一均聚物都有自己特征的动态热机械分析谱图,这可在有关的手册中查阅。文献[2]中也列出了常见塑料和橡胶的典型温度谱。同类材料在结构或组分上的差别也能反映在 DMA 谱图上。

图 5-22 为尼龙 614、尼龙 814、尼龙 1014 及尼龙 1214 的 DMA 温度谱[33]。由图 5-22(a)可知,随酰胺基团间烷基链长度增加,尼龙的模量下降。与其他大多数的尼龙相似,这四种尼龙的 tan$\delta$谱图中有两个损耗峰,分别出现在$-60$℃和 50℃附近[图 5-22(b)],分别为尼龙的$\alpha$松弛和$\beta$松弛,随酰胺基团间烷基链长度增加,峰温向低温移动,且比尼龙 66 的 $T_g$($\sim$70℃)都低。

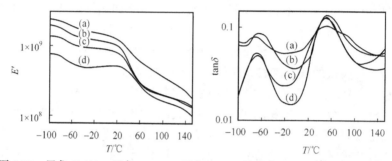

图 5-22　尼龙 614(a)、尼龙 814(b)、尼龙 1014(c)及尼龙 1214(d)的 DMA 温度谱

何素芹等[34]研究了 PA1010/66 共聚物的松弛行为(图 5-23)。由图可得到尼龙 1010 均聚物的 $T_g$ 为 64℃,尼龙 66 均聚物的 $T_g$ 为 73℃,而一系列 PA1010/66 共聚物的 $T_g$ 均低于均聚物。这是由于高聚物分子中链节排列规整性变差。进一步研究表明,$T_g$ 与结晶度变化趋势一致(图 5-24),随着链节排列规整性下降,分子间

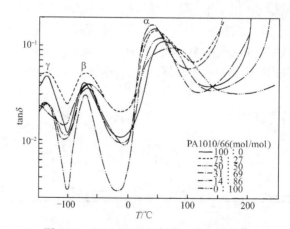

图 5-23　PA1010/66 共聚物 DMA 温度谱

作用力减小,自由体积增大,$T_g$ 及结晶度($W_{C,x}$)下降,等物质的量比时最低;同时,非晶区含量增大,内摩擦增加,$\tan\delta$ 急剧增大,等物质的量比时 $\tan\delta$ 最大。图 5-23 还表明,共聚后 α 松弛阻尼峰半高宽减小,等物质的量比时最小。尼龙 66 盐投料量大时峰形宽,反之峰形窄,可以说,α 松弛更多地体现高聚物中含量高的链节均聚物松弛行为的特征。

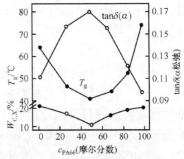

图 5-24　$T_g$、$\tan\delta$ 和 $W_{C,x}$ 与尼龙 66 单体投料量的关系图

共混物的动态力学谱图由组分间的相容性决定。以双组分共混物为例,如果组分之间完全相容,则共混物为单相体系,只有一个 $T_g$,$T_g$ 值介于两组分均聚物的玻璃化转变温度之间,与组分配比有关;如果组分之间完全不相容,则共混物为两相体系,各相分别为组分均聚物,因而共混物有两个玻璃化转变温度,且两个玻璃化转变温度不随组分配比而变化;如果组分之间部分相容,这时共混物也是两相体系,也有两个玻璃化转变温度,但两个玻璃化转变温度范围都将变宽并彼此靠拢,组分配比越接近,两个玻璃化转变温度靠得越近。

## (三) 聚合物填充结构[2, 35-43]

填充改性是改善聚合物材料力学性能的有效手段,填充复合材料中聚合物链段的受限运动行为可以通过 DMA 技术进行表征。刚性填充剂的加入一般使聚合物材料的储能模量提高,而损耗模量或 $\tan\delta$ 峰明显降低。图 5-25 为聚合填充 PP/蒙脱土(MMT)纳米复合材料和纯 PP 的动态力学谱图[39],PP/MMT 纳米复合材料的储能模量随蒙脱土含量(质量分数)的升高而升高,特别是在玻璃化转变温度以上的区域,$E'$ 大幅度提高,随着蒙脱土含量的增加,$\tan\delta$ 在 $T_g$ 处的损耗峰更趋平

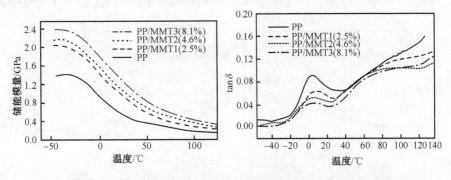

图 5-25　PP 和不同蒙脱土含量 PP/MMT 纳米复合材料的动态力学曲线

坦。这一结果与蒙脱土片层和聚丙烯分子链的相互作用有关，蒙脱土片层对聚丙烯分子链的限制作用降低了大分子链的活动性，因而使 $\tan\delta$ 在 $T_g$ 处的损耗峰面积变小。

与传统的填充改性相比，纳米相较高的表面能及与聚合物基体之间产生的强相互作用，更有利于提高材料的性能，纳米复合改性的效果更明显[40-42]。黎华明等[43]将蒙脱土进行层间改性处理(MTN)，分别将磺化间规聚苯乙烯(SsPS-H)和无规聚苯乙烯(aPS)插入其纳米层间，制备出插层型纳米复合物 MTN-SsPS 和 MTN-aPS，在 sPS/PA6/SsPS-H 三组分共混体系中加入 MTN-SsPS 或 MTN-aPS，进行四组分熔融共混制备出 sPS/PA6/SsPS-H/蒙脱土(MT)纳米复合材料。图 5-26(A)为sPS/PA6/SsPS-H/蒙脱土纳米复合材料的 $\tan\delta$-$T$ 图。对于 sPS/PA6/SsPS-H(80/20/5)三组分共混物和 sPS/PA6/SsPS-H/MT 简单共混复合物，图中均出现两个 $\tan\delta$ 峰，分别对应于 PA6 组分的 $T_g$ 和 sPS 组分的 $T_g$。但对于 sPS/PA6/SsPS-H/MTN-SsPS 和 sPS/PA6/SsPS-H/MTN-aPS 纳米复合材料，情况则不一样，图中只有一个 $\tan\delta$ 峰，这一实验结果说明二次层间改性蒙脱土 MTN-SsPS 和 MTN-aPS 引入 sPS/PA6/SsPS-H 体系后，复合物中 sPS 和 PA6 两组分之间的相容性增加。对于 sPS/PA6/SsPS-H/MTN-aPS 纳米复合材料中 sPS 和 PA6 两组分之间相容性增加的原因，认为有以下几方面，一方面 SsPS-H 分子的极性基团以及 PA6 分子的极性基团均和蒙脱土片层表面的极性基团之间存在相互作用；另一方面 SsPS-H 分子的极性基团和 PA6 相容性好，同时 SsPS-H 和 sPS 以及 aPS 的相容性均好。因此通过上述相互作用，体系中 sPS 和 PA6 分子可以在蒙脱土片层表面"交联"起来。蒙脱土片层作为物理交联点起到了类似"交联剂"作用。不过对于 sPS/PA6/SsPS-H/MTN-SsPS 纳米复合体系，sPS 和 PA6 两组分之间的相容性增加除上述原因外，SsPS-H 的大量引入也会导致相容性增加。同时，由于蒙脱土的引入，复合材料的动态储能模量明显增大[图 5-26(B)]。与 sPS/PA6/SsPS-H(80/20/5)共混物相比，sPS/PA6/SsPS-H/MT 简单共混复合物的储能模量的上升幅度不是很大；但对于 sPS/PA6/

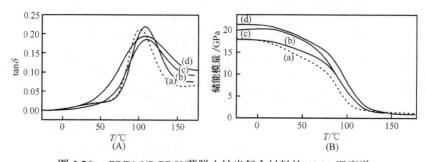

图 5-26　sPS/PA6/SsPS-H/蒙脱土纳米复合材料的 DMA 温度谱
(a) sPS/PA6/SsPS-H=80/20/5；(b) sPS/PA6/SsPS-H/MT=80/20/5/6；
(c) sPS/PA6/SsPS-H/MTN-aPS=62/20/5/6～18；(d) sPS/PA6/SsPS-H/MTN-SsPS=62/20/5/6～18

SsPS-H/MTN-SsPS 和 sPS/PA6/SsPS-H/MTN-aPS 纳米复合材料，其储能模量则是大幅度上升。这一结果说明蒙脱土对聚合物基体的增强效果取决于蒙脱土在聚合物基体中分散和分布情况，只有在蒙脱土以纳米尺寸分布在聚合物基体中的情况下，才有很好的增强效果。

填充剂的存在不仅影响主转变，也影响次级转变。特别是基体为结晶聚合物时，填充剂的存在会明显改变 DMA 温度谱。图 5-27 给出了尼龙 66 和玻璃纤维增强尼龙 66 的 DMA 温度谱。由图可见，增强纤维的存在明显改变了各转变峰的位置和形状。

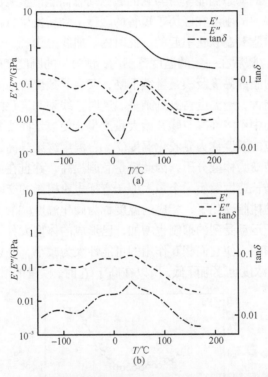

图 5-27　尼龙 66(a)与玻璃纤维增强尼龙 66(b)的 DMA 谱图[2]

### 三、预浸料或树脂的固化工艺研究和质量控制[2, 8, 44-53]

国内外很多航空航天用复合材料构件是用预浸料成型的。一旦选定预浸料的类型和铺层方法后，预浸料的固化工艺便是整个生产过程中最关键的部分。因为其中的树脂和纤维正是在这一工艺过程中成为复合材料的。同样的预浸料在不同的工艺条件下固化可以形成性能差异很大的不同复合材料。固化工艺对复合材料的高温力学性能影响尤为显著。在研究聚合物固化过程方面，传统的化学分析手段对固化最后阶段的反应不灵敏，而这个最后阶段却在很大程度上决定交联高聚物的性能。应用物理手段时，如果缺乏物理性能与固化程度之间的关系，也很难确定固化过程进行的完善程度。而 DMA 技术既能跟踪预浸料在等速升温固化过程中的动态力学性能变化，获得对制定部件固化工艺方案极其重要的特征温度，又能模拟预定的固化工艺方案，获悉预浸料在实际固化过程中的力学性能变化以及最终达到的力学性能，从而较快地筛选出最佳工艺方案。预浸料的固化过程，本质上是预浸料中的树脂体系的固化过程。

图 5-28 是预浸料在等速升温固化过程中的 DMA 谱图。图中相对刚度是指预浸料在任一温度下的动态储能模量与它的起始动态储能模量之比，由图可知，随温度的升高，预浸料的刚度在经历了短暂的缓慢下降后发生急剧的跌落。这是起始分子量不高的树脂升温软化引起的。此时内耗曲线上出现一个峰，对应的温度称为软化温度($T_s$)。随后在一定的温度范围内，预浸料的刚度变化不大，这是由于温度升高既会使树脂的黏度及模量继续下降，又会导致聚合物的链生长和支化从而使树脂的模量增大；当温度再升到某一温度时，线型和支化的分子开始转向网型分子，此时树脂中不溶性凝胶物开始大量产生，使模量曲线上拐，内耗曲线上出现一肩峰，对应的温度称为凝胶化温度($T_{gel}$)；温度继续升高，固化反应进一步进行，网型分子转变为体型分子，因此模量急剧提高，并且在内耗出现第二个峰的温度区模量的增长速度经历一个最大值，它标志着树脂的交联达到相当高的程度，可以称这时的树脂硬化了，相应的温度称为硬化温度($T_h$)；在 $T_h$ 以上，随交联密度增加，分子运动受到的抑制也增加，已形成的体型大分子将未反应的官能团包围在交联结构中，使它们相互作用的可能性大为减小，并且随着固化反应进行，活性官能团的浓度也逐渐降低，所以在高于 $T_h$ 时，模量的增长速度逐渐减小。

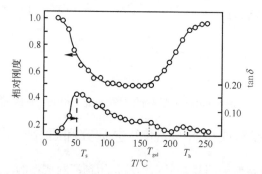

图 5-28　预浸料在等速升温固化过程中的典型 DMA 谱图[8]

上述预浸料的三个温度 $T_s$、$T_{gel}$、$T_h$ 可以作为确定预浸料固化温度的参考温度。例如，固化温度应取在 $T_{gel}$ 附近，但为了使固化比较完整并提高生产效率，固化温度也可取得比 $T_{gel}$ 高一些；后处理温度可取在 $T_h$ 附近或略高于 $T_h$；为了通过链生长和支化从而使树脂增黏，可以选择 $T_s$ 以上数十摄氏度至 $T_{gel}$ 之间的某个温度恒温预固化一定时间，同时在此时间内加压(如加压温度选在 $T_s$ 以下或 $T_{gel}$ 以上，会由于树脂太硬，压力加不上，造成空隙率大；如加压温度选在 $T_s$ 附近，又会导致流胶和贫胶)。

在对制件的固化工艺初选了若干个方案之后，可用预浸料试样按每一方案做 DMA 实验，以满足使用性能固化完全、缩短固化周期为原则筛选最佳固化温度和固化时间。判断复合材料是否固化完全，最简单的方法是对已固化材料多次测定它的 DMA 温度谱。如果材料已完全固化，则多次测定中得到的 DMA 温度谱基本重合，否则 DMA 温度谱中的模量和玻璃化转变温度会逐次提高，这是因为每次升温中交联度又有一定程度提高。

应用 DMA 技术也可以判断预浸料的存放质量和存放寿命。存放时预浸料中树脂的固化度或多或少会有所提高，就会使 $T_s$ 上升，$T_{gel}$ 下降，即 $T_s \sim T_{gel}$ 温度区变窄，预浸料的成型工艺性变差，从而影响材料的质量。

热固性树脂固化产物固化程度与 $T_g$ 都是表征产物质量的主要参数。对于一个给定的热固性树脂体系，产物的 $T_g$ 均随固化程度的提高而提高。研究还发现，$T_g$ 除了与固化程度有关外，还与后处理工艺等因素有关。B. Ellis 等利用 DMA 技术系统地研究了固化与后固化处理对 BADGE-DDM 环氧树脂体系玻璃化转变温度的影响，发现反应产物的 $T_g$ 随固化时间的延长而提高，即使反应程度已达到了 99%(即体系中所有的环氧基团几乎已消耗完全)，继续延长固化或后固化时间 $T_g$ 仍会提高，升高温度后处理也能使 $T_g$ 提高。

何平笙、过梅丽等则在用 DMA 技术测定热固性树脂的表观固化反应活化能方面做了很多工作。

## 四、聚合物材料的形状记忆性能[54-62]

形状记忆聚合物(SMPs)传统的定义是指可以对外界刺激进行响应的聚合物，在受到外界刺激后，它可以由原始形状变化为临时形状，最后能够回复到原始形状。因此，形状记忆聚合物的这种行为被称为形状记忆性能。如图 5-29 所示，根据形状记忆的功能性，形状记忆聚合物可以分为单向与双向形状记忆聚合物，根据形状记忆效果，它们均包括二重、三重与多重形状记忆性能。二重、三重与多重形状记忆性能指在形状记忆循环中，有两个、三个与多个临时形状。

应用 DMA 技术可以定量地表征热响应型形状记忆聚合物的各种形状记忆性能。下面将以单向形状记忆性能为例详细介绍 DMA 测试步骤。采用拉伸夹具，材料的单向形状记忆循环可以在"应变速率"或"控制应力"两种模式下进行。

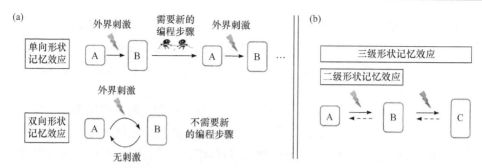

图 5-29 形状记忆性能的分类：(a)单向与双向形状记忆性能；(b)二重与三重形状记忆效应，每一个转变都代表一个单向或双向形状记忆效应。如果可以实现三个以上的形状，那么可以命名为四重或多重[56]

图 5-30 为在两种模式(应变速率与控制应力)作用下的样品的单向形状记忆循环过程。具体步骤如下：①变形过程：在一定的变形温度($T_d$)下，对样品施加外力，使之达到一定的应变($\varepsilon_d$)。②降温过程：在保持应变不变[图 5-30(a)]或外力不变[图 5-30(b)]的情况下，降温，使样品达到固定温度($T_{low}$)，此时样品的应变为 $\varepsilon_m$；在控制应变模式时，$\varepsilon_d = \varepsilon_m$；在控制应力模式时，$\varepsilon_d \neq \varepsilon_m$。③固定过程：保持温度($T_{low}$)不变，将外力变为 0，此时样品的应变为 $\varepsilon_u(N)$，$N$ 代表第 $N$ 次循环。④回复过程：保持外力为 0 不变，将样品升温到转变温度($T_{trans}$)以上，此时样品的应变为 $\varepsilon_p(N)$。上述步骤可以重复多次，以表征其重复性。

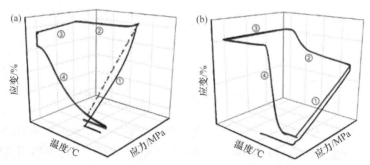

图 5-30 双重单向形状记忆循环的三维图
样品在应变速率(a)与控制应力(b)条件下变形；升降温速率均为 3℃/min

形状固定率是指在第 $N$ 个形状记忆循环中，温度降到最低温且不存在外力时，样品此时的应变[$\varepsilon_u(N)$]与最大应变($\varepsilon_m$)的比值。形状回复率是指两个连续的形状记忆循环中，样品记忆初始形状的能力。它有两种表示方法：①第 $N$ 个形状记忆循环中，温度降到最低温且不存在外力时样品的应变[$\varepsilon_u(N)$]与最终回复应变[$\varepsilon_p(N)$]的差值，与温度降到最低温且不存在外力时样品的应变[$\varepsilon_u(N)$]与第($N-1$)

个形状记忆循环中最终回复应变$[\varepsilon_p(N-1)]$的差值之比；②第$N$个形状记忆循环中，温度降到最低温时的最大应变$(\varepsilon_m)$与最终回复应变$[\varepsilon_p(N)]$的差值，与此循环中降到最低温的最大应变$(\varepsilon_m)$与第$(N-1)$个形状记忆循环中最终回复应变$[\varepsilon_p(N-1)]$的差值之比。因此，形状固定率与形状回复率可以用式(5-38)和式(5-39)表示。

$$R_f = \frac{\varepsilon_u(N)}{\varepsilon_m} \times 100\% \tag{5-38}$$

$$R_r = \frac{\varepsilon_u(N) - \varepsilon_p(N)}{\varepsilon_u(N) - \varepsilon_p(N-1)} \times 100\% \quad \text{或} \quad R_r = \frac{\varepsilon_m - \varepsilon_p(N)}{\varepsilon_m - \varepsilon_p(N-1)} \times 100\% \tag{5-39}$$

## 五、未知聚合物材料的初步分析

对未知聚合物材料进行 DMA 实验，将所得到的 DMA 曲线与已知材料的标准 DMA 曲线进行对照比较，即可初步判断被测材料的类型。

例如，ABS 的基本组成均是苯乙烯-丙烯腈-丁二烯，但合成条件不同，会使其具体成分和性能有很大差别，实际有耐低温、高韧性、耐热、超耐热及高刚度 ABS 等。例如，有甲、乙、丙三种 ABS，就耐寒性相比较，甲最优，而丙最差。用红外分析技术找不出造成这种差别的结构原因，因为红外分析结果三者的化学成分相同。如图 5-31 所示为三种 ABS 的 $\tan\delta$-$T$ 曲线。由图可见，它们的低温内耗峰所在的温度分别是$-80^\circ\text{C}$、$-40^\circ\text{C}$和$-5^\circ\text{C}$左右，低温损耗峰的温度越低，材料的耐寒性越好。由此可以推断，这三种 ABS 中的橡胶相分别以丁二

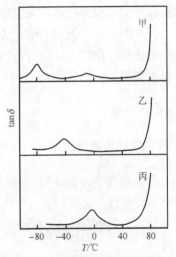

图 5-31　三种 ABS 的 $\tan\delta$-$T$ 曲线[8]

烯橡胶($T_g=-80^\circ\text{C}$)、丁苯橡胶($T_g=-40^\circ\text{C}$)和丁腈橡胶($T_g=-5^\circ\text{C}$)为主。

再如，北京航空航天大学用 DMA 技术成功剖析了一种进口的低温固化高温使用的树脂体系 LTM，为研制过程 LTM 树脂体系提供了重要信息。

# 第三节　动态介电分析

20 世纪 20 年代，在 P. Debye 提出的分子极化与其微观结构的关系中，给出

了介电分析的理论基础；50年代对高分子材料的介电分析研究与报道逐渐增多；60年代中期出现了自动介电分析仪(automatic dielectrometer)，动态介电分析技术真正达到了工程实用阶段。

# 一、动态介电分析的基本原理

介电常数($\varepsilon$)和介电损耗角正切($\tan\delta$)(损耗因数)是电介质与绝缘体的两个主要特性。在不同应用场合下，对这两个特性的要求也各不相同。用于储能元件(如电容器)时，要求介电常数要大，这使得单位体积中储存的能量大；用于一般绝缘体时，要求介电常数小，以减小流过的电容电流。在一般电气设备中用的电介质和绝缘体，均要求介电损耗小，因为损耗大，不但消耗浪费电能，而且使电介质发热，容易造成老化或损坏，这在工作电场强度高、电压频率高的工作条件下尤为突出。只有在特殊场合(如要求利用介质发热)时，才用损耗因数大的材料。为了检验评定电工设备、元件的性能，选择合适的绝缘材料，就必须对介电常数或电容、损耗因数进行测量，通过介电性能的测量，可以判断绝缘系统中的含湿量、老化程度等。测量$\varepsilon$和 $\tan\delta$的温度谱和频率谱，是研究电介质和绝缘材料结构的一种有效手段。

## (一) 介电常数

### 1. 介电常数的物理含义

普通物理学告诉我们，平行板电容器的电容($C$)与平板电极的面积($S$)成正比，与平板电极间的距离($d$)成反比，其比例常数取决于介质的特性。如果在真空电容器上加一直流电压($U$)，在两个极板上将产生电荷($Q_0$)，则电容($C_0$)为

$$C_0 = \frac{Q_0}{U} = \varepsilon_0 \frac{S}{d} \tag{5-40}$$

式中，$\varepsilon_0$称为真空电容率，$\varepsilon_0 = 8.85 \times 10^{-12} \text{F/m}$。

如果两极板间充满电介质，由于电介质分子的极化，这时极板上的电荷由$Q_0$增加到$Q$，电容器的电容由$C_0$增加到$C$

$$C = \frac{Q}{U} = \varepsilon\varepsilon_0 \frac{S}{d} \tag{5-41}$$

$C$比$C_0$增加了$\varepsilon$倍，$\varepsilon$即为介电常数，表征电介质储存电能能力的大小，是介电材料的一个十分重要的性能指标。电介质的极化程度越大，则极板上的电荷越多，介电常数也就越大，因此，介电常数在宏观上反映了电介质的极化程度。

## 2. 介质极化[1, 63]

在静电场中，构成介电材料的分子或原子中的电荷将产生相对位移，这种位移造成正负电荷中心不再重合，就形成了感应偶极子，这些偶极子所具有的偶极矩($\mu$)为正负电荷中心距离($d$)和极上电荷($Q$)的乘积

$$\mu = Qd \tag{5-42}$$

偶极矩是一矢量，其方向由负电荷指向正电荷，单位是 deb(德拜)，1deb= $\frac{1}{3} \times 10^{-29}$ C·m 。对于非极性材料，本身正负电荷中心是重合的，只有在外电场作用下才出现感应偶极子；而极性材料本身就具有固定的偶极矩，在电场作用下，除了沿电场方向形成感应偶极矩外，固有偶极子也将沿电场方向排列，虽然由于热运动等因素的作用不可能使所有偶极子都完全平行于电场方向，但沿电场方向的偶极矩总是大于其他方向的偶极矩。

无论是感应产生的偶极子，还是固有偶极子沿电场方向排列的结果，在介质与电极的交界面就形成了束缚电荷，这些电荷的极性与电极极性相反，这种现象称为介质极化(polarization)。

如果极板间的真空为介质所代替，这时由于电压($U$)和电极之间的距离($d$)均未改变，则电场强度 $E=U/d$ 也保持不变，因此电极上的电荷必须增加，以抵消极化的影响，这时极板上的电荷由 $Q_0$ 增加到 $Q$。由此可见，同一电极系统的真空电容器以介质填充时，电容量(电荷)的增大正是由介质极化形成反电场造成的。在一定电场强度下，介质极化的强度越高，电容量就越大。所以介电常数($\varepsilon$)是表征电介质材料在外电场作用下极化程度的一个参数。各种介质材料由于其组成结构不同，在相同环境和外电场条件下，它们的极化形式与极化程度也各不相同。根据形成极化的机理不同，可分为电子极化、原子极化、偶极子转向极化等。

(1) 电子极化(electronic polarization)。构成原子的电子云在外电场作用下产生了相对于原子核的位移，使正负电荷中心不再重合，于是就形成了感应偶极矩，这种极化称为电子极化。

(2) 原子极化(atomic polarization)。分子骨架在外电场作用下发生变形产生原子极化。分子中的不同原子，由于电负性的差异，电子云向电负性较大的原子偏移。这些原子在外电场作用下产生偏离平衡位置的位移，这种情况与离子晶体中的正负离子在外电场的作用下产生的偏离平衡位置的位移相似。这些偏离平衡位置而产生的极化都称为原子极化。

电子极化和原子极化都是带电质点在外电场作用下产生位移而形成的，因此均称为位移极化，又称为变形极化或诱导极化。同时又因为其形成的时间都很短，又称之为瞬时极化。由电子极化和原子极化产生的偶极矩称为诱导偶极矩($\mu_1$)，它

与电场强度 $E$ 成正比

$$\mu_1 = \alpha_d E = (\alpha_1 + \alpha_2)E \tag{5-43}$$

式中，$\alpha_d$ 为位移极化率；$\alpha_1$、$\alpha_2$ 分别为电子极化率和原子极化率，$\alpha_1$ 和 $\alpha_2$ 的大小与温度无关，仅取决于电介质分子中电子云的分布情况。

(3) 偶极子转向极化(orientation polarization)。具有固有(永久)偶极矩的极性分子在没有外电场时，由于分子热运动偶极矩朝向各个方向的概率均等，偶极矩相互抵消，从总体来看偶极矩为零，即不呈现介质极化。一旦加上外场，偶极矩沿电场方向排列的概率增大，虽然不是所有的偶极子都完全沿外电场方向排列，但总体而言偶极矩不为零，介质呈现极化，这种极化称为偶极子转向极化。由于偶极子转动要受到周围分子的阻碍作用，因此极化形成所需要的时间较长，而且分布也很广，从微秒到分钟以上，这一时间的长短，强烈地依赖于分子-分子间的相互作用。当外电场去除后也要经过相应的时间，介质极化才能消除，这种现象称为介质松弛。故转向极化又称松弛极化。

极化强度与极性分子的偶极矩大小(极性强弱)有关，偶极矩大的介质，在相同的条件下，其介电常数也较大。所以通常极性介质比结构相似的非极性介质的介电常数大得多。

由偶极子转向极化得到的偶极矩为转向偶极矩($\mu_2$)，它与绝对温度($T$)成反比，与极性分子的永久偶极矩($\mu_0$)的平方成正比，与外电场强度($E$)成正比

$$\mu_2 = \frac{\mu_0^2}{3KT}E = \alpha_0 E \tag{5-44}$$

式中，$K$ 为玻尔兹曼常量；$\alpha_0$ 称为转向极化率。

非极性电介质分子在外电场中只有诱导偶极矩，其分子极化率 $\alpha = \alpha_d$；而极性电介质分子在外电场中产生的偶极矩应为诱导偶极矩与转向偶极矩之和，即 $\mu = \mu_1 + \mu_2 = \alpha E$，则极性电介质的分子极化率 $\alpha = \alpha_d + \alpha_0 = \alpha_d + \mu_0^2/3KT$。如果单位体积内有 $N$ 个分子，每个分子产生的平均偶极矩为 $\mu$，则单位体积内的偶极矩 $P$ 为

$$P = N\mu = N\alpha E \tag{5-45}$$

式中，$P$ 通常称为电介质的极化度或极化强度，它表明在外电场中电介质极化度与分子极化率之间的关系。

除了上述三种基本极化外，还有其他极化形式。例如，产生于非均相介质界面处的界面极化(interfacial polarization)，由于界面两边的组分具有不同的极性或电导率，在电场作用下将引起电荷在两界面处聚集，从而产生极化。这种极化所需要的时间较长，从几分之一秒到几分钟。一般非均质聚合物材料如共混聚合物、泡沫聚合物和填充聚合物都能产生界面极化[64]。即使是均质聚合物也会因含有杂质或缺陷以及聚合物中非晶区与晶区共存等而产生界面，在这些界面上同样能产

生极化。由于界面极化所需要时间较长，一般随电场频率增加而下降，因此界面极化主要影响低频率($10^{-5} \sim 10^2$Hz)下的介电性能。

## 3. 介电常数与分子极化率的关系

介电常数是表征电介质在外电场中极化程度的宏观物理量，分子极化率是表征电介质在外电场中极化程度的微观物理量，两者之间的关系由克劳修斯-莫索提(Clausius-Mossotti)方程描述

$$P = \frac{\varepsilon - 1}{\varepsilon + 2} \cdot \frac{M}{\rho} = \frac{4}{3} \pi N_A \alpha \tag{5-46}$$

式中，$P$ 为摩尔极化度；$M$ 为分子量；$\rho$ 为密度；$N_A$ 为阿伏伽德罗常量。

对于非极性电介质有麦克斯韦关系

$$n^2 = \varepsilon \tag{5-47}$$

式中，$n$ 为非极性电介质的折射率，式(5-46)可写成

$$\frac{n^2 - 1}{n^2 + 2} \cdot \frac{M}{\rho} = \frac{4}{3} \pi N_A \alpha_d \tag{5-48}$$

式(5-47)不仅适用于非极性低分子，对非极性聚合物也同样适用。

对于弱极性电介质，式(5-46)变为

$$P = \frac{\varepsilon - 1}{\varepsilon + 2} \cdot \frac{M}{\rho} = \frac{4}{3} \pi N_A \left( \alpha_d + \frac{\mu_0^2}{3KT} \right) \tag{5-49}$$

此式称为德拜方程。

## 4. 聚合物的介电常数

介电常数的大小取决于介质的极化，而介质的极化与介质的分子结构及其所处的物理状态有关，在三种基本极化中，以转向极化的贡献为最大，而转向极化只有极性分子才能发生，而且强弱直接与介质分子的极性大小有关，分子的极性大小用偶极矩来衡量。大量实验表明，分子的偶极矩等于分子中所有键矩的矢量和。

聚合物分子的极性大小也用其偶极矩来衡量，同样可由全部键矩的矢量加和来确定整个高分子的偶极矩。各种高分子都有自己的重复单元，而且对于大多数聚合物材料来说，聚合度大于 100，因此链端的效应一般可以忽略。于是，可以用重复单元的偶极矩作为高分子极性的一种指标。按照偶极矩的大小，可以将聚合物大致分为四类，它们分别对应于介电常数的某一数值范围：①非极性聚合物，$\mu = 0$deb，$\varepsilon = 2.0 \sim 2.3$；②弱极性聚合物，$0 < \mu \leqslant 0.5$deb，$\varepsilon = 2.3 \sim 3.0$；③中等极性

聚合物，0.5deb<$\mu$≤0.7deb，$\varepsilon$=3.0～4.0；④强极性聚合物，$\mu$>0.7deb，$\varepsilon$=4.0～7.0。随着偶极矩的增加，聚合物的介电常数逐渐增大。表 5-5 给出了一些常见聚合物的介电常数。

**表 5-5 常见聚合物的介电常数$\varepsilon$(60Hz，ASTM D150)[1]**

| 聚合物 | $\varepsilon$ | 聚合物 | $\varepsilon$ |
|---|---|---|---|
| 聚四氟乙烯 | 2.0 | 聚酯 | 3.00～4.36 |
| 聚丙烯 | 2.2 | 聚砜 | 3.14 |
| 聚三氟氯乙烯 | 2.24 | 聚氯乙烯 | 3.2～3.6 |
| 低密度聚乙烯 | 2.25～2.35 | 聚甲基丙烯酸甲酯 | 3.3～3.9 |
| 乙-丙共聚物 | 2.3 | 聚酰亚胺 | 3.4 |
| 高密度聚乙烯 | 2.30～2.35 | 环氧树脂 | 3.5～5.0 |
| ABS 树脂 | 2.4～5.0 | 聚甲醛 | 3.7 |
| 聚苯乙烯 | 2.45～3.10 | 尼龙 6 | 3.8 |
| 高抗冲聚苯乙烯 | 2.45～4.75 | 尼龙 66 | 4.0 |
| 乙烯-乙酸乙烯共聚物 | 2.5～3.4 | 聚偏氯乙烯 | 4.5～6.0 |
| 聚苯醚 | 2.58 | 酚醛树脂 | 5.0～6.5 |
| 硅树脂 | 2.75～4.20 | 硝化纤维素 | 7.0～7.5 |
| 聚碳酸酯 | 2.97～3.17 | 聚偏氯乙烯 | 8.4 |
| 乙基纤维素 | 3.0～4.2 | | |

实际上，聚合物的介电常数与偶极矩之间并不是简单的关系，它还依赖于高分子的其他结构因素。

极性基团在分子链上的位置不同，对介电常数的影响也不同。通常，主链上的极性基团活动性小，它的转向需要伴随着主链构象的改变，因而这种极性基团对介电常数影响较小。而侧基上的极性基团，特别是柔性的极性侧基，因其活动性较大，对介电常数的影响就较大。

显然，那些发生转向时需改变主链构象的极性基团，包括在主链上的和与主链硬连接的那些极性基团，它们对聚合物介电常数的贡献大小强烈地依赖于聚合物所处的物理状态。玻璃态下，链段运动被冻结，这类极性基团的转向运动有困难，它们对聚合物的介电常数的贡献很小，而在高弹态时，链段可以运动，极性基团转向得以顺利进行，对介电常数的贡献变大。例如，当温度升高到玻璃化转变温度以上，聚氯乙烯的介电常数将从 3.5 增加到 15，聚酰胺则从 4.0 增加到约 50。

　　分子结构的对称性对介电常数也有很大影响，对称性越好，介电常数越小，对于同一聚合物来说，全同立构介电常数高，间同立构介电常数低，而无规立构的介电常数介于两者之间。

　　聚合物的交联通常使极性基团活动转向困难，因而热固性聚合物的介电常数随交联度的提高而下降，例如，酚醛树脂，虽然极性很强，但只要固化比较完全，其介电常数不太高。而支化使分子间的相互作用减弱，分子链的活动能力增加，从而介电常数升高。

　　拉伸取向使分子排列规整，结晶度增加，从而增加分子间的作用力，降低了极性基团的活动能力，使介电常数减小。

## (二) 介电损耗

### 1. 介电损耗的物理意义

　　电介质在交变电场中会损耗部分能量而发热，这种现象就是介电损耗。产生介电损耗主要有两个原因。一是电介质所含的微量导电载流子在电场作用下流动时，由于克服内摩擦力需要消耗部分电能，这种损耗为电导损耗。对于非极性聚合物来说，主要是电导损耗。二是偶极转向极化的松弛过程。这种损耗是极性聚合物介电损耗的主要部分。

　　前面所述，电子极化、原子极化和转向极化都是一个速度过程，只是前两种极化的速度极快。在交变电场中，三种极化均是电场频率的函数。在低频电场中，三种极化都能跟上外电场的变化，电介质不产生损耗，这可由图 5-32(a)说明。当电场变化从 0 到 1/4 周期($0 \sim T/4$)时，电场对偶极子做功，使偶极子极化并从电场吸收能量；在 $T/4 \sim T/2$ 期间，随电场强度减弱，偶极子靠热运动回复到原状，取得的能量又全部还给了电场。后半周期与前半周期相同，只是极化方向相反。所以在电场变化一周时，电介质不损耗能量。但随电场频率的增加，首先转向极化跟不上电场变化，如图 5-32(b)所示。这时电介质放出的能量小于吸收的能量，能

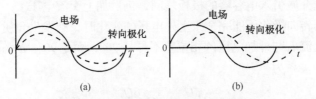

图 5-32　偶极转向极化随电场变化图
(a) 偶极转向与电场同步；(b) 偶极转向滞后电场

量差消耗于克服偶极子转向时所受的摩擦阻力，从而使电介质发热，产生了介质损耗。当电场频率进一步提高时，偶极子的转向极化完全跟不上电场的变化，转向极化不会发生，介质损耗也就急剧下降。

由于电子极化和原子极化很快，由它们引起的损耗发生在更高的频率范围，当外电场的频率与电子或原子的固有振动频率相同时，发生共振吸收，损耗了电场的能量。原子极化损耗在红外光区；电子极化损耗在紫外光区。在电频区，只有转向极化引起的介质损耗。

## 2. 介电损耗的表征

我们借助电容器来分析交变电场作用下的介电损耗，从而得到介电损耗的表征量。

在一个电容量为 $C_0$ 的真空电容器极板上，加上一个交流电压 $U = U_0 \mathrm{e}^{\mathrm{i}\omega t}$，则流过真空电容器的电流为

$$I_i = C_0 \frac{\mathrm{d}U}{\mathrm{d}t} = \mathrm{i}\omega C_0 U \tag{5-50}$$

式中，$U_0$ 为电压的峰值；$\omega$ 为电场的角频率。由式(5-50)可知，电流 $I_i$ 的相角比电压 $U$ 超前 90°[图 5-33(a)]，即只存在无功的电容电流，它的电功功率为 $P_i=I_iU\cos90°=0$，因此真空电容器不损耗能量。

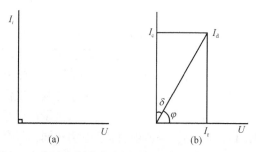

图 5-33 交流电场中电容器的电流与电压向量关系图
(a) 真空电容器；(b) 电介质电容器

如果将电介质引入电容器的极板之间，仍然加上交流电压 $U$，当交变电场频率使电介质的转向极化不能完全跟上外电场的变化时，则发生介质损耗。这时流过电容器的电流 $I_d$ 与外加电压的相位差不再是 90°，而是 $90° - \delta = \varphi$ [图 5-33(b)]。$I_d$ 与电压 $U$ 的关系为

$$I_d = C \frac{\mathrm{d}U}{\mathrm{d}t} = \varepsilon^* C_0 \frac{\mathrm{d}U}{\mathrm{d}t} = \mathrm{i}\omega \varepsilon^* C_0 U \tag{5-51}$$

$$\varepsilon^* = \varepsilon' - \mathrm{i}\varepsilon'' \tag{5-52}$$

式中，$\varepsilon^{*}$ 称为复介电常数；$\varepsilon'$ 为复介电常数的实数部分，也就是实验测得的介电常数 $\varepsilon$；$\varepsilon''$ 为复介电常数的虚数部分，称为介电损耗因数。把关系式(5-52)代入式(5-51)中，则

$$I_{\mathrm{d}}=\mathrm{i}\omega(\varepsilon'-\mathrm{i}\varepsilon'')C_0U=\mathrm{i}\omega\varepsilon'C_0U+\omega\varepsilon''C_0U=\mathrm{i}I_{\mathrm{c}}+I_{\mathrm{r}} \tag{5-53}$$

式中，第一项电流 $I_{\mathrm{c}}$ 与电压的相位差是 90°，相当于流过"纯电容"的电流；而第二项电流 $I_{\mathrm{r}}$ 与电压同相位，相当于流过"纯电阻"的电流。由图 5-33(b)可知

$$\tan\delta=\frac{I_{\mathrm{r}}}{I_{\mathrm{c}}}=\frac{\omega\varepsilon''C_0U}{\omega\varepsilon'C_0U}=\frac{\varepsilon''}{\varepsilon'} \tag{5-54}$$

这样我们便得到了表征介电损耗的关系式，$\delta$ 称为介电损耗角，$\tan\delta$ 称为介电损耗角正切，就是通常用以表征材料介电损耗大小的物理量。其物理意义可从下面的分析看出。容性无功电流 $I_{\mathrm{c}}$ 对应于容性无功功率 $Q_{\mathrm{c}}$：

$$Q_{\mathrm{c}}=I_{\mathrm{c}}U \tag{5-55}$$

它表示电容器与电源之间往返交换的功率，即介质电容器储存电能的能力。有功电流 $I_{\mathrm{r}}$ 对应的电功功率是

$$P_{\mathrm{r}}=I_{\mathrm{r}}U \tag{5-56}$$

由式(5-54)～式(5-56)可得

$$\tan\delta=\frac{P_{\mathrm{r}}}{Q_{\mathrm{c}}}=\frac{\text{每个周期内介质损耗的能量}}{\text{每个周期内介质储存的能量}} \tag{5-57}$$

式(5-57)表明，介质损耗 $\tan\delta$ 的物理意义是交变电场作用的每一周期内电介质损耗电场能量的大小。对于理想电容器，$\tan\delta=0$。因此小的损耗角正切值表示能量损耗少。$\varepsilon''$ 正比于 $\tan\delta$，因此也常用 $\varepsilon''$ 来表示材料介电损耗的大小，通常称为介电损耗因数。

用电路的概念来描述介电损耗，可以把介质构成的电容器看成由一个理想的电容和一个电阻并联或串联的等效电路，如图 5-34 所示。

图 5-34　介质损耗的等效电路

在并联等效电路中，介电损耗角正切

$$\tan\delta=\frac{I_{\mathrm{r}}}{I_{\mathrm{c}}}=\frac{U/R_{\mathrm{p}}}{U\omega C_{\mathrm{p}}}=\frac{1}{\omega C_{\mathrm{p}}R_{\mathrm{p}}} \tag{5-58}$$

在串联电路中

$$\tan\delta=\frac{U_{\mathrm{r}}}{U_{\mathrm{c}}}=\frac{IR_{\mathrm{s}}}{I/\omega C_{\mathrm{s}}}=\omega C_{\mathrm{s}}R_{\mathrm{s}} \tag{5-59}$$

对于 $\tan\delta$ 两者完全等效，即

$$\omega C_s R_s = \frac{1}{\omega C_p R_p} \tag{5-60}$$

于是

$$C_p = \frac{C_s}{1+\tan^2\delta} , \quad R_p = \left(1 + \frac{1}{\tan^2\delta}\right) R_s \tag{5-61}$$

对于非极性介质或损耗很小的介质，在外电场作用下，由极化造成的损耗很小，对外电场能量的损耗主要取决于电导电流造成的损耗。这类介质的介电损耗宜按并联等效电路来研究与计算，介质的功率损耗为 $P = U^2/R$，即这类介质的功率损耗只与其等效电路中的电阻与外电场的电压有关，而与外电场的频率无关。对于极性介质或损耗较大的介质，它们在外电场作用下，由极化而造成的外电场能量损耗较大，对这类介质的介电损耗宜用串联等效电路来研究与计算，功率损耗 $P = RU^2\omega^2 C_s^2$，即这类介质的功率损耗，不仅与电阻、电容与电压有关，还与外电场的频率有关，即与极化运动的次数有关。

### 3. 聚合物的介电损耗

聚合物的介电损耗角正切值通常小于 1，大多数在 $10^{-2} \sim 10^{-4}$ 范围内(表 5-6)。通常非极性聚合物的 $\tan\delta$ 很小($10^{-4}$)，而极性聚合物的 $\tan\delta$ 相对较大，一般在 $10^{-2}$ 数量级。

表 5-6　常见聚合物的介电损耗角正切 $\tan\delta$(20℃，50Hz)[1]

| 聚合物 | $\tan\delta/(\times 10^{-4})$ | 聚合物 | $\tan\delta/(\times 10^{-4})$ |
|---|---|---|---|
| 聚四氟乙烯 | <2 | 环氧树脂 | 20~100 |
| 聚乙烯 | 2 | 硅橡胶 | 40~100 |
| 聚丙烯 | 2~3 | 氯化聚醚 | 100 |
| 四氟乙烯-六氟丙烯共聚物 | <3 | 聚酰亚胺 | 40~150 |
| 聚苯乙烯 | 1~3 | 聚氯乙烯 | 70~200 |
| 交联聚乙烯 | 5 | 聚氨酯 | 150~200 |
| 聚砜 | 6~8 | ABS 树脂 | 40~300 |
| 聚碳酸酯 | 9 | 氯丁橡胶 | 300 |
| 聚三氟氯乙烯 | 12 | 尼龙 6 | 100~400 |
| 聚对苯二甲酸乙二酯 | 10~20 | 氟橡胶 | 300~400 |
| 聚苯醚 | 20 | 尼龙 66 | 140~600 |
| 天然橡胶 | 20~30 | 乙酸纤维素 | 100~600 |

| 聚合物 | $\tan\delta/(\times10^{-4})$ | 聚合物 | $\tan\delta/(\times10^{-4})$ |
|---|---|---|---|
| 丁苯橡胶 | 30 | 聚甲基丙烯酸甲酯 | 400～600 |
| 丁基橡胶 | 30 | 丁腈橡胶 | 500～800 |
| 聚甲醛 | 40 | 酚醛树脂 | 600～1000 |
| 聚邻苯二甲酸二丙烯酯 | 80 | 硝化纤维素 | 900～1200 |

聚合物分子结构和聚集态结构的变化都将影响聚合物的介电性能。我们已知道，偶极矩较大的聚合物，其介电常数和介电损耗也较大。但是当极性基团位于聚合物的β位置上或柔性侧基的末端时，由于其转向极化的过程是一个独立的过程，引起的介电损耗并不大，而对介电常数有较大的贡献。这就有可能得到一种介电常数较大、介电损耗不是太大的材料，以满足制造特种电容器对介电材料的要求。

结晶、取向、交联、共聚、共混以及加入添加剂等均能引起介电性能的变化。例如，结晶能抑制链段上偶极的转向极化，所以聚合物的介电损耗随结晶度的增加而下降，当聚合物的结晶度大于 70%时，链段上的偶极极化有时完全被抑制，介电参数降低至一最低值。

## (三) 聚合物的介电松弛谱

像动态力学性能一样，介电性能也依赖于温度和电场频率，那么聚合物试样在交变电场中，固定频率在某一温度范围，或固定温度在某一频率范围内测量试样的介电常数和介电损耗(内耗)，即可得到一特征谱图，称为聚合物的介电松弛谱(dielectric relaxation spectrum)，前者为温度谱，后者为频率谱。在介电松弛谱图上，聚合物的介电常数呈一个或多个台阶，介电损耗一般出现一个或多个峰值(极大值)，分别对应于不同尺寸运动单元的偶极子在电场中的松弛。按照这些损耗峰在谱图上出现的先后，在温度谱上从高温到低温，在频率谱上从低频到高频，依次称为α松弛峰、β松弛峰、γ松弛峰。

### 1. 频率谱

在一定温度下，交变电场中的德拜(Debye)方程为

$$\frac{\varepsilon^{*}-1}{\varepsilon^{*}+2}\cdot\frac{M}{\rho}=\frac{4}{3}\pi\cdot N_{A}\left(\alpha_{1}+\alpha_{0}\frac{1}{1+i\omega\tau}\right) \tag{5-62}$$

式中，$\omega$ 为交变电场的角频率；$\tau$ 为偶极转向的松弛时间。这里忽略了原子极化。当 $\omega\to0$ 时，介电常数相当于静电场下的介电常数 $\varepsilon_{s}$，式(5-62)变成

$$\frac{\varepsilon_s - 1}{\varepsilon_s + 2} \cdot \frac{M}{\rho} = \frac{4}{3}\pi \cdot N_A(\alpha_1 + \alpha_0) \tag{5-63}$$

当 $\omega \to \infty$ 时，介电常数为光频时的介电常数 $\varepsilon_\infty$，式(5-62)变成

$$\frac{\varepsilon_\infty - 1}{\varepsilon_\infty + 2} \cdot \frac{M}{\rho} = \frac{4}{3}\pi \cdot N_A \alpha_1 \tag{5-64}$$

联立式(5-62)~式(5-64)得

$$\varepsilon^* = \varepsilon_\infty + \frac{\varepsilon_s - \varepsilon_\infty}{1 + i\omega\tau} = \varepsilon_\infty + \frac{\varepsilon_s - \varepsilon_\infty}{1 + \omega^2\tau^2} - i\omega\tau \frac{\varepsilon_s - \varepsilon_\infty}{1 + \omega^2\tau^2}$$

$$\tau = \tau^* \frac{\varepsilon_s + 2}{\varepsilon_\infty + 2} \tag{5-65}$$

式(5-65)称为德拜色散方程。由此式可得复介电常数的实数部分 $\varepsilon'$、虚数部分 $\varepsilon''$ 和介电损耗 $\tan\delta$，

$$\varepsilon' = \varepsilon_\infty + \frac{\varepsilon_s - \varepsilon_\infty}{1 + \omega^2\tau^2} \tag{5-66}$$

$$\varepsilon'' = \frac{(\varepsilon_s - \varepsilon_\infty)\omega\tau}{1 + \omega^2\tau^2} \tag{5-67}$$

$$\tan\delta = \frac{(\varepsilon_s - \varepsilon_\infty)\omega\tau}{\varepsilon_s + \omega^2\tau^2\varepsilon_\infty} \tag{5-68}$$

式(5-66)~式(5-68)表达了介电性能的频率依赖性。在低频区($\omega \to 0$)时，$\varepsilon' \to \varepsilon_s$，所有极化都能完全跟得上电场的变化，因而介电常数 $\varepsilon'$ 达到最大值 $\varepsilon_s$，介电损耗最小($\varepsilon'' \to 0$，$\tan\delta \to 0$)；在光频区($\omega \to \infty$)，偶极子转向极化来不及进行，只有变形极化能够发生，介电常数很小，即 $\varepsilon' \to \varepsilon_\infty$，介电损耗也很小。在上述两个极限频率范围内，偶极子转向极化不能完全跟得上电场的变化，介电常数下降，出现介电损耗。介电常数下降的频率范围称为反常色散区。在反常色散区，介电常数变化最快的一点，$\varepsilon''$ 出现极大值，将 $\varepsilon''$ 对 $\omega$ 求导，从 $d\varepsilon''/d\omega = 0$ 可以得到 $\omega\tau = 1$，这时 $\varepsilon''$ 达到极大值

$$\varepsilon'_{\omega\tau=1} = \frac{\varepsilon_s + \varepsilon_\infty}{2} \tag{5-69}$$

$$\varepsilon''_{\max} = \frac{\varepsilon_s - \varepsilon_\infty}{2} \tag{5-70}$$

$\tan\delta$ 的最大值出现在 $\omega\tau = \sqrt{\varepsilon_s/\varepsilon_\infty}$，这时

$$\tan\delta_{\max} = \frac{\varepsilon_s - \varepsilon_\infty}{2}\sqrt{\frac{1}{\varepsilon_s\varepsilon_\infty}} \tag{5-71}$$

以上讨论可清楚地表示在德拜介电色散曲线(图 5-35)上。

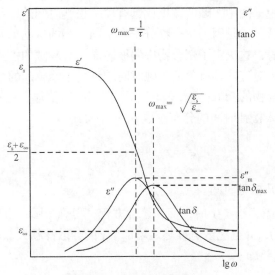

图 5-35　德拜介电色散曲线

如果从式(5-66)和式(5-67)出发，消去参数 $\omega\tau$，可以得到

$$\left(\varepsilon' - \frac{\varepsilon_s + \varepsilon_\infty}{2}\right)^2 + \left(\varepsilon''\right)^2 = \left(\frac{\varepsilon_s - \varepsilon_\infty}{2}\right)^2 \tag{5-72}$$

这是一个圆的方程，如以 $\varepsilon''$ 对 $\varepsilon'$ 作图，将得到一个半圆(图 5-36)，圆心在$[(\varepsilon_s + \varepsilon_\infty)/2,$ 0]，半径是$(\varepsilon_s - \varepsilon_\infty)/2$。这一半圆图称为科尔-科尔(Cole-Cole)图，可用来说明 $\varepsilon'$、$\varepsilon''$ 和 $\tan\delta$ 随 $\omega\tau$ 的变化关系。

图 5-37 为聚合物的介电常数$(\varepsilon')$和损耗因子$(\varepsilon'')$与频率关系的总频率谱图。

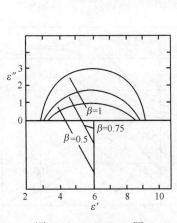

图 5-36　Cole-Cole 图

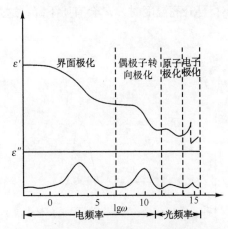

图 5-37　介电常数$(\varepsilon')$和损耗
因子$(\varepsilon'')$的总频率谱图

聚合物的介电松弛谱图中，峰的宽度比具有单一松弛时间的德拜方程给出的理论峰要宽，峰高较低。这是因为聚合物分子有不同大小的运动单元，如不同长度的链段和取代基团等，这决定了聚合物中偶极转向具有较宽的松弛时间分布，损耗峰的宽度实际是由对应的具有单值松弛时间的许多小峰叠加的结果。

为了描述聚合物的介电松弛，科尔-科尔提出了对德拜方程的修正，在德拜方程[式(5-65)]中引入松弛时间的分布参数 $\beta(0 < \beta \leqslant 1)$

$$\varepsilon^* = \varepsilon_\infty + \frac{\varepsilon_0 - \varepsilon_\infty}{1 + (i\omega\tau_\beta)^\beta} \tag{5-73}$$

式中，$\tau_\beta$ 为最可几松弛时间。

以 $\varepsilon'$ 对 $\varepsilon''$ 作图，当 $\beta=1$ 时，即为德拜方程，得到半圆；当 $\beta$ 小于 1 时，得到的是圆弧(图 5-36)，介电色散宽度随之增加。$\tau$ 的分散性越大，$\beta$ 越接近于 0。

## 2. 温度谱

图 5-38 为固定电场频率改变温度测得的介电损耗温度谱。像力学损耗一样，介电损耗谱也反映了聚合物中不同的运动单元，每个损耗峰分别对应于不同尺寸的运动单元的偶极在电场中转向的极化程度和偶极转向松弛过程的电能损耗。

图 5-39 为不同频率下单一松弛峰的温度谱。温度变化，极化过程所需时间也随之变化。对于一个固定的频率，温度太低，以至于偶极转向完全跟不上电场的变化，$\varepsilon'$ 和 $\varepsilon''$ 均很小；随着温度的升高，偶极可以转向，但又不能完全跟上电场的变化，即发生滞后于电场变化的偶极转向的松弛过程，因此 $\varepsilon'$ 和 $\varepsilon''$ 均增大；温度继续升高，偶极转向已完全跟得上电场的变化，这时 $\varepsilon'$ 增至最大，而 $\varepsilon''$ 又变得很小；再升高温度时，$\varepsilon'$ 会有所下降，这是因为温度过高，分子热运动加剧，使

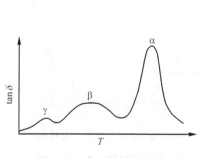

图 5-38　介电损耗温度谱

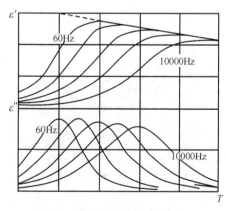

图 5-39　在各种频率下介电常数和
介电损耗与温度的关系[1]

偶极的转向程度降低，另外，随温度升高，密度降低，单位体积的分子数量减少，极化程度和介电常数均降低。温度足够高时，$\varepsilon''$ 将呈指数上升(图中未画出)，这是电导损耗造成的。

从图 5-39 还可以看出，当频率增升时，$\varepsilon'$ 和 $\varepsilon''$ 的峰值向高温移动。由此可知，升高温度和降低频率对于偶极转向极化是等效的。

由介电松弛谱图可求得各运动单元的活化能[11]。偶极子在电场中取向，应具有足够的能量以克服位垒，这种速度过程服从阿伦尼乌斯(Arrhenius)方程

$$\tau = A \cdot \exp(\Delta H/RT) \quad 或 \quad \ln\tau = \ln A + \frac{\Delta H}{RT} \tag{5-74}$$

在介电松弛谱图上，$\varepsilon''$ 出现最大值的条件为 $\omega\tau = 1$，由此可得 $1/\tau = 2\pi f_{max}$($f$ 为电场频率)，代入式(5-74)后，由各个损耗峰对应的 $f_{max}$ 和 $T_{max}$，以 $\ln f_{max}$ 对 $1/T_{max}$ 作图，可得一直线，其斜率为 $\Delta H/R$，由此可得偶极转向的活化能 $\Delta H$。

(1) 非晶态均相聚合物的介电谱[1]。在完全非晶态的均相聚合物介电谱图上，α松弛总是与聚合物分子的链段运动关联(玻璃化转变)。β和γ等次级松弛过程，则对应于较小运动单元的运动，其几种主要的机理为：①极性侧基绕 C—C 键的旋转，这类侧基既可以是—$CH_2Cl$ 类的小侧基，也可以是较复杂的侧链(如—$COOC_2H_5$)；②环单元的构象振荡，最突出的例子是极性取代的环己侧基的椅-椅式反转引起的极性取代基的取向改变；③主链局部链段的运动，其中绕两个同轴的 C—C 键做曲轴转动的最小 $\{CH_2\}_n$ 链段是 $\{CH_2\}_4$。

非晶态聚合物的典型的α松弛峰比β峰要尖锐(图 5-40)，α松弛过程的温度依赖性通常比β松弛过程要陡得多，这意味着较大尺寸的运动需要较高的活化能。

(2) 结晶聚合物的介电谱[1, 65]。在部分结晶的聚合物中，结晶区与非晶区共存，使介电松弛谱变得更复杂，除了在非晶区的偶极取向外，还有发生在结晶内和结晶边界上的各种分子运动。用改变结晶度的方法可以确定损耗峰是属于非晶区还是与晶相有关的。淬火使结晶度降低后，会使所有由非晶区引起的松弛过程的强度增加。

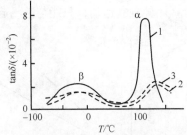

图 5-40 PET 的 $\tan\delta$ 与温度的关系[8]
1—非晶态；2—晶态；3—取向态

与晶区相联系的松弛过程有：①晶区中聚合物分子的链段运动，如伸直的锯齿形链沿链轴方向的扭转和位移运动，这种松弛过程的活化能直接比例于发生扭转的链段长度；②结晶表面上的局部链段运动，如链折叠部位的折叠运动；③晶格缺陷处的基团运动等。

比较图 5-40 中非晶态、晶态和取向态 PET 的介电损耗曲线可知，由侧基旋转引起的β峰位置不受聚集结构改变的影响，但其强度随结晶和取向略有下降；

α峰的位置随结晶和取向移向高温, 并且峰值显著下降。

(3) 非极性聚合物的介电谱。非极性聚合物如聚乙烯、聚丙烯、聚四氟乙烯等没有极性基, 理论损耗值($\varepsilon''_{max} \approx 10^{-6}$)很小。但用热刺激电流等方法测量时, 可以检测到它们的松弛行为, 这是因为在这些聚合物中总是含有某些极性基团(如催化剂、抗氧剂和氧化产物等)。图 5-41 为三种聚乙烯的介电谱, 对比不同结晶度试样得知 $\alpha_c$ 是发生在晶区的松弛, 而 $\alpha_a$ (或β)是发生在非晶区的, γ松弛属于主链中曲柄型的局部运动。与红外光谱测定结果对比可以确定, 聚乙烯的松弛主要是由氧化而生成的统计分布在主链上的羰基造成的。图 5-42 为氧化后的聚乙烯的 $\tan\delta$ 与羰基含量的关系, 这样微量的羰基可明显地反映在介电损耗值的变化

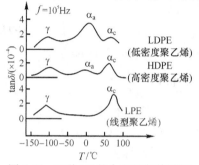

图 5-41　三种 PE 的介电温度谱图[66]

上。由此可见, 介电损耗法能灵敏地反映聚合物的化学结构。

(4) 极性聚合物的介电谱。极性聚合物大致有下面几种类型, 一类是主链为极性的, 如聚碳酸酯等; 另一类主链是非极性的, 而侧链是极性的, 这些极性基有的是刚性链, 如聚氯乙烯, 有的是柔性链, 如聚甲基丙烯酸甲酯; 还有一种具有氢键的聚合物, 产生介电松弛主要由分子间和分子内氢键决定, 如聚乙烯醇、聚酰胺、聚氨酯类和纤维素衍生物等。以 PVC 为例来说明它的介电松弛, 在 PVC 中 C—Cl 的极性键使得 PVC 比 PE 有更高的介电损耗。因为 Cl 刚性地附着在 C 上, 不能独立运动, 只能与链一起运动。PVC 最强的转变是玻璃化转变(图 5-43)。

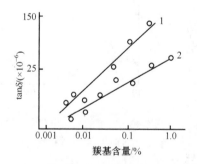

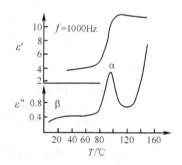

图 5-42　PE 的 $\tan\delta$ 与羰基含量的关系[11]　　　　图 5-43　PVC 的介电温度谱[66]
1—HDPE, 25℃, 5×10⁷Hz; 2—LDPE, 20℃, 400Hz

## 二、动态介电分析测试技术及仪器[67-80]

至今人们已能从 $10^{-7} \sim 3 \times 10^{13}$Hz 的频率范围, −270～1650℃温度区间内获得

材料的介电谱图。根据施加于待测试样的激励信号不同，介电谱技术可分为频域介电谱技术、时域介电谱技术和白噪声相关技术三大类。用正弦波激励测量介电谱的实验技术称为频域介电谱技术，其覆盖频率范围从 $0.01\sim3\times10^{11}$Hz，频域介电谱技术有电桥法、谐振法、传输线定向波法、谐振腔法、自由空间法等。观察样品对激励它的阶跃电压脉冲的响应求取材料的介电参数的技术称为时域介电谱技术，利用阶跃函数时，是测定某一量与时间的关系，实质上就是暂态法，它可以分为慢响应和快响应两类，其频率范围为 $10^{-7}\sim1.6\times10^{10}$Hz。如果把被测材料暴露在外加的随机噪声中，将激励信号和系统对它的响应进行相关比较，就可以获得材料的复折射指数频率谱，称为色散傅里叶变换波谱术，它的频率范围为 $6\times10^{10}\sim3\times10^{13}$Hz。这里介绍几种常用的测试材料介电谱的方法。

## (一) 电桥法[67]

电桥法是测量 $\varepsilon$ 和 $\tan\delta$ 最广泛使用的方法之一，其主要优点是测量电容和损耗的范围广、精度高、频带宽，还可以采用三电极系统来消除表面电导和边缘效应带来的测量误差。电桥法测量的频率为 $0.01$Hz$\sim150$MHz。常用的电桥包括：阻容电桥、变压器电桥(也称电感比例臂电桥)、双 T 电桥和不平衡电桥等。

### 1. 阻容电桥

电桥的四个桥臂均是由电阻、电容组成的电桥，统称阻容电桥。根据使用条件和各桥臂的阻抗不同，又可分为多种阻容电桥。在 $\varepsilon$ 和 $\tan\delta$ 测量中，根据测量电压的不同，主要采用的有高压西林电桥和低压工频电桥。高压西林电桥又有精密西林电桥、大电容电桥、反接和对角线接地电桥等类型。对于薄膜材料及某些电子器件，不允许施加过高电压，这时就要采用低压工频电桥(不大于 100V)，由于电压低，比例臂的两个阻抗就可以做得很接近，这可弥补由于电压降低而造成的电桥灵敏度的损失。

### 2. 变压器电桥

变压器电桥又称电感比例臂电桥，电桥除了试样和标准电容器各为一个桥臂之外，还有两个桥臂由电感组成。根据使用条件的不同，电感桥臂可与平衡指示器回路耦合，称为电流比变压器电桥；电感桥臂也可与电桥的电源耦合，称为电压比变压器电桥。

### 3. 双 T 电桥

双 T 电桥由两个 T 形网络并联组成，在输入端接电源 E，输出端接平衡指示器 G(图 5-44)。当两个网络的输出电流大小相等相位相反时，流过指示器的电流为零，电桥平衡。

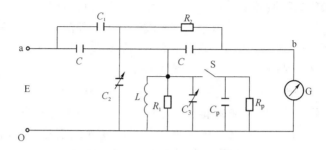

图 5-44　双 T 电桥原理图

图中 $C_p$、$R_p$ 为试样等效并联阻抗的电容和电阻。首先闭合开关 S 接上试样，调节 $C_2$、$C_3$ 使电桥平衡(即指示器 G 指到零)，这时 $C_3$、$C_2$ 的读数分别为 $C_{3i}$、$C_{2i}$，再将开关 S 打开去掉试样，调节 $C_2$、$C_3$ 使电桥再次平衡，这时 $C_3$、$C_2$ 的读数分别为 $C_{30}$、$C_{20}$，其他参数均不变，根据平衡条件可得到

$$C_p = C_{3i} - C_{30} = \Delta C_3 \tag{5-75}$$

$$\tan\delta = \frac{1}{\omega C_p R_p} = \frac{RC^2 \omega^2 (C_{2i} - C_{20})}{C_1 \Delta C_3} = \frac{RC^2 \omega^2 \Delta C_2}{C_1 \Delta C_3} \tag{5-76}$$

式中各符号含义如图 5-44 所示。

这种电桥可以在 50kHz～150MHz 范围内保持较高的准确度。

### 4. 不平衡电桥

在测量介电频率谱时，要在不同频率下逐点平衡电桥，测出某一频率下的 $\varepsilon'$ 及 $\varepsilon''$ 或 $\tan\delta$，这样就需要很长时间。采用不平衡电桥，只需在开始时在某一频率下平衡电桥，之后改变电桥电源的频率，就可以从电桥偏离平衡时输出电压的实部和虚部，测得 $\varepsilon'$ 及 $\varepsilon''$。

### (二) 谐振法

上述电桥测量回路中的杂散电容及电感对测量结果的影响，随测量频率的提高而增大，一般适用于测量频率在 MHz 以下。频率较高时则采用谐振法，谐振法测试回路简单，使用元件少，杂散电容及电感较小，在高频率(可在 GHz 以上)下可使测量误差减小到允许范围。

## 1. 谐振法测量电容

图 5-45 为谐振法测试线路图，它由一个电感线圈 $L$ 和一个调谐电容 $C$ 组成，$L$ 和 $C$ 工作时的少量损耗用等效电导 $G_0$ 表示，电源 $U_0$ 的角频率为 $\omega$，电压表 $V$ 用以测量 $C$ 两端的电压。

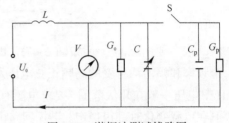

图 5-45 谐振法测试线路图

首先闭合开关 S 接入试样，调节 $C$ 使回路出现谐振，即 $C$ 两端电压达到最大，这时 $C$ 的读数为 $C_i$，回路应满足谐振条件

$$\omega L = \frac{1}{\omega(C_i + C_p)} \tag{5-77}$$

再打开 S 去掉试样，调节 $C$ 使回路再次出现谐振，这时 $C$ 的读数为 $C_0$，谐振条件为

$$\omega L = \frac{1}{\omega C_0} \tag{5-78}$$

由此可计算出 $C_p$

$$C_p = C_0 - C_i = \Delta C \tag{5-79}$$

## 2. 变 $Q$ 值法测量 $\tan\delta$

谐振回路的品质因数 $Q$ 值是损耗因数 $\tan\delta$ 的倒数($Q=1/\tan\delta$)，可用谐振时谐振电容器 $C$ 两端的电压 $U_r$ 与电源电压 $U_0$ 之比表示，用 $Q$ 表测量。谐振回路中接与不接试样，回路的 $Q$ 值不同，接试样时的 $Q$ 值比不接试样时的小(图 5-46)。

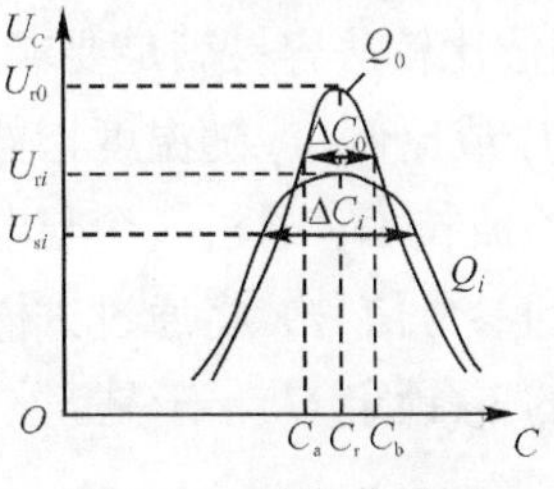

图 5-46 谐振曲线图

不接试样时有

$$\frac{1}{Q_0} = \tan\delta_0 = \frac{G_0}{\omega C_r} \tag{5-80}$$

接上试样时有

$$\frac{1}{Q_i} = \tan\delta_i = \frac{G_0 + G_p}{\omega(C_p + C_i)} = \frac{G_0}{\omega C_r} + \frac{G_p}{\omega C_p} \cdot \frac{C_p}{C_r} \tag{5-81}$$

式中，$C_p$、$G_p$ 分别为试样的电容和电导；$C_r$、$C_i$ 分别为不接试样和接入试样调谐电容的读数。

因为 $\omega L$ 不变，所以两次谐振时回路的总电容应相等，即有 $C_r=C_p+C_i$。由式(5-80)和式(5-81)得到试样的损耗因数

$$\tan\delta = \frac{G_p}{\omega C_p} = \left(\frac{1}{Q_i} - \frac{1}{Q_0}\right)\frac{C_r}{C_p} \tag{5-82}$$

$Q$ 表主要由三部分组成(图 5-47)，即电源、谐振回路和电压表。$Q$ 表电源是一个频率和幅值均可变的高频正弦电压发生器，频率范围一般是几十 kHz 到几百 mHz，电压一般在几伏范围，要求电源有很强的负载能力(输出阻抗很小)，频率和幅值在负载变化时都很稳定。谐振回路由电感 $L$ 和谐振电容 $C$ 组成，$C$ 的范围一般为 30~500pF，电感线圈做成外插的独立元件，当测量频率高时，要选较小的电感量，使得在 $C$ 的可调范围内能达到谐振(即 $\omega L=1/\omega C$)，要求回路的损耗小，即 $Q_0$ 大。

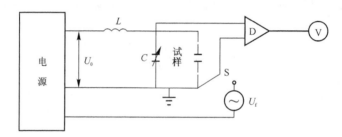

图 5-47　$Q$ 表原理图

(三) 相位比较法

在测量温度谱时，$\varepsilon'$ 和 $\varepsilon''$ 的变化范围很大，这时用相位比较法容易满足要求。图 5-48 为相位比较法测量 $\varepsilon'$ 和电导率 $\gamma$ 的原理图(tan$\delta$ 与 $\gamma$ 成比例，$\gamma$ 随温度指数上升，在高温下 tan$\delta$ 主要取决于 $\gamma$)。这种方法应用相敏检波技术，通过一个与电压 $U_0$(施加于试样的电压)同相，另一个与 $U_0$ 相差为π/2 的参考信号，将通过试样的电流分离为与 $U_0$ 同相的 $I_R$(锁定 $R$)及与 $U_0$ 相差为π/2 的 $I_C$(锁定 $C$)，于是

$$\gamma = I_R \frac{d}{U_0 A} \tag{5-83}$$

$$\varepsilon' = I_C \frac{d}{U_0 \omega \varepsilon_0 A} \tag{5-84}$$

式中，$A$ 为试样的电极面积；$d$ 为试样的厚度；$\omega$ 为 $U_0$ 的角频率。

图 5-49 为用相位比较法测得的 PVC 的介电温度谱图。

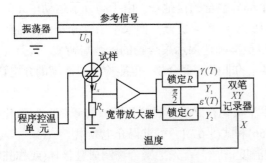

图 5-48 相位比较法测量原理图

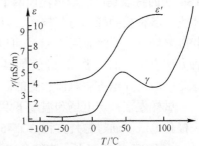

图 5-49 PVC 的介电温度谱(1kHz)

## (四) 时域法

介电谱本质上是表征介质极化强度随时间的变化特征,这可以表现在吸收电流、去极化电流等随时间变化的时域特性上。对这种时域特性进行傅里叶变换,就可以得到随频率变化的频域特性,这个频域特性就是介电频率谱。所以时域-频域法的测量原理就是先测得与介质极化有关的电流、电荷或电压随时间变化的信息,再经过傅里叶变换得出 $\varepsilon'$、$\varepsilon''$(或$\gamma$)随频率变化的介电频率谱。计算机的应用,可以快速采集数据、对大量数据进行统计处理、快速进行傅里叶变换,使得这种测量方法有了很大的发展。

假定在某一时刻把直流电压加到试样上,则可测到随时间变化的通过试样的电流,若把电压去除,并将试样短路,又可测得符号相反的类似的电流-时间曲线,如图 5-50 所示。这一时域信号中包含很宽的频谱信息,频谱的下限取决于测量电流持续的时间,频谱的上限取决于阶跃电压的上升时间。具体测试方法有多种,应用较多的有数值傅里叶变换法、电荷法及去极化电流法等。

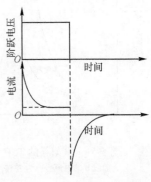

对阶跃电压响应的过渡电流的积分不能准确地用解析法来求得,数值傅里叶变换法能较好地解 图 5-50 阶跃电压与过渡电流
决这一问题,它可以准确测量 50mHz～1μHz 超低频段的介电谱;若要测量较高频率的频谱(如高达 $10^6$Hz),可采用电荷法,电荷法测量的是电荷量,是电流对时间的积分值。关于数值傅里叶变换法和电荷法这里不再详述,下面主要介绍去极化电流法,即热刺激电流(thermally stimulated discharge current,TSC)法。

热刺激电流法原来是用于测量小分子有机或无机化合物的释放电荷的,20 世纪 70 年代被应用于聚合物。目前,已大量用它来研究聚合物的松弛和转变[81-85]。

TSC 法的特点是可以分离任何两个部分叠合的松弛峰。由于高分子运动单元的多重性，各种松弛峰的宽度较大，以致发生峰的叠合。如果不予以分开，很难揭示松弛与转变。因此应用 TSC 法可以更准确地揭示聚合物的松弛与转变。此外，这种方法有很高的灵敏度，即使是很纯的非极性聚合物，也能检测出清晰的介电谱。这是一般的介电方法难以达到的。

试样先在一定电场和温度下发生极化，之后将试样短路，测量随时间变化的去极化电流，通过德拜方程[式(5-66)和式(5-67)]，可求得介电频谱[68]。

用 TSC 法研究聚合物的介电温度谱时，首先把聚合物制成驻极体(或称驻电体，polymer electret)。将聚合物薄膜夹在两个电极中，加热到某一较高温度(极化温度，通常选择在高于 $T_g$ 低于 $T_m$ 的温度范围内，如 PTFE 的极化温度为 150～200℃)，以使聚合物的链段上偶极有足够的活动性，施加强直流电场(极化电场，极化电压一般为 $10^5 \sim 10^6 \mathrm{V/cm}$)进行极化，经过一定时间(极化时间，几分钟到几小时，使聚合物的偶极在极化温度以下能充分极化)后，在保持电场的情况下使聚合物薄膜冷却到低温(如室温)，去掉电场，结果使薄膜的带电状态保持下来，从而形成了驻极体。驻极体表面的电荷量与邻近电极的电荷量相等，但符号相反。

如果将聚合物驻极体升温以激发其分子链的偶极运动，极化电荷将被释放出来。这时用微电流计可记录到退极化电流。在去极化电流-温度(或时间)谱图上(图 5-51)出现电流极大值时的温度与极化场强、极化温度无关，仅取决于聚合物分子偶极取向机理，因此可以用来研究聚合物的分子运动。这就是驻极体的热刺激电流法(或称为去极化电流法)。图 5-51 中的曲线(b)是氟塑料驻极体去极化电流温度谱图，各种松弛峰仍相互交叠。TSC 法的一个突出优点就是运用分步去极化法分离任何两个部分叠合的松弛峰。图中 $a_1$ 和 $a_2$ 是与 b 同一驻极体样品的分步去极化电流温度谱，即热刺激介电松弛温度谱。它是在去极化温度刚过第一峰值，即得曲线 $a_1$ 之后迅速冷却到室温，重新升温测量放电电流，得到曲线 $a_2$。可见采用分步去极化法可使重叠的松弛峰分离，清晰地分辨出一系列单峰，而这些单峰才是各松弛过程的真实写照。

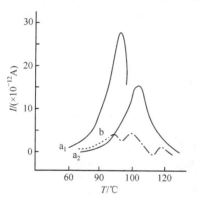

图 5-51　氟塑料的 TSC 谱图
曲线 b 的电流坐标为 $I \times 10^{-11}\mathrm{A}$

需要指出的是，目前对 TSC 的本质尚有不同的看法，而且对不同的聚合物，TSC 的机理也不完全相同，因此对 TSC 谱的解释尚存在困难，有时需要用其他方法(如动态力学法)对照并综合分析。

## (五) 常见动态介电分析仪

目前国内外均有各种类型和不同用途的动态介电分析仪。国外常见的有日本的 TR-10C 电桥、瑞士的 2801 和 2821 电桥、英国的 1615A 电桥、美国 TA 公司的 DEA 2970 型介电分析仪，以及德国 NETZSCH 公司的 DEA 230 系列仪器等。美国 TA 公司的 DEA 2970 的优势在于特殊的传感器，尤其是陶瓷单面传感器，可以测量液体、涂料和粉末样品，其主要技术指标有：配备液氮冷却系统后，温度范围为-150~500℃；八个数量级的频率变化范围(0.003~100kHz)；高达 28 个频率的复波；四种可换式探测器，陶瓷平行板、陶瓷薄膜平行板、陶瓷单面板和远程单面板；可变的样品力(5~500N)。德国 NETZSCH 公司的 DEA 230 型是一系列产品，可以满足不同客户的需要和应用。为了测量热固性树脂固化过程中介电性质的巨大变化，有些系统可以在很宽的频率范围(0.001Hz~100kHz)进行扫描。有些系统的测量速率很快(最大采样速率 55 样品/s)，适用于快速固化树脂体系。DEA230/10 型为十频道集成式介电测量仪，在一次实验中最多可以使用 10 个传感器，可以使用除低电导率集成式介电传感器(chip sensor)之外的各种介电传感器，每一通道同时监控介电与温度数据及频率扫描功能，使得在一次实验中可以获得完全的固化谱图，该仪器为集成化设计，传感器与计算机控制线直接插入仪器后部，多至十个通道的设计使得该仪器可同时测量多个样品、多个测试点、多个部分或多个过程。所有系统都配有一个或多个热电偶，在获得介电数据的同时可以获得温度数据。有些系统还可以通过差动传感器、压力传感器或其他传感器测量模拟信号。另外，美国 PE 公司、德国雷圣斯公司、中国香港惠港公司等也有动态介电分析仪。

国内从 20 世纪 70 年代末 80 年代初开始了动态介电分析的应用研究，如 QS1、QS3 及 CO-11 型电桥，ZJY 型自动介电测量仪，JF2107 型自动介电分析仪等。1996 年，中国航天工业总公司二院四部研制的 DDA-1 动态介电分析仪通过总公司鉴定，采用自行研制的薄膜介电传感器，对树脂基复合材料的固化过程进行实时的测量与分析，以便提高复合材料的性能，解决如何运用动态介电测试技术来研究和分析复合材料固化工艺，并实现实时监测和分析，为制定最佳工艺制度提供依据。该分析仪已应用于一些型号复合材料产品的研制，效果良好。性能指标为①温度：室温~200℃；②压力：0~10atm；③电容：0~2000pF；④损耗：0.0005~2；⑤频率范围：20Hz~100kHz。DDA-1 动态介电分析仪通过了中国航天工业总公司的技术鉴定，其性能达到国际 20 世纪 90 年代水平，处于国内领先地位。该分析仪对于确保复合材料制品的质量，提高工艺水平，提高成品率，逐步实现产品生产的实时监测与控制等方面有着广阔的应用前景。

# 第四节　动态介电分析在聚合物研究中的应用

　　鉴于聚合物的各种介电松弛过程与不同尺寸运动单元的分子运动密切相关，介电谱是聚合物内部分子运动状况的一种真实写照。因此测量聚合物的介电谱，成为研究聚合物分子运动的一种重要手段。物质的分子运动直接受各种结构因素的制约，聚合物的分子运动是其内部结构特征和物理状态的反映，因而聚合物的介电谱测量，广泛应用于聚合物结构的研究。支化会引起与在支化点处分子运动有关的松弛过程；结晶度的变化使与晶区和非晶区的分子运动相关的松弛峰高度改变；交联抑制链段的运动使 $\alpha_a$ 移向高温和变宽；取向会使试样的松弛特性出现明显的各向异性；共聚使损耗峰的位置和状态随组成不同而变化；增塑提高链段的活动性使 $\alpha_a$ 移向低温，等等。此外，其他添加剂、杂质、共混、老化、降解等也都在聚合物的介电谱上有各自的特征表现，所以介电谱还用于对添加剂、杂质和共混体系的分析，对聚合物的固化过程、老化降解过程的研究，是一种不可缺少的工具。下面简要介绍介电分析技术在一些方面的应用。

## 一、表征聚合物的各级结构

　　前面已介绍了极性和非极性、非晶和结晶聚合物的介电谱，这里再列出几个不同结构聚合物的介电谱。图 5-52 为不同取代基对聚丙烯酯介电谱的影响，并给出了对应的动态力学谱，而图 5-53 为取代基位置不同的聚苯乙烯的低温介电松弛谱。

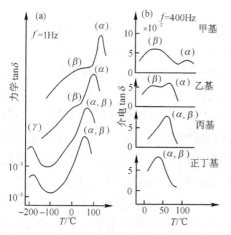 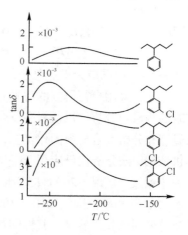

图 5-52　$\beta$ 烷取代基聚丙烯酯的介电和力学　　图 5-53　氯代聚苯乙烯的低温介电松弛谱[66]
　　　　松弛谱的影响[66]

材料受到拉伸后取向，呈各向异性，沿水平拉伸方向和垂直拉伸方向的介电谱不同，如图5-54所示。

## 二、研究增塑作用

增塑剂的加入使聚合物的黏度降低，偶极转向极化更容易，相当于升高温度的效果。所以加入增塑剂使聚合物介电损耗峰移向低温(频率一定，图5-55)，或移向高频(温度一定)。聚合物-增塑剂体系大致可分三类：①聚合物和增塑剂都是极性的；②只有聚合物是极性的；③只有增塑剂是极性的。第一种情况的介电损耗峰强度随组成变化将出现一个极小值，后两种情况下，由于极性基团浓度随组成变化而减小，介电损耗峰的强度呈单调减小(图5-56)。

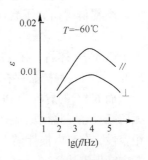

图 5-54 聚甲醛γ松弛的各向异性[66]

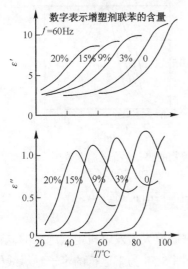

图 5-55 不同增塑剂含量 PVC 的介电温度谱[4]

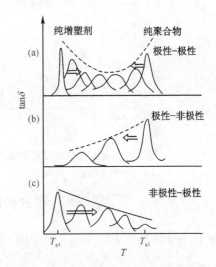

图 5-56 极性不同的聚合物-增塑剂体系的介电损耗峰变化情况[66]

## 三、研究共聚物、共混物和接枝聚合物[66, 86-88]

如果两种聚合物机械混合，两者又不相容，则分别出现这两种聚合物的内耗峰。如果是共聚物，则反映在介电谱上有一个新的内耗峰，并且处于两种均聚物的转变之间，同时随着两种单体浓度而改变。对于接枝聚合物，如果主链是非极性的，接上去的支链是极性的，在链段运动时，接枝产物就有内耗峰；如果主链是极性的，接上去的支链是非极性的，在大分子主链运动时才能产生内耗峰。

蒋锡群等研究了含叔胺聚氨酯(PUM)和聚氯乙烯(PVC)共混物的介电性质，图 5-57 为 PVC 含量不同的介电损耗曲线。纯 PUM 样品的主转变($T_g$)在–4℃；对于 PVCV-30 样品，在 27.5℃出现了主转变峰，同时在主转变峰左侧 6.4℃有一个肩峰，说明共混样品存在着两相结构，27.5℃的介电损耗峰是 PVC 富相的 $T_g$ 转变峰，而 6.4℃的肩峰为 PUM 富相的 $T_g$ 转变峰；对于 PVC-50 样品转变峰在 42℃，无肩峰存在，说明共混样品在 PVC/PUM=1∶1(质量比)比例附近存在着相当好的相容性，在介电损耗谱上显示出均相特征；对于 PVC-70 样品，66℃为主转变峰，在主峰低温边 37.3℃存在着一个更为明显的肩峰；而 PVC-100 样品(图中未画出)，$T_g$ 转变出现在 82℃。随 PVC 含量增多，$T_g$ 逐渐上升。从图 5-57(b)可以看出，纯 PVC 的转变峰宽度最窄，其次是纯 PUM，共混样品的转变宽度均比纯组分宽，但在三个共混物中，PVC-50 的主转变宽度最窄，接近于纯 PUM，其次为 PVC-30，最宽的是 PVC-70 样品，这与相容性结果一致。

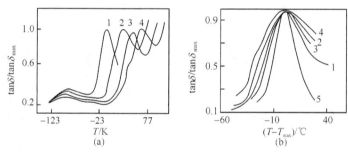

图 5-57　含叔胺聚氨酯和聚氯乙烯共混物的归一化介电温度谱[86]
1—纯 PVC；2—PVC-30；3—PVC-50；4—PVC-70；5—PVC-100

## 四、研究聚合物的老化过程[85, 89-91]

在本章第三节中，我们介绍了用 DMA 法研究大型发电机定子绝缘的老化过程。这里用动态介电法来表征这一老化过程。图 5-58 为未运行的定子绝缘线棒以及运行过的试样线棒在不同老化周期的 $\tan\delta$ 温度谱，由图可以看出，对于未运行过的备用线棒，$\tan\delta$ 的峰值非常明显，峰值出现在 70～80℃，线棒的介质损耗以松弛极化损耗为主；从(a)到(c)，每个老化周期的 $\tan\delta$ 均有一峰值，但峰值温度($T_m$)分别为约 110℃、140℃和 150℃，即随老化时间的延长，损耗峰逐渐移向高温，同时还可看出，随老化时间的延长，峰越来越趋向于平缓；老化三个周期后，该峰在所测的温度范围内不再出现，其原因可能是峰所对应的温度已超出了测量的温度范围，或峰已经消失。大型发电机主绝缘的黏合剂为环氧树脂，为极性聚合物材料，在玻璃化转变温度以下，大分子处于牢固结合在一起的僵硬状态，基本处于冻结状态，电导损耗与松弛损耗相比可以忽略，而松弛损耗与 $e^{-\mu/kT}$ 成正比，

使得 $\tan\delta$ 随温度呈指数增加；当温度升高到玻璃化转变温度时，分子热运动增加，松弛时间减小，松弛向高温移动，即 $T_m$ 会随着老化时间的延长而提高。而且绝缘老化过程中，环氧黏合剂发生了化学变化，红外光谱分析表明其发生了水解反应。由于主绝缘中不断有小分子和离子产生，电导损耗不断增加，另外，随着发电机主绝缘的老化，绝缘体内分层缺陷的发展，夹层极化损耗也在增加，这些都将导致由松弛极化损耗引起的 $\tan\delta$ 随温度出现的极大值不再明显，甚至消失，这也是 $\tan\delta$-$T$ 曲线的峰越来越趋向于平缓的原因。以上这些因素均使 $\tan\delta$-$T$ 曲线的峰值温度 $T_m$ 随老化的加剧而逐渐升高，甚至超出测量范围或曲线无明显峰值。

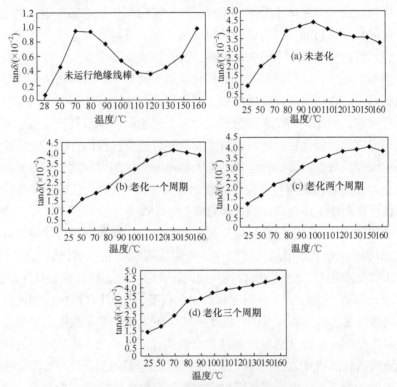

图 5-58　不同定子绝缘线棒的 $\tan\delta$ 温度谱图[80]

由以上分析可得出，大型发电机主绝缘的 $\tan\delta$ 温度谱的峰值所对应的温度反映的主要是绝缘材料的性能，其随老化时间的变化体现了绝缘在多因子老化过程中材料的本征变化，也即绝缘材料在老化过程中的微观变化。

尹毅等[85]用 TSC/TSL 方法研究了纯聚乙烯和含自由基清除剂的聚乙烯试样老化过程。通过测得的谱图查明了聚乙烯在电老化过程中陷阱和发光中心的密度变化，并分析了老化过程中聚乙烯分子链的运动形式的变化。根据陷阱总量和发光中心总量的计算，表明在电老化过程中陷阱的密度变化比复合发光中心的更明显。这种自由基清除剂主要是通过抑制老化过程中陷阱的产生，尤其是深陷阱的产生，实现抑制电老化的功效。这对今后研究提高聚乙烯耐电老化的途径有明显的指导意义。

## 五、研究固化体系[92-101]

动态介电分析是一种简便、快速的研究热固性树脂及以其为基体的复合材料和有机涂料的固化过程的有效方法。它可以检测固化程度及不同因素对固化度的影响，以探索最佳固化体系配方与固化条件；探讨固化反应动力学，测定固化反应的活化能；研究热固化对力学松弛时间的影响，并与其他宏观参数的变化规律进行比较；通过不同频率下的介电测量，计算玻璃化转变温度，并研究其与固化度的关系等。此外，还可以对制件的固化现场实时监控，将特制的传感器置于制件不同的部位，直接从制件获取信息，将测得的结果输入计算机中，与理论固化模型进行比较，用比较的结果作为控制信号，来控制和调节制件的温度和加压条件，这样形成的智能化控制回路，可实现对制件成型过程的连续自动控制。

漆包线的质量直接影响到电机、电器和电子产品的可靠性。多年来介电损耗温度谱作为控制和检测漆包线漆膜质量的有效手段[102-108]，已被许多漆包线厂和电机电器厂所利用。漆包线漆膜成膜过程是一个高分子交联反应过程，它与反应程度即漆膜的固化度有关，在反应达到一定程度前，漆膜的固化度慢慢提高，漆膜交联点增加、分子量增加，玻璃化转变温度提高。在玻璃化转变区介电损耗 $\tan\delta$ 发生突变和陡升，通过切线方法可以求出产生突变时对应的温度(即 $T_g$)。所以可以用 $\tan\delta$ 和 $T_g$ 的关系，分析漆膜的固化程度，找出生产漆包线的最佳工艺参数。得到最佳工艺范围后，可把性能优良的漆包线 $\tan\delta$-$T$ 曲线作为标准曲线来有效地指导生产。图 5-59 为各种漆包线的介电损耗温度谱图，其中图(a)为性能良好的聚酯亚胺漆包圆线 QZ(G)的温度谱，由切线法得到的温度 147℃与漆膜的玻璃化转变温度十分接近，也与这种漆包线的温度指数十分接近；图(b)为有针孔聚酯亚胺漆包扁线 QZ(G)B-2/155 的温度谱，当温度略有升高时 $\tan\delta$ 就急剧上升；图(c)为吸湿的聚酯亚胺漆包扁线 QZYB-2/155 的温度谱，曲线上 90℃附近出现的许多小峰说明漆包线吸湿，150℃附近出现的小峰说明有高沸点溶剂挥发；图(d)表示不同工艺生产的复合漆包线 Q(Z/XY)B-2/180，固化程度不同有明显不同的 $\tan\delta$ 陡升温度，若结合常规性能，可以找到合适的 $\tan\delta$ 陡升温度点，就能选择合理的工艺参数。

哈尔滨理工大学[103, 104]利用介电分析原理，并应用电子技术与计算机技术，研制出智能型漆包线固化度检测仪。该仪器可使 tan$\delta$ 陡升温度与漆膜的玻璃化转变温度($T_g$)十分接近，因而可以用来表征漆膜的固化程度，可用于漆包线的筛选、检验、技术指标的评定。

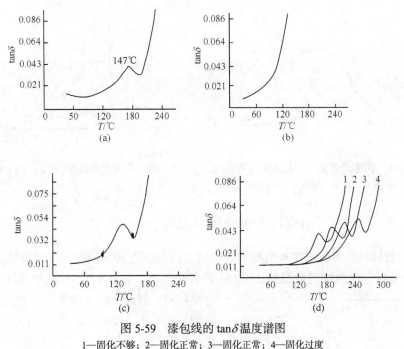

图 5-59   漆包线的 tan$\delta$ 温度谱图
1—固化不够；2—固化正常；3—固化正常；4—固化过度

## 六、研究聚合物的吸湿性[66, 8, 67, 109, 110]

水的介电常数很大($\varepsilon$=81)。当聚合物有吸湿性时，其 $\varepsilon$ 和 tan$\delta$ 均上升。受水分影响较大的有酚醛、脲醛、醇酸、尼龙、纤维素及由纤维素填充的其他塑料，而有机硅及聚四氟乙烯塑料等基本不受潮湿的影响。一般来说，水在低频下会产生离子电导引起的介电损耗，在微波频率范围内，发生偶极松弛，出现损耗峰，在水-聚合物界面，还会发生界面极化，结果在低频下出现损耗峰。因此易吸水的极性聚合物，其应用就要受到限制。例如，聚乙酸乙烯酯和聚氯乙烯在干燥状态下介电性能接近，但由于聚乙酸乙烯酯暴露在潮湿空气中时介电损耗增大，以致不像聚氯乙烯那样广泛地应用于电气工业。图 5-60 为酚醛-纤维素层压板在极低频率下界面极化引起的介电损耗与样品中水含量的关系。图 5-61 表示水对聚砜$\beta$转变峰的影响，当样品十分干燥(含水量为 0)时，损耗很小，基本观察不到$\beta$峰，而当含水量为 0.202%时出现一小峰，水含量增加到 0.7%、2.48%时峰急剧增加。

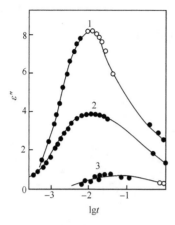

图 5-60　酚醛-纤维素层压板的介电损耗[8]

1—0.8%吸附水；2—0.6%吸附水；3—真空干燥 5d

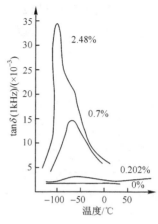

图 5-61　不同含水量聚砜的介电损耗[66]

## 七、研究压电聚合物及其复合材料[49, 110-117]

压电材料具有能够实现机械能和电能之间的相互转换功能，评价其性能的优劣，总是以一定的材料性能参数的大小及其变化规律来衡量的。压电聚合物首先是

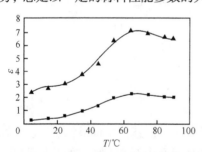

图 5-62　不同组分的 PZT/PVDF 的
温度-介电常数关系曲线

■PZT 含量 10%；▲PZT 含量 50%

介电材料，其 $\varepsilon$ 和 $\tan\delta$ 自然是两个重要材料参数。据报道，Muralidhar 等制备了 $BaTiO_3$/PVDF 压电复合材料，在 10Hz、30℃下测定其介电常数($\varepsilon$)，随 $BaTiO_3$ 含量的增加，复合材料的 $\varepsilon$ 逐渐增大，当 $BaTiO_3$ 的质量分数为 70%时，材料的 $\varepsilon$ 接近极大值；Das-Gurta 等制备了 PZT 体积分数分别为 10%和 50%的 PZT/PVDF 压电复合材料，并测定了它们的介电常数与温度的关系(图 5-62)，随着温度的升高，复合材料的介电常数逐渐增大，当温度达到 80℃，$\varepsilon$ 出现极大值，其他温度下的 $\varepsilon$ 都小于此值。

## 八、研究极化聚合物[84, 118]

极化聚合物是一类非线性光学材料，它是由极性生色基分子通过掺杂或化学键合的方式引进聚合物材料中，并在外电场作用下极性生色基分子沿外电场方向取向并被冻结下来而形成的。它是由美国科学家 Meredish 在 1982 年借鉴了压电聚合物的概念后首先提出来的。这类材料具有一系列独特的优点，如优异的光学质量、低介电常数、皮秒至飞秒的响应速度、优异的可加工性和可集成性等。极化聚合物材料的非线性光学活性起源于掺杂或键合在聚合物基底材料中的极性生色基分子在外电场的作用下形成的有序取向，它们属于分子偶极驻极体。极化后的薄膜中实际存在两类电荷：一类是由外界注入的被材料表面或体内的各类陷阱捕获的空间电荷；另一类是材料内极性生色基分子定向排列所产生的偶极电荷。

热刺激电流法能很好地表征出材料内部的电荷动态特性，是研究极化聚合物材料内在理化特性的一种非常有效的工具。实验结果表明：极性生色基分子取向弛豫的主要原因是外激发所导致的分子热运动。极化后存在于薄膜中的取向生色基分子的束缚能级和由外界注入的空间补偿电荷所处的陷阱能级不因表面电位的不同而改变，仅仅受材料的固有特性(如玻璃化转变温度、材料的分子立构等)的影响，通过把极性生色基分子作为侧链或主链键接到聚合物的骨架中，或使其形成交联结构及通过提高体系的玻璃化转变温度($T_g$)和热老化等方法来提高取向弛豫的稳定性都与材料的驻极体特性有关，即由极化后捕获在材料中的空间和偶极电荷的弛豫特性所决定。

## 九、研究纳米受限下聚合物的动力学[119,120]

宽频介电谱仪(dielectric relaxation spectroscopy, DRS)具有较宽的检测范围($10^{-1}\text{Hz} < f < 10^6\text{Hz}$)，并且可以灵敏地检测聚合物的各种松弛过程。因此，介电损耗谱可以直接地比较链段运动速率，用于研究纳米受限下聚合物的动力学。

王笃金等[120]利用 DRS 研究了本体和阳极氧化铝(AAO)纳米孔内左旋聚乳酸(PLLA)的结晶行为，如图 5-63 所示。研究发现，对于本体 PLLA 来说，随着温度升高，其松弛峰的面积几乎不变，但是松弛峰位置向高频移动。这说明随着温度升高，PLLA 的链段运动能力增加。随着温度升高，纳米孔内 PLLA 松弛峰的面积减小，位置缓慢向高频移动，当温度达到 73℃后甚至不再发生移动。DRS 主要用于检测无定形部分链的运动，通常认为片晶之间无定形部分的分子链运动能力要低于结晶区域外的部分。松弛峰面积下降和峰位置较小幅度的变化均表明无定形部分减少了，即纳米孔内的 PLLA 在此过程中发生了结晶。所以，可以认为纳

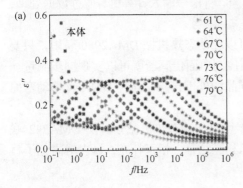

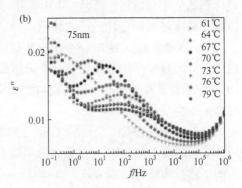

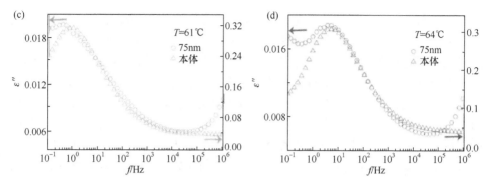

图 5-63　在程序升温过程中(30～79℃)，本体 PLLA(a)与纳米孔内 PLLA(b)的介电损
耗谱；当温度分别为 61℃(c)和 64℃(d)时，本体 PLLA 与纳米孔内 PLLA 的介电损耗谱

米孔内 PLLA 优先于本体 PLLA 发生冷结晶。对于本体 PLLA 和纳米孔内 PLLA，
当温度大于 64℃时，两者的松弛峰位置几乎是相同的，即具有一样的松弛时间，
因此可以证明两者具有相同的链段运动能力。

## 第五节　动态热机械分析和动态介电分析联用技术

由不同仪器的特长和功能相结合，实现联用分析、扩大分析内容，确保结果
的准确性，是现代分析仪器发展的一个趋势。动态热机械分析和动态介电分析是
研究材料内耗(力学损耗和介电损耗)的最常用方法，两者联用，更有利于揭示材
料的结构本质。

PE 公司新型动态热机械-介电同步分析仪，由动态热机械分析仪和介电分析
仪两个主要部分组成并由相应的配件和软件连接。DMA7e 主机作为主要的力学
测试机构和试样夹具。试样夹具采用平行板测试系统，为圆片状。若试样为液体
(如固化前的环氧树脂)，则可用杯状和平板的测试系统。微介电分析仪作为电信
号的发生、接收和数据处理系统，在底盘(即样品底部)施加振荡电压，电信号穿过
试样到达上平行板后，通过一个电导接口箱，将信号输入计算机，通过数据处理，
以离子黏度随时间变化的形式输出。

TA 公司的 DEA2970 微介电分析仪可以和动态热机械 DMA2980 联用，只要
在 DMA 测量样品的部位安装一个远距离控制单面传感器就可以实现同步测量。
DEA 传感器放在 DMA 夹具之间与测试样品的外围接触，这样 DMA 臂移动弯曲
时结果不会受干扰。

此外，NETZSCH 公司的 DEA 230/2 可以与动态热机械分析仪 DMA242 联
用，进行同步 DMA-DEA 分析。两项技术相互结合、相互补充，可以对高分子材
料的工艺行为进行全面表征。

　　胡永明等创新性地在传统的动态热机械分析仪器中引入电阻测量的方法，同步、原位、在线、实时地测出了导电性复合材料如炭黑填充热塑性高分子材料或碳纤维增强热固性树脂基复合材料在动态机械载荷下的电阻响应，借此首次记录到以上材料在加热与交变机械载荷联合作用下的结构变化信息，如导电网络完善和稳定，以及树脂基体膨胀、碳纤维微动等，这不仅为分析材料的微结构变化提供了新的手段，而且为在线检测复合材料在服役状态的结构变化或可能的损伤与失效提供了可能性。

## 参 考 文 献

[1] 何曼君, 陈维孝, 董西侠. 高分子物理(修订版). 上海: 复旦大学出版社, 1990

[2] 过梅丽. 高聚物与复合材料的动态力学热分析. 北京: 化学工业出版社, 2002

[3] 阿克洛尼斯 J J, 马克尼特 W J, 聚合物粘弹性引论. 李怡宁, 译. 北京: 宇航出版社, 1984

[4] 穆腊亚马 T. 聚合物材料的动态力学分析. 谌福特, 译. 北京: 中国轻工业出版社, 1988

[5] 张美珍. 聚合物研究方法. 北京: 中国轻工业出版社, 2000

[6] 葛庭燧. 固体内耗理论基础——晶界弛豫与晶界结构. 北京: 科学出版社, 2000

[7] 马德柱, 何平笙, 徐种德, 等. 高聚物的结构与性能. 2 版. 北京: 科学出版社, 2000

[8] 焦剑, 雷渭媛. 高聚物结构、性能与测试. 北京: 化学工业出版社, 2003

[9] 汪昆华, 罗传秋, 周啸. 聚合物近代仪器分析. 2 版. 北京: 清华大学出版社, 2000

[10] 殷敬华, 莫志深. 现代高分子物理学. 北京: 科学出版社, 2001

[11] 张俐娜, 薛奇, 莫志深, 等. 高分子物理近代研究方法. 武汉: 武汉大学出版社, 2003

[12] 高家武. 高分子材料近代测试技术. 北京: 北京航空航天大学出版社, 1994

[13] 台会文, 夏颖. 塑料科技, 1998, (1): 55-58, 17

[14] 仲伟虹, 李芙蓉, 张佐光, 等. 宇航材料工艺, 1997, (2): 45-48

[15] 吕明哲, 李普旺, 黄茂芳, 等. 中国测试技术, 2007, 33(3): 27-29

[16] 李强, 黄光速, 江璐霞. 高分子学报, 2003, (3): 409-413

[17] 黄光速, 何其佳, 江璐霞. 高分子材料科学与工程, 2001, 17(2): 133-136

[18] 田春蓉, 钟发春, 王建华, 等. 高分子材料科学与工程, 2002, 18(6): 153-156

[19] Hourston D J, Schafer F U. High Performance Polymers, 1996, 8(1): 19-34

[20] Wang Y B, Huang Z X, Zhang L M. Materials Review, 2007, 21(8): 148-150

[21] 何显儒, 黄光速, 周洪, 等. 高分子学报, 2005, (1): 108-112

[22] 范夕萍, 刘子如, 孙莉霞, 等. 含能材料, 2002, 10(3): 132-135

[23] 郭宝春, 傅伟文, 贾德民. 复合材料学报, 2002, 19(3): 6-9

[24] 郝艳捧, 王国利, 高乃奎, 等. 电工电能新技术, 2003, 22(1): 52-55, 71

[25] 贾志东, 高乃奎, 乐波, 等. 电工技术学报, 2000, 15(4): 47-51

[26] 张昊, 彭松, 庞爱民, 等. 火炸药学报, 2007, 30(1): 13-16

[27] Zhang L Y, Liu Z R, Heng S Y, et al. Chinese Journal of Explosives and Propellants, 2006, 29(5): 76-80

[28] Wei Y T, Nasdala L, Rother H, et al. Polymer Testing, 2004, 23: 447-453

[29] 肖琰, 魏伯荣, 刘郁杨, 等. 合成材料老化与应用, 2007, 36(4): 34-38

[30] 孟家明, 胡家璁, 任夕娟, 等. 高分子材料科学与工程, 1999, 15(4): 113-116

[31] 方振逵, 邹湘坪, 益小苏. 高分子材料科学与工程, 1999, 15(5): 128-130

[32] 益小苏, 邹湘坪, 谭洪生. 高分子学报, 1998(2): 227-231

[33] 张国胜, 李勇进, 颜德岳. 化学学报, 2002, 60(11): 2078-2082

[34] 何素芹, 宋伟强, 朱诚身, 等. 材料研究学报, 1998, 12(5): 492-496

[35] 朱雨涛, 高乃奎, 王新珩, 等. 高分子材料科学与工程, 1998, 14(3): 97-98

[36] 阳明书, 吴长勇. 材料科学与工艺, 2001, 9(3): 319-321

[37] Song H Y, Liu W T, He S Q, et al. Chinese Journal of Polymer Science, 2008, 26(2) : 213-219

[38] 赵辉, 孙康, 吴人洁. 功能高分子学报, 2002, 15(3): 251-154

[39] 马继盛, 漆宗能, 张树范等. 高等学校化学学报, 2001, 22(10): 1767-1770

[40] He S Q, Guo J G, Kang X, et al. Journal of Donghua University, 2005, 22(5): 107-111

[41] 何素芹, 陈志坤, 李宏鹏, 等. 化工新型材料, 2008, 36(10): 67-69

[42] 朱结东, 廖明义, 李杨, 等. 高分子学报, 2003, (4): 595-598

[43] 黎华明, 沉志刚, 王进, 等. 高分子学报, 2003, (1): 78-82

[44] 赵军, 白萍. 中国胶粘剂, 2001, 10(3): 33-34

[45] 肇研, 段跃新, 张镞, 等. 材料工程, 1997, (10): 29-31

[46] 徐卫兵, 何平笙. 高分子学报, 2001, (5): 629-632

[47] 容敏智, 曾汉民. 材料研究学报, 1994, 8(2): 169-176

[48] 王新珩, 巫松桢, 李伟, 等. 绝缘材料通讯, 1995, (1): 36-38

[49] Ellis B, Found M S, Bell J R. Journal of Applied Polymer Science, 1996, 59: 1493-1506

[50] 徐卫兵, 沈时骏, 鲍素萍, 等. 粘接, 2002, 23(6): 13-16

[51] 邹纲, 盛夏, 何平笙, 等. 高等学校化学学报, 2003, 24(3): 537-540

[52] 黄飞鹤, 李春娥, 何平笙. 高分子材料科学与工程, 2001, 17(1): 93-97

[53] 何平笙, 陈忻, 鲁传华. 功能高分子学报, 2000, 13(4): 440-441

[54] Hager M D, Bode S, Weber C, et al. Progress in Polymer Science, 2015, 49-50: 3-33

[55] Behl M, Lendlein A. Journal of Materials Chemistry, 2010, 20: 3335-3345

[56] Xie T. Nature, 2010, 464: 267-270

[57] Li J J, Xie T. Macromolecules, 2011, 44: 175-180

[58] Pretsch T. Smart Materials & Structures, 2010, 19: 015006

[59] Xie T. Polymer, 2011, 52: 4985-5000

[60] Rousseau I A . Polymer Engineering and Science, 2008, 48: 2075-2089

[61] Huang M M, Dong X, Wang L L, et al. RSC Advances, 2015, 5: 50628-50637

[62] 黄森铭, 董侠, 刘伟丽, 等. 高分子学报, 2017, 4: 563-579

[63] 陈季丹, 刘子玉. 电介质物理学. 北京: 机械工业出版社, 1982

[64] 王德生, 杨士勇, 刘斌, 等. 复合材料学报, 2002, 19(4): 6-10

[65] 梁子材, 江波, 陈文卿, 等. 高分子材料科学与工程, 1998, 14(1): 122-125

[66] 钱保功, 许观藩, 余赋生, 等. 高聚物的转变与松弛. 北京: 科学出版社, 1986

[67] 邱昌容, 曹晓珑. 电气绝缘测试技术. 3 版. 北京: 机械工业出版社, 2002

[68] 刘耀南, 邱昌容. 电气绝缘测试技术. 北京: 机械工业出版社, 1981

[69] 倪尔瑚. 材料科学中的介电谱技术. 北京: 科学出版社, 1999

[70] 邓颖宇, 唐新桂, 周镇宏, 等. 中山大学学报(自然科学版), 1996, 35(2): 21-26

[71] 周镇宏. 工科物理, 1995, (1): 1-6

[72] 王卫林, 沈文彬, 沈韩, 等. 中山大学学报(自然科学版), 2001, 40(4): 122-123

[73] 沈文彬, 李家宝, 陈敏, 等. 中山大学学报(自然科学版), 1991, 30(4): 130

[74] 陈敏, 郑彬, 李景德. 中山大学学报(自然科学版), 1998, 37(4): 61-65

[75] 李景德, 曹万强, 刘俊刁, 等. 物理学报, 1998, 47(9): 1548-1554

[76] 曹万强, 李景德. 物理学报, 2002, 51(7): 1634-1638

[77] Bowler N. IEEE Transactions on Dielectrics and Electrical Insulation, 2006, 13(4): 703-711

[78] Lazebnik M, Converse M C, Booske J H. Physics in Medicine and Biology, 2006, 51(7): 1941-1955

[79] 赵孔双, 魏素香. 自然科学进展, 2005, 15(3): 257-264

[80] 赵孔双. 介电谱方法及应用. 北京: 化学工业出版社, 2008

[81] 鲁希华. 高分子材料科学与工程, 1994, (2): 124-127

[82] 曹万强, 王勇, 李景德. 物理化学学报, 1996, 12(12): 1090-1093

[83] 罗强, 印杰, 朱子康, 等. 高分子学报, 2000, (2): 228-231

[84] 陈钢进, 韩高荣. 物理, 2002, 31(8): 521-526

[85] 尹毅, 肖登明, 屠德民, 等. 中国电机工程学报, 2002, 22(3): 1-5

[86] 蒋锡群, 顾明, 杨昌正. 高分子材料科学与工程, 1995, 11(6): 102-107

[87] 周宛棣, 郭秀生, 于德梅, 等. 高分子材料科学与工程, 2003, 19(2): 142-145

[88] 尹剑波, 梁国正. 塑料工业, 2001, 29(1): 36-38

[89] 马小芹, 卢伟胜, 乐波, 等. 电工电能新技术, 2003, 22(1): 48-51

[90] 郑晓泉, 王国红. 绝缘材料通讯, 2000, (4): 30-33

[91] 李建英, 李盛涛, 张照前, 等. 绝缘材料通讯, 1997, (2): 38-40

[92] 王海霞, 蒲敏, 卢凤纪. 化工进展, 1998, (6): 46-49

[93] 王卉. 中山大学学报(自然科学版), 1997, 36(2): 112-114

[94] 朱兴松, 刘丽丽, 程子霞, 等. 纤维复合材料, 2002, (2): 6-9

[95] 李玉华. 化学世界, 1996, 增刊: 249-251

[96] 苏民社, 刘军, 王玉红. 绝缘材料, 2002, (4): 13-15

[97] 李左江, 贺福. 玻璃钢/复合材料, 1995, (6): 19-21

[98] 王德生, 陈维, 刘斌, 等. 塑料工业, 2000, 28(3): 43-44

[99] 秦华宇, 吕玲, 梁国正. 机械科学与技术, 2000, 19(1): 137-139

[100] 唐见茂. 航空制造工程, 1996, (5): 23-25

[101] 陈兴娟. 应用科技, 2002, 29(5): 55-57

[102] 洪国铭, 王伟, 林复. 哈尔滨电工学院学报, 1994, 17(2): 161-164

[103] 王伟, 王卫兵, 李长明, 等. 电线电缆, 1996, (5): 30-33, 9

[104] 段宗友. 电线电缆, 2003, (1): 17-19

[105] 林昕. 电线电缆, 2001, (3): 32-33

[106] 许惠麟. 绝缘材料通讯, 1997, (3): 20-21

[107] 葛正言. 电线电缆, 1989, (1)35-36

[108] 刘积军. 电线电缆, 2007, (5): 21-25

[109] 钟翔屿, 包建文, 李晔, 等. 高科技纤维与应用, 2007, 32(5): 14-17

[110] 张玉龙. 电气电子工程用塑料. 北京: 化学工业出版社, 2003

[111] 王树彬, 韩杰才, 杜善义. 功能材料, 1999, 30(2): 113-117

[112] 郑占申, 曲远方, 马卫兵, 等. 复合材料学报, 1998, 15(4): 15-19

[113] 严继康, 张建成, 陈洁, 等. 压电与声光, 1998, 20(6): 428-431

[114] 邹小平, 张良莹, 姚熹, 等. 材料工程, 1997, (7): 7-10

[115] Yoon C B, Lee S H, Lee S M, et al. Journal of the American Ceramic Society, 2006, 89(8): 2509-2513

[116] 张鹏锋, 夏钟福, 邱勋林, 等. 物理学报, 2005, 54(1): 397-401

[117] Wilson S A, Maistros G M, Whatmore R W. Journal of Physics E-Applied Physics, 2005, 38(2): 175

[118] 刘英, 曹晓珑. 复合材料学报, 2007, 24(4): 22-28

[119] 王红霞. 纳米受限条件下聚甲基丙烯酸甲酯的玻璃态转化研究. 苏州: 苏州大学硕士学位论文, 2013

[120] Guan Y, Liu G M, Ding G Q, et al. Macromolecules, 2015, 48: 2526-2533

# 第六章　气相色谱与凝胶色谱

## 第一节　色谱法概论

色谱法(chromatography)也称色层法、层析法，是近年来发展和得到广泛应用的一种新型物理化学分析方法。气相色谱法是色谱法的一种，是一种分离技术。在此，首先介绍色谱法的一般过程和原理。

### 一、色谱法的产生与发展[1]

1903 年，俄国生物学家 M. S. Tswett 在华沙自然科学学会生物学分会会议上发表了题为 "On a New Category of Adsorption Phenomena and Their Application to Biochemical Analysis" 的文章，提出了应用吸附原理分离植物色素的新方法。1906 年，他把这种分离方法称为色谱法(chromatography)，把此玻璃管称为色谱柱。随着所分离的样品种类的增多，该方法逐渐应用于无色物质的分离，"色谱" 也逐渐失去了其原来的 "色" 的含义。现代色谱分析法所分离的样品绝大多数是无色的，但人们至今仍然沿用 "色谱" 这一名词。

由于他的论文仅用俄文发表，且他本人当时还不是著名的植物学家，他的这一研究结果的发表，并未引起人们的广泛关注。直到 20 世纪 30 年代，R. Kuhn 才把这种方法应用于天然产物——类胡萝卜素的分离，从而使色谱法得以复兴，并开始得到广泛的应用。

1935 年，Adams 和 Holmes 采用苯酚和甲醛合成了有机离子交换树脂，能够用于交换阳离子；随后，他们又合成了阴离子交换树脂。这些树脂不仅可以用于离子交换，也可以用于色谱分离。现行的离子交换色谱法也就由此诞生，于 1950 年成型。

1941 年，Martin 和 Synge 发表了他们的著名论文"A New Form of Chromatography Employing Two Liquid Phases"，提出了平衡塔板理论，这一理论对当时及随后数十年整个色谱学的发展产生了重大的影响。直到今天，平衡塔板理论仍然是最重要的色谱学理论之一。在这篇论文中，他们提出了理论处理，把色谱柱上的色谱过程当作假想的蒸馏过程，在色谱操作参数的基础上模拟蒸馏理论，以理论塔板高表示分离效率。同时，他们还创立了分配色谱理论。10 年之后，他们获得了诺贝尔化学奖。

　　1952 年，Martin 和 James 首次成功地利用色谱法分离了脂肪酸混合物。同时，他们又发表了关于气相色谱的历史性论文，使气相色谱得以产生和发展。

　　1953 年，捷克的色谱工作者 Janak 进一步发展了气-固色谱法，使气体分析又有了新的突破。此后，气相色谱法的研究和应用得到了迅速的发展，其理论也逐渐趋于完善。

　　1970 年以来，电子技术，特别是电子计算机技术的发展，使得包括气相色谱和高效液相色谱在内的色谱技术如虎添翼。1979 年，弹性石英毛细管柱的出现更使气相色谱上了一个新台阶。这既是现代高科技发展的结果，也是现代工农业生产的要求使然[2]。

　　20 世纪 60 年代初，Giddings 将气相色谱的有关理论应用于液相色谱法。在 1969 年初召开的世界第五届色谱进展讨论会上，刚刚诞生的高效液相色谱技术引起了色谱学专家的广泛关注与高度重视。随着高效液相色谱固定相、高效分离柱、高压输液泵和高灵敏度检测器的使用，液相色谱法也得到了迅猛的发展。到 20 世纪 70 年代，高效液相色谱法已得到了广泛的应用。

　　中国的色谱学研究工作起步于 1954 年[3]，当时的中国科学院大连化学物理研究所首先作出了第一个体积色谱图。随后，全国有许多单位的科研工作者在色谱学的基础理论、色谱分析技术和应用等方面进行了大量的研究工作，有力地推动了中国色谱学的发展。

## 二、色谱法的基本原理

　　色谱法是近年来得到广泛发展和应用的一种新型物理化学分离分析方法。样品的分离是在互不相溶的两相(固定相和流动相)之间进行的。样品随流动相进入固定相，由于样品中的各组分的物理化学特性不同，其与固定相之间的相互作用力也不相同，从而导致了在两相中的不同分配。在一定的温度下，组分在两相之间达到平衡时的浓度比称为分配系数，即

$$K = \frac{组分在固定相中的浓度}{组分在流动相中的浓度}$$

　　样品中的不同组分之间只要分配系数($K$)有微小的差别，就可以在两相间进行反复多次的分配，最终得到分离。配合适当的检测手段，就可以分析出各组分在样品中的含量。图 6-1 为色谱的分离示意图，图中假定组分 B 具有较大的分配系数[4]。

　　色谱法包括一大类操作方式不同但原理相同的分离和分析技术。在这一大类中，其共同点为：①任何色谱法都存在两个相，即流动相和固定相。流动相可以是气体和液体，固定相可以为固体或涂渍在固体表面上的高沸点液体。②流动相对固定相做相对运动，它携带样品通过固定相。③被分离样品中的各组分与色谱两相间具有不同的作用力，这种作用力一般表现为吸附力和溶解能力。正是这种

作用力的差异导致各组分通过固定相时达到彼此分离。

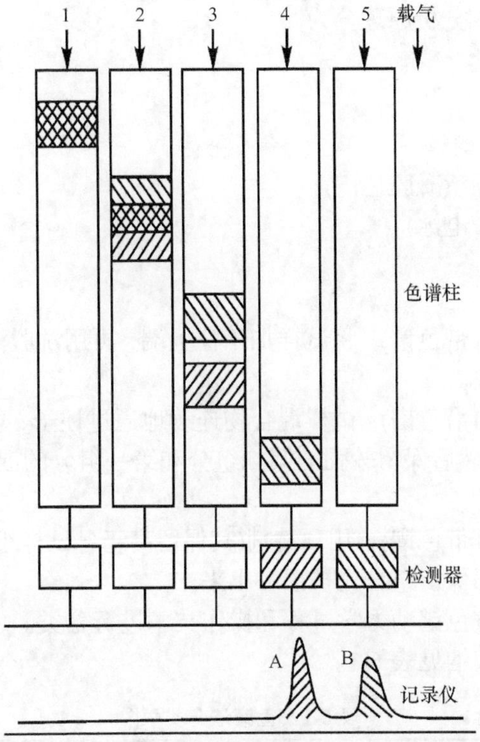

图 6-1 A、B 两组分混合物在色谱柱中的分离示意图

根据色谱法的以上特点，可以将色谱法分为各种类型，其分类情况如下。

**1. 按固定相和流动相的物理状态分类**

色谱法共有两相(相就是体系中的某一均匀部分)，即固定相和流动相。流动相是气体的色谱法就是气相色谱法，流动相是液体的色谱法就是液相色谱法。固定相也可能有两种状态，即液体(载体上涂渍固定液)和固体。因此，色谱法可以分为气-固、气-液、液-固和液-液四种色谱法。

**2. 按固定相的形式和性质分类**

(1) 柱色谱。固定相填充于玻璃管或金属管内，这种填充后的管子称为色谱柱。

(2) 纸色谱。用滤纸作为固定相，样品滴在滤纸上，然后用溶剂展开。

(3) 薄层色谱。将固定相吸附剂均匀涂在玻璃板上或直接压制成薄板状。操作方法与纸色谱相同。

### 3. 按色谱的分离、分析原理分类

按色谱的分离、分析原理分为

(1) 吸附色谱;

(2) 分配色谱;

(3) 离子交换色谱;

(4) 空间排斥色谱(凝胶色谱);

(5) 电色谱(区带电泳)。

### 4. 按洗脱方式分类

(1) 洗脱色谱(区带色谱): 将试样加于柱上端,再用洗脱液使试样组分在柱上展开并分别洗脱分离。

(2) 迎头色谱(前沿色谱): 试样混合物连续地通过柱子,弱保留的组分首先以纯的状态流出柱子,然后保留较强的第二组分和第一组分的混合物一起流出柱子,其余类推。

(3) 置换色谱(排带色谱): 用顶替剂(其保留高于各试样组分保留比)将各组分依次顶替出柱子,弱保留组分先被顶替出来。

此外,还有人按色谱动力学过程和操作技术进行分类。

色谱法的分类归纳见表 6-1。

表 6-1　色谱法分类表[5]

| 分离原理 | 流动相类型 | 固定相充填方法 | 色谱名称(英文缩写) |
|---|---|---|---|
| 组分在流动相与固体固定相之间的吸附竞争 | 气体 | 柱 | 气固色谱(GSC 或 GC) |
| | 液体 | 柱 | 液固色谱(LSC 或 LC)<br>高效液相色谱(HPLC) |
| | | 平板 | 薄层色谱(TLC)<br>纸色谱(PC) |
| 组分在流动相与液体固定相之间的分配竞争 | 气体 | 柱 | 气液色谱(GLC 或 GC) |
| | 液体 | 柱 | 液液色谱(LLC 或 LC)<br>高效液相色谱(HPLC) |
| 组分在流动相与固定相之间的离子交换竞争 | 特定离子水溶液 | 柱 | 离子色谱(IC) |
| | 液体 | 柱 | 离子交换色谱(IEC) |
| | 离子对试剂 | 柱 | 离子对色谱(IPC) |
| 在化学惰性的多孔性固定相中,组分流体力学体积的差异 | 液体 | 柱 | 尺寸排阻色谱(SEC) |
| | 水 | 柱 | 凝胶过滤色谱(GFC) |
| | 有机溶剂 | 柱 | 凝胶渗透色谱(GPC) |
| 在两相中组分亲和力的不同 | 液体 | 柱 | 亲和色谱(AC) |
| 临界温度及临界压力以上的高密度气体作为流动相 | | 柱 | 超临界色谱(SFC) |

# 第二节　气相色谱及其在聚合物研究中的应用

## 一、气相色谱法的特点

气相色谱法通过先分离后检测，对多组分混合物(如同系物、异构体等)均可同时得到每一组分的定性定量结果。组分在气相中的传质速度快，与固定相相互作用的次数多，加之可供选择的固定相种类多，可供使用的检测器灵敏度高、选择性好。概括起来，气相色谱法有如下特点。

### (一) 高效能

高效能是指色谱柱有较高的理论板数，填充柱有几千块理论板，毛细管柱可达 $10^5 \sim 10^6$ 块理论板。因此，可以分析沸点十分相近的组分和极为复杂的多组分混合物。

### (二) 高选择性

高选择性是指固定相对性质极为相似的组分，如恒沸混合物、同位素、同分异构体、旋光异构体等，有较强的分离能力。通过选择高选择性的固定相，在适当的操作温度下，使各组分间的分配系数有较大的差别而实现分离。

### (三) 高灵敏度

目前使用的高灵敏度检测器可以检测出 $10^{-13} \sim 10^{-11}$g 的物质。因此，在痕量分析中，可以测出超纯气体、高纯试剂、高分子单体中 $1 \sim 0.1$ppm 的杂质。

### (四) 分析速度快

一般分析一次的时间在几分钟到几十分钟。电子计算机技术的应用，已使色谱分析操作及数据处理完全自动化，大大提高了色谱分析的速度。

### (五) 应用范围广

气相色谱法可以分析气体和易挥发或可转化为易挥发的液体和固体；不仅可以分析有机化合物，也可分析部分无机化合物、合成高分子及生物大分子。气相色谱法已在石油化工、环境保护、食品、药物和农药等许多领域得到广泛的应用，已成为重要的现代仪器分析方法之一。

# 二、气相色谱仪

## (一) 气相色谱仪的组成

在气相色谱仪中，混合物样品蒸气随载气被带入装有固定相的色谱柱中，分离成单个组分后，随载气从柱末流出，通过检测器得到各组分的信号。其流程如图 6-2 所示。

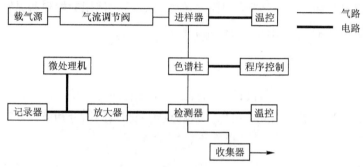

图 6-2　气相色谱流程方框图

气相色谱仪的种类很多，形式也各不一样，但主要由以下五个部分组成。

### 1. 气路系统

在气相色谱分析中，要依靠载气把样品推进色谱柱和检测器中。气路是载气连续运行的密闭管路系统。载气从气源出来后，顺次通过减压阀、压力表、净化器、气流调节阀、转子流量计、气化室、色谱柱、检测器，然后放空。

### 2. 进样系统

进样系统包括进样器和气化室。

### 3. 柱系统

柱系统包括色谱柱和色谱炉。色谱柱是色谱仪的心脏，一般由玻璃管或不锈钢管制成，根据不同用途可分为填充柱、制备用柱和毛细管柱三种。

填充柱一般用于不太复杂的混合物分析，通常内径为 2～5mm，长度为 1～3m。目前发展起来的微填充柱内径为 0.5～1mm。

制备用柱主要用于分离提纯样品，通常内径 8～10mm，长度 1～10m。

毛细管柱用于分析较为复杂的混合物，一般内径为 0.1～1mm，长度 1～100m。

色谱炉是为色谱柱提供适宜的工作温度而设置的，以保证色谱柱能够完成分离过程。

### 4. 温控系统

气化室、色谱柱和检测器等都要求在适当的温度下工作，故都配有精密温控装置，以便设定、控制、监测各处的温度。

### 5. 检测系统

检测系统用于测定柱后流出组分的浓度(或质量)随时间的变化。

除上述五个主要组成部分外，还有数据记录与处理系统及样品收集器等。

## (二) 气相色谱固定相

在气相色谱分析中，一组混合物组分能否完全分离开，在很大程度上取决于固定相是否选择得当。气相色谱中所用的固定相大致有以下几类。

### 1. 吸附剂

具有吸附活性的物质，一般用于分析气体和一些低沸点液体物质。常用的吸附剂有硅胶、氧化铝、活性炭和分子筛等。

### 2. 固定液

固定液指涂渍在多孔的惰性载体表面上起分离作用的物质、在操作温度下不易挥发的液体。可选择的固定液很多，有 200 余种，适用范围广，是气相色谱中使用最多的固定相。所用惰性载体多为硅藻土类，也有玻璃微球和氟聚合物等载体。

### 3. 化学键合固定相

这类固定相是由一些化学试剂与硅胶表面的硅醇基经化学键合而成。其特点是比涂渍型固定相的使用温度范围宽而且高，不会被溶剂抽提掉，液相传质阻力小，在很高的载气线速度下使用时柱效下降很小。但是这类固定相的合成比较困难。

### 4. 高分子多孔小球

高分子多孔小球是苯乙烯和二乙烯基苯的共聚物或其他共聚物的多孔小球，可单独或涂渍固定液后作为固定相。其特点是机械强度高。用不同的单体及共聚条件，可以制成结构与性能(如比表面积、孔径分布和极性等)不同的小球，从而具有不同的分离效能。表 6-2 中列出了常见聚合物固定相[5]。

表 6-2    几种聚合物固定相

| 名称 | 化学组成 | 视密度/(g/mL) | 比表面积/(m²/g) | 极性 | 最高使用温度/℃ |
|---|---|---|---|---|---|
| GDX-1 系列 | 苯乙烯-二乙烯基苯共聚物 | 0.18~0.46 | 330~630 | 很弱 | 270 |
| GDX-2 系列 | 苯乙烯-二乙烯基苯共聚物 | 0.09~0.21 | 480~800 | 很弱 | 270 |
| GDX-301 | 三氯乙烯-二乙烯基苯共聚物 | 0.24 | 460 | 弱 | 250 |
| GXD-4 系列 | 含氮杂环单体-二乙烯基苯共聚物 | 0.17~0.21 | 280~370 | 中等 | 250 |
| GDX-5 系列 | 含氮极性单体-二乙烯基苯共聚物 | 0.33 | 80 | 较强 | 250 |
| GDX-601 | 含强极性基团聚二乙烯基苯 | 0.3 | 80 | 强 | 200 |
| TDX-01 | 碳化聚偏氯乙烯 | 0.60~0.65 | 800 | 无 | >500 |
| Chromosorb-104 | 丙烯腈-二乙烯基苯共聚物 | 0.32 | 100~200 | 强 | 250 |
| Chromosorb-105 | 聚芳族高聚物 | 0.34 | 600~700 | 中等 | 250 |
| Porapak-P | 苯乙烯-二乙烯基苯共聚物 | 0.32 | 120 | 弱 | 250 |
| Porapak-Q | 乙基乙烯苯-二乙烯基苯共聚物 | | 600~840 | 很弱 | |
| Porapak-S | 苯乙烯-极性单体-二乙烯基苯共聚物 | 0.35 | 470~536 | 中等 | 300 |

固定液的选择没有严格的规律可循，通常依靠操作者的经验，并参考有关的文献资料来选择。在气相色谱中，组分能否分离，取决于各组分的分配系数，组分在固定相中的停留时间取决于其与固定液分子之间的相互作用力。这种作用力属于范德瓦耳斯力(静电力、诱导力与色散力)及氢键作用力。在实际工作中可根据"相似相溶"的规律来选择固定液。固定液与样品的化学结构相似、极性相似，则分子间的作用力就强，选择性就高。在气相色谱手册中，可查到各种固定液的性质、最高使用温度、极性指标及可分离样品的类型。表 6-3 列举了几种最为常用的固定液[5]。

### 表 6-3 几种常用固定液

| 名称 | 商品代号 | 最高使用温度/℃ | 溶剂 | 参考用途 |
|---|---|---|---|---|
| 角鲨烷 | SQ | 150 | T | 气体烃及轻馏分液体烃，$C_1 \sim C_8$ |
| 硅橡胶 | SE-30 | 300 | C | 适合各种高沸点化合物 |
| 含苯基的聚甲基硅氧烷 | OV-17 | 300 | A、C、D | 各种高沸点化合物；与 QF-1 配合可分析含氯农药 |
| 三氟丙基甲基硅氧烷 | QF-1 | 250 | A、C、D | 含卤素化合物、甾类化合物；能从烷烃中分离芳烃和烯烃；从醇中分离酮 |
| 聚乙二醇-20M | PEG-20M | >200 | A、C、D | 含氧和含氮官能团的化合物；氮杂环化合物；对脂肪烃能分离正构与支化烷烃；烷烃与环烷烃的分离 |
| 聚乙二醇丁二酸酯 | DEGS | 220 | A、C、D | 脂肪酸酯及其他含氧化合物；饱和脂肪酸与不饱和脂肪酸的分离等 |
| $\beta, \beta'$-氧二丙腈 | ODPN | 70 | A、C、D、M | 低级含氧化合物、伯胺、仲胺、不饱和烃、环烷烃和芳烃 |

注：溶剂代号 A—丙酮；M—甲醇；T—甲苯；C—氯仿；D—二氯甲烷。

## (三) 气相色谱检测器

气相色谱检测器是把自色谱柱中分离出的各组分浓度(或质量)变化转换成易于测量的电信号的装置。根据检测原理的不同，有浓度型和质量型两类检测器。浓度型检测器的响应值与组分的浓度成正比；而质量型检测器的响应值与单位时间进入检测器的某组分的量成正比。这里介绍两种气相色谱最常用的检测器：热导池检测器与氢火焰离子化检测器。

### 1. 热导池检测器

热导池检测器属于浓度型检测器，它具有结构简单、稳定性好、线性范围广、不破坏样品等特点，并且对无机、有机气体都能响应。其缺点是灵敏度较低，适用于常量分析以及含量在几十 ppm 以上的组分分析。热导池检测器的结构如图 6-3 所示。在金属池体上钻有孔道，各装入一根长短和电阻值相等的钨丝或铼钨丝等热敏元件。双臂热导池的一臂接在色谱柱之前，只通过载气，称为参考臂；

一臂接在色谱柱之后，通过载气与样品。两臂钨丝的电阻分别为 $R_1$ 和 $R_2$，它们与两个阻值相等的固定电阻 $R_3$、$R_4$ 组成桥式电路。由电源给电桥提供恒定的电压(一般为 9～35V)以加热钨丝，所产生的热量被载气带走，并通过载气传导给池体。当载气以一定的速度通入，池内热量的产生与散失达到动态平衡后，钨丝的温度恒定，其电阻值也保持不变。调节 $R_5$ 可使电桥处于平衡状态。

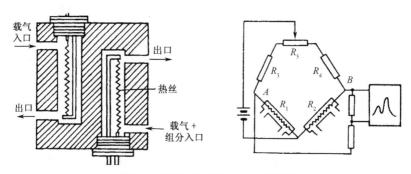

图 6-3　热导池检测器及其电桥线路

不同气体具有不同的热导率，当热导池两臂只有载气通过时，两臂钨丝所受到的温度影响相同，电桥处于平衡状态，即

$$R_1R_4 = R_2R_3 \tag{6-1}$$

根据电桥原理，此时 $A$、$B$ 两点间的电位差为零，无信号输出，记录仪毫伏读数为零。

进样后，样品组分在色谱柱中被分离，各组分先后被载气带入热导池测量臂。如果组分气的热导率不等，则测量臂的热平衡被破坏，钨丝温度改变，$R_5$ 值随着改变，电桥失去平衡，$A$、$B$ 之间产生一个不平衡的电位差。当该组分完全经过测量臂后，电桥又恢复平衡，$A$、$B$ 间的电位差又降低为零。这种 $A$、$B$ 间电位差的变化用记录仪记录下来，即得到气相色谱流出曲线。$A$、$B$ 两点间电位差的大小，取决于组分在载气中的浓度及其与载气热导率的差距，故在实验条件不变时，可利用峰高或峰面积进行定量分析。

## 2. 氢火焰离子化检测器

氢火焰离子化检测器属于质量型检测器，它以氢气在空气中燃烧所生成的热量为能源，有机化合物组分在燃烧时生成离子，同时在电场的作用下形成离子流。测量离子流的强度可以对该组分进行检测。这种检测器具有灵敏度高、响应快、线性范围宽、死体积小等优点，是目前应用最广泛的检测器之一。

如图 6-4 所示，氢火焰离子化检测器由氢火焰电离室(也称离子化头)及放大

器两部分组成。氢火焰电离室由
金属圆筒作外壳,内部装有燃烧
的喷嘴。载气及组分从色谱柱流
出后与氢气(必要时还有尾吹气)
一起从喷嘴逸出,并与喷嘴周围
的空气燃烧。燃烧的氢气与氧气
火焰只产生很少的离子,而碳氢
化合物等有机化合物在燃烧时能
产生高达几个数量级的离子。喷
嘴附近有一金属环,喷嘴上端有
一金属筒,二者各与90~300V的

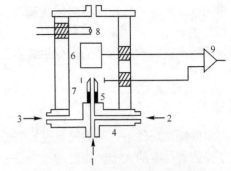

图 6-4 氢火焰离子化检测器的结构

1—色谱柱出口;2—氢气;3—空气;4—底座;5—陶瓷管;
6—收集极;7—极化环;8—点火器;9—放大器

电压相联结形成电场(称为发射极与收集极)。在电场的作用下,带正电的离子和
带负电的电子分别向正负两极移动形成离子流。被收集的离子电流经过放大器的
高欧姆电阻产生信号,信号经进一步放大后送到记录仪和数据处理系统。电离室
金属圆筒外壳顶部有孔,燃烧后的水蒸气由此逸出。

## 三、气相色谱谱图解析

### (一) 色谱图的表示方法

把样品注入色谱仪,随着柱后样品流出浓度(或质量)的不同,通过检测和记
录系统后,便可得到一张如图 6-5 所示的色谱图[6]。

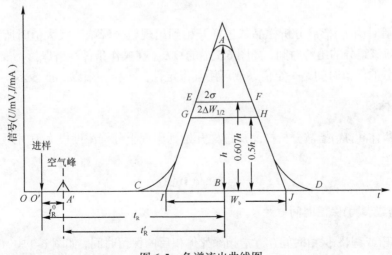

图 6-5 色谱流出曲线图

谱图的横坐标可以用分析时间或流动相流出的体积来表示。纵坐标是检测器响应信号的大小，可用来表征柱后样品流出的浓度(质量)。图中流出组分通过检测器系统所产生的响应信号的微分曲线称为色谱峰。色谱图中的有关术语及其物理意义如下。

## 1. 基线

在实验操作条件下，纯载气通过检测器时所记录下来的一条线称为基线。它反映了检测器噪声的大小。稳定的基线是一条直线，如图 6-5 中的横坐标 $Ot$。

## 2. 死时间

死时间 ($t_R^0$) 是从进样到出现空气峰浓度极大值时所需要的时间。它表示不被固定相吸附或溶解的气体进入色谱柱，在柱后出现浓度极大点时的时间。如图 6-5 中的 $O'A'$。死时间正比于色谱柱中空隙体积的大小。

## 3. 死体积

死体积($V_R^0$)是从进样到出现空气峰浓度极大值时载气流过的体积。即

$$V_R^0 = t_R^0 \bar{F}_c' (\text{mL}) \tag{6-2}$$

式中，$\bar{F}_c$ 为校正到柱温、柱压下的柱内平均载气体积流速，mL/min。死体积中包括色谱柱的空隙体积以及进样系统和检测器系统的死体积，当后两者很小可以忽略不计时，死体积就等于色谱柱的空隙体积。

## 4. 保留时间

保留时间($t_R$)指被分析样品从进样开始到出现组分峰浓度极大值时所需的时间，也即该组分的出峰时间，如图 6.5 中的 $O'B$。在操作条件严格保持不变时，某特定组分的保留时间是一定值，故可用其来定性。单位一般以 min 表示。

## 5. 保留体积

保留体积($V_R$)指被分析样品从进样开始到出现组分峰浓度极大值时所通过的载气体积，即

$$V_R = t_R \bar{F}_c' (\text{mL}) \tag{6-3}$$

## 6. 校正(或调整)保留时间

校正(或调整)保留时间 ($t_R'$) 指扣除死体积后的保留时间，如图 6-5 中 $A'B$。即

$$t_R' = t_R - t_R^0 (\text{min}) \tag{6-4}$$

**7. 校正(或调整)保留体积**

校正(或调整)保留体积$(V_R')$指扣除死体积后的保留体积。即

$$V_R' = V_R - V_R^0 \text{(mL)} \tag{6-5}$$

或

$$V_R' = t_R' \overline{F}_c' \text{(mL)} \tag{6-6}$$

**8. 比保留体积**

比保留体积$(V_g)$指 0℃时每克固定液的校正保留体积。即

$$V_g = \frac{273.16 V_R'}{T_c W_L} \tag{6-7}$$

式中，$T_c$为色谱柱的绝对温度，K；$W_L$为固定液的质量，g。比保留体积是重要的定性指标之一。组分的比保留体积只因固定液的种类和柱温而异，不受载气流速与固定液用量的影响。问题是在实际工作中，要准确得知柱中固定液的量并非易事。

**9. 相对保留值**

相对保留值$(r_{12})$表示某组分的校正保留值与另一基准物校正保留值的比值。即

$$r_{12} = \frac{t_{R(i)}'}{t_{R(s)}'} = \frac{V_{R(i)}'}{V_{g(s)}'} = \frac{V_{g(i)}}{V_{g(s)}} \tag{6-8}$$

只要固定液的种类和柱温保持不变，即使柱径、柱长、填充情况及流动相流速有所变化，相对保留值也保持不变。

**10. 峰高**

峰高$(h)$是指从基线到色谱峰顶的高度，如图 6-5 中 $AB$。

**11. 区域宽度**

色谱峰的区域宽度有三种表示方法。

(1) 标准偏差$(\sigma)$：指 0.607 倍峰高处色谱峰宽度的一半，如图 6-5 中 $EF$ 的一半。

(2) 半峰宽$(W_{1/2})$：指峰高一半处色谱峰的宽度，如图 6-5 中 $GH$。

(3) 峰底宽度$(W_b)$：指自色谱峰两侧的转折点所做切线与基线交点间的距离，如图 6-5 中的 $IJ$。

从色谱分离的角度考虑，希望区域峰宽越窄越好。

## (二) 色谱分离条件的选择

### 1. 评价分离效果的指标

(1) 柱效能。柱效能通常用塔板数表示。把色谱柱比作一个分馏塔，在每个塔板高度间隔内，被测组分在气液两相间达到分配平衡。塔板高度间隔称为理论塔板高度，以 $H$ 表示。假定在柱子中，各段的理论塔板高度 $H$ 是一样的，设色谱柱的长度为 $L$，则一根色谱柱的理论塔板数为

$$n = \frac{L}{H} \tag{6-9}$$

实践证明，理论塔板数($n$)与色谱峰的峰宽之间有如下的关系：

$$n = 5.54\left(\frac{t_R}{W_{1/2}}\right)^2 = 16\left(\frac{t_R}{W}\right)^2 \tag{6-10}$$

式中，$W$ 为峰宽；$W_{1/2}$ 为半峰宽。由此可见，色谱峰越窄($W_{1/2}$越小)，理论塔板数 $n$ 就越多。塔板高度 $H$ 就越小，则柱效能就越高。

由于死时间($t_R^0$)或体积($V_R^0$)的存在，尽管计算出来的 $n$ 值很大、$H$ 很小，但色谱柱表现出来的实际分离效能并不好。因此，$n$ 与 $H$ 的理论值并不能反映色谱柱分离效能的好坏，需要用有效塔板数($n_{有效}$)和有效塔板高度($H_{有效}$)作为色谱柱的操作效能指标。其计算办法如下：

$$n_{有效} = 5.54\left(\frac{t_R'}{W_{1/2}}\right)^2 = 16\left(\frac{t_R'}{W}\right)^2 \tag{6-11}$$

$$H_{有效} = \frac{L}{n_{有效}} \tag{6-12}$$

(2) 选择性。样品中各组分的色谱峰是否能够完全分离，取决于色谱峰的宽度和两色谱峰之间的距离。如图 6-6 所示，(a)和(b)中两峰的保留值之差是相同的，但(a)中的色谱峰分离不如(b)好，这是因为(a)中的峰的宽度大；(b)和(c)两峰的宽度都很窄，但(c)中两峰仍不能分开，这是因为(c)中的两峰的保留值之差太小。这种差别就是分离度(或称分辨率)的差别。分辨率以 $R$ 表示，定义为

$$R = \frac{2(t_{R(2)} - t_{R(1)})}{W_1 + W_2} \tag{6-13}$$

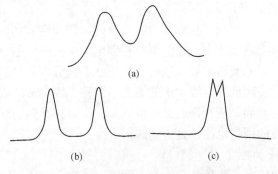

图 6-6　色谱峰的几种分离情况

由于基线宽度的测量比较困难，特别是当峰形不对称或部分重叠时更难测准，故通常用半峰宽来代替，则有

$$R = \frac{t_{R(2)} - t_{R(1)}}{W_{1/2(1)} + W_{1/2(2)}} \tag{6-14}$$

严格地讲，式(6-13)和式(6-14)并不完全相等，但实际上其差别很小，可近似地将两者看作等式。

对于两个相同的对称峰，当 $R$=1.0 时，分离度可达 98%；当 $R$=1.5 时，分离度可达 99.7%；而当 $R$<1 时，两峰则有明显的重叠。显然，$R$ 值越大，两峰分离得越完全。一般用 $R$=1.5 作为相邻两峰完全分离的标志。

**2. 分离条件的选择**

根据上述评价分离效能的指标，可以选择合适的实验操作条件。

1) 载气及其流速的选择

在一定的温度下，塔板高度是载气流速的函数。对于一定的色谱柱和试样，有一个最佳的载气流速值，此时的塔板高度最小，柱效最高。

当所需的载气流速较小时，宜采用分子量较大而又有较小扩散系数的气体(如 $N_2$、Ar 等)作载气；而当载气流速较大时，则宜采用低分子量的气体(如 $H_2$、He 等)作载气，此时组分在载气中有较大的扩散系数，可减小气相传质阻力，提高柱效。

2) 柱温的选择

柱温不能高于固定液的最高使用温度，否则固定液会挥发流失或分解。从分离的角度考虑，宜采用较低的柱温。但若柱温太低，则被测组分在两相中的扩散速率会大为减小，不能迅速达到分配平衡，峰形变宽、柱效下降，且延长了分析时间。因此，柱温的选择原则是：在使最难分离的组分有尽可能好的分离的前提下，采用尽可能低的柱温。

3) 固定液的性质和用量

固定液的选择一般根据"相似相溶"的原则，即固定液和被测组分的性质有某些相容性时，其溶解度才大，样品组分在固定液中有一定的溶解度才能达到分离的目的；否则，样品会迅速被载气带走，而达不到分离的目的。对于固定液的用量而言，目前常使用低固定液含量的填充色谱柱，固定液的液膜薄、柱效高、分析时间短；但与此同时所允许的进样量就少。所以，不同的载体，为达到较高的柱效，其固定液的用量也往往是不同的。

4) 载体的性质和粒度

载体的比表面积大、孔径分布均匀，则固定液涂在载体表面上可成为均匀的薄膜，柱效提高。因此，要求载体有细小且均匀的粒度。但是粒度过细，又不利于操作。

5) 进样速度和进样量

进样速度必须很快，否则试样峰宽加大，甚至使峰变形。进样量一般较少，液体试样一般为 0.1~5μL；气体试样一般为 0.1~10mL。进样量太多，会使几个峰重叠在一起，分离效果不好。但是进样量太少，又会使含量少的组分因检测器灵敏度不够而不出峰。最大的进样量应控制在峰面积或峰高与进样量呈线性关系的范围内。

6) 气化温度

进样后要有足够的气化温度，使液体试样迅速气化后被载气带入色谱柱中。在保证试样不分解的前提下，适当提高气化温度，对分离及定量检测均有利。一般选择气化温度比柱温高 30~70℃为宜。

(三) 气相色谱定性分析

气相色谱的定性分析，就是要确定各色谱峰代表什么组分，但不能直接从色谱峰得出定性的结论，这是色谱分析的缺点。用已知纯物质对未知样品进行对照的方法是气相色谱中最可靠的定性方法。只有找不到纯物质时才用其他方法。

**1. 利用纯物质进行对照的定性分析法**

(1) 利用保留值定性。这是气相色谱中最普遍、最方便的一种定性分析方法。在固定相和操作条件均不变的情况下，每种物质都有一定的保留值(如 $t_R$、$t_R'$、$V_R$、$V_R'$)。所以，在一定的条件下测定各色谱峰的保留值，与纯物质的保留值进行比较，就可以确定样品中存在的组分。

(2) 利用相对保留值定性。保留值受柱温、柱长和固定液含量等因素的影响而发生变化。因此，利用保留值定性时必须严格控制操作条件，在使用上存在极大的不便。更为可靠的定性指标是相对保留值。相对保留值只与柱温和固定液性质有关，而与其他操作条件无关。将未知物与已知纯物质的相对保留值进行比较，即可达到定性的目的。

(3) 加入已知物增加峰高法。当未知样品组分较多，所得色谱峰过密，用上述方法不易辨认时，可以使用这种方法。首先，作出未知样品的色谱图。然后，在未知样品中加入某种已知物质后又得到一色谱图，峰高增加的组分即可能为这种已知物。

**2. 利用文献保留数据的定性分析法**

(1) 相对保留值法。从文献上查得有关物质的相对保留值数据，注意这些数据是用什么固定液和在什么柱温下测定的，然后选择相同的固定液和柱温测出被测组分的相对保留值，将两者进行对比，数据相同者即可能为同一物质。

(2) 利用文献保留指数定性。保留指数，又称 Kovats 指数，是用两个紧靠它的标准物(一般是两个正构烷烃)标定后的组分的保留行为，计算方法如下

$$I = \left( \frac{\lg X_{Ni} - \lg X_{NZ}}{\lg X_{N(Z+1)} - \lg X_{NZ}} + Z \right) \times 100 \tag{6-15}$$

式中，$I$ 为被测物质的保留指数；$X_{Ni}$ 为被测物质的校正保留值($t'_R$、$V'_R$)；$X_{NZ}$ 为具有 $Z$ 个碳原子的正构烷烃的校正保留值；$X_{N(Z+1)}$ 为具有 $Z+1$ 个碳原子的正构烷烃的校正保留值。因此，欲求某组分的保留指数，只要将该物质与相邻两正构烷烃混合在一起(或分别)进样，在给定条件(主要是柱温)下，用同一根色谱柱分别测得其校正保留值，按式(6-15)计算出保留指数，然后与文献数据对照即可定性。对标准物的要求，一是被测组分的 $X_{Ni}$ 应在两标准物的 $X_{NZ}$ 和 $X_{N(Z+1)}$ 之间，二是两标准物正构烷烃之间只允许差一个碳原子。

**3. 与其他方法结合的定性分析法**

利用气相色谱法和化学反应结合起来定性，主要是比较化学反应前后，样品的色谱峰提前、移后或消失的情况，以判断有哪些官能团存在的可能。也可与红外光谱、质谱、核磁共振等仪器分析方法结合起来进行定性。

(四) 气相色谱定量分析

气相色谱定量分析的依据是当操作条件一定时，被测组分的进样量与它的响应信号(峰面积或峰宽)成正比：

$$W_i = f_i A_i \tag{6-16}$$

式中，$W_i$ 为被测组分 $i$ 的质量；$f_i$ 及 $A_i$ 分别为该组分的校正因子和峰面积。校正

因子 $f_i$ 和峰面积 $A_i$ 的测量方法以及各组分在样品中含量的计算方法分别讨论如下。

## 1. 峰面积的测量

1) 峰高乘半峰宽法

当色谱峰形对称时，其峰面积近似于峰高($h$)与半峰宽($W_{1/2}$)的乘积，理论上已证明峰面积

$$A = 1.065hW_{1/2} \tag{6-17}$$

2) 峰高乘平均峰宽法

$$A = h\frac{(W_{0.15} + W_{0.85})}{2} \tag{6-18}$$

式中，$W_{0.15}$ 和 $W_{0.85}$ 分别为峰高 0.15 和 0.85 处的峰宽。这种方法处理不对称峰可得到较准确的结果。

3) 峰高乘保留值法

在一定的操作条件下，同系物的半峰宽与保留时间成正比，即

$$W_{1/2} = bt_R \tag{6-19}$$

$$A = hW_{1/2} = hbt_R \tag{6-20}$$

在进行相对计算时，系数 $b$ 可约去，故有

$$A = hW_{1/2} = ht_R \tag{6-21}$$

此法适用于较狭窄的峰，是一种简便快速的测量方法，常用于工厂的控制分析。

4) 自动积分仪法

自动积分仪法是测定色谱峰的全部面积，故对前伸峰及拖尾峰也能得出准确结果，且自动化程度较高。

## 2. 校正因子

色谱定量分析的依据是被测组分的质量与所测得的色谱峰面积成正比，但当两个同质量的不同组分在相同条件下连续测定时，所得的峰面积却常不相同。为使峰面积能正确地反映出物质的质量，就要对峰面积进行校正，即在定量分析计算时引入校正因子。

绝对质量校正因子

$$f_w = \frac{W_i}{A_i} \tag{6-22}$$

　　由于在测定时必须准确测出组分的质量，而且在应用时也没有统一的标准，所以在实际应用中都采用相对校正因子。选择一个纯物质作标准，测出其绝对校正因子，在同样条件下，再测出被测组分的绝对校正因子，两者的比值即为被测组分的相对校正因子，即

$$f_i' = \frac{f_i}{f_s} \tag{6-23}$$

式中，$f_i'$ 为被测组分的相对校正因子；$f_i$ 为其绝对校正因子；而 $f_s$ 则为标准物质的绝对校正因子。

　　相对质量校正因子 ($f_w'$) 是被测组分与标准物质的单位峰面积所代表物质的质量之比，即

$$f_w' = \frac{f_{i(w)}}{f_{s(w)}} = \frac{W_i/A_i}{W_s/A_s} = \frac{W_i A_s}{W_s A_i} \tag{6-24}$$

式中，$W_i$、$W_s$ 分别为被测组分与标准物质的质量；$A_i$、$A_s$ 则分别为它们的峰面积。

　　与此相似，还可以有相对物质的量校正因子 $f_m'$ 及相对体积校正因子 $f_v'$。通常可以从文献中查出常用化合物的 $f_s$ 值。

### 3. 几种定量分析方法

1) 归一化法

当样品中各组分均能馏出色谱柱，而且在色谱图上显示色谱峰时，可以使用归一化法进行定量分析

$$P_i = \frac{W_i}{\sum W_i} \times 100\% = \frac{f_i A_i}{\sum (f_i A_i)} \times 100\% = \frac{f_i' A_i}{\sum (f_i' A_i)} \times 100\% \tag{6-25}$$

　　这种方法的优点是简单、准确，当操作条件变化时，对结果的影响较小，特别适用于多组分样品中各组分含量的定量分析。

2) 内标法

当混合物样品中所有的组分不能全部出峰，而又希望测定其中能出峰的几个组分时，可采用内标法进行定量分析。把准确称量的内标物加到准确称量的被测样品中，然后根据它们的峰面积及相应的校正因子来计算被测样品中各组分的含量。

$$P_i = \frac{W_i}{W} \times 100\% = \frac{A_i f_i W_s}{A_s f_s} \Big/ W \times 100\% = \frac{A_i f_i W_s}{A_s f_s W} \times 100\% = \frac{A_i f_i' W_s}{A_s f_s' W} \times 100\% \tag{6-26}$$

式中，$W_i$ 和 $W_s$ 分别为第 $i$ 组分和内标物的质量；$A_i$ 和 $A_s$ 分别为它们的峰面积；$f_i$ 和 $f_s$ 分别为它们的绝对质量校正因子；$f_i'$ 和 $f_s'$ 则分别为它们的相对校正因子；$W$ 为被测样品的总质量。

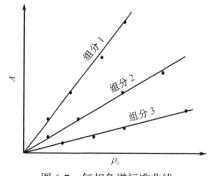

图 6-7　气相色谱标准曲线

3) 外标法

取纯物质配成一系列不同浓度的标准溶液,取相同体积进行色谱分析,然后以峰面积(或峰高)为纵坐标,对应的浓度为横坐标,作出标准曲线如图 6-7 所示。将待测样品的峰面积(或峰高)与标准曲线对照,即可得出各组分的含量。此法是工厂质量控制分析中常用的一种简便、快速的定量分析方法,不必加入内标物,也不需求校正因子,但分析结果的准确程度取决于进样的准确程度及操作条件的稳定性。

## 四、气相色谱在聚合物研究中的应用

气相色谱分析在高聚物中的应用,Berezkin 曾做了较全面的论述[7]。随着对高分子材料研究的逐渐深入和普及,气相色谱法在高分子方面的应用也日趋增加。气相色谱法在高分子领域的应用主要在以下几个方面。

### (一) 高聚物单体和溶剂的纯度分析

Hachenberg[8]和 Berezkin[9]的两本专著都介绍了气相色谱对微(痕)量杂质的分析方法。目前,几乎所有的高聚物单体和溶剂纯度的分析都可以用气相色谱方法进行,它对杂质的检测可以精确到 ppm 和 ppb 级。以苯乙烯单体中杂质的分析为例,苯乙烯是聚苯乙烯以及许多塑料产品的原料,美国实验与材料协会(ASTM)有专门用于分析苯乙烯中杂质的方法(D5135 法)。图 6-8 是采用 ASTM D5135 法对某苯乙烯单体中杂质的分析结果,色谱峰鉴定结果见表 6-4。

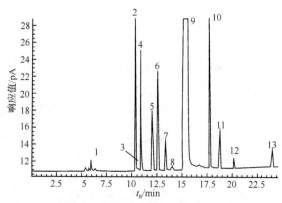

图 6-8　苯乙烯单体的 GC 分析

采用 ASTM D5135 法,初始柱前压 125kPa,横流模式

表 6-4　苯乙烯杂质的定性鉴定结果

| 峰编号* | 化合物名称 | 峰编号* | 化合物名称 | 峰编号* | 化合物名称 |
|---|---|---|---|---|---|
| 1 | 非芳烃 | 6 | 邻二甲苯 | 11 | 苯基乙炔 |
| 2 | 乙苯 | 7 | 正丙苯 | 12 | $\beta$-甲基苯乙烯 |
| 3 | 对二甲苯 | 8 | 对/间乙基甲苯 | 13 | 苯甲醛 |
| 4 | 间二甲苯 | 9 | 苯乙烯 | | |
| 5 | 异丙苯 | 10 | $\alpha$-甲基苯乙烯 | | |

*峰编号同图 6-8。

## (二) 测定聚合反应速率等动力学参数，监控聚合反应过程

　　利用气相色谱法可以测定在聚合反应体系中单体浓度随时间的变化规律，了解聚合反应的过程，测定聚合反应体系中的聚合反应速率等动力学参数。气相色谱技术可以避开经典反应机理动力学的烦琐推导，直接从实验出发，跟踪检测聚合反应过程，定量描述如聚合反应速率、反应程度等动力学参数，从而揭示反应规律，为深刻认识聚合反应提供科学依据。

　　例如，用气相色谱法测定苯乙烯-二乙基苯自由基反应的动力学参数。仪器型号：日本岛津 GC-9A，色谱柱：液晶-PEG。用内标法测定不同反应时间内体系未反应单体的含量，内标物为十四碳烷[0.5%(质量分数)]，萃取剂为 $CS_2$，在室温下萃取 24h。实验结束，得到的表 6-5 是用气相色谱法测得不同样品的剩余单体含量。

表 6-5　St-DVB 体系反应动力学数据

| 反应时间/h | 单体转化率/% | | |
|---|---|---|---|
| | St | $m$-DVB | $p$-DVB |
| 2.00 | 0.08 | 7.68 | 8.22 |
| 3.00 | 0.72 | 9.51 | 10.25 |
| 4.00 | 3.68 | 14.23 | 14.64 |
| 5.67 | 4.67 | 15.30 | 20.12 |
| 6.50 | 4.90 | 15.80 | 20.63 |
| 8.00 | 10.63 | 24.46 | 31.29 |
| 10.00 | 11.85 | 29.63 | 40.90 |
| 12.00 | 21.33 | 41.82 | 55.90 |
| 15.00 | 34.16 | 62.41 | 81.00 |
| 18.00 | 56.34 | 83.21 | 98.27 |
| 20.00 | 71.03 | 92.77 | 100.00 |

| 反应时间/h | 单体转化率/% | | |
|---|---|---|---|
| | St | $m$-DVB | $p$-DVB |
| 25.00 | 86.84 | 100.00 | — |
| 30.00 | 92.39 | — | — |
| 35.00 | 92.94 | — | — |
| 46.50 | 93.27 | — | — |
| 48.00 | 93.68 | — | — |

Willey 等[10, 11]在研究凝胶化转变前动力学中指出，低双烯含量时，单、双烯单体的交联共聚反应遵从一级动力学机理，即 $\ln([M_0]/[M])=Kt$。表 6-5 中数据按该式处理以 $\ln([M_0]/[M])$ 对反应时间 $t$ 作图(图 6-9)，较好地满足直线关系，表明工业上常用的 St-DVB 体系在交联剂含量达 6%时仍满足一级动力学关系，并由图中各直线的斜率近似地得到在该实验条件下的表观速率常数 $K_{st}$、$K_{m\text{-}DVB}$、$K_{p\text{-}DVB}$ 分别为 $1.68\times10^{-2}h^{-1}$、$3.43\times10^{-2}h^{-1}$ 及 $5.45\times10^{-2}h^{-1}$。

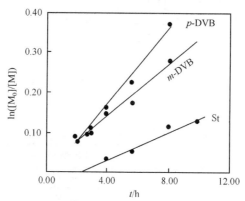

图 6-9　St-DVB 体系 $\ln([M_0]/[M])$ 与反应时间 $t$ 的关系图

## (三) 测定高聚物中的添加剂与杂质的含量

高聚物材料中含有的有机添加剂(如增塑剂、抗氧化剂等)及聚合过程中残留的单体、溶剂、低聚物等挥发性物质，当受热或长时间放置后会释放出来，影响高聚物的质量和造成污染(特别是用这些高聚物作包装食物和药物的材料时)。因此，对这类化合物的测定相当重要，采用气相色谱法可以对它们进行快速分析。

以聚合物中单体残留量的测定为例。聚合物中的残留单体往往影响材料的理化性能和机械性能，故有关质量标准都严格限制单体的残留量。下面以聚苯乙烯

(PS)中单体苯乙烯的测定为例说明此类应用[2]。PS 为粒料，经液氮冷冻粉碎，用所得粉末进行分析。就定量方法而言，文献报道过几种不同的方法。下面用多次顶空萃取-内标法加以分析，可从中理解与顶空 GC 方法开发有关的问题。

## 1. 标准储备溶液的配制

分别取 1mL(0.9074g)苯乙烯和 1mL(0.9660g)2-甲氧基乙醇(又称甲基溶纤剂，MOE，此处用作内标)，用二甲基甲酰胺(DMF)溶解并定容至 10mL，作为储备溶液。再配制一个内标标准溶液，即取 1mL(0.9660g)MOE 溶于 DMF，并定容为 10mL。

## 2. 标准溶液的配制与分析

采用 22mL 的顶空样品瓶，加入 2.0μL 的上述标准溶液(含苯乙烯 181.5μg，MOE 193.2g)，置于顶空进样器上，于 120℃下平衡 30min，使样品全部气化。然后，进行 4 次顶空萃取分析，根据所得结果计算出苯乙烯和 MOE 的总峰面积，进而计算两者的相对校正因子。

表 6-6 列出了 4 次分析的峰面积数据以及相关计算结果。所依据的公式是式(6-27)和式(6-28)。

$$\ln A_i = -q(i-1) + \ln A_1, \quad Q = e^{-q} \tag{6-27}$$

$$\sum_{i=1}^{\infty} A_i = \frac{A_1^*}{1 - e^{-q}} = \frac{A_1^*}{1 - Q} \tag{6-28}$$

**表 6-6　采用多次顶空萃取技术测定苯乙烯和 MOE 的峰面积计算结果[2]**

| | 萃取次数 | 1 | 2 | 3 | 4 |
|---|---|---|---|---|---|
| 峰面积 | 苯乙烯 | 2343274 | 933169 | 373967 | 146473 |
| | MOE | 733093 | 307106 | 123086 | 48527 |

| 线性回归结果 | 相关系数 | 斜率($q$) | $Q = e^{-q}$ | $A_1^*$ | 总峰面积 |
|---|---|---|---|---|---|
| 苯乙烯 | 0.99999 | 0.9231 | 0.3973 | 2349193 | 3897588 |
| MOE | 0.99999 | 0.9219 | 0.3978 | 773542 | 1284486 |

需要说明的是，这里的 $A_1^*$ 是对统计结果所得截距 $\ln A_1^*$ 取反对数得到的，而不是第一次分析的峰面积 $A_1$。这样做是为了消除 $A_1$ 可能的偶然误差。

根据内标定量相对校正因子的计算公式可得

$$f_i = \frac{W_i}{W_s} \times \frac{\sum A_s}{\sum A_i} = \frac{181.5}{193.2} \times \frac{1284486}{3897588} = 0.3096 \tag{6-29}$$

## 3. 样品分析

　　称取 200mg PS 粉末置于顶空样品瓶中, 加入内标溶液 2.5μL(241.5μg MOE)。将样品置于顶空进样器上, 于 120℃下平衡 120min, 然后进行 9 次顶空萃取分析, 数据列于表 6-7, 图 6-10 为色谱分析图。

表 6-7　多次顶空萃取测定结果

| 萃取次数 | | 1 | 2 | 3 | 4 | 5 | 6 | 7 | 8 | 9 |
|---|---|---|---|---|---|---|---|---|---|---|
| 峰面积 | 苯乙烯 | 478194 | 371329 | 276909 | 209592 | 154916 | 116022 | 85186 | 64049 | 47010 |
| | MOE | 756587 | 398658 | 202251 | 104783 | 53510 | 28129 | 14364 | 7590 | 3874 |

| 线性回归结果 | 相关系数 | 斜率($q$) | $Q=e^{-q}$ | $A_i^*$ | 总峰面积 |
|---|---|---|---|---|---|
| 苯乙烯 | 0.99981 | 0.2917 | 0.7470 | 493159 | 1949378 |
| MOE | 0.99999 | 0.6598 | 0.5170 | 759434 | 1572191 |

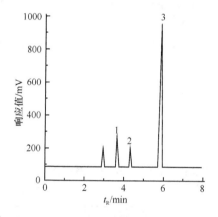

图 6-10　聚苯乙烯中残留单体苯乙烯的顶空 GC 分析结果

条件: 50m×0.32mm×0.4μm PEG-20M 毛细管柱, 柱温 120℃, 分流进样, FID 检测

　　可以根据上述数据计算 PS 中的苯乙烯含量 $W_i$

$$W_i = W_s f_i \frac{\sum A_i}{\sum A_s} = 0.2415 \times 0.3096 \times \frac{1949378}{1572191}(\text{mg}) = 0.09271(\text{mg})$$

故 PS 中苯乙烯含量为 $\dfrac{0.09271 \times 10^3 \mu g}{0.2 g} = 464 \mu g/g$

# 五、气相色谱的联用技术

## (一) 非联用技术的应用

　　气相色谱分析技术主要应用于环保、药物、食品、化工产品以及生物化学等

领域，从而推动它向高效、快速、自动化、高分辨率、在线监测等方向发展。在食品分析方面，如直接测定饮料级二氧化碳中的苯、甲苯、乙基苯、二甲苯以及其他杂质；用程序控制温度的快速方法分析食物中的香料；用于分析植物油粗制品中游离脂肪酸的含量等。在化工产品方面，如用自动化色谱系统测定石油组分及其基本参数；用毛细管色谱法测定 1,3-丁二烯的纯度；快速分析特种气体等。在药物、临床和生物分析方面，用顶空技术、电子捕获检测法分离、浓集和测定尿中非代谢性的含氯溶剂，测定药物和化妆品中维生素的 E 含量等。在环境分析方面，如自动测定水中总石油烃的新方法，用冷色谱柱直接全自动分析水中苯、甲苯、乙基苯和二甲苯的含量等。

孟亚男等[12]结合甲基叔丁基醚(MTBE)装置的工艺情况，针对醇烯比的比值控制系统，利用 Honeywell 公司的 Plantscape 集散控制系统与气相色谱仪相结合的方法，实现了随混合碳四中异丁烯含量的变化而调节甲醇的进料量比值的组态编程控制，保证了反应器中反应的有效进行。

MTBE 是由异丁烯与甲醇在催化剂阳离子交换树脂的作用下醚化合成的，其反应式为

$$CH_3\!-\!OH + \underset{\underset{CH_3}{|}}{\overset{\overset{CH_3}{|}}{C}}\!=\!CH_2 \rightleftharpoons H_3C\!-\!O\!-\!\underset{\underset{CH_3}{|}}{\overset{\overset{CH_3}{|}}{C}}\!-\!CH_2 + Q$$

(甲醇)　(异丁烯)　　　　　(MTBE)

在生产 MTBE 的过程中，伴随的副反应对 MTBE 的选择性和转化率有很大影响，因而要调节合适的醇烯比，减少副反应的发生，从而提高 MTBE 的产量和质量。所谓醇烯比，就是指进入反应器的物料中甲醇的物质的量与异丁烯的物质的量之比。充分发挥 Honeywell 公司的 Plantscape 集散控制系统的功能，由 AIR101 组态程序实现气相色谱仪的在线分析功能，由 RATO101 组态程序实现醇烯比的比值控制，并利用动画连接在上位机上显示出来，使操作人员通过简单的点击鼠标操作就可实现复杂的醇烯比控制。

## (二) 联用技术的应用

可以与质谱联用的分析技术应用很广。联用技术的进一步发展的标志是：涌现出超声波气相色谱-质谱分析、气相色谱等离子体质谱分析等新技术，其中以气相色谱-飞行时间质谱分析最为重要。

在此，以气相色谱-气相色谱联用技术用于杂质分析为例。气相色谱-气相色谱联用技术可以用于高纯物质主峰前后难分离的痕量杂质的检出和定量分析。当痕量杂质峰紧靠主峰的前后流出时，由于和主峰分离不完全，即使检测器的灵敏度很高，也无法进行定量测定，特别是在主峰尾部流出的杂质峰的定量测定更为

困难。加大进样量，由于受分离度的影响也不能提高检出能力(进样量加大，主峰也要加宽，杂质峰与主峰的分离更差，特别是加大进样量后主峰的拖尾将使主峰尾部流出的杂质测定更加困难)。在此情况下，要提高检出能力，进行定量测定，必须减少主成分与杂质的含量比。利用气相色谱-气相色谱联用系统，将前级色谱分离出的杂质峰从主峰上切割出来，再进入第二级色谱柱分离和分析是改变主成分与杂质的含量比，定量分析痕量组分的有效方法[13]。

图 6-11～图 6-13 给出了杂质峰在主峰前和主峰后时，切割杂质峰的部位及切割出的杂质峰在第二级色谱柱上继续分离的情况。从中可以看出，切割后主成分与杂质的含量比有了很大的变化。

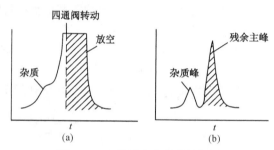

图 6-11　杂质峰在主峰前的切割
(a) 前级柱的分离情况；(b) 后级柱的分离情况

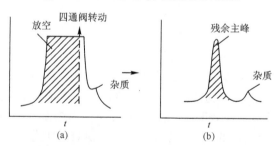

图 6-12　杂质峰在主峰后的切割
(a) 前级柱的分离情况；(b) 后级柱的分离情况

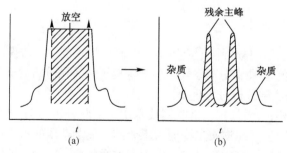

图 6-13　杂质峰在主峰前和后的切割
(a) 前级柱的分离情况；(b) 后级柱的分离情况

近年来，随着人们生活水平的日益提高，高分子材料制品中有害物质的迁移成为关注热点，而气相色谱与质谱联用技术是研究高分子制品中有害物质迁移的最有效分析方法之一。郝晓红等使用微波萃取-气相色谱质谱联用法测定了快递包装塑料中的 12 种邻苯二甲酸酯[14]，结果表明，非极性色谱柱 DB-5MS 更适合 12 种邻苯二甲酸酯的分离检测。DMP、DEP、DPRP、DIBP、DBP、DHxP、BBP、DCHP、DEHP 和 DNOP 的方法检出限为 0.00125%；DINP、DIDP 方法检出限为 0.0125%。DINP、DIDP 在 2.5～100mg/L 范围内线性良好，其余 10 种物质在 0.25～10mg/L 范围内线性良好。高俊海等使用气相色谱-电子轰击质谱法测定了塑料制品中德克隆的含量[15]。结果表明，优化条件后使用气相色谱与电子轰击质谱联用测定顺式德克隆(syn-DP)和反式德克隆(anti-DP)，色谱峰峰形尖锐、对称，保留和分离效果好，标准曲线在 10～400μg/L 范围内线性关系良好。邵秋荣等使用气相色谱-质谱法测定了食品接触材料聚对苯二甲酸乙二醇酯塑料中间苯二甲基异氰酸酯的残留量，对 176 份进出口矿泉水瓶、油桶及食品罐等 PET 塑料样品进行分析，3 份样品中检出间苯二甲基异氰酸酯的含量超过 0.05mg/kg[16]。

## 六、气相色谱技术的新进展

2002 年，美国《分析化学》杂志在两年一度的气相色谱综述[17]中，提出近年气相色谱的热点有以下一些领域：①全二维气相色谱；②快速气相色谱、微型气相色谱仪；③新型气相色谱固定相；④色谱柱的溶胶-凝胶涂渍技术；⑤气相色谱在各领域中的应用。

事实上，近年来气相色谱技术在许多方面的进展涉及色谱柱、顶空技术以及联用技术等环节，并得到了广泛的应用。

### (一) 气相色谱柱

多层毛细管柱具有极性超过 OV-275、≤350℃稳定的性能，有其特殊的应用领域。用溶胶-凝胶工艺可制成聚己二醇毛细管柱；用此工艺衍生所得到的毛细管柱能扩大多孔性层式开管柱的工作范围；非极性毛细管也已能用溶胶-凝胶工艺制成。用双毛细管柱系统分析挥发性有机化合物的条件取得了最优化的结果。毛细管柱的新颖设计可供分析半挥发性化合物使用。键合相色谱柱的精加工也取得了长足的进展。新的聚合物键合多孔性层式开管柱的极性获得显著提高。新型惰性低流失柱是色谱柱改进的方向之一，低流失色谱柱已成功地应用于挥发物的分析。毛细管柱的逆向冲洗技术的应用能缩短分析时间达 80%，已应用于有机溶剂中水含量的快速测定。特殊用途的色谱柱也有了蓬勃的发展，分析血中醇含量的专用柱即其一例。

## (二) 顶空技术

静态顶空分析的操作已可作最优化处理，如大容量化，可在强酸性介质的工作液中分析有机污染物，也可由实验室机器人承担此项任务。

动态顶空技术的系统开发也有较大进展，配有自动气相吹扫、捕集的高灵敏度样品浓缩系统已经商业化。顶空固相萃取技术日益引起人们的重视，在这方面静态顶空与动态顶空的应用已进行了比较性研究。固相微萃取技术既保留了其特点(简单、成本低、易自动化、可原位取样等)，同时又克服了它的缺点(缺乏富集作用而不够灵敏、萃取不彻底)，因而具有强大的生命力。

## (三) 固相微萃取及其进样技术

固相微萃取技术(solid-phase micro-extraction, SPME)多与顶空技术结合，称为顶空固相微萃取方法。1989 年加拿大的 Pawliszyn 和 Belardi 率先提出 SPME 的概念[18]，主要是从试样基体中萃取出挥发性和半挥发性组分的一种分离手段。这种方法由于不使用有机溶剂，符合环境保护的要求，作为绿色技术而深受广大分析工作者的青睐。固相微萃取技术就狭义而言，是一种相平衡的萃取技术；但就广义而言，则是一个取样、进样、萃取和浓集一体化的过程。

SPME-GC 联用技术非常适合于生物检测[19]，该技术具有操作简单快速，样品用量少，方法选择性、重现性好，适合现场分析等许多优点，同时不使用有机溶剂也避免了对分析仪器的污染。SPME-GC 联用技术对气相色谱仪无特殊要求，但对实验条件的控制要求很严格。随着 SPME 技术的不断改进和装置价格的降低，预计不久它将在许多领域取代现行的大多数样品预处理方法。

实现大容量试样注射技术应用于气相色谱法及其联用技术具有广阔的前景。大容量试样注射技术已成为气相色谱的常规技术，人们对程序控制升温挥发、柱冷却和预置柱等进样技术也进行了比较研究。高速进样、快速程序控温的气相色谱系统也已建立，试样自动制备的注射装置是检测药物的好工具；它与质谱分析、嗅觉测量仪结合已发展成为一种新的联用技术。如何减少自动注射进样引起的交叉污染和夹带的问题在快速气相色谱法中是一个值得重视的问题。通用性气相色谱用的注射进样系统已研制成功；而适用于毛细管柱的注射进样技术也有较大改进。

## (四) 热解吸与相关技术

所谓 "热解吸" 可以是对涂层棒上被吸着的分析物进行解析、送往色谱柱，因此是固相微萃取的后续步骤；但也可以对试样直接进行解吸，因而又是独立的环节。分析固态试样中的挥发物可采用静态顶空、固相微萃取和直接热解吸技术。

热解吸空气和高湿度的试样宜备有自动保护试样和控制水分的系统。

与热解吸相联系的是裂解技术，多为气相色谱与质谱仪联用技术的一个组成部分。主要应用于高聚物的分析，如分析聚氨酯、高分子量聚对苯乙烯；也用于鉴定纸张和组成不明的未知物。

## (五) 近年研究的热点[14]

### 1. 全二维气相色谱

全二维气相色谱(comprehensive two dimensional gas chromatography，GC×GC)不同于通常的二维色谱(GC+GC)。GC+GC 一般是从第一根色谱柱切割出部分馏分在第二根色谱柱上进行分离，其缺点是不能完全利用二维气相色谱的峰容量，它只是把第一根色谱柱流出的部分馏分转移到第二根柱上，进行进一步的分离。全二维气相色谱是把分离机理不同而又互相独立的两根色谱柱以串联方式结合成二维气相色谱(图 6-14)，在这两根色谱柱之间装有一个调制器，起捕集再传送的作用，经第一根色谱柱分离后的每一个馏分，都需先进入调制器，聚焦后再以脉冲方式送到第二根色谱柱进行进一步的分离，所有组分从第二根色谱柱进入检测器，信号经数据处理系统处理，得到以第一根柱保留时间为第一横坐标，第二根柱保留时间为第二横坐标，信号强度为纵坐标的三维色谱图或二维轮廓图。

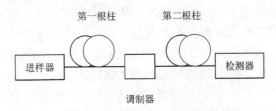

图 6-14　全二维气相色谱柱的连接

从 1991 年 Philips 和 Liu 开始研究 GC×GC 至目前，很多实验室正在参与此技术的研究开发，由 Philips 和 Zoex 公司合作于 1999 年正式实现了仪器的商品化[20]。该仪器有如下特点：①分辨率高，峰容量大。其峰容量为组成它的两根柱各自峰容量的乘积，分离度为两柱各自分离度平方加和的平方根。②灵敏度高。可比通常一维色谱提高 20～50 倍。③分析时间短。由于样品更容易分开，总分析时间反而比一维色谱所需要的时间短。④定性可靠性大大增强。在此，有三个因素同时起作用：第一，大多数目标化合物和化合物组分可以基线分离，减少了干扰；第二，峰被分离成容易识别的模式；第三，一个峰相对于同族的其他成员来说，在每次运行中其位置是相对稳定的[21]。

### 2. 快速气相色谱与微型气相色谱

2002 年，美国出版的《色谱科学杂志》有一期快速气相色谱的专刊[22]。2003 年，美国《分析化学》杂志第一期主编的讨论题目就是："芯片，更多的芯片"，其含义就是把仪器的各个部件集中到一块芯片上[23]。微型便携式气相色谱仪多年来就为国内学者和用户重视，仪器的微型化更成为近年的热点课题。国内的中国科学院大连化学物理研究所研制了国内第一台微型气相色谱仪。此微型气相色谱仪的关键部件固态热导检测器(SSD)设计新颖，性能指标近于国外同类产品水平。它与常规色谱仪相比在体积、质量和功耗上均减少 1 个数量级，且分析灵敏度更高、分析速度更快、适用温度范围更宽(40～180℃)，该仪器使用氢气或氦气作为气源，整机的适用电源范围宽，适合连续工作，操作简单，可解决常规气相色谱仪不易完成的检测任务，适用于永久气体、低碳烃、天然气、炼厂气和污染源含苯及硫、卤代烃等有害气体的现场检测。科技部在"九五"期间组织的分析仪器开发研究课题，北京分析仪器厂等单位研制了"高压快速气相色谱仪"。分析时间可缩短到常规毛细管色谱的 1/3～1/5。微型便携式气相色谱仪，其性能如下：压力：12MPa；升温速率：60℃/min；电子压力程序：0～1.2MPa；数据采集：80～100 次/s；色谱柱：75～100μm I.D.[24]。

### 3. 固定相的研究和新型固定相的开发

色谱专家系统的建立和双柱以及多柱联用技术的发展，为复杂样品的分离提供了新的途径。但要解决高沸点的复杂混合物、各种沸点相近的异构体以及性质极为相似的光学异构体的分离，必须有新的热稳定性好、选择性高的固定相。因此，合成和研究各种性能优良(即耐温性好、极性强、选择性高、易在毛细管柱内涂渍、柱效高、便于交联等)的色谱固定相乃是色谱工作者的重要任务之一。近年来，主要研究的气相色谱柱固定相有：①聚硅氧烷固定相；②液晶固定相；③环糊精固定相；④冠醚固定相等[25]。

### 4. 溶胶-凝胶涂渍技术制备色谱柱

1997 年，王东新等[26]在美国首次与 Malik 合作进行了毛细管色谱柱的溶胶-凝胶法方面的研究工作。2002 年，他回国后又在国内继续进行用溶胶-凝胶法制备毛细管气相色谱柱的研究[27, 28]。韩江华等用溶胶-凝胶法制备了几种具有特殊选择性的毛细管色谱柱[29, 30]。

用溶胶-凝胶涂渍技术把传统的制柱工艺中的三个步骤(脱活、涂渍、固定相键合交联)合为一步。把端羟基聚二甲基硅氧烷与含硅油、甲基三甲氧基硅烷、含水 5%的氟乙酸及溶剂二氯甲烷组成的溶液涂渍在石英毛细管色谱柱的内表面，使涂渍过程一步完成，制柱工艺大为简化。

## 第三节　反气相色谱及其在高分子研究中的应用

### 一、反气相色谱的原理

在一般的气相色谱分析中，固定相是已知的，样品是用注射器或定量管注入气化室，气化后由载气带入色谱柱进行分离的。色谱的保留值反映了被分析的挥发性组分与色谱柱中固定相(固定液或吸附剂)间相互作用的关系，它与两者的结构有关。因此，利用色谱保留值不仅可以对挥发性组分进行定性，还可以用来了解色谱柱中固定相的某些物理化学性质。

若以高聚物为固定相，惰性气体为流动相，把某些已知结构的挥发性低分子化合物(又称探针分子)注入气化室后，用载气带入色谱柱中，这些物质在气相-聚合物相两相中分配，通过测定它们的分配情况，如保留时间，则可以直接得到高聚物方面的许多信息。由于聚合物的组成和结构是不相同的，它们与探针分子的相互作用也就不同，由此就可以研究聚合物的各种性质、聚合物与探针分子的相互作用以及聚合物与聚合物之间的相互作用。由于这种方法分析的对象是色谱柱中的固定相(高聚物)而不是流经固定相的挥发性组分(探针分子)，此情形刚好与一般的气相色谱分析相反，故称为反气相色谱法(inverse gas chromatography, IGC)。这种方法是 1966 年由 Davis 首先提出的。

反气相色谱法可以在普通的气相色谱仪中进行，它的操作方法比较简便。气相色谱的原理和计算公式也同样适用于反气相色谱。载气稳定流过，探针分子(多为一些正构烷烃)由气化室注入，选择适当的检测器，由检测器(多为热导检测器)测定探针分子在色谱柱的保留时间 $(t_R)$、死时间 $(t_R^0)$；记录柱温 $(T_c)$ 及室温 $(T_r)$；测定柱的前后压力 $P_i$ 和 $P_0(P_0$ 一般为大气压)以及载气在柱出口的流速 $(F_r)$(用膜皂流量计测得)。通过这些基本数据，就可以按照气相色谱法中的公式计算出在此色谱条件下的比保留体积 $(V_g)$。依照 $V_g$ 值可以推算出聚合物与探针分子以及聚合物与聚合物之间的相互作用参数等，根据 $V_g$ 随温度或载气流速的变化就可以研究聚合物的若干物理化学性质，特别是有关热力学方面的性质。

### 二、聚合物样品的制备[5]

一般将需分析的聚合物用溶剂溶解后均匀地涂渍在色谱载体的表面，然后再填充到色谱柱内；也可以直接以薄膜、纤维或微粒的形式装填入柱；对于不溶的样品，则可直接以薄膜、纤维或微粒的形式装填入柱。应该注意的是，高聚物的厚度要小于 200μm，以保证色谱过程的平衡。微粒(粉末)也可分散在载体表面，以避免柱压过高。

在用涂渍法制备填充柱时，要注意选择合适的载体。要求载体表面呈惰性，且无吸附作用。实际上，只有少数载体(如色谱用玻璃微球)几乎无吸附作用，大多数载体都有一定的吸附作用。因此，在计算 $V_g$ 时就必须进行由载体表面的吸附效应引起的如下修正：

设净保留体积 $V_N$ 由两部分组成：一部分是作为固定液的聚合物的溶解，用 $K_L V_L$ 表示；另一部分是载体表面的溶解，用 $K_S V_S$ 表示，则有

$$V_N = K_L V_L + K_S V_S \tag{6-30}$$

式中，$V_L$ 为作为固定液的聚合物的体积；$K_L$ 为聚合物溶解分配系数。将式(6-30)两边除以 $V_L$ 即得

$$\frac{V_N}{V_L} = K_L + \frac{K_S V_S}{V_L} \tag{6-31}$$

测定不同流速下的 $V_N$ 值，外推得到流速趋近于零时的净保留体积$(V_N)_0$，改变聚合物的涂渍量，可得到一系列的$(V_N)_0$ 值，用$(V_N)_0/V_L$ 对 $1/V_L$ 作图，可知截距为 $K_L$，再由式(6-32)计算出 $V_g$ 值：

$$V_g = \frac{K_L}{\rho_P} \tag{6-32}$$

式中，$\rho_P$ 为聚合物的聚合度。

需要注意的是，在实验的过程中，为了保证 $V_g$ 的精确性，除应严格保证仪器的温度、载气流量控制、测量精度等，还要做到：

(1) 精确测定装入色谱柱的高聚物的总质量；

(2) 保证探针分子在柱内两相间达平衡；

(3) 消除载体表面的吸附效应。

## 三、反气相色谱法在高分子研究中的应用

反气相色谱法可直接用于研究高聚物。在测定某些低聚物的分子量，研究聚合物的热转变温度与分子量的关系，测量聚合物与聚合物之间、聚合物与溶剂之间的相互作用参数以及结晶聚合物的结晶度和结晶动力学曲线等方面都得到了广泛的应用。在测定低分子溶剂在聚合物中的扩散系数、扩散活化能等方面，反气相色谱法也有较多的应用。

### (一) 高聚物的色谱保留图[4]

在普通的气相色谱分析中,挥发性化合物在色谱柱中的固定相内的溶解(或吸附)能力总是随温度的升高而下降的。以 $\lg V_g$ 对 $1/T$ 作图，呈直线关系。然而，在

反气相色谱的情况下，高聚物系色谱柱中的固定相，探针分子流经其中，所得的 $\lg V_g$-$1/T$ 图(常称为高聚物的色谱保留图)呈 "Z" 形，如图 6-15 所示。图中曲线的转折处与高聚物的热转变有关：在高聚物的玻璃化转变温度 $T_g$ 以下，探针分子不能渗入高聚物内部，而只能吸附于表面，与一般吸附剂为固定相的情况一样，$V_g$ 随温度升高而下降，如曲线中的 $AB$ 段。在这一温度区间内，可以得到高聚物表面性质(如吸附热、表面积等)的有关资料。温度上升达玻璃化转变温度($T_g$)(曲线中的 $B$ 点)，由于高聚物链段的运动，探针分子开始能够渗入高聚物内部，高聚物对探针分子的表面吸附变为本体吸收，但此时高聚物的黏度较大，探针分子的扩散速度较慢，体系来不及建立平衡，以致 $V_g$ 反而随温度上升而增大，此过程持续到建立平衡的那一温度($C$ 点处的温度)为止。对于大多数高聚物来说，实验测得 $C$ 点温度约高于 $T_g$ 50℃。温度继续升高，$V_g$ 值又随之下降，如曲线中的 $CD$ 段。对于结晶高聚物，在熔点($T_m$)以下，探针分子只能溶解在高聚物的非结晶区部分，温度上升到 $D$ 点，晶区开始熔化，探针分子溶解的范围扩大，$V_g$ 值又随晶区不断熔化而增大，至 $F$ 点，晶区全部熔化，相当于高聚物的熔点 $T_m$。温度再上升，得到曲线的 $FG$ 段，此时，高聚物处于完全非晶态(液态)，情形与探针分子在完全非结晶高聚物中的溶解一样，可以研究探针分子与高聚物组成的溶液的热力学性质。曲线中的 $BC$ 段，可以用来了解探针分子在高聚物中溶解时逐渐趋向建立平衡的情况。而 $CD$ 段则反映了建立平衡后，高聚物非晶区的热力学性质。因此，高聚物的色谱保留图是用于了解高聚物的许多物理化学性能的重要依据。

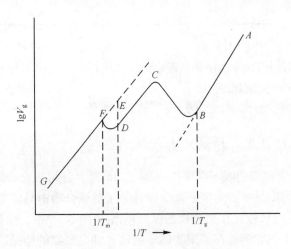

图 6-15　结晶高聚物的色谱保留图

## (二) 聚合物的热转变温度

用反气相色谱法测定聚合物的玻璃化转变温度 $T_g$ 始于 20 世纪 60 年代。当时，有人从反气相色谱中测得的聚 N-异丙基丙烯酰胺色谱保留图中发现，由几种探针分子而得的"Z"形曲线尽管形状各异，但它们的曲线的第一个转折处温度却相同，并且这一温度与该聚合物的 $T_g$ 值相当(图 6-16)。此后，对一系列的聚合物的分析表明，它们的色谱保留图中的"Z"形曲线与聚合物的 $T_g$ 值都有类似的关系。

反气相色谱法对聚酯的分析发现，用甲醇所得的色谱保留图在聚酯熔点以下有三个转变温度：$T_1$、$T_2$、$T_3$(图 6-17)。其中 $T_1$ 是玻璃化转变温度，$T_2$ 是部分结晶的结晶温度，$T_3$ 被认为是亚稳定晶区(液晶)的熔化温度。这些与由差热分析所得的结果相似。实验还表明，对于结晶度较高的样品，只能用反气相色谱法来检测出其转变温度[4]。

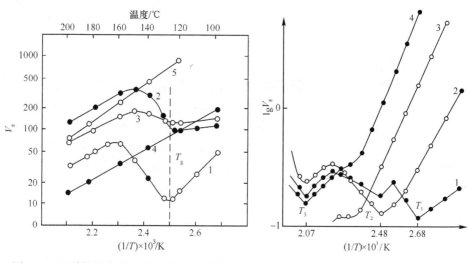

图 6-16　几种探针分子对聚(N-异丙基丙烯酰胺)的色谱保留图

1—正十六烷；2—α-氯代萘；3—萘；4—丁醇；5—乙酸

图 6-17　几种探针分子对聚酯的色谱保留图

1—甲醇；2—辛醇；3—正十四烷；4—正十六烷

## (三) 聚合物的结晶度与结晶动力学[4]

由聚合物的热转变曲线不仅可以得到 $T_g$ 和 $T_m$，还可以获得结晶聚合物的结晶信息。聚合物的结晶度的测定是基于探针分子对聚合物中晶区与非晶区(无定形区)两部分的不同溶解性。在聚合物的保留色谱图(图 6-16)中，结晶聚合物在曲线 CD 段，探针分子仅能溶解在高聚物的非晶区，即高聚物的结晶区的那部分对 $V_g$ 无贡献；在熔点以上，晶区全部熔化，由 FG 段测得的 $V_g$ 值则反映了探针分子在整个聚合物中平衡分配的情况，相当于该聚合物是一种非结晶的无定形聚合物所表现出来的行为。因此，若将 FG 作延长线，外推至 $T_m$ 以下与 CD 段相对应的某一温度，则可求得聚合物作为非结晶聚合物的比保留值 $V_g'$。由 $V_g'$ 与从 $CD$ 段测得的相应 $V_g$ 值，即可计算出该高聚物的结晶度 $X_c$：

$$X_c(\%) = \frac{高聚物结晶区质量}{高聚物总质量} \times 100\% = 100\% \times \left( 1 - \frac{V_g}{V_g'} \right) \tag{6-33}$$

由于反气相色谱法计算结晶度用的是 $V_g$ 和 $V_g'$ 的比值，不需要预先知道聚合物的晶区和非晶区参数(如比容)，这一点优于常用的密度法或 X 射线法。这一方法也不需要记录柱中所用聚合物的质量和载气流速，这些量在 $V_g/V_g'$ 中都可以相消。因此，对于测定新型结晶聚合物的结晶度，反气相色谱法是一种有效的方法。

反气相色谱法也可以用于聚合物结晶动力学方面的研究。首先，使柱温升至聚合物的 $T_m$ 以上，使聚合物熔化，再将柱温降至略低于 $T_m$ 的某一温度下，测定 $V_g$ 随时间($t$)的增加而下降的数值，$V_g$ 下降的速度就是结晶生长的速度。由聚合物熔融时外推得到的某一温度下的 $V_g'$ 值是不随时间 $t$ 的增加而发生改变的，只有 $V_g$ 值随时间($t$)而变。由此，可得到不同时间的结晶度 $X_c$ 值，$X_c$ 对 $t$ 作图，可得到聚合物的等温结晶动力学曲线。

## (四) 低分子化合物在聚合物中的扩散系数与扩散活化能

研究低分子化合物在聚合物中的扩散作用可以得到低分子物质对聚合物膜的渗透能力或聚合物中添加的低分子组分的挥发性。

由化工原理可知，当载体颗粒为球形时，传质阻力系数 $C$ 为

$$C = \frac{8}{\pi^2} \cdot \frac{d_f^2}{D_l} \cdot \frac{K'}{(1+K')^2} \tag{6-34}$$

式中，$d_f$ 为载体表面所涂聚合物膜的厚度；$K'$ 为探针分子的容量因子；$D_l$ 为探针分子在聚合物中的扩散系数。

膜的厚度可由下面公式求得。假设柱中填充的载体为球状玻璃微球，共 $N$ 个，则载体的体积为

$$V = N \cdot \frac{4}{3} \cdot \pi r^3 \tag{6-35}$$

式中，$r$ 为微球的统计平均半径，则微球的总表面积 $A$ 为

$$A = N \cdot 4\pi r^2 \tag{6-36}$$

将式(6-35)和式(6-36)整理，得

$$A = 3V/r \tag{6-37}$$

若涂在玻璃微球表面的聚合物质量为 $m_p$，聚合物的密度为 $\rho$，则聚合物的体

积 $V_p$ 为

$$V_p = m_p/\rho \tag{6-38}$$

因此，聚合物在微球表面的厚度 $d_f$ 应为

$$d_f = \frac{V_p}{A} = \frac{m_p/\rho}{3V/r} \tag{6-39}$$

如果玻璃微球在柱内堆积较密，则微球的总体积 $V$ 约占柱内体积的 70%，$V_c$ 可用柱长和柱内径 $r_c$ 求得，所以

$$V = 0.7V_c = 0.7\pi L r_c^2 \tag{6-40}$$

即

$$d_f = \frac{m_p/\rho}{2.1\pi L r_c^2/r} \tag{6-41}$$

将求得的 $d_f$ 值代入式(6-34)，就可以求得扩散系数 $D_1$。

在实验中测得不同温度下探针分子在聚合物中的扩散系数 $D_1$，作 $\lg D_1$-$1/T$ 图，得到斜率为负值的直线，符合阿伦尼乌斯方程，即

$$D_1 = D_1^0 e^{-E_D/RT} \tag{6-42}$$

用该斜率公式就可以求出探针分子在聚合物中扩散的扩散活化能 $E_D$。

## (五) 低聚物分子量的测定[4]

Martire 指出，对于结构相同而分子量分别为 $M_x$ 和 $M_y$ 的两种低聚物，若利用同一探针分子分别测得它们的比保留体积 $V_{gx}$ 和 $V_{gy}$，则它们之间存在以下关系

$$\frac{1}{M_x} = \frac{\rho_y}{\rho_x} \cdot \frac{1}{M_y} + \left( \lg\frac{V_{gx}}{V_{gy}} + \lg\frac{\rho_x}{\rho_y} \right) \bigg/ \rho_x V_1 \tag{6-43}$$

式中，$\rho_x$ 和 $\rho_y$ 分别为两低聚物的密度；$V_1$ 为探针分子在常温常压下的摩尔体积。当两低聚物的密度已知时，只要知道其中一低聚物的分子量 $M_y$，就可以根据测得的 $V_{gx}$ 和 $V_{gy}$ 计算出另一低聚物的分子量 $M_x$。

如果用两种结构相似的探针分子 a 和 b 同时对两低聚物测定比保留体积，得 $(V_{gx})_a$ 和 $(V_{gx})_b$ 及 $(V_{gy})_a$ 和 $(V_{gy})_b$，求出两低聚物的相对保留值 $R_x$ 和 $R_y$

$$R_x = (V_{gx})_a/(V_{gx})_b \tag{6-44}$$

$$R_y = (V_{gy})_a/(V_{gy})_b \tag{6-45}$$

则可用相对保留值代替比保留体积，以消除载气和柱温波动带来的误差，使实验

的准确性和重现性更好。此时的公式则应改写为

$$\frac{1}{M_x} = \frac{\rho_y}{\rho_x} \cdot \frac{1}{M_y} - (\lg R_x - \lg R_y)/\rho_x \Delta V_1 \qquad (6\text{-}46)$$

式中，$\Delta V_1$ 为两种探针分子 a 和 b 的摩尔体积之差。Martire 以正庚烷和正辛烷为探针分子，测定了聚丙二醇的分子量。以已知分子量为 400 的聚丙二醇，测得另一聚丙二醇的分子量为 1220，此与冰点下降法测得同一聚丙二醇的分子量为 1260 的数据很接近。

## (六) 探针分子与聚合物、聚合物与聚合物之间的相互作用参数

探针分子(用数字 1 表示)与某聚合物(用 $i$ 表示)之间的相互作用参数 $x_{1i}$ 为[5]

$$x_{1i} = \ln \frac{RT v_p}{p_1^0 V_1 V_g} - \left(1 - \frac{V_1}{\overline{M_p} v_p}\right) - \frac{p_1^0}{RT}(B_{11} - V_1) \qquad (6\text{-}47)$$

式中，$v_p$ 为聚合物的比体积(密度的倒数)；$\overline{M_p}$ 为聚合物的平均分子量；$V_1$ 为探针分子的体积；$p_1^0$ 为探针分子的饱和蒸气压；$B_{11}$ 为探针分子的第二位力系数。两种聚合物 2 和 3 之间的相互作用参数 $x_{23}$ 可由探针分子 1 分别与聚合物 2、聚合物 3 及 2 和 3 的混合物的相互作用参数 $x_{12}$、$x_{13}$ 和 $x_{1(23)}$ 求得

$$x_{23} = \frac{V_2}{V_1 \phi_2 \phi_3}[x_{12}\phi_2 + x_{13}\phi_3 - x_{1(23)}] \qquad (6\text{-}48)$$

式中，$V_2$ 为聚合物 2 的链节的体积；$\phi_2$ 和 $\phi_3$ 分别为共混物中聚合物 2 和聚合物 3 的体积分数。

均聚物-均聚物的混合物组分间的相容性对加工成型及产品的性能有相当大的影响，测定两种聚合物之间的热力学相互作用参数对于了解共混体系的相容性十分重要。测定非晶聚合物之间相互作用参数的方法通常有蒸气吸附法、小角中子散射法及反气相色谱法等。如果共混物中有一组分是结晶的，则可在其结晶熔点以上使共混物处于非晶状态，用反气相色谱法测定两组分之间的相互作用，用式(6-48)计算参数 $x_{23}$。例如，聚己内酯(PCL)是结晶聚合物，其熔点为 63℃，聚碳酸酯(PC)是非晶聚合物，在 70℃时测定两者的相互作用参数 $x_{23}$，发现不同配比的共混物的 $x_{23}$ 都是负数，说明这一体系的相容性能好，而且用反气相色谱法测得的各配比的 $x_{23}$ 的均方根值与差示扫描量热法所得的 $x_{23}$ 值是相近的。

另外，反气相色谱法还可以测定聚合物的其他许多物理化学数据，如比表面积、探针分子在聚合物中的扩散系数、活度系数、分配系数和热焓、熵等。黏合剂的固化过程也可以用反气相色谱法进行测定。

# 第四节　凝胶色谱及其在高分子研究中的应用

## 一、凝胶色谱法的基本原理

### (一) 液相色谱概述

液相色谱是一类分离与分析技术，其特点是以液体作为流动相。与气相色谱不同，液体作为流动相时，固定相可以有多种形式，如纸、薄板和填充床等。在色谱技术发展的过程中，为了区分各种方法，根据固定相的形式产生了各自的命名，如纸色谱(paper chromatography)、薄层色谱(thin-layer chromatography)和柱液相色谱(column liquid chromatography)。

经典液相色谱的流动相是依靠重力缓慢地流过色谱柱的，因此固定相的粒度不可能太小(在 100～150μm)。分离后的样品是被分级收集后再进行分析的，使得经典液相色谱不仅分离效率低、分析速度慢，而且操作也比较复杂。直到 20 世纪 60 年代，发展了粒度小于 10μm 的高效固定相，并使用了高压输液泵和自动记录的检测器，克服了经典液相色谱的缺点，发展成高效液相色谱(high performance liquid chromatography)，也称高压液相色谱(high pressure liquid chromatography)，简称 HPLC。

液相色谱按其分离的机理可分为以下四种类型。

### 1. 吸附色谱

吸附色谱的固定相为吸附剂，色谱的分离过程是在吸附剂表面进行的，不进入固定相的内部。与气相色谱不同，流动相(即溶剂)分子也与吸附剂表面发生吸附作用。在吸附剂的表面，样品分子与流动相分子进行吸附竞争，因此流动相的选择对分离效果有很大的影响，一般可采用梯度淋洗法来提高色谱分离效率。在聚合物的分析中，吸附色谱一般用来分离添加剂，如偶氮染料、抗氧化剂、表面活性剂等，也可用于石油烃类的组成分析。

### 2. 分配色谱

这种色谱的流动相和固定相都是液体，样品分子在两个液相之间很快达到分配平衡，利用各组分在两相中分配系数的差异进行分离，有些类似于萃取过程。一般常用的固定液有 $\beta, \beta'$-氧二丙腈(ODPN)、聚乙二醇(PEG)、三甲撑乙二醇(TMG)和角鲨烷(SQ)。采用与气相色谱(GC)同样的方法，将固定液涂渍在多孔的载体表面，但在使用中固定液易流失。目前应用越来越广的是键合固定相。在这种固定相中，固定液不是涂在载体表面，而是通过化学反应在纯硅胶颗粒表面键合上某种有机基团。例如，利用氯代十八烷基硅烷与硅胶表面的羟基(—OH)之间的反应就可以形成一烷基化表面。硅胶表面的羟基(—OH)用 SiOH 表示，反应如下：

$$
\begin{array}{ccc}
& R & \qquad\qquad R \\
& | & \qquad\qquad | \\
SiOH + Cl\!-\!Si\!-\!R & \longrightarrow & Si\!-\!O\!-\!Si\!-\!R \\
& | & \qquad\qquad | \\
& R & \qquad\qquad R
\end{array}
$$

其中，R 代表十八烷基。也可以用脂肪胺、醚、硝酸酯和芳香烷烃等键合到硅胶表面。这种固定液的优点是不易被流动相剥蚀。在分配色谱法中，流动相可为纯溶剂，也可以采用混合溶剂进行梯度淋洗，其极性应与固定液差别大一些，以避免两者之间相溶。通常可分为正相分配和反相分配，见表 6-8[5]。

表 6-8　分配色谱的分配类型

| 分配类型 | 流动相 | 固定相 | 被分析样品 |
| --- | --- | --- | --- |
| 正相分配 | 非极性 | 极性 | 极性 |
| 反相分配 | 极性* | 非极性 | 非极性 |

*在反相分配中，流动相通常用水。

## 3. 离子交换色谱

离子交换色谱(ion exchange chromatography, IEC)法通常用离子交换树脂作为固定相。一般是样品离子与固定相离子进行可逆交换。由于各组分离子的交换能力不同，从而达到色谱的分离。

离子交换色谱法是新发展起来的一项现代分析技术，已广泛应用于氨基酸、蛋白质的分析，也适合于某些无机离子($NO_3^-$、$SO_4^{2-}$、$Cl^-$ 等无机阴离子和 $Na^+$、$Ca^{2+}$、$Mg^{2+}$、$K^+$ 等无机阳离子)的分离和分析，在分析化学中有十分重要的作用。

## 4. 凝胶色谱

凝胶色谱(gel chromatograph)法，又称排除色谱(exclusion chromatography)法，是基于分子尺寸的差别而使被测物分离的一类液相色谱法。与液-液、液-固和离子交换色谱法相比，它出现得较晚，操作技术及分离机理也最简单，但已成为十分重要的色谱分离方法，在生物化学和高分子化学领域已经获得了广泛的应用。

很早以前人们便已经知道，具有分子级大小细孔的多孔性物质，往往具有能使与其孔径相应尺寸的分子互相筛分开的作用。例如，用细孔尺寸为几埃大小的均匀细孔沸石(结晶硅酸铝)来分离低分子量的醇和烃。但这类基于分子筛效应而可分离的化合物是有限的。自 Porath 等于 20 世纪 50 年代末期研制出了具有立体网眼结构的葡聚糖凝胶之后，才初次建立了有广泛应用性而本质上是基于分子的尺寸的分离方法。随后，又渐渐出现了用聚苯乙烯、聚丙烯酰胺等合成的聚合物凝胶。目前，凝胶色谱法得到了广泛的应用，既能用于水溶液的体系，又适合于有机溶剂的体系。当所用的洗脱剂为水溶液时，称为凝胶过滤色谱(gel filtration chromatography, GFC)，在生物界的应用比较多；采用有机溶剂为洗脱剂时，称为凝胶渗透色谱(gel permeation chromatography, GPC)，在高分子领域的应用比较多。

上述的四种不同类型的液相色谱，可以依据样品性质的不同，选择不同的方法，如图 6-18 所示[5]。

## (二) 凝胶色谱的基本原理

### 1. 凝胶色谱的分离机理

凝胶色谱是液相色谱的一个较新的分支，其分离过程是基于分子筛效应而进行的。尺寸小的分子能够在凝胶颗粒内的网眼中自由地扩散，但是，随着被测分子尺寸增大到与网眼的大小相当时，便不能顺利进入凝胶的内部，直至完全不能扩散到凝胶颗粒的内部。根据这一分子筛效应，显然可以按照分子尺寸大小的差别来进行分离。当一个被测物质(几种不同分子量的物质的混合物)注入色谱柱时，试样溶液流过已用适当溶剂浸润溶胀的固定相床层，而凝胶色谱的固定相颗粒中有许多大小各异的细孔，被测物质中有的分子较大，任何孔都不能进入，于是便完全不能进入固定相而被排斥，因此，它们便直接流过色谱柱，而它们的色谱峰便最先在色谱图上出现。另外，被测物质中还有一些分子很小，能够进入固定相中所有的孔并浸入整个颗粒内部，于是它们通过色谱柱最慢，在柱中的保留时间最长，其色谱峰在色谱图上出现最晚。而中等尺寸的分子，能够进入固定相颗粒中较大的一部分孔而不能进入较小的孔，因而便以中等速度流过色谱柱，这样就实现了分离。因此，大分子的流程短，保留值小，而小分子的流程长，保留值大。所以，也可以说，凝胶色谱法是根据分子流体力学体积的大小，按从大到小的顺序进行分离的。

显然，凝胶色谱的分离完全是严格地建立在分子尺寸大小的基础上的，通常不应该在固定相上发生对试样的吸着和吸附，同时也不应该在固定相和试样之间发生化学反应(当然，也有一些凝胶色谱填料，如表面磺化交联聚苯乙烯颗粒，主要是基于分子尺寸大小而进行分离的。但其表面磺化层又与被测离子之间有轻微的离子交换作用)。

凝胶色谱法的特点是样品的保留体积不会超过色谱柱中溶剂的总量，因而保留值的范围是可以推测的，这样可以每隔一定时间连续进样而不会造成色谱峰的重叠，提高了仪器的使用率。其缺点则是柱容量较小。常用的凝胶见表 6-9[31]。

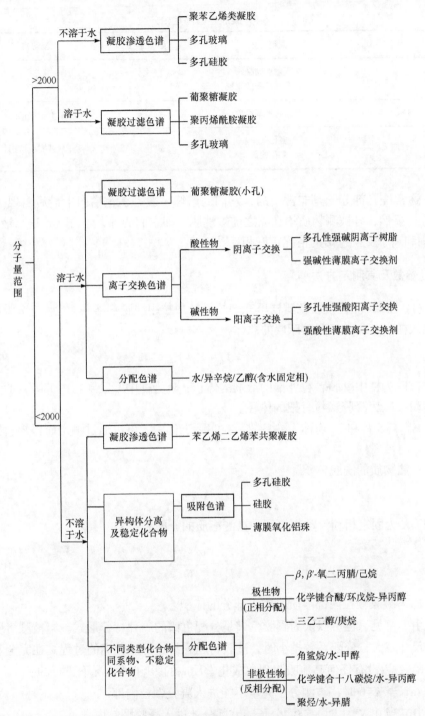

图 6-18 液相色谱方法选择

**表 6-9　凝胶色谱固定相分类**

| 凝胶类型 | 凝胶名称 | 耐压性 | 流动相 |
|---|---|---|---|
| 软质有机胶 | 交联葡聚糖凝胶<br>交联聚丙烯酰胺凝胶 | 常压 | 水 |
| 半硬质有机胶 | 高交联聚苯乙烯 | 较高压 | 有机溶剂 |
| 硬质无机胶 | 多孔硅胶<br>多孔玻珠 | 高压 | 水或有机溶剂 |

通常洗脱剂分子是非常小的，它们的谱峰一般是在色谱图中最后出现(此时为 $t_0$)。显然，各被测物质均在 $t_0$ 之前被洗脱，即它们的 $t_R$ 均小于 $t_0$，这与液-液、液-固和离子交换色谱的情况正好相反[5]。

**2. 柱参数及其测定方法**

(1) 柱参数：将凝胶色谱柱填充剂的凝胶颗粒用洗脱剂溶胀，然后与洗脱剂一起填入柱中，此时，凝胶床层的总体积为 $V_t$

$$V_t = V_0 + V_i + V_g \tag{6-49}$$

式中，$V_0$ 为柱中凝胶颗粒外部的溶剂的体积；$V_i$ 为柱中凝胶颗粒内部吸入的溶剂的体积；$V_g$ 为凝胶颗粒骨架的体积。

$V_t$、$V_0$、$V_i$ 和 $V_g$ 均称为柱参数。在实际工作中，可以通过测定而得知它们的数值。

被测物质的洗脱体积

$$V_e = V_0 + KV_i \tag{6-50}$$

式中，$K$ 为固定相和流动相之间的被测溶质的分配系数

$$K = \frac{V_p}{V_i} = \frac{V_e - V_0}{V_i} \tag{6-51}$$

$V_p$ 为凝胶颗粒内部溶质能进入部分的体积。

由上可见，也可以认为凝胶色谱是分配色谱的一种特殊形式。当被测溶质分子的尺寸越大，分配系数越小时，洗脱将越容易进行。分离的过程是在完全基于分子筛效应(没有任何其他吸附现象或化学反应的影响)的情况下进行的。

(a) 当 $K=0$ 时，被测分子完全不能进入凝胶颗粒内部；

(b) 当 $0<K<1$ 时，被测分子能够部分地进入凝胶颗粒内部；

　　(c) 当 $K=1$ 时，被测分子完全浸透进入凝胶颗粒的内部；

　　(d) 当 $K>1$ 时，表明有吸附等其他影响存在。

　　若将 $V_i$ 用凝胶相的总体积 $V_x$ 代替，这里

$$V_x = V_i + V_g \tag{6-52}$$

则有

$$V_e = V_0 + K_a V_x = V_0 + K_a(V_t - V_0) \tag{6-53}$$

$$K_a = \frac{V_e - V_0}{V_t - V_0} \tag{6-54}$$

式中，$K_a$、$V_0$ 和 $V_e$ 都容易测定，所以在实际工作中，人们常用 $K_a$。$K_a$ 与 $K$ 之间的关系为

$$K_a = K \frac{V_i}{V_i + V_g} \tag{6-55}$$

　　(2) 柱参数的测定方法：$V_t$ 即色谱柱的内体积，是很容易计算出的。$V_a$ 则等于完全不能浸入凝胶颗粒内部的溶质分子的洗脱体积。

　　所以，人们往往采用分子量为 200 万左右的着色葡聚糖和血红蛋白(GFC 场合)或聚苯乙烯等高分子化合物(GPC 场合)来测定 $V_0$。

　　而通过测定能全部浸渗进入凝胶内部的小溶质分子的洗脱体积 $V_e$，如测定用氚标记水分子和葡萄糖(GFC 场合)或丙酮和己烷(GPC 场合)的 $V_e$，再由公式

$$V_e = V_0 + K V_i \tag{6-56}$$

此时，$K=1$，所以

$$V_i = V_e - V_0 \tag{6-57}$$

即可求得 $V_i$。另外

$$V_i = W_g \cdot S_r \tag{6-58}$$

式中，$W_g$ 为干燥凝胶的质量，g；$S_r$ 为凝胶内部单位质量保留溶剂的体积，mL/g。

　　所以，也可以先用已知量的过量溶剂，将干燥凝胶溶胀，然后用离心机离心除去吸入凝胶颗粒内部的过量溶剂，两者之差便为凝胶颗粒内部保留的该溶剂的量，从而求得 $S_r$，然后计算出 $V_i$[3, 32]。

## 二、凝胶色谱法的固定相及其选择

### (一) 凝胶色谱法的凝胶种类

#### 1. 疏水性凝胶

疏水性凝胶主要用于 GPC 分析。其中用得最多的为苯乙烯-二乙烯(基)苯的共聚珠体。常用的洗脱剂为四氢呋喃，其次为苯，很少用乙醇和丙酮作为洗脱剂。在 GPC 中，人们也常用乙酸乙烯与 1,4-双(乙烯氧基)丁烷合成的共聚乙酸乙烯凝胶作为固定相，其结构式为

另外，也有人使用聚甲基丙烯酸甲酯、化学改性交联葡聚糖等作为 GPC 的柱填料。

#### 2. 亲水性凝胶

亲水性凝胶主要用于 GFC 体系。其中使用最广泛的是将葡聚糖用氯甲代氧丙烷交联而制成的交联葡聚糖凝胶，它们的商品牌号为 Sephadex，其结构式为

　　将丙烯酰胺用次甲基二丙烯酰胺交联，可制得聚丙烯酰胺凝胶，也常用作GFC 的固定相。其结构式为

　　另外，在 GFC 中，有时也采用琼脂、中性琼脂糖以及表面磺化或表面氯甲基化的聚苯乙烯-二乙烯(基)苯共聚珠体作为柱填料。

## 3. 无机凝胶

　　无机凝胶主要为多孔性玻璃、多孔性硅质材料和改性硅胶等。因为它们在水溶液和有机溶剂中均不会溶胀而产生体积的变化，所以既可用于 GFC，又能用于 GPC，不过它们有吸附性，当分离极性大的物质时，应特别注意。

　　也有一些资料将凝胶色谱填料分类时，分为软性凝胶、半刚性胶和刚性凝胶。按这样的方法分类也有其优点，因为在实际操作中，凝胶的性能(如耐压性、溶胀性等)和操作技术往往与凝胶的软硬性有关。一般来说，交联葡聚糖及低交联度的苯乙烯-二乙烯(基)苯珠体是软性凝胶，中、高交联度的苯乙烯-二乙烯(基)苯珠体是半刚性凝胶，而多孔玻璃、多孔性硅质材料和改性硅胶等，则属于刚性凝胶。软性凝胶均不能承受高压作用，否则会使柱填料被压缩而变形，柱效降低，甚至会使柱子被完全破坏而不能再使用。所以，通常在常压或低压下，在低流速下使用，软性凝胶溶胀后，体积会增大许多倍。现代高效液相色谱中，用得最多的是半刚性凝胶和刚性凝胶[31]。

　　常用的商品凝胶色谱柱填料见表 6-10。

表 6-10　常用的商品凝胶色谱柱填料

| 种类 | 牌号 | 生产厂家或经销商 |
|---|---|---|
| 葡聚糖凝胶 | Sephadex G10 | 瑞典 Pharmacia Fine Chemicals, Inc. 中国天津试剂二厂等 |
|  | Sephadex G15 |  |
|  | Sephadex G25 |  |
|  | Sephadex G50 |  |
|  | Sephadex G100 |  |
|  | Sephadex G200 |  |
| 聚丙烯酰胺凝胶 | Bio-Gel P-2 | 美国 Bio-Rad 实验室 |
|  | Bio-Gel P-4 |  |
|  | Bio-Gel P-10 |  |
|  | Bio-Gel P-60 |  |
|  | Bio-Gel P-100 |  |
| 琼脂糖凝胶 | Bio Gel A-5 | 美国 Bio-Rad 实验室 |
|  | Bio Gel A-50 |  |
|  | Sepharose B | 瑞典 Pharmacia Fine Chemicals, Inc. |
| 聚苯乙烯凝胶 | Bio-Beads S-X4 | 美国 Bio-Rad 实验室 |
|  | Styragel 39728 | 美国 Waters Associates Ins. |

## (二) 凝胶色谱法中凝胶的选择

比表面积、孔径分布和孔容等参数，能够反映出凝胶填料的特性，可以作为选择凝胶时的参考。另外，也可以根据凝胶的渗透范围(也就是校正曲线上排除极限与全部渗透限之间的整个范围)选择柱填料。

## 三、凝胶色谱法所用溶剂的选择

在凝胶渗透色谱中，为获得良好的分离效果，应对所用的有机溶剂进行选择，选择时应考虑如下因素：

(1) 所用的有机溶剂必须很好地溶解试样。

(2) 所用的有机溶剂能够很好地将凝胶溶胀(这里指的是软性凝胶或半刚性凝胶)，特别是软性凝胶，其孔径大小与所用的溶剂的吸留量呈一定函数关系，故更应注意。

(3) 溶剂必须与凝胶的性质类似，从而方能使凝胶能够被该溶剂很好地润湿并防止试样在柱上吸附。

(4) 应考虑溶剂与所用的检测器是否匹配。在凝胶色谱中，示差折光检测器应用最为广泛。因而，三氯苯、甲苯和间苯酚等溶剂也获得了广泛的应用，因为使用它们为溶剂时，示差折光检测器能够很好地工作，且它们也能很好地溶解许多高分子聚合物。不过，采用紫外检测器时，这些溶剂却难以适用，因为它们在紫外区常有强的吸收。

(5) 尽可能所用溶剂的黏度较小，否则会使分离速度太慢，并使分离效果变差。

而在凝胶过滤色谱中，均采用水为溶剂来配制洗脱剂或直接用去离子水作为洗脱剂。此时，若采用的是软性凝胶，则应考虑所用电解质的种类及浓度对凝胶的影响，因为当洗脱剂中电解质的强度或浓度发生变化时，常有可能会使软性凝胶的孔径发生变化。表 6-11 列出了凝胶色谱法中常用的一些溶剂。

**表 6-11　凝胶色谱法常用溶剂**[31]

| 溶剂 | 折射率 | 沸点/℃ | 黏度(20℃)/(mPa·s) | 适用范围 |
|---|---|---|---|---|
| 四氢呋喃 | 1.407 | 66 | 0.51 | 测定高聚物及小分子 |
| 甲苯 | 1.489 | 110.6 | 0.52 | 测定橡胶等物质 |
| 1,2,4-三氯苯 | 1.552 | 213 | 0.50 | 聚烯烃 |
| 氯仿 | 1.448 | 61.2 | 0.58 | 测定双氧衍生物及多种小分子 |
| $N,N'$-二甲基甲酰胺 | 1.428 | 153 | 0.90 | 测定聚氨酯、丙烯腈纤维素及酯类 |
| 水 | 1.333 | 100 | 1.00 | 测定电解质及金属络合物等 |

## 四、凝胶色谱法的仪器设备

凝胶色谱法所用的仪器设备与其他HPLC的仪器设备非常相似,常规的HPLC仪器也可以应用于凝胶色谱的研究。然而,虽然高压GPC的微粒凝胶柱的最新发展为聚合物更简单和更快速的 GPC 技术的发展提供了巨大的潜力,但大多数聚合物实验室中使用的仪器却与常规的 HPLC 仪器有些差别。图 6-19 为 HPLC 的典型流程图[5]。

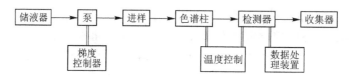

图 6-19　HPLC 的典型流程图

由图 6-19 可以看出,凝胶色谱也主要由四部分组成,即流动相系统、分离系统、检测系统和其他辅助系统。

### 1. 色谱柱的尺寸

一般情况下,凝胶色谱法中采用的色谱柱的内径均比其他几种色谱法色谱柱的内径更大。最常用的凝胶色谱柱的内径在 10mm 左右,柱长为 800~2000mm,根据需要可由几根柱串联起来使用。

### 2. 进样装置

一般的凝胶色谱仪都配有一个阀环和一个隔膜进样器,对于黏度较大的试样,常可通过阀环来进样[31]。

### 3. 检测器[33]

用于 GPC 的检测器可分为浓度检测器和分子量检测器两类, 分别介绍如下。

(1) 浓度检测器:浓度检测器是连续地检测色谱柱淋出各级分的含量。它的种类很多, 主要有示差折光检测器、紫外检测器、红外检测器和称量法等。

示差折光检测器(DRI):通过连续地测定淋出液的折光指数的变化来测定样品的浓度,只要被测样品与淋洗剂折光指数不同均能检测。它是一种通用型的, 也是凝胶色谱中必备的一种检测器。

紫外(UV)检测器:常用于检测共聚物组分及分子量分布,它是非通用型检测器, 仅能用于检测具有紫外吸收的样品。

红外(IR)检测器:示差折光检测器虽然是通用型检测器,但受环境因素的影响较大，尤其是高温体系要求控制的精度较高，紫外检测器虽然对芳香烃和羰基吸收谱带具有高的灵敏度，而且受环境因素影响也小，但不适用于聚烯烃的检测。红外检测器可以弥补以上两种检测器的不足之处。

(2) 分子量检测器：分子量检测方法有两种：间接法和直接法[5]。

间接法即体积指示法：由于凝胶色谱法是按分子尺寸大小来分离的，对给定的色谱柱而言，一定大小的分子必然在一定体积时淋出，如果用已知分子量的标准物质标定好色谱柱，得到一系列的分子量与淋洗体积的关系，对未知样品只要测得淋洗体积，用上述的分子量与淋洗体积的关系，即可求出该试样的分子量。

直接检测分子量的方法：目前已得到应用的有自动黏度检测器测定法和小角激光散射(low angel laser light scattering, LALLS)光度计检测法。

自动黏度检测器测定法：最常用的是一种连续性测定法，即测定柱流出物流经不锈钢毛细管黏度计的压力差。另外，间歇式测定法也常使用，即测定柱流出物流过玻璃毛细管黏度计的时间。

测定柱后流出液的特性黏度$[\eta]$。依照 Mark-Houwink 方程

$$[\eta] = KM^{\alpha} \tag{6-59}$$

式中，$K$、$\alpha$为常数，与聚合物的类型、溶剂和溶液的温度有关。因此，只要测定溶液的$[\eta]$即可换算得到聚合物的分子量$M$。已知$K$、$\alpha$值时，可算出绝对分子质量，否则就只能算出相对分子质量。

自动黏度检测器有两种型式：一种是间隙式，测定一定体积的淋出液(即 GPC 中的每一级分)流经毛细管黏度计的流出时间；另一种是连续式，测定柱后淋出液流经毛细管黏度计时在毛细管两端所产生的压力差。流体通过毛细管的压力差$\Delta p$与流体黏度$\eta$成正比

$$\Delta p = k\eta \tag{6-60}$$

式中，$k$为仪器常数，可由式(6-61)求出

$$k = (8u/\pi)(l/R^4) \tag{6-61}$$

式中，$u$为淋洗液的流速；$l$和$R$分别为毛细管长度和半径。当毛细管形状和流速一定时，溶液与溶剂的压力差之比$\Delta p_i/\Delta p_0$等于它们的黏度之比$\eta_i/\eta_0$。因此，GPC 中任一级分流出液的$[\eta]_i$可用式(6-62)表示

$$[\eta]_i = [\ln(\Delta p_i/\Delta p_0)/C_i]_{C_i \to 0} \tag{6-62}$$

GPC 流出液的浓度是很低的，符合$C_i \to 0$的条件。式中的$C_i$可以通过浓度型检测器测出。这种检测器在使用时要求流速稳定和黏度计温度恒定。

小角激光散射光度计检测法：黏度检测法能有效地检测柱流出组分的分子量，不过，当被测组分的$\alpha$、$K$等色谱参数尚未知时，则常常还是要求助于校正曲线。

近年来出现的小角激光散射光度计，作为凝胶色谱的分子量检测器，则能够直接测定出流出物中组分的分子量，而不需要求助于校正曲线。显然，这是测定分子量的真正的绝对测定法。其工作原理为：当光通过高分子溶液时，会产生瑞利散射，散射光强度及其对散射角 $\theta$(即入射光与散射光测量方向的夹角)和溶液浓度 $C$ 的依赖性与聚合物的分子量、分子尺寸、分子形态有关。因此，可用光散射的方法研究高分子溶液的分子量等参数。采用瑞利比 $R_\theta$ 来描述散射光

$$R_\theta = r^2 I / I_0 \tag{6-63}$$

式中，$I_0$ 和 $I$ 分别为入射光和散射光强度；$r$ 为观察点与散射中心的距离。小角激光散射与一般光散射方法相比，其特点是可以在 $\theta \rightarrow 0$ 和 $C \rightarrow 0$ 的条件下测定，使计算大大简化。$R_\theta$ 和溶质的重均分子量 $\overline{M}_\mathrm{w}$ 的关系为

$$\frac{KC}{R_\theta} = \frac{1}{\overline{M}_\mathrm{w}} + 2A_2 C \tag{6-64}$$

式中，$K$ 为仪器常数。

$$K = \frac{4\pi^2}{N_A \lambda^4} \cdot n^2 \left(\frac{\mathrm{d}n}{\mathrm{d}c}\right)^2 \tag{6-65}$$

式中，$N_A$ 为阿伏伽德罗常量；$\lambda$ 为入射光的波长；$n$ 为溶液的折光指数。式(6-64)中的 $A_2$ 为第二位力系数，需要测定。当测定溶液的浓度 $C \rightarrow 0$ 时，该项也可忽略。这样式(6-65)即可简化为

$$\frac{KC}{R_\theta} = \frac{1}{\overline{M}_\mathrm{w}} \tag{6-66}$$

式中，$C$ 为流出液中样品的浓度。因此，在 GPC 中，只要有浓度型检测器和小角激光散射联用，就可以直接测出流出液中样品的重均分子量。

新型的小角激光散射/GPC 联用仪，是以激光为光源，测定散射光，从而求得分子量。测定时，先定出位力系数，然后求出分子量[33]。采用小角激光散射检测器，有不需要校正柱、可测定微量高分子化合物、可进行歧化研究等优点。

例如，在一般情况下，凝胶色谱测定分子量时，需要用聚苯乙烯等标准物质测出校正曲线(图 6-20)。图中对数分子量 $= a + bV_\mathrm{r} - cV_\mathrm{r}^2 + V_\mathrm{r}^3$。

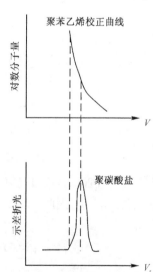

图 6-20　聚苯乙烯校正曲线

采用小角激光检测器后，便可直接求得分子量而不必采用校正曲线。图 6-21 为在配备示差折光检测器和小角激光散射光度计的

GPC 仪上获得的谱图[33]。在凝胶色谱仪中，可采用增加柱长的方法来提高分离的效果，但是，柱长增加后，操作压力也随之增加。为了克服压力增加的问题，可采用再循环的操作，这样可在不增加压力的情况下同样达到提高理论塔板数。然而随着循环次数的增加，峰也会变宽。

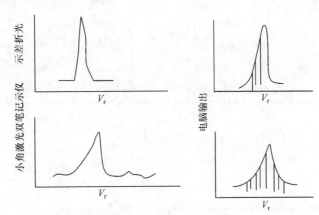

图 6-21　配备示差折光检测器和小角激光检测器的 GPC 仪上获得的谱图

## 五、高效凝胶色谱法

为提高柱效，加快分离速度，近年来人们研制了许多新型的微粒凝胶，从而使凝胶色谱法的分离效果显著提高。

现在，采用 10～20μm 的微粒凝胶，填充的内径为 4.0～8.0mm 的高效凝胶色谱柱(柱长 300～1000mm)，往往仅需要 5～30min，便可完成一次试样的分离。与一般常规凝胶色谱法相比，高效凝胶色谱法具有以下的特点：

(1) 柱填料粒度更小。目前最常用的为 10μm 或 20μm 粒度的球形凝胶，显然，此时所要求的工作压力要高一些，也希望填料的耐压性能要好一些，以防在工作中填料受到压力变形而使柱被堵塞。

(2) 所用的柱内径较细，柱长也较短，因而柱容量也较小，进样量也相应减小，从而对仪器检测器的灵敏度要求较高。

(3) 使用更细的填料和更细更短的柱及引入高灵敏度检测器，使高效凝胶色谱法具有分离速度快、测定精度高和需要试样少的特点，因而在实际工作中的实用性更大。

表 6-12 列出了常见高效凝胶色谱填料交联苯乙烯 μstyragel 和表面改性的硅胶材料μBondagelE 的规格指标，图 6-22 为在 10 nm μstyragel 填充的 GPC 柱上某些烃类的分离[31]

表 6-12  μstyragel 和 μBondagelE 的规格指标

|  | 平均孔径/nm | 分子量分离范围 |  | 牌号 | 平均孔径/nm | 分子分离范围 |
|---|---|---|---|---|---|---|
| μstyragel | 10 | 20~7000 | μBondagelE | E-125 | 12.5 | 500~50000 |
|  | 50 | 50~10000 |  | E-300 | 30 | 5000~100000 |
|  | $10^2$ | 500~10000 |  | E-500 | 50 | 8000~500000 |
|  | $10^3$ | 400~200000 |  | E-1000 | 100 | 10000~2000000 |
|  | $10^4$ | 100000~>3000000 |  | E-Lineur | 50 | 2000~2000000 |
|  | $10^5$ | 1000000~>3000000 |  |  |  |  |

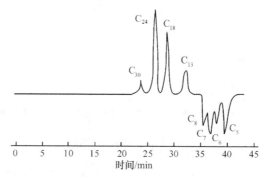

图 6-22  在 10nm μstyragel 填充的 GPC 柱上某些烃类的分离

## 六、凝胶色谱法的数据处理

### (一) 凝胶色谱图[5]

　　凝胶色谱图可以看作是以分子量的对数值为变量的微分质量分布曲线。对于单分散的高聚物样品,其色谱图的保留值(在凝胶色谱中也称峰位值)即表征了样品的分子量。一般这种单分散样品的色谱曲线可用高斯分布函数表示:

$$W(V) = \frac{W_0}{\sigma\sqrt{2\pi}} \exp\left[ -(V-V_p)^2 / 2\sigma^2 \right] \tag{6-67}$$

式中,$V$ 为淋洗体积;$V_p$ 为色谱峰的峰位淋洗体积;$W(V)$ 为样品的质量函数;$W_0$ 为样品质量;$\sigma$ 为标准偏差。

　　对于多分散样品,其凝胶色谱曲线是许多单分散样品分布曲线的叠加,如图 6-23 所示,曲线下面的面积正比于样品量,是各单分散性样品量的总和。这种曲线的形状不一定与高斯分布函数一致,而是和样品的分子量分布状态有关的,因此,色谱峰的峰位不直接表示样品的平均分子量,而需要通过数据处理才能获得。

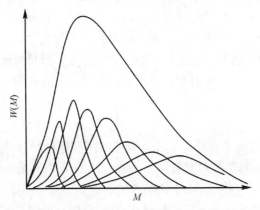

图 6-23　聚合物单分散性分子量分布曲线的叠加

## (二) 分子量校正曲线

　　由凝胶色谱图计算样品的分子量分布的关键是必须把凝胶色谱曲线中的淋洗体积($V$)转换成分子量($M$)，这种分子量的对数值与淋洗体积之间的关系曲线($\lg M$-$V$ 曲线)称为分子量校正曲线。该曲线测量的精度直接影响凝胶色谱测定的分子量分布精度，因此分子量校正曲线的确立为凝胶色谱中极为关键的一环。

　　校正曲线的测定方法很多，一般可以分为直接校正法和间接校正法两种。直接校正法有单分散性标样校正法、渐近试差法和窄分布聚合物级分校正法等；间接校正法有普适校正法、无扰均方末端距校正法、有扰均方末端距校正法等。下面介绍常用的三种校正曲线方法。

## 1. 单分散性标样校正法

　　选用一系列与被测试样同类型的不同分子量的单分散性(多分散系数 $d<$ 1.1)标样，先用其他方法精确地测定其平均分子量，然后与被测样品在同样条件下进行 GPC 分析。每个窄分布标样的峰位淋洗体积与其平均分子量相对应，就可作出其 $\lg M$-$V$ 校正曲线，如图 6-24 所示。

　　在图 6-24 中，$A$ 点称为排斥极限，凡是分子量比此点的分子量大的分子均被排斥在凝胶孔外；$B$ 点称为渗透极限，凡是分子量小于此值的分子都可以渗透入全部孔隙。对于线性校正曲线可用式(6-68)表示

$$\lg M = A - BV_e \qquad (6-68)$$

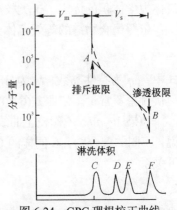

图 6-24　GPC 理想校正曲线

$V_m$ 和 $V_s$ 分别表示流动相和固定相的体积

式中，$V_e$ 为淋洗体积；$M$ 为分子量；$A$ 和 $B$ 为常数，$B>0$。

如果其校正曲线是非线性的，则可以用曲线方程或多段折线方程来表示。这种测定校正曲线的方法具有简便、准确性高的优点。但是，要获得与被测样品相同种类的高分子样品却比较困难，限制了它在实际中的应用。

**2. 渐近试差法**

实际工作中，有时不易获得窄分布的标样，可选用 2～3 个不同分子量的聚合物标样(平均分子量需要精确测量，为已知的)，采用一种数字处理方法即渐近试差法，可以计算出校正曲线。由于这种方法不需要窄分布样品，因此也可称为宽分布样品测定校正曲线法。先对已知标样作 GPC 分析，得到 GPC 谱图。然后按照

$$\lg M = A - BV_e \tag{6-69}$$

任意规定一组 $A$ 和 $B$ 的值，得到一条校正曲线，依照此校正曲线方程计算已知标样的平均分子量，把所得到的数据与原始数据进行比较，如不相符合，再修正 $A$、$B$ 值，重新计算。这样反复试差，直到计算出的结果与已知标样相差在允许的误差范围内(一般不小于 5%～10%)，即可确定校正曲线。这种方法用于手算是比较麻烦的，目前已能编制成程序由计算机来完成。

**3. 普适校正法**

GPC 反映的是淋洗体积与聚合物流体力学体积之间的关系，各种聚合物的柔顺性是不同的，分子量相同而结构不同的聚合物在溶液中的流体力学体积也是不同的。因此，上述介绍的两种方法所确定的校正曲线只能用于测定与标样同类的聚合物，当更换聚合物类型时，就需要重新标定。如果校准曲线能用于聚合物的流体力学体积的标定，这类校准曲线就具有普适性。

依照聚合物链的等效流体力学球的模型，Einstein 的黏度关系式如下

$$[\eta] = 2.5 N_A V / M \tag{6-70}$$

式中，$[\eta]$ 为特性黏数；$M$ 为分子量；$V$ 为聚合物链等效球的流体力学体积；$N_A$ 为阿伏伽德罗常量。依照式(6-70)可用 $[\eta]M$ 来表征聚合物的流体力学体积。

如果 $\lg[\eta]M$-$V$ 作校正曲线则应该比 $\lg M$-$V$ 的校正曲线更具有普适性。就是说，不同的聚合物，在同样的 GPC 实验条件下，当其淋洗体积相同时，应具有以下关系

$$[\eta]_1[M]_1 = [\eta]_2[M]_2 \tag{6-71}$$

式中，下角标 1 和 2 分别代表两种聚合物。把 Mark-Houwink 方程

$$[\eta] = KM^\alpha$$

代入式(6-71)可得

$$K_1 M_1^{1+\alpha_1} = K_2 M_2^{1+\alpha_2} \tag{6-72}$$

两边取对数，得

$$\lg K_1 + (1+\alpha_1)\lg M_1 = \lg K_2 + (1+\alpha_2)\lg M_2 \tag{6-73}$$

$$\lg M_2 = \frac{1}{1+\alpha_2}\lg(K_1/K_2) + \frac{1+\alpha_1}{1+\alpha_2}\lg M_1 \tag{6-74}$$

因此，只要知道两种聚合物样品在实验条件下的参数 $K_1$、$\alpha_1$ 和 $K_2$、$\alpha_2$ 的值，就可以由第一种聚合物的校正曲线依式(6-74)换算成第二种聚合物的校正曲线。实验证明，该法对线型和无规线团形状的高分子的普适性较好，而对长支链的高分子或棒状刚性高分子的普适性还有待于进一步的研究。此方法的优点是只要用一种聚合物(一般采用窄分布聚苯乙烯)作校准曲线就可以测定其他类型的聚合物，但先决条件是两种聚合物的 $K$ 和 $\alpha$ 值必须已知，否则仍无法进行定量计算。常用的聚合物-溶剂体系的 $K$ 和 $\alpha$ 值见表 6-13。

表 6-13　常用的聚合物-溶剂体系中的 $K$ 和 $\alpha$ 值

| 溶剂 | 聚合物 | 温度/℃ | $K \times 10^3$/(mL/g) | $\alpha$ | 分子量×$10^{-4}$ |
|---|---|---|---|---|---|
| 四氢呋喃 | 聚苯乙烯 | 25 | 1.60 | 0.706 | >0.3 |
| | | 23 | 68.0 | 0.766 | 5～100 |
| | 聚苯乙烯(梳状) | 23 | 2.2 | 0.56 | 15～1120 |
| | 聚苯乙烯(星状) | 23 | 0.35 | 0.74 | 15～60 |
| | 聚氯乙烯 | 23 | 1.63 | 0.766 | 2～17 |
| | 聚甲基丙烯酸甲酯 | 23 | 0.93 | 0.72 | 17～130 |
| | 聚碳酸酯 | 25 | 3.99 | 0.77 | — |
| | | 25 | 4.9 | 0.67 | 0.8 |
| | 聚乙酸乙烯酯 | 25 | 3.5 | 0.63 | 1～100 |
| | 聚异戊二烯 | 25 | 1.77 | 0.735 | 4～50 |
| | 天然橡胶 | 25 | 1.09 | 0.79 | 1～100 |
| | 丁基橡胶 | 25 | 0.85 | 0.75 | 0.4～400 |
| | 聚 1,4-丁二烯 | 25 | 76.0 | 0.44 | 27～55 |
| | 聚 1,4-丁二烯(8%乙烯) | 25 | 4.57 | 0.693 | 8～110 |
| | 聚 1,4-丁二烯(28%乙烯) | 25 | 4.51 | 0.693 | 2～20 |

| 溶剂 | 聚合物 | 温度/℃ | $K \times 10^3/(\text{mL/g})$ | $\alpha$ | 分子量×10⁻⁴ |
|---|---|---|---|---|---|
| 四氢呋喃 | 聚 1,4-丁二烯(52%乙烯) | 25 | 4.28 | 0.693 | 2～20 |
| | 聚 1,4-丁二烯(73%乙烯) | 25 | 4.03 | 0.693 | 2～20 |
| 邻二氯苯 | 聚苯乙烯 | 135 | 1.38 | 0.7 | 0.2～90 |
| | 聚乙烯 | 135 | 4.77 | 0.7 | 0.6～70 |
| | | 135 | 5.046 | 0.693 | 1～100 |
| | 聚丙烯 | 135 | 1.3 | 0.78 | 2.8～46 |
| 间甲苯 | 聚苯乙烯 | 135 | 2.02 | 0.65 | 0.4～200 |
| | 涤纶 | 135 | 1.75 | 0.81 | 0.27～3.2 |
| | | 135 | 2 | 0.90 | <0.08 |
| 氯仿 | 聚苯乙烯 | 25 | 7.16 | 0.76 | 12～280 |
| | | 25 | 11.2 | 0.73 | 7～150 |
| | | 30 | 4.9 | 0.794 | 19～373 |
| | 聚乙酸乙烯酯 | 25 | 20.3 | 0.72 | 4～34 |
| | 聚乙烯基吡咯烷酮 | 25 | 19.4 | 0.64 | 2～23 |
| | 聚甲基丙烯酸甲酯 | 25 | 4.8 | 0.80 | 8～137 |
| | | 30 | 4.3 | 0.80 | 13～263 |
| | 聚甲基丙烯酸丁酯 | 25 | 4.37 | 0.80 | 8～80 |
| | 聚碳酸酯 | 25 | 11 | 0.82 | 0.8～27 |
| | 聚丙烯酸乙酯 | 30 | 31.4 | 0.68 | 9～54 |
| | 聚环氧乙烷 | 25 | 206 | 0.50 | <0.15 |
| | 乙基纤维素 | 25 | 11.8 | 0.89 | 4～14 |
| 丙酮 | 聚甲基丙烯酸甲酯 | 25 | 7.5 | 0.70 | 2～740 |
| | 聚甲基丙烯酸丁酯 | 25 | 18.4 | 0.62 | 100～600 |
| | 聚丙烯酸甲酯 | 25 | 5.5 | 0.77 | 28～160 |
| | 聚丙烯酸乙酯 | 30 | 20 | 0.66 | 16～50 |
| | 聚丙烯酸异丙酯 | 30 | 13.0 | 0.69 | 6～30 |
| | 聚丙烯酸丁酯 | 25 | 6.85 | 0.75 | 5～27 |
| | 聚环氧乙烷 | 25 | 156 | 0.50 | <0.3 |
| | 聚甲基丙烯腈 | 20 | 95.5 | 0.53 | 35～100 |

续表

| 溶剂 | 聚合物 | 温度/℃ | $K×10^3$/(mL/g) | $\alpha$ | 分子量×$10^{-4}$ |
|---|---|---|---|---|---|
| 丙酮 | 丁腈橡胶 | 25 | 50 | 0.64 | 2.5~100 |
| | 丙烯腈-氯乙烯共聚 | 20 | 38 | 0.68 | 4.5~12.7 |
| | 纤维素乙酸丁酸酯 | 25 | 13.7 | 0.83 | 1~210 |
| | 三乙酸纤维素 | 20 | 2.38 | 1.0 | 2~14 |
| | 三硝酸纤维素 | 20 | 2.80 | 1.0 | 1~250 |

## (三) 分子量分布的计算[5]

对于单分散性样品, 只要测出 GPC 谱图就可以从图中求出保留值, 然后直接从校正曲线查出所对应的分子量。对于多分散性样品, 计算分子量的分布有以下两种方法。

### 1. 函数法

函数法是选择一种能描述测得的 GPC 曲线的函数, 然后再依据此函数和分子量定义求出样品的各种平均分子量。在实际中, 由于许多聚合物谱图是对称的, 近似于高斯分布, 因此应用最多的是用高斯分布函数来描述。如果把质量分布函数用级分质量分数来表示, 则有

$$W(V) = \frac{1}{\sigma\sqrt{2\pi}} \exp\left[-(V-V_p)^2 \big/ 2\sigma^2\right] \tag{6-75}$$

为计算平均分子量, 需要将公式

$$\lg M = A - BV_e \tag{6-68}$$

转换为

$$\ln M = A_1 - B_1 V_e \tag{6-76}$$

式中, $B_1$=2.303$B$。在更换变量时还必须满足式(6-77)

$$\int_0^\infty W(V)\mathrm{d}V = \int_0^\infty W(M)\mathrm{d}M \tag{6-77}$$

即样品的总质量不变, 则可得到以分子量为变量的质量微分分布函数:

$$W(M) = \frac{1}{M\sigma'\sqrt{2\pi}} \exp\left[-\frac{1}{2}\left(\frac{\ln M - \ln M_p}{\sigma'}\right)^2\right] \tag{6-78}$$

式中，$\sigma' = B_1\sigma$；$M_p$ 为峰位分子量，可由校正曲线查出。只要把式(6-78)代入下列公式

$$\overline{M}_n = \frac{1}{\int f(M)M^{-1}\mathrm{d}M} \tag{6-79}$$

$$\overline{M}_w = \int f(M)M\mathrm{d}M \tag{6-80}$$

$$d = \overline{M}_w / \overline{M}_n \ (d\text{为分子量的多分散性系数}) \tag{6-81}$$

就可求得其重均分子量($\overline{M}_w$)、数均分子量($\overline{M}_n$)和多分散性系数

$$\overline{M}_w = M_p \exp(B_1^2\sigma^2/2) \tag{6-82}$$

$$\overline{M}_n = M_p \exp(-B_1^2\sigma^2/2) \tag{6-83}$$

$$d = \overline{M}_w / \overline{M}_n = \exp(B_1^2\sigma^2) \tag{6-84}$$

因此，在把 GPC 谱图近似成高斯分布函数计算时，各种平均分子量和多分散性系数值仅仅与峰位分子量($M_p$)、校正曲线斜率($B_1$)和谱峰宽度($\sigma$)有关。但是当谱图不对称或出现多峰时就不能近似成高斯分布函数，式(6-84)就不适用。

## 2. 条法

把 GPC 曲线沿横坐标分成 $n$ 等分，然后切割成与纵坐标平行的 $n$ 个长条，相当于把整个样品分成 $n$ 个级分，每个级分的淋洗体积相等。

由于 GPC 谱图上可求出每个级分的淋洗体积 $V_i$ 和浓度响应值 $H_i$，再通过校正曲线求出第 $i$ 个级分的分子量 $M_i$，级分的质量分数 $\overline{W}_i$ 可由式(6-85)求得

$$\overline{W}_i = H_i \bigg/ \sum_{i=1}^{n} H_i \tag{6-85}$$

样品的平均分子量可按照统计平均分子量的定义计算。由于在此处使用的是质量分数，则有

$$\overline{M}_n = \frac{1}{\sum \overline{W}_i/M_i} = \frac{\sum H_i}{\sum H_i/M_i} \tag{6-86}$$

$$\overline{M}_w = \sum \overline{W}_i M_i = \frac{\sum H_i M_i}{\sum H_i} \tag{6-87}$$

其他统计平均分子量和多分散性系数也可用同样的方法计算。这种计算方法的优点是可以处理任何形状的 GPC 谱线的数据，但应注意选取数据点数。数据点太少，计算精度不够；数据点太多，会浪费计算时间。如果精度要达到 2%，对数

均分子量、重均分子量和黏均分子量只要选择 20 个数据点就可以了，但计算 $M_z$ 和 $M_{z+1}$ 则需要选取 40 个数据点。当然，在使用仪器附带的数据处理机进行数据计算时，可适当增加数据点数。

## (四) 峰展宽的校正[5]

在进行色谱的分离分析过程中，不可避免地存在着样品区域的展开，使色谱峰加宽。这一现象在 GPC 中同样存在，根据公式

$$H = A + B/\overline{u} + C\overline{u} \tag{6-88}$$

式中，$A$、$B$、$C$ 为常数；$H$ 和 $\overline{u}$ 分别为理论塔板高度和流动相的流速。

在 GPC 中影响峰加宽的主要因素是涡流扩散、纵向扩散和高分子在凝胶孔洞中的扩散等。这样，得到的 GPC 谱图比实际的分子量分布更宽。按照随机模型，在 GPC 谱图中得到的标准偏差 $\sigma_s$ 用式(6-89)表示

$$\sigma_s^2 = \sigma_D^2 + \sigma^2 \tag{6-89}$$

式中，$\sigma_D^2$ 是由色谱动力学过程各种效应引起的方差；$\sigma^2$ 为样品多分散性引起的真实宽度分布方差。因此，多分散性系数 $d$ 可用下面公式表示

$$d_s = \exp\left[B_1^2(\sigma_D^2 + \sigma^2)\right] \tag{6-90}$$

$$d_s = d \exp\left[B_1^2 \sigma_D^2\right] \tag{6-91}$$

令峰宽因子 $G$ 为

$$G = \exp\left(\frac{B_1^2 \sigma_D^2}{2}\right) = \sqrt{\frac{d_s}{d}} \tag{6-92}$$

如果用 $\overline{M}_{ws}$、$\overline{M}_{ns}$ 和 $d_s$ 分别表示由 GPC 谱图中测得的重均分子量数、均分子量和多分散性系数，则样品真正的分子量为

$$\overline{M}_w = \overline{M}_{ws}/G \tag{6-93}$$

$$\overline{M}_n = \overline{M}_{ns}/G \tag{6-94}$$

$$d = d_s/G^2 \tag{6-95}$$

因此，只要预先测定峰宽因子($G$ 值)，就可以从实际的 GPC 谱图中计算出样品真实的平均分子量。

峰宽因子($G$ 值)最简单的测定方法是利用单分散性的低分子化合物或特大分子量样品进行测定，前者在渗透极限之外，而后者在排斥极限之外。因此，在谱图中所反映出的峰宽，仅仅是由色谱动力学过程造成的，也即 $\sigma_D$，由此可求出 $G$

值。如果考虑到 $G$ 值与分子量之间有一定的依赖关系，采用上述方法误差较大，则可考虑采用已知分布宽度的样品测定 GPC 谱图，由于 $\sigma$ 值已知，从图中求出 $\sigma_s$，即可计算出 $G$ 值。

当色谱柱效足够高时，由色谱过程引起的峰加宽影响较小，因此随着高效柱的使用，柱效不断提高，色谱过程引起的峰加宽效应可忽略不计，可以给分子量分布的计算带来极大的方便[5]。

## 七、凝胶色谱在高分子研究中的应用

目前，凝胶色谱法已成功地应用于测定高聚物的分子量分布和各种统计平均分子量，成为高分子研究和应用必不可少的手段之一。其在高聚物材料的生产和研究工作中的应用大致可以归纳为以下四个方面[32]。

(1) 在高聚物材料的生产过程中的应用：包括聚合工艺的选择，聚合反应机理的研究，以及聚合反应条件对产物性质的影响和控制等。

(2) 在高聚物材料的加工和使用过程中的应用：研究分子量及分子量分布与加工、使用性能的关系，助剂在加工和使用过程中的作用，以及老化机理的研究。

(3) 作为分离和分析的工具：包括高聚物材料的组成、结构分析及高分子单分散试样的制备。

(4) 应用于小分子物质方面的分析：主要在石油及表面涂层工业方面的应用。

### (一) 在聚合物材料生产过程中的应用

#### 1. 聚合工艺的选择方面的应用

聚合过程是生产合成高聚物材料的重要步骤，选择什么聚合工艺流程(如间歇式聚合或连续式聚合等)，都会直接影响产品的分子量和分子量分布，从而影响产品的加工和使用性能。在高分子材料的生产过程中，可以用凝胶色谱法分析检测聚合过程，通过分子量分布的分析，选择最佳的工艺条件，为聚合反应的研究和聚合条件的优化提供必要的数据和信息。

将 GPC 曲线按淋出体积 $V_e$ 分为数个级分，计算每个级分的面积 $A_i$ 和 GPC 曲线的总面积 $A$，由此计算出累计分数 $I_n(A) = \sum_{i=1}^{n} \dfrac{A_i}{A}$，可绘以以 $V_e$ 为横坐标的积分曲线 $I(A)$，三种不同工艺生产的聚碳酸酯的 GPC 积分曲线见图 6-25[31]。三种工艺分别为：连续搅拌釜在高黏度体系的聚合情况，三个串联的连续搅拌釜带有循环装置以及无循环装置的聚合情况，一个连续搅拌釜但搅拌混合不完全的聚合情况。以单体达到转化率及用凝胶色谱测定的分子量分布作为模拟结果的判据，在研究聚碳酸酯的生产工艺流程工作中，用凝胶色谱对釜式、釜式连续以及某种连续聚合生产的产品进行了分析，在所测试样的分子量范围内，$V_e$ 与 $\lg M$ 呈线性关系。

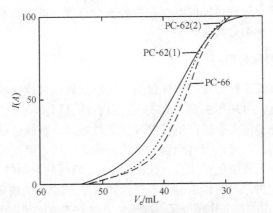

图 6-25　不同的工艺流程聚碳酸酯的 GPC 积分曲线
PC-62(1)—塔式连续聚合；PC-62(2)—三颈瓶釜式聚合；PC-66—釜式连续聚合

## 2. 聚合反应机理的研究[5]

　　高聚物的分子量分布与其聚合反应机理密切相关，对聚合产物的分子量分布的分析和研究可以为聚合机理的研究提供正确而细致的信息。凝胶色谱法用以测定聚合过程中分子量分布的变化，有着既快速又无需将聚合物分离出来的特点。

　　如图 6-26 所示为不同聚合温度下苯乙烯辐照聚合的 GPC 曲线。图中 GPC 曲线是在水分含量为 $5.2 \times 10^{-3}$ mol/L，辐射剂量率为 $8.15 \times 10^3$ Gy/h 下测定的。30℃聚合时产物的 GPC 曲线呈单峰，随聚合温度降低，GPC 曲线出现双峰，至－10℃聚合产物的 GPC 曲线尾部的低分子量的峰增至最高。由于自由基聚合在高温下进行，离子型聚合在低温下进行，因此在高分子量部分先出现的峰可认为是按自由基聚合得到的产物，而后出现的，在低分子量部分的峰则是由阳离子型聚合得到

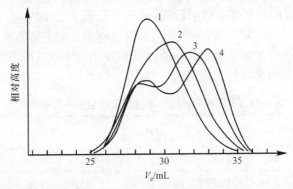

图 6-26　辐射聚合苯乙烯的 GPC 曲线
曲线 1~4 的聚合温度与转化率分别为：1. 30℃、4.98%；2. 15℃、5.47%；3. 0℃、5.30%；4. －10℃、4.59%

的产物。由此可以推测在高温下，苯乙烯辐射聚合的机理是自由基聚合；在低温下，苯乙烯辐射聚合过程可能同时存在两种聚合机理，即自由基聚合和阳离子型聚合以及此两种机理的过渡状态。

**3. 聚合条件的影响和控制**

凝胶色谱法具有实验简便、取样量少、能够比较细致地反映聚合条件对产物分子量分布的影响，可用于控制和监视聚合过程的进行。

在乙丙共聚物中常有凝胶产生，使其加工性能差。在聚合过程中可通入氢气作为分子量调节剂，以降低聚合产物的平均分子量。通入氢气的量对聚合产物分子量分布的影响可用凝胶色谱监视。不通氢气时，乙丙共聚物的 GPC 曲线上有一分子量在 10$^7$ 以上的小峰，随着通入氢气量的增加，GPC 曲线向低分子量方向移动，分子量大于 10$^7$ 的部分也消失了，这样可以更有效地控制乙丙共聚物的加工性能。环氧丙烷在少量 1,5-戊二醇存在的条件下聚合，低转化率时其 GPC 曲线呈现低聚体及聚环氧丙烷两个峰，随着转化率增加，低聚体的峰消失，当聚合完全时仅剩下聚环氧丙烷的峰。因此，可从 GPC 曲线的变化来控制聚合反应的完全程度[32]。

## (二) 在聚合物材料加工过程中的应用

一般情况下，在获得合成高聚物的原料后，还要进一步将其加工成型以满足各种各样的使用要求。在加工的过程中，高分子材料往往会由于受热、氧及机械作用，其分子量发生变化，直接影响其使用性能。近年来，应用凝胶色谱法研究原料的分子量分布对产品性能的影响以及研究在加工过程中聚合物分子量分布变化的工作比较多。

表 6-14 给出了四种不同牌号的聚碳酸酯样品在加工前后分子量的变化情况。从表中可以看出，不同牌号的样品在加工前后分子量降解的情况是不同的。其中 PC-D 样品加工后重均分子量最大，其冲击韧性应该最好，但这与实际测定的情况并不相符。主要因为对于聚碳酸酯而言，若分子量低于 2×10$^4$，各项性能指标将急剧下降。因此，2×10$^4$ 以下的低分子量部分含量越小，冲击韧性越好。PC-D 样品在 2×10$^4$ 以下的低分子量部分所占的质量分数较大，导致其冲击韧性降低。但低分子量部分多，可改善其加工流动性。

表 6-14　不同聚碳酸酯样品在加工前后分子量的变化

| 分子量×10$^{-4}$ | PC-C | | PC-T | | PC-S | | PC-D | |
|---|---|---|---|---|---|---|---|---|
| | 加工前 | 加工后 | 加工前 | 加工后 | 加工前 | 加工后 | 加工前 | 加工后 |
| $\overline{M}_w$ | 3.30 | 3.22 | 3.64 | 3.06 | 2.58 | 2.50 | 3.58 | 3.24 |
| $\overline{M}_n$ | 1.40 | 1.40 | 1.45 | 1.21 | 1.18 | 1.14 | 1.15 | 1.03 |

续表

| 分子量×10⁻⁴ | PC-C | | PC-T | | PC-S | | PC-D | |
|---|---|---|---|---|---|---|---|---|
| | 加工前 | 加工后 | 加工前 | 加工后 | 加工前 | 加工后 | 加工前 | 加工后 |
| $\overline{M}_z$ | 4.87 | 4.79 | 5.62 | 4.78 | 3.91 | 3.83 | 7.27 | 6.52 |
| $\overline{M}_\eta$ | 3.16 | 3.08 | 3.48 | 3.06 | 2.46 | 2.39 | 3.32 | 3.02 |
| $\overline{M}_w$ 分子量分布/% | | | | | | | | |
| 4×10⁴ 以上 | 31.3 | 29.9 | 36.2 | 27.5 | 19.3 | 18.1 | 30.5 | 28.8 |
| 2×10⁴～4×10⁴ | 36.3 | 36.2 | 32.9 | 34.2 | 35.2 | 34.7 | 28.7 | 28.5 |
| 2×10⁴ 以下 | 32.4 | 33.9 | 30.9 | 38.3 | 45.5 | 47.2 | 42.8 | 44.7 |

用 GPC 法研究高聚物的加工过程时，可以在加工过程中不断地取样，以确定最佳的加工条件。例如，在橡胶制品的生产过程中，一般要进行塑炼。不同种类的橡胶原料在塑炼过程中分子量分布的变化是不相同的。例如，天然橡胶在塑炼时，由于有凝胶存在，颗粒大小不能通过凝胶柱头的滤板，在 GPC 谱图上无法反映出来。随着塑炼时间延长，在 GPC 谱图上可观察到平均分子量下降，但在高分子量尾端出现小峰，说明天然橡胶的凝胶被破碎。当塑炼时间再延长时，高分子量尾端的小峰逐渐消失，平均分子量进一步下降，分子量分布变窄。达到一定的程度后，即使再延长塑炼时间，分子量分布也无明显变化。因此，可依照 GPC 的分析结果确定最经济的塑炼时间。GPC 还能测试橡胶长链的支化度，童心等比较了三检测器凝胶渗透色谱法和碳核磁共振法测定橡胶长链支化度的异同[34]。图 6-27 为 BR 的 GPC 谱图，其中 a、b 和 c 三条曲线分别为来自十八角度激光光散射仪(LLS)、黏度检测器(CV)和示差折光检测器(DRI)的流出曲线。从结果可以看出，3 条曲线均存在肩峰，说明 BR 试样中含有支化大分子和微凝胶，相对于曲线 c，曲线 a 和曲线 b 的肩峰更明显，这是由十八角度 LS 和 CV 对大分子的灵敏度更高导致的。

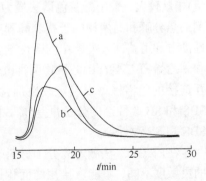

图 6-27 BR 的 GPC 谱图
a. LS；b. CV；c. DRI

## (三) 在聚合物材料使用过程中的应用

高聚物材料在使用的过程中，由于受到光、热、氧和微生物等的作用会发生高分子材料的链降解，使高聚物材料发生老化而影响材料的性能和使用寿命。材料的使用寿命与使用环境有很大关系。为了改进和提高高聚物材料的使用寿命，需要对老化过程进行研究。凝胶色谱法不仅可以作为高聚物材料耐候性的检测手段(可以研究分子链的断裂、耦合与交联)，也可以为老化机理的研究提供必要的数据。

在研究棉纤维素受 $C_D^{60}$ 辐照降解的工作中，Kusama 等选用了两种微观结构不同的纤维素试样：棉纤维素和再生纤维素。用凝胶色谱法研究了在辐照过程中两种试样分子量分布的变化规律，发现这两种试样在辐照过程中 GPC 曲线的变化是不一致的。棉纤维素的 GPC 曲线是单峰形的，辐照时随着剂量的增加，曲线向分子量低的方面移动，平均分子量下降，$\overline{M}_w/\overline{M}_n$ 从 1.26 增至 2.18，分子量分布变宽。再生纤维素的 GPC 曲线虽然也随着剂量的增加移向低分子量方向，但 $\overline{M}_w/\overline{M}_n$ 值由大变小(从 5.94 降至 4.36)，分布变窄而且出现双峰。因此，纤维素的辐照降解与其微观结构有关。

## (四) 聚合物材料中低分子量物质的测定

为了防止或尽可能减少高分子材料在加工和使用过程中的老化现象，往往需要添加各种稳定剂。高分子材料的使用性能和寿命在很大程度上与其所含有的这些助剂和是否残存有未聚的单体等小分子物质有关。由于这些小分子物质的含量较低，有时还可能是多种化合物的混合物，采用光谱方法测定比较困难，凝胶色谱法就显出了它的优势。这些小分子添加剂与高分子的流体力学体积(即分子量)相差较大，采用凝胶色谱法最为理想，无需将增塑剂分离出，也不必考虑增塑剂的热分解和高聚物的干扰。高莉宁等使用高效凝胶渗透色谱法测定了聚合物改性沥青和道路回收沥青中的改性剂含量，重点研究了苯乙烯-丁二烯-苯乙烯(SBS)和苯乙烯-丁二烯(SB)共聚物两种改性剂[35]。结果表明，使用 GPC 方法用 4 个相互连接的色谱柱可以确定改性剂含量并将其从沥青组分中分离出来。但是由于 SBS 和 SB 改性剂的分子量差异太小，GPC 法不能同时确定存在于同一样品中的 SBS 和 SB 改性剂。

在用 GPC 法测定高分子材料中的低分子物质时，由于这两部分在检测器上的灵敏度不同，不能直接用峰面积进行比较，需要采用内标定量法。例如，测定聚苯乙烯中增塑剂三乙撑二醇二苯甲酸酯(TEGDB)的含量，可选用二苯基乙二酮作内标物，测定 TEGDB 与内标物面积之比，其谱图如图 6-28 所示。只要先用一系列已知增塑剂含量的样品作标准，求出增塑剂与内标物面积之比与增塑剂含量之间的关系，即可用内标法测出未知样品中增塑剂的含量[32]。

选择作为内标物需要考虑三个条件：首先，作为内标物要易于纯化，能够得到高纯度；其次，在所选择的凝胶色谱实验条件下内标物与所测定的增塑剂既要能够完全分离又要求峰的位置很接近；最后，要求内标物峰的面积与待分析物质的峰面积之比接近于 1[4,32]。

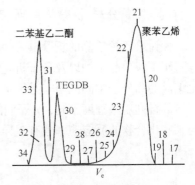

图 6-28　含有 20%增塑剂 TEGDB 及二苯基乙二酮的聚苯乙烯的 GPC 曲线
数字表示淋洗体积

**(五) 高分子材料老化过程的研究**

　　高分子材料在使用的过程中，往往会受到光、热、氧和微生物的作用而发生高分子链的降解，使高分子材料发生老化，从而影响其性能和使用寿命。凝胶色谱法是研究这种降解过程的很好的手段。利用凝胶色谱法可以观察材料在使用过程中分子链的断裂、偶合和交联，可以为老化机理的研究提供必要的数据。

　　例如，聚碳酸酯(PC)是一种性能优异的工程塑料，但是其耐热老化的性能较差，在许多领域的使用受到限制。用共混的方法制备高聚物合金材料可以改善其耐热老化的性能，其中最为突出的是聚碳酸酯/聚乙烯(PC/PE)合金材料。表 6-15 列出了 GPC 方法测定的 PC 和 PC/PE 合金在 100℃和 80℃的水中处理后，分子量的变化值。从表中还可以看出，它们的分子量分布宽度指数基本不变。

表 6-15　PC 和 PC/PE 合金在 100℃和 80℃水中处理后分子量的变化值[5]

| $d$ | 纯 PC | | | | PC/PE 合金 | | | |
|---|---|---|---|---|---|---|---|---|
| | 100℃ | | 80℃ | | 100℃ | | 80℃ | |
| | $\overline{M}_w$ | $\overline{M}_w/\overline{M}_n$ | $\overline{M}_w$ | $\overline{M}_w/\overline{M}_n$ | $\overline{M}_w$ | $\overline{M}_w/\overline{M}_n$ | $\overline{M}_w$ | $\overline{M}_w/\overline{M}_n$ |
| 0 | 37000 | 2.28 | 37000 | 2.28 | 33300 | 2.12 | 33300 | 2.12 |
| 1 | 35200 | 2.26 | 36400 | 2.25 | 32900 | 2.19 | 33300 | 2.19 |
| 2 | 33500 | 2.27 | 38700 | 2.27 | 32100 | 2.35 | 33000 | 2.31 |
| 4 | 32000 | 2.29 | 35700 | 2.27 | 32200 | 2.32 | 33100 | 2.32 |
| 7 | 29500 | 2.24 | 34700 | 2.28 | 31200 | 2.40 | 32600 | 2.32 |
| 12 | 26800 | 2.32 | 34500 | 2.25 | 30400 | 2.31 | 32400 | 2.32 |
| 15 | | | | | 29700 | 2.39 | 32200 | 2.24 |
| 16 | 22600 | 2.28 | | | | | | |
| 21 | 20200 | 2.29 | 31600 | 2.27 | 28600 | 2.39 | 32000 | 2.30 |
| 24 | 19200 | 2.30 | 31100 | 2.29 | 28200 | 2.41 | 31800 | 2.32 |
| 30 | 17500 | 2.22 | 29900 | 2.24 | 27800 | 2.41 | 31400 | 2.30 |

## (六) 晶态高分子形态学的研究

探讨聚乙烯单晶的折叠链表面的性质一直是研究高分子结晶的中心课题之一。这对于了解单晶结构以及分子折叠链的形成具有重要的意义,也有助于了解在非完全结晶的高分子中晶区与非晶区是如何共存的。在晶态高分子中,晶区和非晶区分子链的排列规整程度不同,分子间的相互作用不一样,因此在溶剂中的溶解速度或与某些化合物的反应速率也有差异。例如,浓硝酸对聚乙烯的氧化是有选择性的,晶区和非晶区的反应速率差别很大,有人将之称为化学探针,可用以分离和鉴别聚乙烯的晶区和非晶区。Blundell 等最早应用凝胶色谱分析了经发烟硝酸蚀刻后的聚乙烯单晶,观察了聚乙烯单晶在发烟硝酸蚀刻过程中 GPC 曲线的变化(图 6-29)。起始聚乙烯的 GPC 曲线为单峰,经发烟硝酸蚀刻 24h 后 GPC 曲线出现了三个峰 a、b、c,各峰相对应的平均分子量值分别为 680、1600 和 4700。蚀刻 126h 后 c 峰消失,分子量最小的 a 峰相应增加。

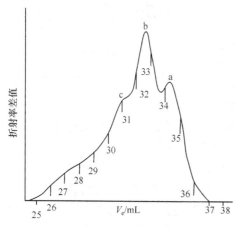

图 6-29　聚乙烯单层片晶经
发烟硝酸蚀刻 24h 后的 GPC 曲线
数字表示淋洗体积

Keller 等认为 a 峰对应的分子量值相当于一次折叠分子链的长度(稍小于晶片厚度),b 峰相当于二次折叠分子链长度,随着蚀刻时间的延长,二次折叠链的数目逐渐减少,最后仅剩下一次折叠的分子链。GPC 曲线为聚乙烯单晶在蚀刻过程中分子链被硝酸氧化断裂的情况做了很细致的描述。Keller 等还研究了聚乙烯的单层及多层晶体以及熟化处理的晶体在发烟硝酸蚀刻后的情况,并将凝胶色谱测定的晶片厚度与小角 X 射线散射的结果进行了比较。在 85℃培养的单层晶体经发烟硝酸蚀刻后,其 GPC 曲线的变化如图 6-30 所示。峰 1、峰 2 和峰 3 的分子量($M$)各为 1260±90、2530±150 和 4500。从小角 X 射线散射的结果估计,经过发烟硝酸处理五天后,其晶片厚度为(10.5±0.5)nm;按 GPC 曲线的峰 1 计算其分子链长相当于(10.7±0.8)nm,如果考虑分子链不是垂直晶面排列而是倾斜 30°,则估计晶片厚度为(9.3±0.7)nm。对于 70℃培养的多层单晶,同样蚀刻五天后,从 GPC 曲线上峰 1 的分子量 $M$ 值为 1122±90,估计晶片厚度为(9.5±0.7)nm;而小角 X 射线散射测得晶片厚度为(9.2±0.4)nm,结果相当接近。高压聚乙烯商品粒料经发烟硝酸蚀刻后,也观察到 GPC 曲线有双峰出现,与单晶的情况相似,只是峰形很宽,说明在粒料中虽有结晶的折叠链存在,但其规整程度比单晶要差得多[32]。

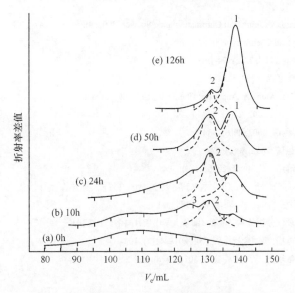

图 6-30　85℃生长的聚乙烯单层片晶经发烟硝酸蚀刻后的 GPC 曲线

(a) 未经发烟硝酸处理；(b) 处理 10h；(c) 处理 24h；(d) 处理 50h；(e) 处理 126h

# 参 考 文 献

[1] 周良模. 气相色谱新技术. 北京: 科学出版社, 1998

[2] 刘虎威. 气相色谱方法及应用. 北京: 化学工业出版社, 2000

[3] 史景江. 色谱分析法. 2 版. 重庆: 重庆大学, 1994

[4] 吴人洁. 现代分析技术——在高聚物中的应用. 上海: 上海科学技术教育出版社, 1987

[5] 汪昆华, 罗传秋, 周啸. 聚合物近代仪器分析. 北京: 清华大学出版社, 1991: 193

[6] 高家武. 高分子近代测试技术. 北京: 北京航空航天大学出版社, 1994: 150

[7] Berezkin V G. Gas Chromatography of Polymers. Amsterdam: Elsevier, 1977

[8] Hachenberg H. Industrial Gas Chromatography Trace Analysis. London: Heyden and Son, 1973

[9] Berezkin V G. Gas Chromatographic Analysis of Trace Impurities. New York: Consultants Bureau, 1973

[10] Willey R H, Rao S P, Jin J I, et al. Journal of Macromolecular Science-Chemistry, 1970, 4(7): 1453-1462

[11] Willey R H. Pure and Applied Chemistry, 1975, 43: 57

[12] 孟亚男, 邸书玉, 何金立. 中国仪器仪表, 2003, (4): 30-31

[13] 汪正范, 杨树民, 吴侔天, 等. 色谱联用技术. 北京: 化学工业出版社, 2001: 252-255

[14] 郝晓红, 李洁君, 顾春思, 刘文栋. 西部皮革, 2019, 41(7):39-41, 55

[15] 高俊海, 房艳, 宋薇, 等. 塑料科技, 2019, 47(4): 93-97

[16] 邵秋荣, 方邢有, 李天宝, 等. 理化检验(化学分册), 2018, 54(11): 26, 29

[17] Eiceman G A, Hill Jr H H, Gardea-Torresdey J. Analytical Chemistry, 2000, 72(12): 137-144

[18] Belardi R, Pawliszyn J. Water Pollution Research Journal of Canada, 1989, 24: 179-191

[19] 杨敏, 董春洲. 中国卫生检验杂志, 2002, 12(4): 510-512

[20] Liu Z, Philips J B. Journal of Chromatography Science, 1991, 29: 227-231

[21] 许国旺, 叶芬, 孔宏伟, 等. 色谱, 2001, 19(2): 132-136

[22] Klee M S, Blumberg L M. Journal of Chromatographic Science, 2002, 40(5): 234-247

[23] Murray R W. Analytical Chemistry, 2003, 75(1): 5A

[24] 傅若农. 分析试验室, 2003, 22(2): 94-107

[25] 颜承农, 臧旭. 化学通报, 1998, 11: 1-8

[26] Wang D X, Chong S L, Malik A. Analytical Chemistry, 1997, 69(22): 4566

[27] 王东新, Abdul M. 色谱, 2002, 20(3): 279

[28] 王东新, Abdul M. 色谱, 2002, 20(6): 534

[29] 韩江华, 杨海鹰. 色谱, 2002, 20(2): 121

[30] 曾昭睿, 仇文丽, 邢焕, 等. 色谱, 2000, 18(4): 304

[31] 张新申. 高效液相色谱分析. 北京: 学术书刊出版社, 1990: 137

[32] 施良和. 凝胶色谱法. 北京: 科学出版社, 1985: 311

[33] 陆家和. 陈长彦. 现代分析技术. 北京：清华大学出版社, 1995: 102-103

[34] 童心, 李伯耿, 卜志扬, 等. 合成橡胶工业, 2018, 41(2): 100-104

[35] 高莉宁, 罗正斌, 常迅夫, 等. 中外公路, 2018, 38(6): 224-229

# 第七章　裂解气相色谱与质谱联用

早在 1862 年，Williams 就以裂解与化学分析结合的方法确定了天然橡胶的单体为异戊二烯。然而，大多数聚合物的裂解产物组成都比较复杂，分离和纯化困难。此外，裂解方法具有样品量大、操作步骤多、分析周期长等缺点。气相色谱的出现，并与裂解技术相结合，衍生出的裂解气相色谱(pyrolysis gas chromatography，PGC)进一步应用于聚合物的分析研究。裂解气相色谱是指裂解器与气相色谱仪直接相连的系统，其流程图如图 7-1 所示。

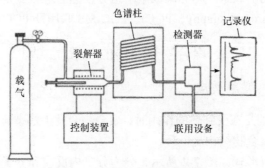

图 7-1　裂解气相色谱流程图

目前，气相色谱技术和裂解方法除广泛地应用于聚合物的定性鉴识、共聚物或均聚物的共混物的组成定量测定以及对聚合物微观结构的分析外，还用于聚合物(及一般有机化合物)的热稳定性、热降解机理、动力学、反应过程和热加工过程等研究。此外，它在石油化工、有机化学、环境保护、医药卫生、地质、生物高分子(如蛋白质、核酸等)和细菌、霉菌及病理学的分类上，都得到了广泛而有效的应用。由于色谱技术和裂解装置的不断改进，尤其是裂解气相色谱-质谱联用技术(PGC-MS)的应用，使裂解气相色谱成为高分子材料研究的重要手段之一。

## 第一节　聚合物热裂解的特点与一般模式[1]

### 一、聚合物热裂解分析的特点

聚合物的热裂解分析是使聚合物在隔氧的情况下，在一定的温度下热裂解成低分子产物，然后再对低分子产物(气体或冷凝液)进行测定的分析方法。在一定的热裂解条件下，聚合物高分子链的断裂是遵循一定规律的，只要选择恰当的裂解条件，就可以得到具有一定特征性的低分子产物。高分子材料的组成与结构的复杂性和多分散性，以及其不熔不溶特点，造成制样困难。然而，热裂解方法的出现解决了这种问题。

聚合物的热裂解分析方法与热分析方法存在差异。热分析方法(如 DTA 和 DSC 等)不一定会使高分子链发生断裂，主要用于测定聚合物在不同的温度下的热转化或热失重等情况；热裂解分析则一定要发生高分子链的断裂。如果是在比较缓和的条件下，高分子逐渐进行分解，一般称为降解；若是在瞬间达到高温，聚合物链断裂成小分子，则称为热裂解。

热裂解分析方法可分为两大类：其一是不经分离直接测定聚合物裂解产物，如有机质谱法(mass spectroscopy，MS)、裂解傅里叶变换红外光谱法(Py-FTIR)等；另一类是把聚合物的裂解产物分离成单个组分，然后进行测定，如裂解气相色谱法(pyrolysis gas chromatography，PGC)、PGC-MS 联用及 PGC-FTIR 联用等。

## 二、聚合物热裂解的一般模式[2]

### (一) 高分子的热裂解反应

PGC 工作原理是在受到热的作用时，聚合物会发生热裂解反应，通过反应和产物评估，鉴别聚合物结构。

高分子热裂解形式如图 7-2 所示，分为分子内反应和分子间反应。在热裂解分析中要抑制分子之间的反应,使聚合物分子一次断裂生成具有特征结构的分子。

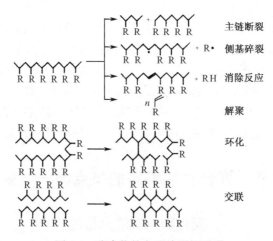

图 7-2　聚合物的主要热裂解形式

一般裂解分析是采用温度为 400～900℃条件的瞬间裂解。不同的高分子材料的裂解机理不同。普适意义上，其裂解机理过程如下：

(1) 引发——开始反应，生成游离基。

$$M_n \begin{cases} \longrightarrow M_i \cdot + M_{n-i} \text{ (无规引发)} \\ \longrightarrow M_n \cdot \quad\quad \text{ (末端引发)} \end{cases}$$

(2) 降解——负增长或游离基转移。前者可发生拉链式反应，产生大量的单体；后者会产生一定数量的二聚体和多聚体。

$$M_i \cdot \begin{cases} \longrightarrow M_{i-f} \cdot M \quad\quad 单体 \\ \longrightarrow M_{i-2} \cdot + M_2 \quad 二聚体 \\ \longrightarrow M_{i-n} \cdot + M_n \quad 多聚体 \end{cases}$$

(3) 链终止——反应停止。上述反应可很快发生再聚合反应或歧化反应使反应终止。也可由于体系中存在微量的不纯物(如 $O_2$、$H_2O$、$CH_4$、$H_2$ 等)，反应终止。

$$M_i \cdot M_k \cdot \longrightarrow M_{i+k} \cdot$$
$$M_i \cdot + M_i \cdot \longrightarrow M_{2i-1} + M$$

拉链式裂解链长(zip-length，ZL)用于评估解聚的难易程度，表示一个高分子游离基引发后所能生成的单体数。此值可以从单纯热分解时聚合度的降低来推算。例如，图 7-3 中曲线 a 表示的聚合物在降解时迅速挥发，而分子量却变化很小，ZL 值大；曲线 c 表示的聚合物的降解特点是分子量降低迅速，而质量只有很少变化。ZL 值接近 0；曲线 b 介于两者之间。

## (二) 几种典型的聚合物裂解方式

聚合物的裂解大致可分为以主链断裂为主、由侧链断裂引起主链断裂和主链含有杂原子的其他类型的高分子链断裂等类型。高分子的裂解过程取决于它的化学结构。

### 1. 以主链断裂为主的乙烯类高分子

聚四氟乙烯、聚$\alpha$-甲基苯乙烯、聚甲基丙烯酸甲酯等高分子的裂解是从端基引发，接着发生"拉链(zipper)式"断裂，几乎全部生成单体。聚甲基丙烯酸甲酯的 ZL 值为 $2.5 \times 10^3$，其降解规律如图 7-3 中的曲线 a 所示。

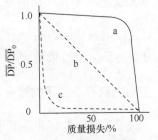

图 7-3 聚合物平均聚合度与聚合物质量损失的关系曲线

　　另一些高分子则在主链上按无规裂解方式于任意处断裂降解，得到大小不等的各种低聚物裂片，如聚硅氧烷。聚乙烯等分子链上氢原子较多的高分子在裂解时形成的链自由基容易发生转移，阻碍进一步降解，所以单体产率也不高。聚乙烯的 ZL 值接近 0，其降解规律如图 7-3 中的曲线 c 所示，主要裂解产物是一系列不同碳数的烯烃。

　　此外，一些大分子量的聚合物的断裂也可能是介于上述两者之间。由于其末端基数量相对较少，在引发时，可能在主链上任意处断裂，一部分游离基发生负增长，形成单体；另一部分游离基可能从聚合物分子中夺取一个氢原子而终止反应，得到的裂解产物中单体、二聚体和多聚体，如图 7-3 中的曲线 b 所示。聚苯乙烯就属于这一类，其 ZL 值为 3。

**2. 由侧链分裂引起主链断裂**

　　侧链或取代基的键能较弱的高分子，在主链解聚以前能发生侧链断裂或消去反应，并在主链上形成双键，如聚氯乙烯、聚乙烯醇等，其裂解产物中几乎不存在单体。

**3. 丙烯腈类聚合物的热裂解[2]**

　　芳香环高分子及含氰侧基的高分子，在主链断裂时，发生分子内成环和交联等反应，形成较多的裂解产物。在 200℃左右，丙烯腈类聚合物会发生内成环反应。如果在 500～600℃高温的条件下，裂解物除单体外可生成大量的二聚体和三聚体。

**4. 主链上具有不饱和键的高分子的热裂解**

　　主链上有双键的高分子如聚丁二烯、天然橡胶等，一般在 $\beta$ 和 $\alpha$ 位置上首先发生分解，然后进行负增长，可得较多的单体和低聚体。

**5. 主链上具有杂原子的聚合物的热裂解**

　　对于主链上含有非碳原子的杂链高分子，断裂首先发生在碳原子与杂原子之间，如聚酰胺、聚酯、聚醚、聚碳酸酯和聚甲醛等。例如，双酚 A 型聚碳酸酯在550℃裂解生成的主要是苯酚、对甲苯酚、对乙苯酚、对正丙酚和对异丙酚等。

　　此外，高分子的链结构，如不同的单体键接方式、几何异构、立体规整性、支化以及共聚物的序列分布等，都会影响裂解产物的分布。

# 第二节 裂解气相色谱概论

裂解气相色谱是在一般的气相色谱仪的进样器处安装一个裂解器,使试样于载气流中迅速加热裂解成碎片,随载气进入气相色谱仪进行产物分析。

## 一、裂解气相色谱的特点

裂解气相色谱综合了裂解和气相色谱两者优点。就裂解方法而言,它可对本来对气相色谱不适用的非挥发性物质进行分析。裂解气相色谱具有以下的特点:

(1) 快速、灵敏,样品量少[1]:裂解气相色谱的分析周期较短,一般半小时内可完成一次裂解气相色谱的分析。利用自制的聚合物裂解"指纹"(fingerprint)谱图,可对某些聚合物材料(特别是橡胶制品、涂料等)快速定性。由于气相色谱的检测器灵敏度高,样品的一次裂解量一般在微克至毫克级。对那些结构类似的高分子化合物(如同系物)或聚合物链结构上的微细差别(如立体规整性上的差异、支化情况等),均可在裂解谱图中反映差异[1]。

(2) 操作方便[1]:裂解气相色谱可给出比较明显的特征谱图。无需对聚合物材料中含有的无机填料和添加剂(如增塑剂、防老剂等)进行处理,即可直接进样分析。

(3) 应用广泛[2]:目前,裂解气相色谱不仅用于塑料、橡胶、化纤、树脂、微生物、多糖类、蛋白质、多肽类等的定性鉴别、结构研究,裂解动力学和高分子物质热稳定性的研究,在石油化工、环境保护、微生物学、临床医学、食品和医药卫生、法检等各个领域也获得广泛的应用[2]。

(4) 仪器设备装置简单,成本低:只要将一台普通气相色谱仪气化室与裂解器相连接,或裂解器直接连色谱柱入口,载气流路移动(先经过裂解室),即可成为一台裂解气相色谱仪。裂解器主要由发热元件、样品裂解室及温控系统等部分组成,结构比较简单。

(5) 分离效能高:在采用毛细管柱的条件下,物质结构间的微小差异均能在指纹谱图上反映出来。根据特征峰面积可对原试样的组成和结构进行解析。

然而裂解气相色谱也有其局限性。首先,裂解过程的复杂性造成定量重复性差。定性鉴别时,各实验室之间相互比较也比较困难,裂解气相色谱很难如红外光谱而实现谱图的"标准化"。因此,实现裂解气相色谱"标准化"是科研人员致力研究的课题之一。裂解气相色谱通常和质谱、计算机结合,即裂解-气相色谱-质谱-计算机联用,以提高裂解气相色谱的效能。

## 二、裂 解 装 置

裂解装置的结构和性能将直接关系到裂解反应结果的准确度和重现性。一般聚合物样品在低温裂解时，速度慢、副产物多、高沸点油状物多，气相色谱特征峰不明显；若温度太高，又可能裂解成太小的碎片，也不具有特征性。因此，严格控制裂解条件，才能得到重现性好、特征性强的裂解谱图。因此，对裂解装置要有如下的要求[3,4]：①要有足够的温度调节范围，温度的控制要较易实现。②升温速率快且稳定，要求试样储存器的热容量小。③裂解室的死体积应尽量小，载气的线速度稍大，次级反应要小。要求在裂解后，裂解产物能很快地移出裂解器而迅速进入柱内，不能在裂解器内继续发生二次反应，生成其他副产物。④裂解室的结构材料不易发生催化反应，常用的裂解室结构材料为石英或硬质玻璃，也有用金和铂。

表 7-1 列出了几种已见诸文献的裂解器[1]。以加热方式而论，可以将其分为连续加热(即裂解室温度预先控制在平衡温度，然后进样裂解)和脉冲加热(样品预先置入裂解室内发热元件或样品支架上，再升温裂解)两种。目前国内外用于聚合物分析的常用裂解器有居里点、管式炉、热丝(包括电容升压裂解器和带状裂解器)和二氧化碳激光裂解器等几种。例如，蒸气相裂解器只适用于液体样品，紫外光裂解器只适用于聚合物的光老化机理研究。

**表 7-1　裂解气相色谱的裂解器**

| 加热方式 | 裂解器名称 | 加热方式 | 裂解器名称 |
|---|---|---|---|
| 连续加热 | 管式炉、蒸气相 | 激光 | 红宝石、钕玻璃、二氧化碳 |
| 脉冲加热 | 热丝(简易型)、电容放电热丝带状(裂解探针)、居里点 | 其他 | 紫外光、氙灯电弧、碳弧、介电击穿 |

### 1. 管式炉裂解器

管式炉裂解器又称微反应器(microreactor)，是一种使用较早而迄今仍然使用的裂解器。它的裂解室是一石英管，将石英管置入一小型管状电炉中间，预先恒定炉温至选定的平衡温度，样品通过球阀，用进样杆送入裂解室裂解。图 7-4 是一经改进的管式炉裂解器结构示意图[5]。

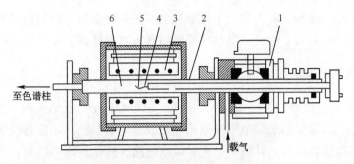

图 7-4 管式炉裂解器结构示意图

1—球阀；2—进样杆；3—管状电炉；4—热电偶；5—样品舟；6—石英管裂解室

管式炉裂解器的最大优点是进样杆由样品舟和热电偶连在一起组成。因此，温度容易测量，裂解温度可任意选定，温度控制连续可调，能适用于各种状态(如粉末、黏稠物、块状、片状、薄膜等)样品的裂解[1, 6]。其不足之处是TRT[升温时间(temperature rise time)，指裂解装置中发热元件在无负载下从起始温度上升至某一设定裂解温度所需的时间]值较大，样品及裂解产物在热区的逗留时间过长，故二次反应比较突出。针对管式炉裂解器的缺陷，有人在设计上又进行了改进，将原来的卧式改为竖式，样品由上端投入裂解室。这种设计使裂解室的死体积减小，TRT 可降低至 0.2s，因而裂解谱图的重现性和特征性均得到改善，并可接毛细管柱使用。

## 2. 热丝裂解器[1, 6]

热丝裂解器是用一根很细的电热丝绕成线圈作为发热元件，样品则附于线圈上。通过一定电流，电热丝发热导致样品裂解。调节所供电流或电压可测定热丝的温度。热丝材料多用铂丝或镍铬丝。图 7-5 是一种简易的热丝裂解器结构示意图。热丝裂解器的优点是结构简单，一般均由实验室自己设计制作。其缺点则是升温速率较慢，热丝多次使用后会发生变形、老化，使阻值发生变化而影响裂解

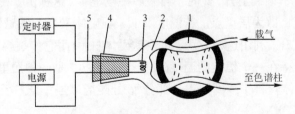

图 7-5 热丝裂解器结构示意图

1—四通活塞；2—裂解室(玻璃制)；3—热丝；4—玻璃磨口塞；5—电极

温度的重现性。这种裂解器多用于聚合物的一般定性分析。针对热丝升温速率慢的缺点，近年来发展了电容放电热丝裂解器和带状裂解器。

### 3. 电容放电热丝裂解器[1, 6]

电容放电热丝裂解器(capacitive boosted filament pyrolyzer)是将一般热丝裂解器的供电方式由原来的控制电压或电流加热改为电容加热，不需要改变裂解器的结构。在热丝加热电源上并联一个电容放电电路，开始通电裂解时，由于电容储藏的能量瞬间放出，热丝迅速加热至平衡温度，TRT 可小至毫秒级。图 7-6 是一种电容放电热丝裂解器的电路简图。这种裂解器 TRT 可至毫秒级，具有很广阔的应用前景。

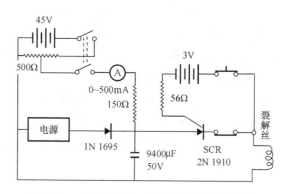

图 7-6　一种电容放电热丝裂解器的电路简图

### 4. 居里点裂解器[1, 6]

居里点裂解器(Curie point pyrolyzer)又称高频感应加热裂解器。其工作原理为：当处在一线圈内的铁磁材料受到高频电源而产生的高频交变磁场的影响时，其磁矩也随之高速交变运动，磁滞现象导致铁磁体迅速发热升温，直到铁磁体变为顺磁体温度才不继续上升，此时不再吸收磁场能量。这种由铁磁体转为失去磁性的物质的温度，即为居里点。若温度降低，顺磁体又变为铁磁体而吸收能量，则材料的温度上升。利用这种方法，可使铁磁体材料(用它作裂解时的发热元件)迅速发热，并维持在一个恒定的温度(居里点)。图 7-7 是一种居里点裂解器的结构示意图。铁磁体丝置于线圈的中心部分(该处磁场最强)，试样涂覆在丝顶端的表面上。

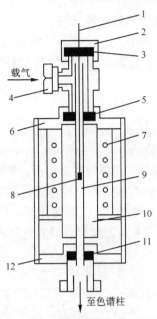

图 7-7　一种居里点裂解器的结构示意图

1—铁磁体丝；2—连接螺帽；3—硅橡胶垫片；4—T 形连接器；5, 11—密封垫；6, 12—上下盖板；7—高频感应
线圈；8—试样；9—石英管(裂解室)；10—玻璃管

不同组成的铁磁合金具有不同的居里点(表 7-2)。更换不同的合金丝，即可得到不同的裂解温度。

表 7-2　各种比例的合金居里点

| 合金 | 比例 | 居里点/℃ | 合金 | 比例 | 居里点/℃ |
|---|---|---|---|---|---|
| Fe∶Co | 50∶50 | 980 | Fe∶Ni∶Cr | 48∶51∶1 | 420 |
| Co∶Ni | 60∶40 | 900 | Fe∶Ni∶Mo | 17∶79∶4 | 420 |
| Fe | 100 | 770 | Ni | 100 | 358 |
| Fe∶Ni | 30∶70 | 610 | Co∶Ni | 33∶67 | 660 |
|  | 40∶60 | 590 |  |  |  |
|  | 49∶51 | 510 |  |  |  |
|  | 55∶45 | 440 |  |  |  |

居里点裂解器的最大优点是升温速率快，当高频电源的功率足够大时，TRT 可降至几十毫秒(功率在 1000W 以上)。同时，由于这种裂解器的平衡温度可以精确控制和重复，因而二次反应的概率减小，裂解谱图的重复性大为提高。

居里点裂解器存在的问题与热丝裂解器类似，当高频功率低时，TRT 还很大。目前，国内生产的居里点裂解器的功率为 30W，TRT 在秒级。由于铁磁体丝细，热容量小，当使用热导率大的氦气为载气时，带走的热量多，有时会使负载样品后的铁磁丝达不到较高的平衡温度，使样品裂解不完全，甚至会出现某些耐高温样品(如含氟聚合物)难以裂解的情况。这种情况在裂解器与色谱-质谱联用时尤为突出。

**5. 带状裂解器**[1, 6]

带状裂解器(ribbon pyrolyzer)又称裂解探针(pyroprobe)。它采用约 3mm 的宽铂带作发热元件，以便有较大表面承负较多样品。同时，也便于放置不同形态样品进行裂解。其电路由一可调的惠斯通电桥构成，它既可以调节裂解的平衡温度，又能控制升温的速率。采用大电流供电，铂带上瞬间(裂解时)电流可达 24A，升温速率最快可达 75℃/ms。图 7-8 为带状裂解器的电路示意图。其中的 $R_1$ 为负载样品裂解的发热元件，它构成电桥之一臂，$R_2$ 调节平衡温度，$R_7$ 控制升温速率。

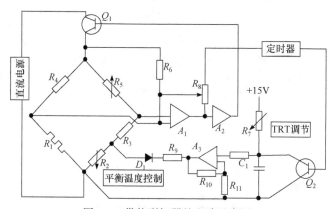

图 7-8　带状裂解器的电路示意图

带状裂解器兼具管式炉裂解器的温度连续可调、适于不同状态样品及居里点裂解器的升温速率较快、裂解平衡温度稳定两种裂解器的优点。这种裂解器综合性能较全，作为新一代裂解器而为人们所广泛瞩目。

**6. 激光裂解器**[1, 6]

激光束具有较高的能量密度，加热样品可获得约 $10^6$℃/s 的升温速率，是目前唯一能与聚合物裂解反应速率(>$10^{-4}$s)相适应的加热方式。激光裂解得到的谱图比热裂解法的简单，特征性更强。

激光裂解器(laser pyrolyzer)存在的问题是，二氧化碳激光裂解器(图 7-9)完成一次样品裂解的时间约为 100ms，其裂解速度比其他裂解器快 1～2 个数量级，故裂解温度难以准确测定。样品裂解量不易称量也是其不足之处。

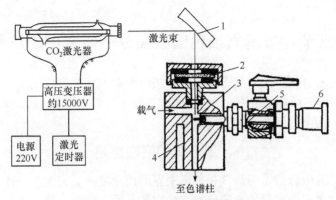

图 7-9 二氧化碳激光裂解装置图[1]
1—反射聚焦镜；2—锗片窗；3—样品；4—裂解室保温加热孔；5—球阀；6—送样器

## 三、影响裂解分析的基本条件

试样的裂解产物经过色谱柱分离后，经检测器即可得到检测的信息。欲获得良好的分离和检测，并能达到重现的目的，除了确定裂解温度、选定合适的裂解器之外，还必须注意要有与其相适应的样品量及建立标准化的最佳色谱条件和操作参数。

(1) 样品量：样品量和涂样技术也是影响指纹谱图重现性的重要因素。样品量应保持在微克级，能满足检测器的灵敏度即可。其涂蘸的方法，通常是将样品溶于溶剂中，沾在裂解丝的头部，溶剂挥发，就形成了样品的薄膜。一般要求薄膜的厚度小于 25nm。样品量大，形成的膜厚，在裂解中会产生温度梯度，影响产物的分布，造成裂解不够完全。

(2) 载气的性质和流速：裂解色谱以 He 作为载气比较好，这是因为 He 的热导率较大，$N_2$ 次之。尽管 $H_2$ 比 He 和 $N_2$ 的热导率大，但一般不用 $H_2$，因为 $H_2$ 会造成不饱和分解物的加氢反应。流速的控制要根据裂解时间的要求而定。通过实践找出合适的参数，通常线速度稍快。裂解的连续性(即裂解时间)，允许在 0.1s～10min 的范围内变化，而载气流速的变化对裂解的连续性也会产生一定的影响，因而流速的变化也会影响产物组成的变化。

(3) 柱分离条件：选择色谱柱的分离条件时需要考虑被分析样品经裂解后可能生成的裂解产物的性质。例如，聚合物烃类的裂解物，一般用非极性固定相较合适，杂多原子化合物需要用极性或弱极性固定相。可靠的方法是采用 2～3 支填有不同极性固定相的色谱柱，进行多维色谱的分离，以达到将不同性质裂解产物分离的目的，主要是使关键性组分的特征峰能够准确地在色谱图上出现。

## 第三节　裂解气相色谱在高分子研究中的应用

采用热裂解分析方法对聚合物进行分析是裂解气相色谱应用的一个最主要方面。在剖析高分子材料的组成、结构及研究高分子材料反应和热降解机理等方面，裂解气相色谱法已得到广泛的应用。

### 一、聚合物的定性鉴定

鉴定未知的聚合物是裂解气相色谱主要的用途之一。它大多是通过对照已知聚合物的指纹谱图而实现的。聚合物在一定的条件下发生裂解，所得到的裂解产物各具特征。因此，固定裂解气相色谱的条件，不同种类聚合物的裂解谱图必然各不相同；反之，具有相同结构的聚合物则应具有同样的裂解谱图。因此，裂解气相色谱的研究工作者非常重视在自己的实验室积累尽可能多的各种聚合物样品及它们的指纹谱图数据[1]。

用一般方法分析热固性树脂，常常遇到处理样品的困难，而裂解气相色谱对不溶不熔的交联材料，仍然能够比较方便地进行分析，这是作为热固性树脂的分析手段的裂解气相色谱的优越之处。例如，图 7-10 是酚醛树脂的裂解谱图。由此图可以看出，酚醛树脂的主要裂解产物为苯和酚类化合物，每一裂解产物都能够很好地与分子链上的一部分相对应，所以可由此直接确定聚合物的组成。定量测

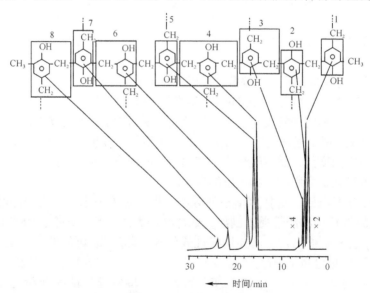

图 7-10　酚醛树脂的裂解谱图

裂解温度：900℃；色谱柱：聚丙二醇，柱温：170℃；1—苯；2—甲苯；3—间二甲苯；4—2,6-二甲酚；5—苯酚；6—邻甲酚；7—对甲酚；8—2,4-二甲酚

定几种主要裂解产物的产率，如酚、间甲酚、2,4-二甲酚等，发现它们与树脂原料中这些酚含量一致(表 7-3)；并且还可以看出，苯酚-甲醛树脂裂解后生成的酚和间甲酚的量比相同组成的甲酚-甲醛树脂多。这一关系可用来区分这两类酚醛树脂，而树脂交联与否对结果没有明显影响；材料中如有无机或有机助剂(如矿物盐、木粉等)，对定量结果的影响也不显著[6]。

表 7-3　酚醛树脂的组成与裂解产物的产率[4]

| | | 组成/(mol%) | | | | | | |
| --- | --- | --- | --- | --- | --- | --- | --- | --- |
| | | 1 | 2 | 3 | 4 | 5 | 6 | 7 |
| 树脂 | 酚 | 100 | 0 | 0 | 33.3 | 50.0 | 33.3 | 16.7 |
| | 间甲酚 | 0 | 100 | 0 | 33.3 | 33.3 | 16.7 | 50.0 |
| | 2,4-二甲酚 | 0 | 0 | 100 | 33.3 | 16.7 | 50.0 | 33.3 |
| 裂解产物 | 酚 | 100 | 4.7 | 3.6 | 32.4 | 48.4 | 29.6 | 16.9 |
| | 间甲酚 | 0 | 93.5 | 4.6 | 34.4 | 34.4 | 21.1 | 47.0 |
| | 2,4-二甲酚 | 0 | 1.8 | 91.8 | 33.2 | 17.2 | 49.3 | 36.1 |

裂解气相色谱对鉴别同系物的聚合物也具有很大的优越性。图 7-11 为芳香聚酯材料的裂解模式与 $n$=2、3、4、5、6 时的 PGC 谱图。

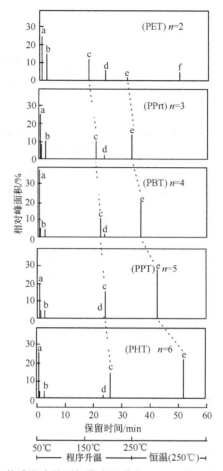

图 7-11 芳香聚酯的裂解模式及其在 590℃时的 PGC 谱图[2]

PET 表示聚对苯二甲酸乙二醇酯；PPrt 表示聚对苯二甲酸二丙酯；PBT 表示聚对苯二酸丁二醇酯；PPT 表示聚对苯二甲酸戊二酯；PHT 表示聚对苯二甲酸己二醇酯

当 $n$ 不同时，c、e、f 碎片峰的含碳数不同，反映在 PGC 谱图中的保留值也不相同。因此，可以依照色谱保留值来判断其是何种聚酯。

在聚合物裂解指纹谱图中引入内标物的方法值得推荐。这种方法是在样品中混入少量的聚苯乙烯，于是苯乙烯峰便出现在裂解谱图中成为内标物。以苯乙烯的保留时间为标准，计算谱图中各特征峰保留时间对其的比值，具有这种数据的聚合物裂解指纹谱图，能更有效地用于未知样品的定性鉴识，避免由于气相色谱条件可能的波动给正确判断分析结果造成的困难。

## 二、共聚物与共混物的鉴别

近年来，共聚物和共混物是高分子材料改性的重要研究方法。然而，除了确定它们的组成外，往往还需区分其是共聚物还是共混物。许多具有相同组成的共聚物与高分子的共混物的裂解行为是不同的。共混物的裂解谱图通常是两种均聚物裂解碎片峰的加和，而共聚物中由于存在两种单体以化学键连接的单元，因此在其裂解气相色谱图上还能发现这种键合特征的裂解片。对于 A 和 B 两种单体的共聚物，裂解谱图上除了有 A 和 B 两种单体及 A-A、B-B 二聚体裂片峰以外，还能发现 A-B 型二聚体峰；而后者则是共聚的特征，通常情况下不存在于 A、B 两种均聚物的共混物中。例如，图 7-12 中在苯乙烯-丙烯腈(AN)共聚物的裂解谱图上可鉴定出四个 A-B 型混杂二聚体峰，经质谱确定，它们是

用上述裂片峰能很确切地区分这类共聚物、共混物。

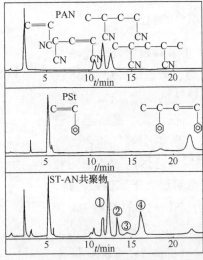

图 7-12　苯乙烯-丙烯腈(AN)共聚物的裂解谱图[4]

即使共聚物和共混物中所含单体的含量相同，也可以用裂解气相色谱将它们鉴别出来。图 7-13 是两种单体比例相同，一为丙烯酸甲酯-甲基丙烯酸甲酯共聚物 P(MA-MMA)，另一为聚丙烯酸甲酯(PMA)与聚甲基丙烯酸甲酯(PMMA)共混物的裂解谱图，样品中丙烯酸甲酯含量均为 20%。然而，从谱图可以看出，在共聚物中丙烯酸甲酯的产率要比在共混物中高得多。

### 三、共聚物与共混物组分的定量分析[1]

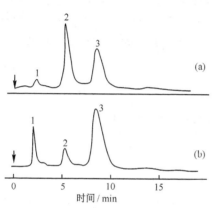

图 7-13　P(MA-MMA)及与 PMA-
PMMA 共混物的裂解谱图[1]
(a) 共聚物；(b) 共混物 1—甲醇；
2—丙烯酸甲酯；3—甲基丙烯酸甲酯

裂解气相色谱定量分析，一般都是选择与聚合物组分含量具有对应关系的各特征裂解碎片(多选单体)。在选择好的裂解条件下，通过裂解一系列已知组分含量的标准样品，测知其相应裂解特征产物的峰面积或峰高比值，作出聚合物含量与此比值的关系图(即工作曲线)。据此求得待测样品的组分含量。由于影响定量分析的因素较多，所以在进行裂解色谱实验时，要严格稳定实验操作条件，减少操作上可能引起的误差。以下就国内在这方面的工作列举几个例子[1]。

#### 1. 聚合物中微量共聚物组分的测定

金熹高等[1]对 $F_{46}$、丁苯共聚物及尼龙-6 中相应含有的少量全氟丙烯、苯乙烯、尼龙-66 的含量进行了裂解气相色谱法的测定。$F_{46}$ 中含有少量全氟乙烯丙烯分析是在管式炉裂解器中进行的，裂解温度 640℃，所得裂解气相色谱如图 7-14 所示。$F_{46}$ 与聚四氟乙烯的裂解谱图相似，但 $F_{46}$ 的六氟丙烯产率明显大于聚四氟乙烯。以共聚物中 $C_3F_6$ 含量为 1%～5%的五种 $F_{46}$ 及聚四氟乙烯为标准样品裂解，得到如图 7-15 的工作曲线，他们测定了一种仅含 1%～2% $C_3F_6$ 的

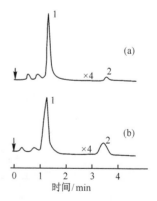

图 7-14　聚四氟乙烯及含少
量六氟丙烯的 $F_{46}$ 裂解谱图
(a) 聚四氟乙烯；(b) $F_{46}$
1—四氟乙烯；2—六氟丙烯

F<sub>46</sub> 树脂，相对误差为 3%～4%。

## 2. 共混橡胶组分的定量分析

共混橡胶要比单一橡胶复杂，李昂采用 CO<sub>2</sub> 激光裂解器定量分析了天然顺丁共混胶组分。以裂解产物中两单体分别表征顺丁橡胶及天然橡胶，它们的峰高比同对应样品的共混比例间有良好的线性关系。若以 $X$ 表示峰高比 [异戊二烯/(异戊二烯+丁二烯)]，$Y$ 表示共混胶中天然胶的含量，则得一次函数：

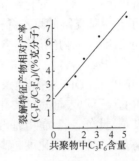

图 7-15　F<sub>46</sub> 裂解特征产物相对产率与共聚物中 $C_3F_6$ 含量关系图

$$Y = aX + b \tag{7-1}$$

式中，$a$、$b$ 分别为一次项系数和常数项，可由最小二乘法计算得到。这样只要测出样品在裂解气相色谱图中两单体峰高比 $X$，即可依照公式求得共混胶中天然橡胶的含量。

## 3. ABS 组分测定

何曼君等[2]用管式炉裂解器在 550℃下对丁二烯-丙烯腈-苯乙烯三元共聚物 (ABS)组分进行定量测定。分别以丙烯腈+丁二烯和苯乙烯作为特征峰，分别表征 ABS 中相应三单体的含量，并以各峰面积($S_i$)乘以相应校正因子($f_i$)，求知各峰所代表的化合物相对含量($G_i$)

$$G_i = S_i f_i / \sum S_i f_i \tag{7-2}$$

用求得的 $G_i$ 对它们在 ABS 中相应组分含量作图，可得到三条分别表示组分的工作曲线。这样，在分析未知样品时，只要通过裂解谱图分析，求得各 $G_i$ 值，便能迅速地从工作曲线上求得相应组分的含量。定量分析的偏差小于 3%。

## 四、聚合物分子结构分析

聚合物的结构表征主要指链结构，包括单元化学结构、键接结构、几何结构、立体规整性、支化结构、共聚结构和序列分布交联结构、分子量及其分布、端基结构等。通过利用现代 Py-GC 技术，人们可以获得更多的信息来研究聚合物的结构与其裂解产物之间的关系。

### (一) 支化结构[7]

对高密度聚乙烯(HDPE)和低密度聚乙烯(LDPE)等烯烃聚合物支链的研究证明，支链(R)的存在促进了主链上 α 键和 β 键的断裂，而不同键的断裂就会得到相应的裂解产物。因此，根据这些产物的组成和产率可以推断高分子链的支化情况。裂解氢化色谱是研究支化结构的有效方法。例如，将一定比例的乙烯-丙烯共聚物(相当于含甲基支链的聚乙烯)、乙烯-正丁烯共聚物(相当于含乙基支链的聚乙烯)、乙烯-正己烯共聚物(相当于含丁基支链的聚乙烯)、乙烯-正庚烯共聚物(相当于含戊基支链的聚乙烯)、乙烯-正辛烯共聚物(相当于含己基支链的聚乙烯)与线型聚乙烯和 HDPE、LDPE 在相同条件下进行 Py-GC 分析，可以发现，除了甲烷、乙烷等简单的烃可以表征短的支化结构外，许多异构烷烃也与支化结构有对应关系，见表 7-4。此外，乙烯-甲基丙烯酸甲酯共聚物裂解产物中支化烷烃和二烯烃的产率越高，共聚物的支化度越高。

表 7-4　聚乙烯裂解时与支链结构有关的裂解产物[2]

| 主链结构 | 断裂方式 | | |
| --- | --- | --- | --- |
| | α 断裂 | β 断裂 | γ 断裂 |
| 甲基(M) | 正构烷烃 | 2-甲基异构烷烃 | 3-甲基异构烷烃 |
| 乙基(E) | 正构烷烃 | 3-甲基异构烷烃 | 3-乙基异构烷烃 |
| 丙基(P) | 正构烷烃 | 4-甲基异构烷烃 | 4-乙基异构烷烃 |
| 丁基(B) | 正构烷烃 | 5-甲基异构烷烃 | 5-乙基异构烷烃 |

## (二) 分子量和端基结构[5]

溶剂聚合(溶剂为叔丁基酚)的聚碳酸酯(PC)具有端基

而熔融聚合的 PC 具有端基

前者产生对叔丁基苯酚特征峰，后者则产生苯酚和双酚 A 特征峰。因为端基数与 PC 的分子量成反比，故特征峰的产率应与分子量成反比，即式(7-3)成立：

$$M_w \cdot Y = k \tag{7-3}$$

式中，$M_w$ 为重均分子量；$Y$ 为特征峰产率；$k$ 为常数，可由实验测定。由此式根据对叔丁基酚的产率计算溶剂聚合 PC 的分子量取得了满意的结果，但对熔融聚合 PC 的计算结果却不很理想。此外，聚苯乙烯(PS)无规裂解产生大量单体，裂解产物的组成不仅与裂解温度有关，还是分子量的函数，据此可以估算 PS 的分子量。

## (三) 共聚单元序列分布[2]

　　共聚物在一定条件下裂解时，其不同低聚体的生成率(或者浓度)不仅与共聚物组成有关，而且也受共聚单元序列分布的影响。假设由 A 和 B 组成的二元共聚物，由于与 B 单元连接情况不同，在以 A 单元为中心的三单元组中可分成下列 4 种情况：

$$\sim\!\!\sim\!A\!-\!A\!-\!A\!\sim\!\!\sim \xrightarrow{K_1} A$$
$$\sim\!\!\sim\!A\!-\!A\!-\!B\!\sim\!\!\sim \xrightarrow{K_2} A$$
$$\sim\!\!\sim\!B\!-\!A\!-\!A\!\sim\!\!\sim \xrightarrow{K_3} A$$
$$\sim\!\!\sim\!B\!-\!A\!-\!B\!\sim\!\!\sim \xrightarrow{K_4} A$$

式中，$K_i$ 为每种情况下，A 单体被裂解出来的概率参数。在多数情况下，$K_2=K_3$。$K$ 值越大，说明 A 的生成率越高。同时，A 单元的生成率也与含有 A 单元的三单元组的浓度有关。因此，可由单体的生成率来研究共聚物的序列分布。

　　最典型的例子是氯乙烯(V)-偏二氯乙烯(D)共聚物序列分布的测定。聚氯乙烯在裂解时首先脱去 HCl，形成共轭双键，然后断裂形成六元环，由三个单元得到苯的碎片。同样，聚偏二氯乙烯也可通过上述途径碎裂生成三氯代苯和偏二氯乙烯单体。在共聚物中，不同的三单元组生成的裂解碎片如下所示[2]：

　　上述不同组成的共聚物的裂解气相色谱(PGC)谱图如图 7-16(氯乙烯-偏二氯乙烯共聚物 PGC 谱图)所示。在图中可以看到，当 D 单元增加时，苯峰减小，一氯代苯峰增大，继而出现二氯代苯峰。这时，一氯代苯峰反而减小，三氯代苯峰出现，直到全部裂解碎片均为三氯代苯和偏二氯乙烯时，表明全部链均为 D—D—D 结构。由图中各种碎片峰的定量组成可计算共聚物中三单元组的概率分布，如图 7-17 所示。图中实线为理论计算曲线，点代表实测值，两者相符。

## (四) "头-头"键接结构[2]

　　在聚合物链中，大多数为"头-尾"相接，若有"头-头"结构存在，会影响产品的性能。用 PGC 分析可测定"头-头"结构存在与否。例如，上述氯乙烯和偏二氯乙烯的共聚物中，如有"头-头"相接的链段，则 D—V—D 三单元生成的应为邻二氯苯和对二氯苯；而 D—D—D 则形成 1, 2, 5-三氯苯。这样在 PGC 谱图上应出现上述碎片峰。从图 7-16 中未发现上述碎片峰，说明在该共聚物中"头-头"键接的概率很小。

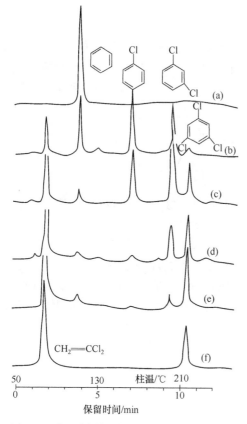

图 7-16　氯乙烯-偏二氯乙烯共聚物 PGC 谱图
(a) PVC；(b)~(e) 共聚物，偏二氯乙烯含量分别为：
(b) 0.127；(c) 0.281；(d) 0.598；(e) 0.784；(f) PVDC

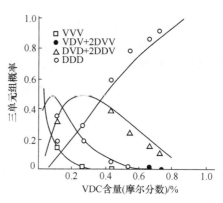

图 7-17　PVDC 共聚物组成与分布

# 五、高分子热降解机理研究

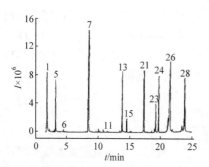

图 7-18　750℃时 PPS 裂解的
总离子流色谱图

分析裂解产物可以表征聚合物由热能引起的化学降解作用。例如，可采用气质联用仪研究在不同温度下采用在线微型管式裂解炉热裂解聚苯硫醚，经气相色谱分离质谱鉴定其裂解产物组成[8]。钱和生等在温度 350~750℃范围内研究聚苯硫醚裂解产物，于 Rtx-1701 色谱柱上分离，主要峰以 Nist107 质谱图库检索鉴定化合物。图 7-18 是 750℃时 PPS 裂解的总离子流色谱图。PPS 裂解特征质谱峰以及相应峰面积见表 7-5。由图 7-18 和表 7-5 可清楚地看到，采用归一法计算峰面积，主要裂解产物分别为硫化氢、苯、苯硫醇、1,4-苯二硫醇、二苯硫、2-甲基-2*H*-萘[1, 8-*bc*]噻吩、二苯并噻吩、1, 4-苯二硫醇基苯、噻茚 9 种化合物，这些裂解产物的相对色谱峰面积均在 1%以上，9 种裂解产物的相对总面积占 98%左右。与此同时，还有一些含量很低的化合物是合成聚苯硫醚时所用原料以及杂质产生的，如 4-氯苯硫醇、4-氨基苯硫酚、苯酚。

表 7-5　350～750℃范围 PPS 裂解特征质谱峰以及相应峰面积

| 序号 | $t_R$/min | 组分 | 分子式 | 相似性 (SI) | 指数分子量 | 相对峰面积 | | | | | |
|---|---|---|---|---|---|---|---|---|---|---|---|
| | | | | | | 750℃ | 650℃ | 550℃ | 500℃ | 450℃ | 350℃ |
| 1 | 1.78 | Hydrogen-sulfide (硫化氢) | $H_2S$ | 98 | 34 | 7.91 | 5.41 | 0.60 | — | — | — |
| 2 | 2.21 | 1, 3-cyclo-pentadiene(1, 3-环戊二烯) | $C_5H_6$ | 85 | 66 | 0.14 | — | — | — | — | — |
| 3 | 2.79 | 1-methyl-1, 3-cyclopenta-diene (1-甲基-1, 3-环戊二烯) | $C_6H_8$ | 97 | 80 | 0.02 | 0.04 | — | — | — | — |
| 4 | 2.86 | 4-methy-lenecyclo-pentene (4-亚甲基环戊烯) | $C_6H_8$ | 94 | 80 | 0.02 | — | — | — | — | — |
| 5 | 3.20 | Benzene (苯) | $C_6H_6$ | 97 | 78 | 4.62 | 1.05 | — | — | — | — |
| 6 | 4.50 | toluene (甲苯) | $C_7H_8$ | 98 | 92 | 0.15 | 0.07 | — | — | — | — |
| 7 | 8.49 | benzenethiol (苯硫醇) | $C_6H_6S$ | 95 | 110 | 26.03 | 27.36 | 42.15 | 20.11 | 7.12 | — |
| 8 | 10.09 | 4-methyl-benzenethiol (4-甲基苯硫醇) | $C_7H_8S$ | 98 | 124 | 0.21 | 0.19 | — | — | — | — |
| 9 | 10.84 | phenol (苯酚) | $C_6H_6O$ | 95 | 94 | 0.15 | 0.26 | 0.23 | 0.34 | 1.02 | — |

| 序号 | $t_R$/min | 组分 | 分子式 | 相似性 (SI) | 指数分子量 | 相对峰面积 | | | | | |
|---|---|---|---|---|---|---|---|---|---|---|---|
| | | | | | | 750℃ | 650℃ | 550℃ | 500℃ | 450℃ | 350℃ |
| 10 | 11.58 | 4-chloro-benzenethiol (4-氯苯硫醇) | $C_6H_5ClS$ | 97 | 144 | 0.09 | 0.33 | 0.16 | 0.59 | 1.62 | — |
| 11 | 12.20 | benzo[c]thio-phene (苯并[c]噻吩) | $C_8H_8S$ | 95 | 134 | 0.03 | 0.01 | — | — | — | — |
| 12 | 13.54 | 1, 3-ben-zenedithiol(1, 3-苯二硫醇) | $C_6H_6S_2$ | 90 | 142 | 0.15 | 0.16 | — | — | — | — |
| 13 | 13.94 | 1, 4-ben-zenedithiol(1, 4-苯二硫醇) | $C_6H_6S_2$ | 91 | 142 | 6.21 | 8.49 | 6.99 | 3.93 | 1.06 | |
| 14 | 14.54 | 2-ethenyl-nphthalene (2-乙烯基萘) | $C_{12}H_{10}$ | 89 | 154 | 0.01 | — | — | — | — | |
| 15 | 14.65 | biphenyl (联苯) | $C_{12}H_{10}$ | 92 | 154 | 0.81 | 0.50 | — | — | — | |
| 16 | 15.14 | 4-aminot Hiophenol (4-氨基苯硫酚) | $C_7H_5NS$ | 87 | 135 | 0.04 | 0.05 | 0.07 | 0.23 | 0.17 | — |
| 17 | 15.21 | acenaphthene (苊) | $C_{12}H_{10}$ | 88 | 154 | 0.01 | 0.03 | 0.02 | — | — | |
| 18 | 15.27 | diphenyl-methane (二苯甲烷) | $C_{13}H_{12}$ | 95 | 168 | 0.07 | 0.06 | 0.04 | — | — | |
| 19 | 15.38 | 1, 2-benzi-sothiazole (1, 2-苯并异噻唑) | $C_7H_5NS$ | 87 | 135 | 0.09 | 0.14 | 0.11 | — | — | |
| 20 | 15.40 | 4-(methylthio) thiophenol (4-甲硫基苯硫酚) | $C_7H_8S_2$ | 84 | 156 | — | — | — | 0.34 | 0.71 | — |
| 21 | 17.41 | diphenyl sulfide [二苯硫(苯硫醚)] | $C_{12}H_{10}S$ | 90 | 186 | 10.27 | 5.91 | 6.45 | 2.43 | 0.60 | |

续表

| 序号 | $t_R$/min | 组分 | 分子式 | 相似性 (SI) | 指数分子量 | 相对峰面积 | | | | | |
|---|---|---|---|---|---|---|---|---|---|---|---|
| | | | | | | 750℃ | 650℃ | 550℃ | 500℃ | 450℃ | 350℃ |
| 22 | 17.56 | fluorene(芴) | $C_{13}H_{10}$ | 91 | 166 | 0.04 | 0.03 | — | — | — | — |
| 23 | 19.30 | 2-methyl-2*H*-naphtho[1,8-*bc*]thiophene (2-甲基-2*H*-萘[1,8-*bc*]噻吩) | $C_{12}H_{10}S$ | 87 | 186 | 2.37 | 4.01 | 3.00 | 0.55 | 0.68 | — |
| 24 | 19.79 | dibenzothiophene(二苯并噻吩) | $C_{12}H_8S$ | 94 | 184 | 7.29 | 4.84 | 1.58 | 0.27 | 0.16 | — |
| 25 | 21.20 | 3-benzenethiol-dibenzothiophene (3-苯硫醇基-二苯并噻吩) | $C_{18}H_{12}S_2$ | — | 292 | — | — | — | 8.10 | 22.79 | 35.16 |
| 26 | 21.61 | 1,4-benzenedithiobenzene (1,4-苯二硫醇基苯) | $C_{12}H_{10}S_2$ | — | 218 | 22.77 | 19.32 | 20.59 | 22.87 | 26.32 | 38.43 |
| 27 | 22.14 | 1,4-bis(phenylthio)-benzene [1,4-苯二硫醇基苯] | $C_{18}H_{14}S_2$ | 94 | 294 | — | 9.31 | 9.56 | 23.39 | 24.40 | 22.93 |
| 28 | 23.87 | thianthrene (噻蒽) | $C_{12}H_8S$ | 90 | 216 | 10.50 | 12.43 | 8.38 | 16.85 | 13.35 | 3.48 |

表 7-5 中还列出了温度 350～750℃范围不同裂解温度所检测的裂解产物，相似性(SI)指数均在 80 以上，其中 20 种化合物的相似性指数超过 90，Nist107 质谱图库中不存在 3-苯硫醇基-二苯并噻吩的质谱图，依据分解机理作出判断。图 7-19 是 350～750℃时 PPS 裂解的总离子流色谱图。由图表可知，随着裂解温度上升，PPS 逐步发生分解，裂解产物种类逐渐增加。约 350℃时，属于分解的初始阶段，主要形成分子量较大

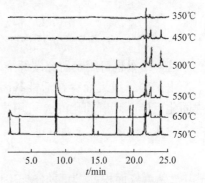

图 7-19　350～750℃时 PPS 裂解的总离子流色谱图

的裂解产物，即 3-苯硫醇基-二苯并噻吩、1，4-苯二硫醇基苯、1，4-双(苯硫基)-苯和噻茚 4 种化合物。与裂解温度 350℃相比较，450～500℃时检测到 13 种化合物，增加了 1 种聚苯硫醚的重要裂解产物，即苯硫醇，这是聚苯硫醚的特征性裂解产物。550℃以上，PPS 链断裂成分子量更小的各种化合物，出现了聚苯硫醚完全断裂所形成的易挥发化合物硫化氢。裂解温度上升到 750℃时，检测到 25 种裂解产物，$m/z$ 292 的 3-苯硫醇基-二苯并噻吩和分子量 294 的 1，4-苯二硫醇基苯均完全断裂，在裂解产物中检测不到这些化合物。除了形成分子量更小的化合物外，分子间的次级反应导致分子重排，形成各种取代基的芳香族化合物。

## 六、聚合反应过程的研究[2]

用 PGC 方法研究聚合物的反应是一种很好的手段，如在环氧树脂的固化反应方面的研究。当环氧树脂热裂解时，产生的低沸点碎片中，主要是丙烯醛、烯丙醇和乙烯等。当固化时，环氧基被打开，这时形成的裂解产物为乙醛和丙酮。图 7-20 所示为部分固化的环氧树脂裂解谱图。随着固化反应的进行，不断取样分析，就可以观察到上述碎片峰相对生成率的变化情况。环氧树脂在不同固化温度下反应 1h 后，各裂解碎片相对生成率的变化状况，如图 7-21 所示。

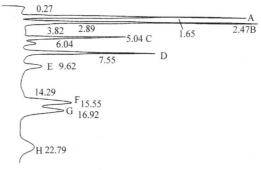

图 7-20　部分固化的环氧树脂 PGC 谱图

A—甲烷；B—乙烯；C—丙烯；D—乙醛；E—1-丁烯；F—丙烯醛；G—丙酮；H—烯丙醇

这一结果也可用于研究碳纤维/环氧树脂复合材料界面的化学反应。

由于碳纤维表面存在活性基因，在不加催化剂的情况下也能使环氧树脂发生固化反应。环氧固化度 $R$ 可用式(7-4)表征：

$$R = \frac{A_d f_d + A_g f_g}{A_b f_b + A_f f_f} \tag{7-4}$$

式中，$A$ 为峰面积；$f$ 为摩尔校正因子；下角标 b、d、f、g 分别代表乙烯、乙醛、丙烯醛和丙酮。若 $f_b \approx f_f \approx f_g \approx 1.000$，则 $f_d = 1.786$。在不同的反应温度下，复合材料反应 5h 后，固化度是不同的，其关系曲线如图 7-22 所示。

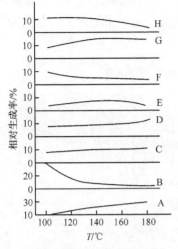
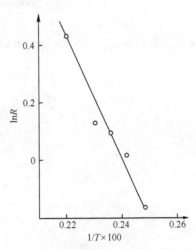

图 7-21　环氧树脂在不同温度下固化 1h 后　　　图 7-22　反应温度与环氧固化度关系
各裂解碎片相对生成率变化曲线

# 第四节　有机质谱原理

质谱法即离子化的原子分离和记录的方法，它的原理在许多年前就被人们所证实了。1898 年，W. Wien 实现了在电场和磁场中偏转正离子束。1912 年，J. J. Thompson 使用此偏转仪器证明氖有质量数为 20 和 22 两种同位素存在。1919 年，F. W. Aston 制造出用于测量某些同位素的相对丰度的摄谱仪。由于离子聚焦在感光板上，所以 Aston 的摄谱仪对于质量的精确测量特别有用。此后这种仪器称为质谱仪(mass spectrograph)。直到 1940 年，质谱仪仅仅用于气体分析和化学元素的稳定同位素的测定。用它来对石油馏分中复杂的烃类混合物进行快速而精确的分析是以后的事情。当实验证明复杂的分子能得到确定的、可以重复的质谱后，用它来测定有机化合物结构的兴趣才确立起来。

## 一、有机质谱的基本原理[9]

在高真空状态下，用高能量的电子轰击样品的蒸气分子，打掉分子中的价电子，形成带正电荷的离子，然后按质量与电荷之比(简称质荷比，用 $m/z$ 表示)依次收集这些离子，得到的离子强度随 $m/z$ 变化的谱图，称为质谱。

把化合物引入仪器中的方法有多种，也有不同的解离方法。以目前最常用的一种质谱仪的原理作解释，并以一个气体化合物为例。图 7-23 是一个质谱仪的简图[6]。假设化合物的分子量是 $M$，它在室温时是气态，或是低沸点的液体，它就可以在气态被引入容器 A 中。从容器 A 经过一个可控制的狭缝 B，化合物慢慢进入解离室(ionization chamber)内，在那里，这些分子被一束加速了的电子撞击，这些电子的能量通常在 70eV(electron volt)左右。

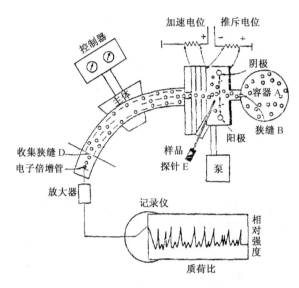

图 7-23　单聚焦质谱仪示意图

分子和电子撞击的结果，可以发生不同的反应，其中一个反应就是分子本身的一个电子被撞击而脱掉，形成了一个带正电的离子

$$M + e^- \longrightarrow M^+ \cdot + 2e^-$$

除这个反应外，还会发生其他的反应。分子可以和撞击的电子结合起来，形成一个带负电的离子：

$$M + e^- \longrightarrow M^- \cdot$$

同样，如此形成的阴离子也带有奇数个电子，所以表示为 $M^- \cdot$ 。

目前，应用在有机化学结构分析上的质谱仪，大部分都是只测量阳离子的质谱。这些阳离子 $M^+ \cdot$ 能够继续发生反应，形成碎片离子(fragment ion)。这些碎片离子也可以继续分裂，形成更多不同的离子。于是一种化合物在解离室中就可以产生很多质荷比不一样的离子。在解离室内形成的各种阳离子，用一个电位场将它们略作加速，通过第二个可控大小的缝隙，进入一个高电压(为 1000~8000V)的区域。在此，阳离子的速度增加。这些离子的速度($v$)与它的质量($m$)、所带电荷($z$)和电压($V$)有如下的关系：

$$zV = \frac{1}{2}mv^2 \qquad (7\text{-}5)$$

这些阳离子，经如此加速以后，继续进入一个磁场内，阳离子的轨道受到磁场的影响发生偏转，它的轨道半径($r$)与磁场的强度($H$)、阳离子本身质量($m$)、电荷($z$)及速度($v$)的关系是

$$r = \frac{mv}{zH} \qquad (7\text{-}6)$$

这样结合式(7-5)和式(7-6)，就可以得到关系式(7-7)：

$$\frac{m}{z} = \frac{H^2 r^2}{2V} \qquad (7\text{-}7)$$

根据这个公式就可以测量离子的质荷比($m/z$)。这就是质谱仪的基本原理。

在质谱分析中，如果仪器刚好能够把质荷比为 $M$ 和 $M+\Delta M$ 的离子分开，则该仪器的分辨率($R$)定义为[2]

$$R = \frac{M}{\Delta M} \qquad (7\text{-}8)$$

在低分辨率质谱或质量的非精确测量时，引入质量数这一术语。某原子的质量数是该原子的原子量的整数倍。

按照质谱分析的对象不同，可以分为有机质谱、无机质谱和同位素质谱。在高聚物研究中，主要是用有机质谱。质谱除了可用来确定元素组成和分子式以外，还可以依照谱图中所提供的碎片离子的信息，进一步判断分子的结构式。

## 二、有机质谱仪简介

有机质谱仪各部分的组成如图 7-24 所示[2]。

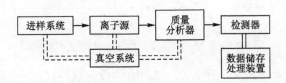

图 7-24　有机质谱仪方块图

## (一) 进样系统[2]

进样系统的主要作用是把处于大气环境中的样品送入处于高真空状态的质谱仪中，并加热使样品成为蒸气分子。对于不易挥发的样品，采用的解决办法是用化学方法处理，将它变成一个比较易挥发的衍生物，然后测定衍生物的质谱。由

于衍生物的来源已知，根据它的质谱，我们往往可以推断出本来样品的结构。例如，葡萄糖的质谱不能用电子轰击源方法得到，可以将它变成三甲基硅醚的衍生物。这个衍生物的质谱是容易获得和解释的。

## (二) 离子源[2]

离子源是使样品分子成为离子，并汇聚成具有一定能量的离子束。常用的离子源有两种。一种是电子轰击(EI)源，是用高能量的电子轰击样品分子，使其成为离子。当用不同能量的电子轰击样品分子时，得到的碎片离子是不同的，如图 7-25 所示。从图中(a)可以观察到，乙酸乙酯在 14eV 电子能量轰击下已能形成离子。进一步加大电子轰击能量，高质量的离子减少，低质量的离子增加。目前一般有机质谱仪中 EI 源的轰击能量在 70eV 左右，远大于分子电离电压，因此能使分子离子的各种化学键进一步开裂，形成碎片离子。对于一些稳定性较差的分子，为了能获得分子离子通常可采用另一种离子源即化学电离(CI)源。

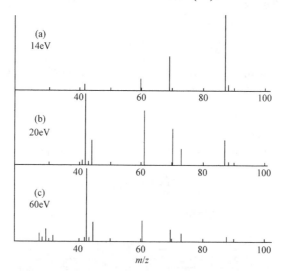

图 7-25　乙酸乙酯在不同电子轰击能量下的质谱

化学电离源是在通入压强为 $60\sim280Pa$ 的反应气(如 $CH_4$ 气)的情况下工作的，$CH_4$ 被电离，所生成的离子和样品分子碰撞产生分子离子。若用 A 表示样品分子，$HX^+$ 表示反应气离子，反应过程可表示如下：

$$A + HX^+ \longrightarrow [A{-}H]^+ + X$$

或者

$$A + HX^+ \longrightarrow AH^+ + X$$

上面的反应形成形如$(M-1)^+$的离子，下面的反应形成$(M+1)^+$的离子，因此在化学电离源中除得到分子离子$(M)$峰外，还有$(M+1)$的峰，而且强度还相当大。

除上述两种常用的离子源外，为获得分子离子，还可采用场致电离源(FI)，其特点是阳极为尖锐的刀片或细丝，阳极和阴极之间的距离通常小于1mm，当在两极上加稳定的直流高电压时，在阳极尖端附近可以产生$10^7$V/cm的场强，直接把附近样品分子中的电子拉出形成正离子。在这种离子源中所形成的主要也是分子离子，碎片离子很少。另有一种与FI相似的场解吸电离源(FD)。在使用FD时，样品是配成溶液，然后滴在FD发射极的发射丝上(一般是经过活化处理的钨丝)，待溶剂挥发后，样品吸附在发射丝上，通电后样品解吸，并扩散到高场强的场发射区被离子化，它的谱图更加简单，分子离子峰比FI还要强。

在比较先进的有机质谱仪中，通常是把EI和CI联用，或者是EI-FD、EI-FI联用，这样既可以获取分子离子的信息，又可以通过碎片离子进一步了解分子结构。

## (三) 质量分析器[2]

质量分析器的主要功能是把两种不同$m/z$的离子分开，因此质量分析器是质谱仪的心脏部分。质量分析器的种类很多，下面主要介绍一种简单的质量分析器的工作原理。

单聚焦质量分析器的工作原理如图7-26所示。样品在离子源形成离子后，在离子源出口处被电场加速，获得一定的能量：

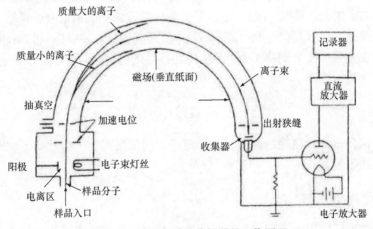

图 7-26　单聚焦质量分析器的工作原理

$$\frac{1}{2}mv^2 = eU \tag{7-9}$$

式中，$m$为离子质量；$v$为离子速度；$e$为离子电荷量；$U$为加速电压。具有一定速度的离子进入质量分析器后，在磁场力的作用下，离子运动改变方向，进行圆周运动，离心力和磁场力应达到平衡：

$$evH = mv^2/r_m \qquad (7\text{-}10)$$

式中，$H$ 为质量分析器磁场强度；$r_m$ 为离子圆周运动半径。合并式(7-9)和式(7-10)可得

$$m/e = \frac{H^2 r_m^2}{2U} \qquad (7\text{-}11)$$

由图 7-26 可知，当仪器一定时，即 $H$ 和 $U$ 一定时，只有运动半径为 $r_m$ 的离子才能达到接收器而被检测出来。由公式可知，当 $r_m$ 一定时，可采用固定 $H$ 对 $U$ 扫描或固定 $U$ 对 $H$ 扫描，都可以在接收器上依次收到不同 $m/z$ 的离子，前者称为电压扫描，后者称为磁场扫描。在实际使用中，为了消除离子能量分散对分辨率的影响，一般使用双聚焦质量分析器。

## (四) 质谱仪的发展方向[3]

随着生命科学、环境科学、生物化学、农业、食品科学、临床医学和医药科学技术的发展，质谱仪在上述领域获得了广泛的应用，促进了世界质谱仪市场的繁荣；电子技术、新材料、新工艺的发展，尤其是计算机技术的日新月异，促进了质谱仪技术的提高，使仪器的性能指标、自动化程度和几何尺寸都达到了新的水平。现在用于有机分析的质谱仪正朝着超高分辨、高灵敏度和小型化方向发展。为解决多肽、蛋白、寡糖、DNA 测序等生命科学领域中的前沿分析课题，需要发展特殊电离技术以及超高分辨、高灵敏度、大质量范围、多级串联的高档质谱仪。这类仪器在发展中主要解决下列问题：生物样品的电离，生物样品分子量的测定，生物分子结构的测定。

## 三、有机质谱中的离子

在有机质谱中，出现的离子有分子离子、同位素离子、碎片离子、多电荷离子和亚稳离子等。

## (一) 分子离子[2]

在高能电子的轰击下，样品分子丢失一个电子形成的离子称为分子离子。例如反应：

$$M^{\bullet\bullet} + e^- \longrightarrow M_{\bullet}^+ + 2e^-$$

由于被打掉一个电子，这种分子离子必定带有未成对电子，所以是具有奇电

子数的游离基，称为奇电子离子。分子离子也可以称为"母离子"。由分子离子的质量数，可以确定化合物的分子量。分子离子峰的强度随化合物结构的不同而变化。因此，可以用于推测被测化合物的类型。凡是能使产生的分子离子具有稳定结构的化合物，其分子离子峰就强，例如，芳烃或具有共轭体系的化合物、环状化合物的分子离子峰就强。反之，若分子的化学稳定性差，则分子离子峰就弱，如化合物分子中含有—OH、—NH₂等杂原子基团或带有侧链，都能使分子离子峰减弱，甚至有些化合物的分子离子峰在谱图上不能被显示。各类化合物分子离子峰的强度按以下次序排列：

芳香族化合物 > 共轭烯烃 > 烯烃 > 环状化合物 > 羰基化合物 > 直链烃 > 醚 > 酯 > 胺 > 酸 > 醇

当然，分子离子峰的强弱也和测定的条件有关，当电子轰击能量低时，分子离子峰就强。

判断分子离子峰的三个必要(但非充分)条件如下：

(1) 必须是质谱图中质量数最大的一组峰(包括它的同位素峰组)。

(2) 分子离子是样品的中性分子打掉一个外层电子而形成的，因此必定是奇电子离子，而且符合"氮规则"。所谓"氮规则"，即不含氮或含偶数氮的化合物，其分子量一定是偶数；含有奇数氮的化合物，其分子量一定是奇数。

(3) 要有合理的碎片离子。由于分子离子能进一步断裂成碎片离子，因此必须能够通过丢失合理的中性碎片，形成谱图中高质量区的重要碎片离子。如果不符合以上规则的，可以认为不是分子离子峰。

## (二) 同位素离子[2]

组成有机化合物的大多数元素在自然界是以稳定的同位素混合物的形式存在的。通常轻同位素的丰度最大，如果质量数用 $M$ 表示，则其重同位素的质量大多数为 $M+1$、$M+2$ 等。常见元素相对其轻同位素的丰度见表 7-6，该表是以元素轻同位素的丰度为 100 作为基准的。

**表 7-6　常见元素相对其轻同位素的丰度表**

| 元素 | 轻同位素 | $M+1$ | 丰度/% | $M+2$ | 丰度/% |
|---|---|---|---|---|---|
| 氢 | $^1H$ | $^2H$ | 0.016 | | |
| 碳 | $^{12}C$ | $^{13}C$ | 1.08 | | |
| 氮 | $^{14}N$ | $^{15}N$ | 0.38 | | |
| 氧 | $^{16}O$ | $^{17}O$ | 0.04 | $^{18}O$ | 0.20 |
| 氟 | $^{19}F$ | | | | |

续表

| 元素 | 轻同位素 | M+1 | 丰度/% | M+2 | 丰度/% |
|---|---|---|---|---|---|
| 硅 | $^{28}$Si | $^{29}$Si | 5.10 | $^{30}$Si | 3.35 |
| 磷 | $^{31}$P | | | | |
| 氯 | $^{35}$Cl | | | $^{37}$Cl | 32.5 |
| 溴 | $^{79}$Br | | | $^{81}$Br | 98.0 |
| 碘 | $^{127}$I | | | | |

这些同位素在质谱中形成的离子，称为同位素离子，在质谱中往往以同位素峰组成的形式出现，分子离子峰是由丰度最大的轻同位素组成的。

## (三) 碎片离子[2]

一般有机分子电离只需要 10~15eV，但在 EI 中，分子受到大约 70eV 能量的电子轰击，使形成的分子离子进一步碎裂，得到碎片离子。这些碎片离子可以是简单断裂，也可以是由重排或转位而形成。它们在质谱图中占有很大比例。因为碎裂过程是遵循一般的化学反应原理的，所以由碎片离子可以推断分子离子的结构。

## (四) 多电荷离子[2]

若分子非常稳定，可以被打掉两个或更多的电子，形成 $m/2z$ 或 $m/3z$ 等质荷比的离子。当这些离子出现时，说明化合物异常稳定。一般，芳香族和含有共轭体系的分子能形成稳定的多电荷离子。

## (五) 亚稳离子

有些质谱偶然会出现一些离子峰，它比通常的离子峰宽度稍大，相对强度较低，而且往往不是在质荷比为整数的地方出现。这些离子称为亚稳离子(metastable ion)。亚稳离子的形成是由于有些分裂可以在离子受电场加速之后，并在进入磁场之前产生。如果这个分裂是由一个质量为 $m_1$ 的离子变为质量为 $m_2$ 的离子[6]，即

$$m_1 \longrightarrow m_2 + \Delta m$$

在这样的情况下产生的 $m_2$ 离子，由于部分动能被带走，它的能量比在解离室内产生的 $m_2$ 的离子能量少。所以质谱仪的离子捕集器测量到这个离子的质荷比不是 $m_2$，而是一个比 $m_2$ 小的数值 $m^*$，它们之间的关系应为[2]

$$m^* = \frac{m_2^2}{m_1} \tag{7-12}$$

亚稳离子 $m^*$ 在质谱上的应用是，可以证明 $m_1 \rightarrow m_2$ 这一个分裂的存在。亚稳

峰的峰形较宽，强度弱，而且质量数也不一定是整数，只有在磁质谱中才能测定。亚稳峰对于寻找母离子和子离子以及推测碎裂过程都是很有用的。

## 四、分裂和重排机制

### (一) 典型的碎裂过程机制[2]

仔细研究大量的有机化合物的质谱，可以观察到大多数离子的形成具有一定的规律性。这些规律与有机化学中某些化学反应的规律是相符合的。因此，掌握各种化合物在质谱中开裂的经验规律，对谱图解析是很有价值的。

**1. 键的开裂与表示方法**

碎裂过程均伴有化学键的开裂，这种开裂主要以下述三种形式进行：

1) 均裂

一个 σ 键上的两个电子均裂开，每个碎片上保留一个电子：

$$X\!-\!Y \longrightarrow X\cdot + \cdot Y$$

单箭头表示一个电子的转移。

2) 异裂

当一个 σ 键开裂时，两个电子转移到同一个碎片上：

$$X\!-\!Y \longrightarrow X^+ + \cdot Y$$

双箭头表示两个电子的转移。

3) 半异裂

已经离子化的 σ 键再开裂，只有一个电子转移：

$$X + \cdot Y \longrightarrow X^+ + \cdot Y$$

α、β、γ 开裂指开裂键的位置分别处于官能团和 α 碳之间、α 碳和 β 碳之间以及 β 碳和 γ 碳之间。

**2. 开裂的预测[6]**

质谱在有机化学上最大的应用就是可以从质谱所得的资料来推断分子结构。这种推断过程像用石子击碎花瓶，再将把这些碎片拼成原来的花瓶。要了解如何从质荷比这种小片拼成原来的分子结构，就必须明了分子结构和离子形成的关系。

虽然分子离子的形成是在气态内产生，而且是由于能量颇高的电子撞击形成，同时，这些分子离子的分裂，以及碎片离子的形成也是在气态内，在很短的时间内单独进行的。但对于有机化学家来说，从质谱研究归纳出来的观念和规律与液态内形成的阳离子的观念和规律很接近，可以用液态的有机反应的观念来推断分子结构和所形成的质谱的关系。在一个化合物的质谱内，主要的离子峰应该是对等于从结构上推断可以从最容易的途径产生的离子。最容易的途径可以用下列几个因素来估计。

1) 分裂途径形成的是最稳定的离子

离子的稳定性是和液态内有机化学所知的阳离子的稳定性类似的。一方面与取代基的多少有关，如下列离子的稳定性：$CH_3^+ < CH_3CH_2^+ < CH_3CH^+ CH_3 < CH_3C^+(CH_3)_2$；另一方面也与共轭效应有关，如丙烯基阳离子 $C = C^+CH_2$ 和 $C_7H_7^+$ 离子 ⟨苯基⟩—$CH_2^+$或者 ⟨环⟩$^+$ 都有稳定性。在分裂过程中，如果有两个不同的途径，分裂产生的是两个不同的阳离子，那么产生比较稳定的阳离子的途径是一个可能性比较高的途径。换句话说，在质谱内，比较稳定的阳离子的相对强度也比较高。

2) 分裂途径能够产生稳定的中性分子

产生的通常是比较小的中性分子，如 CO、$C_2H_2$、HCN、$C_2H_4$、$H_2O$、$CH_2 = C = O$ 等。例如，蒽、醌的质谱，主要的离子峰是下列的分裂途径：

相对强度:100%　　　　　相对强度:78%　　　　　相对强度:51%

在每一步中，都有中性的小分子 CO 被分裂出来。

3) 反应过程在能量上是有利的

有些键在相对强度较弱的地方容易断裂。根据有机化合物的化学键的键能可以认识到，单键的键能弱，因此当有不饱和键和单键共存时，单键易先断裂。例如，丁酮的 C—C 键键能弱，而其中又以受邻近羰基影响而成一定极性的 C—C 键最弱，故丁酮中 $\alpha$ 开裂占优势。

如果碎裂反应过程有利于共轭体系的形成，能解除环的张力和位阻，以及能够形成稳定的环状(多数是六元环)过渡态的迁移，产生重排反应等，都使碎裂反应易于进行。

**3. 离子分裂的影响因素[6]**

1) 离子分裂与电子奇偶数目的关系

差不多所有的有机化合物都是含有偶数电子的。所以，当一个化合物在质谱仪内形成分子离子时，分子离子一定是含有奇数电子的离子，以 $M^+\cdot$ 表示。"偶数电子规律"的意思是当含有奇数电子的离子分裂时，可以产生游离基或中性含有偶数电子的分子。但当含有偶数电子的离子分裂时，只可以产生偶数电子的分子，而通常是不会产生游离基的。

所以在推断离子分裂的途径时，要注意到有关的离子是有偶数电子还是奇数电子，然后注意离子裂分是否符合偶电子规律。偶电子规律在大部分质谱内都是遵守的，但也有些情况，如含有二碘亚甲基—$(CI_2)$—的化合物，可能会有例外。

2) 离子分裂和解离电位的关系

从分子脱掉电子产生离子，这个过程所需要的最低能量称为解离电位。显然，一个分子的解离电位低，它就比较容易解离成离子。

一个分子离子( $AB^{+}$ )有两个可能的分裂途径：

$$[A{-}B]^{+} \longrightarrow A^{+} + B\cdot \tag{1}$$

$$[A{-}B]^{+} \longrightarrow A\cdot + B^{+} \tag{2}$$

如果 $A\cdot$ 的解离电位比 $B\cdot$ 的解离电位低，即 $A^{+}$ 比 $B^{+}$ 较容易形成，则反应(1)比反应(2)容易产生。

这个规律在解析质谱时很有用。例如，$H_2NCH_2CH_2OH$ 的质谱可能有下列两个分裂途径：

$$[H_2NCH_2CH_2OH]^{+} \longrightarrow H_2NCH_2^{+} + \cdot CH_2OH \tag{3}$$

或 $$[H_2NCH_2CH_2OH]^{+} \longrightarrow H_2NCH_2\cdot + {}^{+}CH_2OH \tag{4}$$

从氮的电负性来说，$H_2N{-}CH_2^{+}$ 的共轭形式是 $H_2N^{+}{=}CH_2$，所以从 $H_2NCH_2\cdot$ 产生 $H_2NCH_2^{+}$ 比从 $HOCH_2\cdot$ 产生 $HOCH_2^{+}$ 容易，因此可以推断第一个分裂比较容易产生。也就是说，在 $H_2NCH_2CH_2OH$ 的质谱中 $H_2NCH_2^{+}$ ($m/z = 30$)的离子的相对强度要比 $HOCH_2^{+}$ ($m/z = 31$)高。这是和实际情况相符合的，如图 7-27 所示。

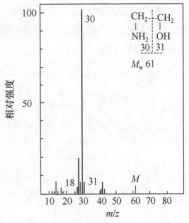

图 7-27 $H_2NCH_2CH_2OH$ 的质谱图

(二) 重排[6]

**1. 麦氏重排**

在质谱中，除了分裂途径，还有重排的途径。重排也会产生相对强度较高的离子峰。其中最常见的麦氏重排可以归纳为如下形式：

可以产生这样的重排的化合物包括：酮、醛、酸、酯、酸酐和其他含羰基的衍生物；含 P—O、＼S—O 的化合物；＼C═N—、N≡C— 的衍生物；以及烯烃类和苯环化合物。所需的结构是有一个双键以及在 $\gamma$ 位置上有氢原子，那就可以产生重排。以 4-辛酮为例，重排的过程为[1]

虽然在大部分麦氏重排中，正电荷都是在含有杂原子双键的裂片上，但也有例外的情况。一般来说，正电荷在哪个裂片上，要看裂片和解离电位的关系。从下面的实例可以了解。

解离电位8.8～9.8eV

解离电位8.8～8.5eV

## 2. 饱和分子的重排分裂

很多不含双键的分子也可以产生重排分裂，一个常见的例子是在醇类的质谱内，常常有 $M-H_2O$ 的碎片离子峰。这个裂片的形成可以表示如下：

$$
\begin{bmatrix} R & H & \overset{+}{\cdot OH} \\ | & & | \\ CH & & CH \\ | & & | \\ (CH_2)_n & & R' \end{bmatrix} \longrightarrow \quad R-CH\cdot \quad \overset{+}{\underset{|}{O}}\quad \overset{-H_2O}{\longrightarrow}
$$

$$
\begin{bmatrix} R-CH-CH-R' \\ | \quad\quad | \\ (CH_2)_n \end{bmatrix}^{+\cdot}
$$

重排的 H 原子通常都不是来自邻近的碳原子上，这可以用含氘化合物的质谱来加以证明：

$$
\begin{bmatrix} CH_3CD_2-CH-CD_2-C_{10}H_{21} \\ | \\ OH \end{bmatrix}^+ \xrightarrow{-H_2O} \begin{bmatrix} C_{14}H_{24}D_4 \end{bmatrix}^{+\cdot}
$$

这种重排分裂也常见于 $R-SH$、$R-Cl$ 和 $R-F$ 等化合物的质谱。在那里，也会产生相应的 $M-H_2S$、$M-HCl$、$M-HF$ 等碎片离子。

但比较来说，在胺类化合物中，$RNH_2$ 产生 $M-NH_3$ 的机会要少很多。与此相反的是酯类 $R-O-\overset{\displaystyle O}{\overset{\|}{C}}-CN_3$ 等化合物产生 $M-O\overset{\displaystyle O}{\overset{\|}{C}}-CN_3$ 的分裂机会就比较多了。

## 3. 环状分子的分裂

要使环状分子产生碎片离子，一定要破裂两个以上的键。最普通的是含有环己烯这种结构的分子。一个常见的途径是反 Diels-Alder 反应：

$$
\left[\bigcirc\right]^+ \longrightarrow \quad \left[\diagup\diagdown\right]^{+\cdot} + CH_2=CH_2
$$

$$
\longrightarrow \quad \diagup\diagdown + [CH_2=CH_2]^+
$$

正电荷通常都在含有二烯的裂片上，在个别情况下，含有一个双键的碎片离子也可以变成主要的途径。例如：

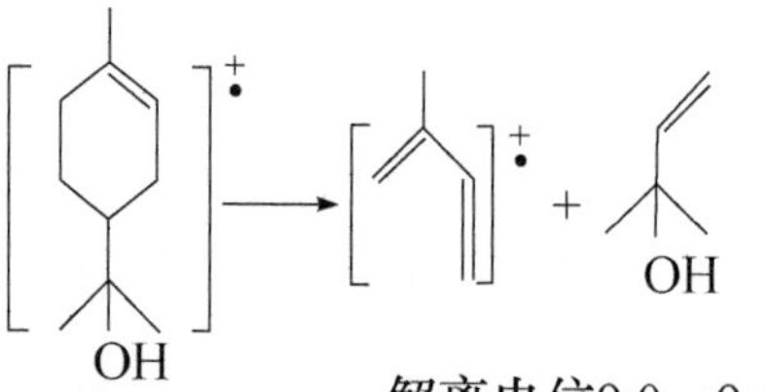

解离电位9.0～9.4eV

但也有其他的分裂途径如下式所示：

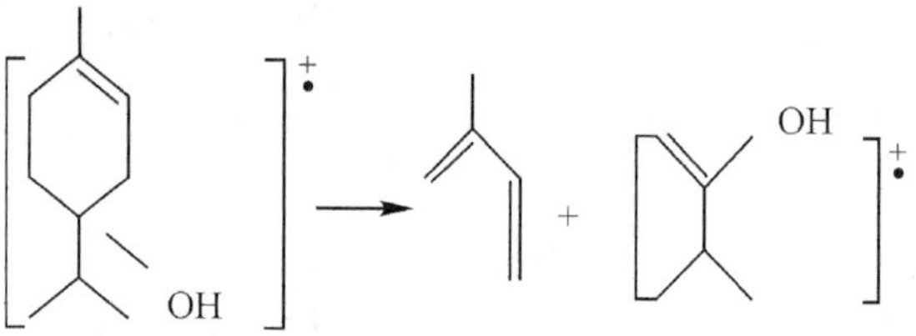

离解电位9.0eV～9.4eV

其他环状分子有类似的分裂途径，但比起环己烯来说是要困难得多了。例如，环己烷有以下途径的分裂。

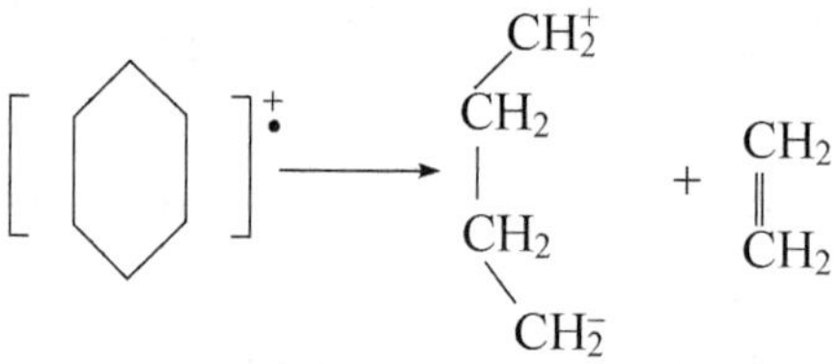

杂原子的存在和环的大小对分裂的途径有很大影响，环己酮和环戊酮的分裂就有很大的区别，如下面的反应式所示：

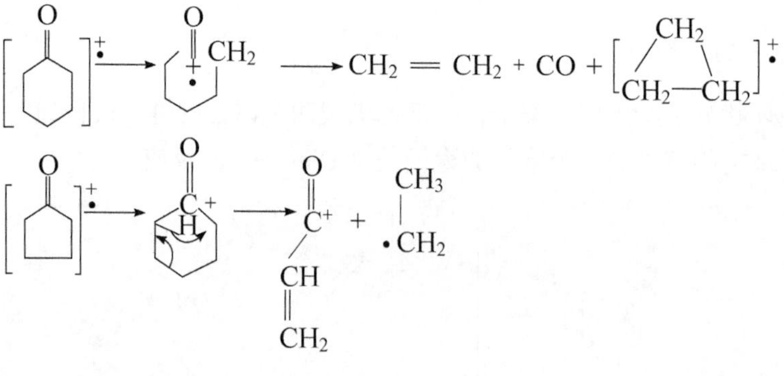

$$CH_2 = CH_2 + CO + \left[\begin{matrix}CH_2\\CH_2 - CH_2\end{matrix}\right]^{+}_{\cdot}$$

## 4. 两个氢原子的重排分裂

有些分裂需要两个氢原子的重排才可以产生，以丙酸丁酯为例：

上面的分裂可以通过氘原子取代来证明重排的氢是来自 $\gamma$ 和 $\delta$ 位置的。

这样的重排在酯类化合物中很普遍。同样的重排，在酰胺、酰亚胺、碳酸酯、磷酸酯和其他含不饱和键的化合物中都会产生。在苯环化合物中，类似的两个氢原子的重排分裂也会产生。例如

## 五、有机质谱图的表示方法[6]

根据下面的方程式，大部分质谱仪都将 $r$ 和 $V$ 定在一个定值上，而使磁场强度 $H$ 随时间变化而改变。

$$\frac{m}{z} = \frac{H^2 r^2}{2v}$$

当 $H$ 的值由低向高变化时，被离子捕集器测量到的离子的质荷比 $m/z$ 也随之而增大。记录这些信号强弱的方法就是用一个感光的记录仪。根据每一个 $m/z$ 值离子数目的多少，用峰的高低强度表示出来。用这种方法记录得到的谱图如图 7-28 所示。

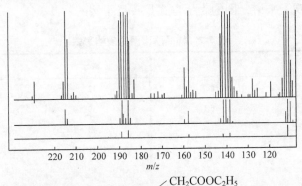

图 7-28　从质谱仪得到 $CH_3COCH$ $\overset{\diagup CH_2COOC_2H_5}{\diagdown CH_2COOC_2H_5}$ 的部分质谱图

但在文献上发表和应用时，为了能更清楚地表示不同的 $m/z$ 离子的强度，不用质谱峰而用线谱表示，这称为质谱峰棒图(统称为质谱图)，如图 7-29 所示。

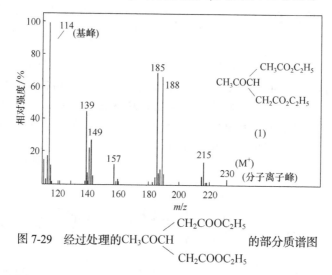

图 7-29　经过处理的 $CH_3COCH$ $\begin{array}{l}CH_2COOC_2H_5\\ \\ CH_2COOC_2H_5\end{array}$ 的部分质谱图

质谱图的横坐标是质荷比 $m/z$，表征碎片离子的质量数，与样品的分子量有关。纵坐标为离子流强度，通常称为丰度。丰度的表示方法有两种。常用的方法是把图中最高峰称为基峰，把它的强度定为 100%，其他峰用相对基峰的百分比值表示，称为相对丰度；也可以用绝对丰度表示，即把各离子峰强度总和计算为 100，再表示出各离子峰在总离子峰中所占百分数。谱图中各离子碎片丰度的大小是与分子结构有关的。因此，质谱图可以提供有关分子结构类型的信息。

另一个质谱的表达方式是将质荷比和相对强度用表格形式表示，如表 7-7 和图 7-30 所示。用表格方式比较节省纸张空间，而且也可以比较准确地表示出相对强度，但从直观上来讲，图的表示方式是一目了然的。

表 7-7　样品质谱图的表格形式

| $m/z$ | 相对强度 | $m/z$ | 相对强度 |
|---|---|---|---|
| 26 | 0.38 | 32 | 0.05 |
| 27 | 6.1 | 39 | 5.6 |
| 28 | 1.6 | 40 | 0.97 |
| 29 | 15.0 | 41 | 22.0 |
| 29.5 | 0.35 | 42 | 2.9 |
| 30 | 0.55 | 43 | 9.8 |
| 31 | 1.2 | 44 | 1.0 |

续表

| $m/z$ | 相对强度 | $m/z$ | 相对强度 |
|---|---|---|---|
| 45 | 3.6 | 73 | 1.1 |
| 46 | 0.10 | 74 | 0.05 |
| 55 | 2.3 | 87 | 7.9 |
| 56 | 4.8 | 88 | 0.65 |
| 57 | 100.0 | 89 | 0.15 |
| 58 | 4.5 | 101 | 0.74 |
| 59 | 2.2 | 102 | 0.05 |
| 60 | 0.09 | 115 | 0.24 |
| 71 | 1.7 | 130 | 2.1 |
| 72 | 0.23 | 131 | 0.21 |

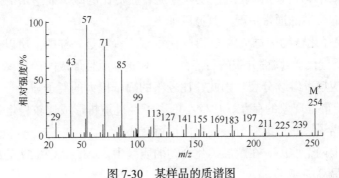

图 7-30  某样品的质谱图

# 第五节  有机质谱谱图解析

## 一、常见典型有机化合物的谱图

按照上面提到的键开裂和重排等规则，各类有机化合物由于结构上的差异，在谱图上显示出各自特有的开环规律。掌握这些典型有机化合物谱图的解析，是解析未知的化合物质谱谱图的基础。

### (一) 烷烃化合物的质谱[6]

在此以一个饱和烷烃的化合物为例，分析烷烃化合物的共有规律。图 7-31 是 $n$-$C_{16}H_{34}$ 的质谱图。

注意到：

(1) 分子离子是 $m/z$ =226，其相对强度小于 10%，这是常见的现象，非环化合物的分子离子通常是比较弱的。

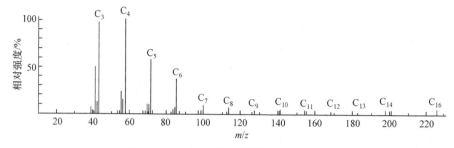

图 7-31　　$n$-C$_{16}$H$_{34}$ 的质谱图($m/z$<36 略去)

(2) 质谱图内有一系列的碎片离子,$m/z$ 是 29($C_2H_5^+$),43($C_3H_7^+$),57($C_4H_9^+$),…,直至 M$^+$•,质量相差都是 14(CH$_2$)。这是烷烃类化合物质谱的特征。

(3) 这系列碎片离子的相对强度都是随着质荷比的减少而递增的。这是正烷烃类化合物的质谱的通常情况。其原因如下:

(a) 正烷烃化合物中每个碳-碳键的能量差不多都是一样的。所以在分子离子分裂时,对不同的碳-碳键分裂的可能性是一样的。而且形成的碎片离子同样可以用相似的反应速率继续分裂。因此,比较小的离子比大的离子强。

(b) 由于重排现象的存在,比较小的离子经过重排形成比较稳定的叔碳正离子或仲碳正离子,它们继续分裂的可能性就减小了。

由于以上两个原因,在烷烃类化合物的质谱中,$m/z$=43 和 57 的离子,通常是相对强度最高的离子。

(4) 另外的一系列碎片离子来源是碳阳离子的分裂,如 $m/z$ 是 27($C_2H_3^+$),41($C_3H_5^+$),55($C_4H_7^+$)等。这些途径是符合偶数电子规律的,并且可以从亚稳离子的存在而得到肯定的。

## (二) 醚类化合物的质谱[2]

醚类主要产生 $\beta$ 断裂,得到偶电子系列的质量数为 45,59,73,87…的离子

$$R{+}CH_2{-}\overset{+\bullet}{O}{-}CH_2{+}R\xrightarrow{-R'\bullet} RCH_2{-}\overset{+}{O}{=\!=}CH_2$$
$$\xrightarrow[-R\bullet]{} CH_2{=\!=}\overset{+}{O}{-}CH_2{-}R'$$

同时在醚类化合物中,也会产生 $\alpha$ 开裂,R—OR′ 开裂可产生 R$^+$或者 OR′$^+$离子,但 R$^+$比 OR′$^+$的稳定性高,因此在图 7-32 中 $m/z$ 43 峰大于 $m/z$ 59 峰。图 7-32 为异丙醚的质谱图及其主要峰的开裂方式。

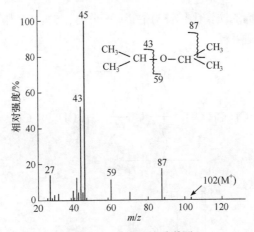

图 7-32　异丙醚的质谱图

谱图中 $m/z$ 45 的基峰是由 $m/z$ 87 的碎片峰破裂形成的。机理如下：

$$H_3C-CH-O-CH \xrightarrow[-CH_3]{-e} CH_3-CH-\overset{+}{\underset{m/z\ 87}{O}}-CH-CH_3$$

$$-CH_2=CH-CH_3 \quad CH_3-CH=\overset{+}{O}H$$
$$m/z\ 45$$

## (三) 羰基化合物的质谱[6]

羰基化合物的质谱，同样可以用类似的观点来解释，就是电子从氧原子的不成键的电子对那里失去，所以形成的游离基阳离子如下

$$R'-\overset{O}{\overset{\|}{C}}-R'' \xrightarrow{-e} R'-\overset{:\overset{+}{O}}{\overset{\|}{C}}-R''\ (\text{或写成} R'-\overset{\overset{+}{O}\cdot}{\overset{\|}{C}}-R'')$$

就引起 $\alpha$ 分裂($\alpha$ 指与羰基相邻的 $\alpha$ 键)

$$R'-\overset{\overset{+}{O}}{\overset{\|}{C}}-R'' \longrightarrow R'-\overset{O\cdot}{\overset{\|}{C}}+R''$$

由于 CO 是稳定的中性分子，上述两个碎片离子可以很容易继续分裂，形成

$$R'-C\equiv\overset{+}{O} \longrightarrow R'^+ + CO$$

或

$$R''-C\equiv\overset{+}{O} \longrightarrow R''^+ + CO$$

例如，在 4-辛酮的质谱(图 7-33)中，$m/z = 43$，57，71 和 85，都可以依据上述的途径很容易得到解释。

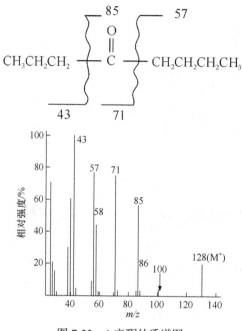

图 7-33　4-辛酮的质谱图

同样，酯类化合物很常见的分裂方式是

$$[R'\!-\!\overset{\overset{\displaystyle O}{\|}}{C}\!-\!O\!-\!R'']^{+}\longrightarrow R'\!-\!\overset{\overset{\displaystyle O^{+}}{\|}}{C}+\cdot OR''$$

$$R'\cdot\;+\overset{+}{O}\!=\!C\!-\!R''$$

因此，如果在酯类化合物的质谱中，见到 $M$–31 的离子峰，就知道这是一个甲酯的化合物，这是因为 $OCH_3$ 的质量是 31。所以，$M$–31 的离子峰是由于 M—$OCH_3$，即 M—OR″ 发生断裂产生的。

(四) 含卤素化合物的质谱[6]

以含氟、氯、溴、碘的一系列的有机化合物作比较，可以发现，它们的质谱是有规律的变化，一般来说，

$$[R\!-\!X]^{+}\longrightarrow R^{+}+X\cdot$$

的可能性是随着 F<Cl<Br<I 而递增的。这似乎是与 C—X 的键能大小有关。

另外，以 $\beta$ 分裂来说

$$[R-CH_2X]^{\overset{+}{\cdot}} \longrightarrow R\cdot + CH_2{=\!=}X^+$$

则刚好相反，是随着 F>Br>Cl>I 而递减的次序。在碳氟化合物中，$CF_3^+$ 通常是相对强度最高的基峰，这有点出乎意料，因为一般的观念是氟的电负性较强，应该是不稳定的阳离子。

脂肪化合物失去卤素或卤化氢，芳香衍生物与其相似，但更易失去卤素。由于溴、氯衍生物的同位素峰，这些化合物的质谱是很容易识别的。

## (五) 苯环化合物[6]

一般来说，苯环化合物的质谱都是有比较强的分子离子峰的。这在图 7-34 甲苯的质谱图中可以明显地看出来。

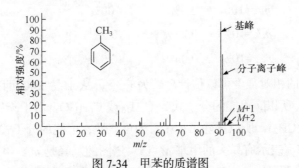

图 7-34　甲苯的质谱图

甲苯的质谱基峰是 $M-1$，这是由于 $C_7H_7^+$ 的形成。它的结构可能是 $C_6H_5CH_2^+$，但更有可能是䓬鎓离子(tropylium ion)。$C_7H_7^+$ 通常继续分裂，形成 $C_5H_5^+$ 与 $C_3H_3^+$。但后者 $C_5H_5^+$ 和 $C_3H_3^+$ 的相对强度，比起前者 $C_7H_7^+$ 要弱得多。

当苯环有其他官能团取代时，它的主要分裂途径与烷烃类化合物没有多大区别。

## 二、由质谱图推测分子结构

### (一) 解析谱图的程序

(1) 确定分子离子峰和决定分子式；

(2) 确定碎片离子的特征；

(3) 和其他分析方法对照确定化学结构。

## （二）实例

例一：如图 7-35 所示是一未知物的质谱谱图[9]。

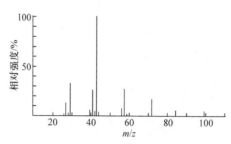

图 7-35　一未知物的质谱谱图

先求出分子式。分子离子可能是 $m/z$ =100；它与[$M$+1]和[$M$+2]的相对强度是：

|  | 相对强度 | 调整后的相对强度 |
|---|---|---|
| $m/z$=100 | 3.4% | 100% |
| $m/z$=101 | 0.29% | (0.29/3.4)%～9% |
| $m/z$=102 | 0.04% | (0.04/3.4)%～1% |

从 $M$+1 峰的相对强度可以估计含碳为 6～8，从 $M$ 为 100 可以推算出含偶数的氮或没有氮。所以，可能的分子式为 $C_7H_{16}$ 或 $C_6H_{12}O$。由于碎片峰之间不是有规律的都差 14($CH_2$)，所以排除了 $C_7H_{16}$ 的可能性，可能的分子式为 $C_6H_{12}O$。谱图中有 $m/z$ = 85，表示有易去的甲基 $M$–15。谱图的基峰是 $m/z$ = 43，它是 $M$–57。同时谱图上也有强的 $m/z$ =57 的峰。故表示可能在分子中间断开，一边为正离子时质量数为 57，也有可能另一边为正离子，质量数为 43。所以，很可能是酮类，而且是甲基酮。以此估计可能有四个结构：

(1) $CH_3CH_2CH_2CH_2\overset{\displaystyle}{\underset{\displaystyle O}{C}}-CH_3$

(2) $CH_3\underset{\displaystyle CH_3}{CH}CH_2\overset{\displaystyle}{\underset{\displaystyle O}{C}}CH_3$

(3) $CH_3CH_2\underset{\displaystyle CH_3}{\overset{\displaystyle O}{C}}CH_3$

(4) $CH_3\overset{\displaystyle CH_3}{\underset{\displaystyle HC_3}{C}}-\overset{\displaystyle}{\underset{\displaystyle O}{C}}CH_3$

上述四个可能结构中只有(3)可以经过麦氏重排后，产生 $m/z$ =72 峰，与谱图吻合，

$$CH_3CH_2\underset{\underset{CH_3}{|}}{C}HCCH_3 \quad (\overset{O}{\overset{||}{})}$$

因此，可以推断该化合物最可能的结构是(3)式。

例二：未知化合物分子式为 $C_4H_{10}O$，其谱图如图 7-36 所示[2]。

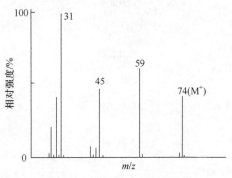

图 7-36　一未知化合物的质谱图

由分子式可知 $m/z$ =74 的峰为分子离子峰。计算不饱和度为 0，不含有双键，可能为脂肪族醇或醚类化合物。从碎片离子分析，$m/z$ 59 的峰为 $M$–15，分子中应该含有—CH$_3$。查常见的低质量端的碎片离子系列表 7-8 可知，由 $m/z$ 为 31，45，59 组成的偶电子系列峰可能成为 $C_nH_{2n+1}O$ 或 $C_nH_{2n-1}O_2$ 的碎片峰，但后者不可能产生 $m/e$ = 31 的基峰，而且此碎片峰含有双键，与所计算的不饱和度也不相符。因此，此未知化合物只可能为前者。考虑到应该含有—CH$_3$，可以列出可能的结构式：(1) $C_2H_5$—$OC_2H_5$，(2) $CH_3$—$O$—$CH_2$—$CH_2$—$CH_3$，(3) $HO$—$CH_2$—$CH_2$—$CH_2$—$CH_3$。如果是化合物(3)，则应该有 $M$–18 的峰，图中尚未出现，因此可以排除。化合物(2)$M$–15 峰可能性很大。因此，此未知化合物最大的可能性是化合物(1)。

$$C_2H_5\overset{+\bullet}{-O}-C_2H_5 \xrightarrow{-CH_3} C_2H_5\overset{+}{-O}=CH_2 \xrightarrow[\text{重排}]{-C_2H_4} \overset{+}{HO}=CH_2$$
$$(m/z\ 59) \qquad\qquad (m/z\ 31)$$

$$C_2H_5\overset{+\bullet}{-O}-C_2H_5 \xrightarrow{-H\bullet} C_2H_5\overset{+}{-O}=CHCH_3 \xrightarrow[\text{重排}]{-C_2H_4} \overset{+}{HO}=CHCH_3$$
$$(m/z\ 45)$$

表 7-8　常见的低质量端的碎片离子系列（主要是偶电子离子系列）

| $m/z$ | 通式 | 一般来源 |
| --- | --- | --- |
| 15, 29, 43, 57, 71, 85,… | $C_nH_{2n+1}$ | 烷基 |
|  | $C_nH_{2n+1}CO$ | 饱和羰基，环烷醇，环醚 |

续表

| $m/z$ | 通式 | 一般来源 |
|---|---|---|
| 19, 33, 47, 61, 75, 89,··· | $C_nH_{2n+1}O_2$ | 酯，缩醛和半缩醛 |
| 26, 40, 54, 68, 82, 96, 110,··· | $C_nH_{2n}CN$ | 烷基氰化物，双环胺类 |
| 30, 44, 58, 72, 86,··· | $C_nH_{2n+2}N$ | 脂肪胺类 |
| | $C_nH_{2n+2}NCO$ | 酰胺，脲类，氨基甲酸酯类 |
| 31, 45, 59, 73,··· | $C_nH_{2n+1}O$ | 脂肪族醇，醚 |
| | $C_nH_{2n-1}O_2$ | 酸，脂类，环状缩醛和缩酮 |
| | $C_nH_{2n+4}Si$ | 烷基硅烷 |
| | $C_nH_{2n-1}S$ | 硫杂环烷基，不饱和、取代的含硫化合物 |
| 31, 50, 69, 100, 119, 131, 169, 181, 193,··· | $C_nF_m$ | 全氟烷，全氟煤油(PFK) |
| 33, 47, 61, 75, 89,··· | $C_nH_{2n+1}S$ | 硫醇，硫醚 |
| 38, 39, 50, 51, 63, 64, 75, 76,··· | | 带负电性取代基的芳香族化合物 |
| 39, 40, 51, 52, 65, 66, 77, 78,··· | | 带给电子基团的芳香族或杂环芳香族化合物 |
| 39, 53, 67, 81, 95, 109,··· | $C_nH_{2n-3}$ | 二烯，炔烃，环烯炔 |
| 41, 55, 69, 83, 97,··· | $C_nH_{2n-1}$ | 烯烃，环烷基，环烷失去 $H_2$ |
| 55, 69, 83, 97, 111,··· | $C_nH_{2n-1}CO$ | 环烷基羰基，环状醇，醚 |
| | $C_nH_{2n}N$ | 烯氨和环烷氨，环状胺类 |
| 56, 70, 84, 98,··· | $C_nH_{2n}NCO$ | 异氰酸烷基酯 |
| | $C_nH_{2n+2}NO$ | 酰胺 |
| 60, 74, 88, 102,··· | $C_nH_{2n}NO, NO_2$ | 亚硝酸酯 |
| 46 | $C_nH_{2n+1}O_3$ | 碳酸酯类 |
| 63, 77, 91···(45, 57, 58, 59, 69, 70, 71, 85) | | 噻吩类 |
| 69, 81~84, 95~97, 107~110 | | 硫连在一个芳环上的化合物 |
| 72, 86, 100,··· | $C_nH_{2n}NCSO$ | 异硫氰酸烷基酯 |
| 77, 91, 105, 119,··· | $C_6H_5C_nH_{2n}$ | 烷基苯化合物 |

| m/z | 通式 | 一般来源 |
|---|---|---|
| 78, 92, 106, 120,… | $C_5H_4NC_nH_{2n}$ | 吡啶衍生物，氨基芳香化合物 |
| 79, 93, 107, 121,… | $C_nH_{2n-5}$ | 萜类及其衍生物 |
| 81, 95, 109,… | $C_nH_{2n-1}O$ | 烷基呋喃化合物，环状醇，醚 |
| 83, 97, 111, 125,… | $C_4H_3SC_nH_{2n}$ | 烷基噻吩类 |
| 105, 119, 133,… | $C_nH_{2n+1}C_6H_4CO$ | 烷基苯甲酰化合物 |

## 三、质谱应用的新发展——反应质谱法[10]

反应质谱法(RMS)是指在质谱仪的离子源或碰撞室中引入专属试剂(立体选择反应试剂)，使发生分子-分子或分子-离子反应产生特征离子。由这些离子的质量、结构和相对丰度可以获得样品的结构信息(立体化学信息)，而这样的信息一般质谱是不能提供的。

### (一) 直链邻二羟基物的立体化学分析

一些重要天然产物含直链邻二羟基，它们的构型有苏式和赤式之分。用 RMS 区分环邻二醇立体异构已获成功，用质谱法分析直链邻二醇化合物的构型同样可行。在溶液中所进行的硼酸与邻二醇的反应，立体化学的影响明显，已为人们所知，例如，苏式构型的 2,3-丁二醇容易与硼酸反应，见下式

赤式构型的 2,3-丁二醇则不易发生如上的反应，因为在苏式构型中，两个甲基处于对位反式位置，比较稳定；而在赤式构型中，两个甲基处于邻位交叉位置，排斥力大，不稳定。因此，它们与硼酸形成络合物时，赤式所需活化能大于苏式，反应也就困难和慢得多。在反质谱中也应该存在此情况。有人曾用硼酸三甲酯作反应试剂研究了 5 对开链邻二醇化合物(共 10 个)：赤式和苏式 2,3-辛二醇、赤式和苏式 3,4-庚二醇、内消旋酒石酸(赤式)和左旋(天然)酒石酸(苏式)、(–)-麻黄碱(赤式)和(+)-伪麻黄碱(苏式)、赤式和苏式 1,2-二苯基乙二醇。发现在它们的 RMS

谱中，没有一个例外，全部苏式都能与硼酸二甲酯反应生成特征的环硼酸酯离子，而赤式异构体则反应困难，特征离子丰度微弱。例如，苏式和赤式异构的 2,3-辛二醇与硼酸三甲酯反应，在 RMS 谱中的特征离子 *m/z* 187 丰度相差很大，见下式。因此，用这一 RMS 技术可预测直链邻二醇的构型。

## (二) 取代烯的立体化学分析

取代烯的构型有顺式(*Z* 型)和反式(*E* 型)之分。虽然顺式烯与反式烯的化学电离源质谱(CIMS)有差别，但是至今尚无一预测顺反异构烯的 RMS 法。有人曾观察到三氯乙酸钠在 CIMS 离子源中形成质子化二氯卡宾离子(protonated dichlorocarbene ion) $H\overset{+}{C}Cl$，它与烯能发生立体选择的双键加成反应生成对应的 1,1-二氯丙烷衍生物，见下式：

生成的取代环丙烷在质谱中裂解形成两个特征离子 $[M+CCl_2—Cl]^+$ 和 $[M+CCl_2—2Cl]^+$：

由这些特征离子相对丰度的差别可以预测取代烯的构型，现以二苯乙烯和丁烯二酸为例，列举数据于表 7-9。

**表 7-9 以二氯卡宾离子作试剂取代烯的 RMS 谱中特征离子相对丰度** (单位：%)

| 化合物 | 构型 | $[m/z\ 262]^+$ | $[m/z\ 227]^+$ | $[m/z\ 192]^+$ | $[m/z\ 180]^+$ |
|---|---|---|---|---|---|
| 1, 2-二苯 | 顺式(Z) | <1 | 66 | <1 | 100 |
| 1, 2-二苯 | 反式(E) | 7 | 4 | 5 | 100 |
| 化合物 | 构型 | $[m/z\ 199]^+$ | $[m/z\ 163]^+$ | $[m/z\ 127]^+$ | $[m/z\ 117]^+$ |
| 马来酸 | 顺式(Z) | <1 | 32.8 | — | 100 |
| 富马酸 | 反式(E) | 9.4 | 8.5 | — | 100 |

## (三) 有机化合物绝对构型的测定

天然产物的结构分析和不对称合成反应产物的结构鉴定均要求测定有机分子的绝对构型，可采用 X 射线单晶衍射法。但当样品不能培养成单晶时，则此方法不能适用。根据 Horeau 部分拆分法(partial resolution)的反应，可以建立测定有机化合物绝对构型的 RMS 法。其原理如下：

$$R'-\underset{\underset{H}{|}}{\overset{\overset{R}{|}}{C}}-OH + [C_6H_5-\overset{\overset{C_2H_5}{|}}{CH}-CO]_2O \longrightarrow R'-\underset{\underset{H}{|}}{\overset{\overset{R}{|}}{C}}-OCOCH-C_6H_5$$

$R$-仲醇　　　　　　　$R$-酸酐　　　　　　　　　酯

样品与试剂构型相同时，有利于反应的发生；两者构型相异时，反应进行不顺利。例如，$R$ 构型的苯基丁酸酐易与 $R$ 构型的不对称仲醇反应生成相应的酯，而与 $S$ 构型的仲醇则反应困难。因此，将一对试剂($R$ 和 $S$)分别与待测样品反应，观察相应的 RMS 谱，若样品与 $R$ 试剂反应所产生的特征离子丰度高于与 $S$ 试剂所产生的特征离子丰度，则样品的绝对构型为 $R$ 型。表 7-10 中列出了一些化合物的 RMS 数据。由表中最后一栏数据可以看出凡 $r_R/r_S$ 比值大于 1 时，样品为 $R$ 构型，小于 1 时为 $S$ 构型。

**表 7-10 CI-RMS 谱中不对称仲醇与 $R$-苯基丁酸酐和 $S$-苯基丁酸酐反应所产生的特征离子的相对丰度**

| 化合物 | 样品构型 | 试剂构型 | 相对丰度(m/z)/% | | 比值 $(B/A \times 100)$ | $r_R/r_S$ |
|---|---|---|---|---|---|---|
| | | | $[M_S+H]^+$<br>$A$ | $[M_S+M_R+H-$<br>phCHE+CO$_2$H$]^+$<br>$B$ | | |
| 辛可宁 | $S$ | $R$ | 295(22) | 441(14) | $r_R$: 64 | 0.45 |
| 辛可尼宁 | $S$ | $S$ | 295(14) | 441(20) | $r_S$: 143 | |

续表

| 化合物 | 样品构型 | 试剂构型 | 相对丰度(m/z)/% | | 比值 $(B/A×100)$ | $r_R/r_S$ |
|---|---|---|---|---|---|---|
| | | | $[M_S+H]^+$ | $[M_S+M_R+H-phCHE+CO_2H]^+$ | | |
| | | | A | B | | |
| (−)-麻黄素 | R | R | 295(39) | 441(20) | $r_R$: 51.3 | 8.84 |
| (+)-伪麻黄素 | R | S | 295(33) | 441(1.9) | $r_S$: 5.8 | |
| 奎宁 | R | R | 166(15) | 312(100) | $r_R$: 667 | 1.54 |
| (+)-苦杏仁甲酯 | R | S | 166(15) | 312(65) | $r_S$: 433 | |
| | S | R | 166(55) | 312(7) | $r_R$: 12.7 | 0.22 |
| | S | S | 166(22) | 312(12) | $r_S$: 54.5 | |
| | R | R | 325(8) | 471(12) | $r_R$: 150 | 25 |
| | R | S | 325(20) | 471(1.2) | $r_S$: 6 | |
| | S | R | 167(10) | 313(—) | $r_R$: 0 | 0 |
| | S | S | 167(12) | 313(6) | $r_S$: 50 | |

注：$M_S$—样品分子量；$M_R$—试剂分子量。

　　上述原理是一般规则，并不限于酯化反应。如用一对 R-苦杏仁酸和 S-苦杏仁酸、一对 R-2-甲基丁酸和 S-2-甲基丁酸或一对 R-苯基乙胺和 S-苯基乙胺作试剂，采用化学电离源质谱(CIMS)，可测出氨基酸的绝对构型，其中所包括的立体选择反应是缔合反应[10]。他们同时还观察到以下试剂

较上述苯基丁酸酐稳定，易制成旋光纯，且可用于快原子轰击源(FAB)，适合于测高极性、难挥发、热不稳定的天然产物的绝对构型。

# 第六节　色质联用技术及其在热裂解分析中的应用

## 一、色质联用技术

　　从分析角度讲，质谱只是定性的，而且要求样品是纯的，所以要增加质谱的功能，就要求有分离的可能性和定量的可能性。从这点上来讲，气相色谱仪-质谱

仪(GC-MS)的联合使用，既可以发挥色谱能很好地分离混合物的优点，又能发挥质谱对样品鉴定比较方便的特点，同时避免了这两种仪器各自的弱点，大大提高了两者的能力。色质联用技术已成为高分子材料研究的重要手段之一。

图 7-37 所示为 GC-MS 的示意图。样品未经纯化就注入气相色谱仪内，分离成为峰 1、峰 2、峰 3，它们按顺序经过分离器。在此，气相色谱的载气被分离抽去；样品再按顺序进入质谱仪内，从而得到每一个峰的质谱。从质谱可以知道它们的结构，从气相色谱图可以得到它们的相对量，所以这样的联合使用，GC-MS 是定性又定量的分离和分析测试手段。

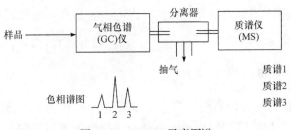

图 7-37　GC-MS 示意图[6]

很明显，GC-MS 本身的限制在于 GC 的性能上。只有可以用气相色谱分离的物质，才可以进入 GC-MS。沸点很高、不能被气相色谱分离的物质，就不能应用了。目前，有不少研究将质谱仪和液相色谱连接起来，就是所谓的液相色谱-质谱(liquidchromatography-mass spectrometry，LC-MS)。这将会有很大的用途，弥补了气相色谱的不足。

## (一) PGC-MS 联用接口[2]

由于气相色谱和有机质谱都是对蒸气样品进行分析的，有机质谱的分析灵敏度和扫描速度均能与气相色谱相匹配，因此联用比较方便。但是，GC 需用载气，在高于大气压的条件下工作，而 MS 则工作在高真空状态，因此两者相连时还必须采用一个接口装置，把气相色谱流出物中的载气除去，只让样品蒸气进入质谱仪。

GC-MS 联用接口装置种类很多，最常用的是分子分离器，如图 7-38 所示。当不同分子量的气体通过喷嘴时，具有不同的扩散速度。GC 载气(在 GC-MS 联用时一般采用氦气)分子量小、扩散快，很容易被真空泵抽走，而样品分子的分子量大，不易扩散，依靠惯性继续向前进入质谱仪。在用毛细管色谱和质谱相连时，由于毛细管柱所用载气流量小，当质谱仪真空泵抽速足够大时，也可直接相连。

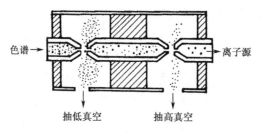

图 7-38　分子分离器示意图

　　PGC-MS 联用技术是在 GC-MS 联用的基础上，在色谱仪中安装一个裂解器进行分析的，其谱图表示方法是一致的。PGC-MS 是高聚物热裂解分析的一个很重要的研究手段。

## (二) GC-MS 联用谱图表示方法[2]

　　在 GC-MS 联用时，采集到的是一张如图 7-39 所示的三维谱图，实际上这个三维谱图是由每次扫描得到的质谱图叠合而成的。为了便于和色谱分析对照，在 GC-MS 中除了质谱图以外，还希望能得到色谱图，由于 GC-MS 仪器不同，色谱图的表示方式也不同，主要有下述几种表达方式。

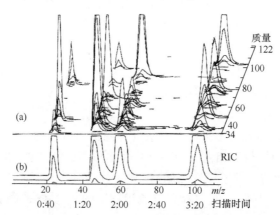

图 7-39　质量色谱三维谱图(a)及三种不同量程的色谱图(b)

## 1. 总离子流色谱图

　　在离子源出口处，测定离子流强度随时间的变化。由于是在质量分析器之前测定的，因此测到的是总离子流强度随时间的变化，也即色谱流出物样品量随时间的变化，相当于一张色谱图。

## 2. 重建离子流色谱图

重建离子流色谱不是在离子源出口处测定总离子流，而是依靠计算机计算每次扫描得到的质谱图上离子强度的总和，即总离子强度，再重新绘制出这些总离子流强度随扫描次数或分析时间变化的曲线，这种曲线称为重建离子流色谱图(RIC)。如图 7-40 所示。

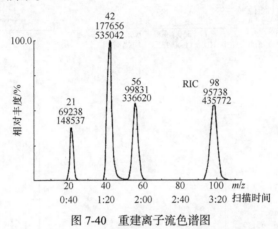

图 7-40　重建离子流色谱图

## 3. 质量色谱图

只选择一种或几种 *m/z* 离子，测定这些离子强度随分析时间变化所得曲线即为质量色谱图。此法的优点是可以提高分析的灵敏度。例如，为了确定在聚氯乙烯裂解时，哪些裂解碎片中含有氯，可以作 *m/z* 35 和 *m/z* 37 的质量色谱图，也就可以检测含氯的碎片。同时，用质量色谱图也可以进一步区分色谱图中未完全分离的组分。

## 二、色质联用技术在热裂解分析中的应用

### (一) 鉴别未知聚合物

在缺乏已知样品或不知未知样品属于何种类型的高聚物时，可采用 PGC-MS 的方法，测定特征碎片峰的结构，然后再推测该样品可能是哪一类高聚物。例如，图 7-41 为某未知共聚物的 PGC-MS 谱图。从重建离子流色谱可观察到 16[#]，51[#] 和 155[#] 峰为主要峰，从这三个峰的质谱图可知分别为甲基丙烯酸甲酯、丁二烯和苯乙烯，由此可推知未知共聚物为甲基丙烯酸甲酯-丁二烯-苯乙烯三元共聚物，即 MBS[2]。

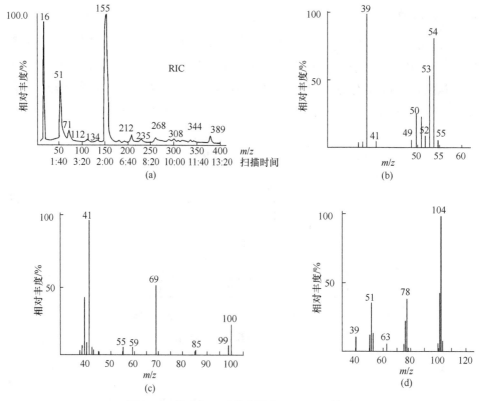

图 7-41　某未知三元共聚物的 PGC-MS 谱图

## (二) 研究聚合物的热分解行为

对合成聚合物的热裂解碎片进行分析，可探讨其裂解机理。钱和生[11]采用裂解气相色谱-质谱技术研究聚醚酰亚胺(PEI)纤维在 500℃、550℃、600℃、650℃、700℃和750℃的热分解行为。随温度上升，裂解产物明显增加。图 7-42 为 700℃裂解温度时 PEI 纤维裂解的总离子流色谱图。在 700℃裂解温度时所检测到的 42 种化合物中，相对峰面积在 1%以上的化合物达 17 种。除此以外，还可以形成一些易挥发化合物。最重要的 5 种化合物分别是苯酚(34.66%，$M_w$=94，保留时间 8.85min)，4-甲基苯酚(6.71%，$M_w$=108，保留时间 10.82min)，苯(5.91%，$M_w$=78，保留时间 2.44min)，4-丙烯基二苯醚(5.18%，$M_w$=210，保留时间 19.27min)，苯胺(5.01%，$M_w$=93，保留时间 8.47min)。可以依据这几种化合物定性鉴别聚醚酰亚胺。依据热分解产物的数量以及结构可推断聚醚酰亚胺的降解机理。聚醚酰亚胺的热分解属于无规引发的分解模型。聚合物分子链受热无规断裂，剪切分子链，经过剥皮反应连续除去单体单元，大致上再按以下三种断裂方式形成各种类型碎片。①分子链上羧基的碳原子与羧基相连的苯环上的碳原子间发生断裂，与此同时，聚合物主链丙烷基上碳原子与相邻苯环上的碳原子间发生断裂，形成 4-丙烯基二苯醚。400~500℃时裂解作用基本上以这种方式为主；500℃时 4-丙烯基二苯醚的相对峰面积占 75%左右。随温度上升，4-丙烯基二苯醚就进一步断裂，形成一系列二苯醚化合物，如 4-乙烯基二苯醚、4-甲基二苯醚和二苯醚。二苯醚分子上的醚键断裂，形成互补碎片苯酚和苯乙烯，还形成 4-甲基苯酚。4-乙烯基二苯醚、4-甲基二苯醚发生消去氢的反应，再发生成环作用，形成 4-甲基苯并呋喃和苯并呋喃。②分子链中醚键上氧原子与相邻苯环上碳原子之间的键断裂，形成 *N*-苯胺基-异吲哚-1,3(2*H*)-二酮，该化合物丢失氨基，又形成 *N*-苯并-异吲哚-1,3(2*H*)-二酮。酰亚胺基团与相邻苯环断裂，再发生重排反应，产生 4-氰基苯甲酸。③丙烷基碳原子与相邻苯环上碳原子间断裂，形成 $M_w$=330 中间体，醚键断裂以及消去反应除去 $CO_2$，形成 4-苯氧基氰苯。4-苯氧基氰苯上的醚键断裂，形成氰苯和苯酚。聚醚酰亚胺热分解的碎片中，苯酚、苯胺、氰苯、4-丙烯基二苯醚、4-乙烯基二苯醚、4-甲基二苯醚、二苯醚以及 *N*-苯胺基-异吲哚-1,3(2*H*)-二酮等 8 种裂解产物最重要，因此可以依据这几种化合物定性鉴别聚醚酰亚胺。

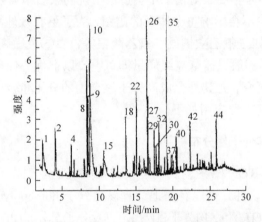

图 7-42　700℃时 PEI 纤维裂解的总离子流色谱图

# 第七节　质谱新技术与其他技术联用的新进展

## 一、质谱新技术

电喷雾电离(electrospray ionization，ESI)和基质辅助激光解吸附(matrix-assisted laser desorption ionization，MALDI)电离技术，这两种新的、互补的质谱技术，极大地扩展了可检测的生物大分子的分子量范围[12]。

## (一) 基质辅助激光解吸电离-飞行时间质谱

基质辅助激光解吸电离-飞行时间质谱(MALDI-TOF/MS)的数据采集过程,首先样品和基质的混合溶液点到样品板上,空气(或真空)中干燥结晶后,真空条件下脉冲激光将基质和样品离子化以后,产生的分子离子在加速电场作用下开始加速。不同质荷比的离子以不同速度进入高真空无场区的飞行管中。离子在此进行匀速运动,而因距离一定,不同质荷比的离子(具有不同速度)到达检测器的时间(飞行时间)是不同的,所以可以根据飞行时间和质荷比的关系来确定分子离子的质荷比,最后数字控制系统会将信号输出得到质谱图[13]。MALDI-TOF 与 LC/MS 技术相比具有如下优点:①MALDI-TOF 的电离方式属于软电离[13],这样对于样品分子来说可以保持分子的完整性,对于聚合物更是降低了分析难度;②MALDI-TOF 的检测范围可从 40 到 400000 以上[14],理论上只要基质溶剂选择合理,实验方法正确,均可测;③实验前对样品不必做精细的纯化过程,含量不是很高、对谱图不会造成干扰的杂质不需要特殊的处理[15];④少量盐类的存在不会影响整个体系的谱图,为了更有效地离子化,可另外加入一定量的盐类(如三氟乙酸钠或三氟乙酸银等)[16];⑤灵敏度高(可达 fmol 级),且样品用量很少,一般只需毫克级质量即可[17]。以上优势使得 MALDI-TOF 更适合于高分子的研究,尤其是合成高分子聚合物的分子量及分子量分布、结构及端基分析等。其主要应用如下。

### 1. 分子量测定及其分子量分布

通过 MALDI-TOF 谱图,我们可以非常直观地看到样品的分子量。利用"polymerix"这个软件,可以轻松地计算该高分子(homopolymer)的数均分子量($M_n$)、重均分子量($M_w$)和 $z$ 均分子量($M_z$),以及分子量分布(PD)。

### 2. 末端基分析

用 MALDI-TOF/MS 分析高分子的末端基结构信息的测定方法具有其他任何方法所不能替代的优势。末端基结构信息及其他结构信息为聚合反应机理的阐述、聚合反应的控制以及产品性能的优化提供了科学的依据,在高分子研究中具有重要的意义。

Wang 等根据 MALDI-TOF/MS 的分析结果证实了在合成苯乙烯、异戊二烯和环己二烯的三元共聚物 PS-PI-PCHD 的过程中[18](图 7-43),PS 大单体的结构中 MDDPE 已经通过第一步反应接到了 PS 长链上,图 7-44 给出的是 PS 大单体的质谱测试结果,分析时采用的是线性模式,蒽三酚(dithranol)作为基质,三氟乙酸银为离子化试剂，溶剂为四氢呋喃(THF)。从图中可以看到两峰之间的间隔为104.2，正好是重复单元苯乙烯的分子量，而将重复单元数74(也可以是其他数字)代入分子式计算得到的分子量正好是图中所存在的一个峰，这就验证了该结构的存在。

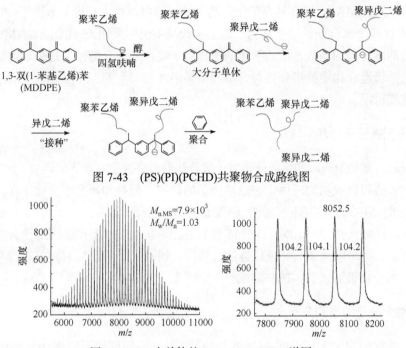

图 7-43 (PS)(PI)(PCHD)共聚物合成路线图

图 7-44 PS 大单体的 MALDI-TOF/MS 谱图

## 3. 高分子混合物分析

由于基质以及离子化试剂的作用，或者一些其他的因素，MALDI-TOF/MS 在高分子混合物分析方面的应用很有限，这方面的也研究报道也很少。本书作者选取了常见的两种已知结构和分子量的聚合物：聚环氧乙烷(PEO)和聚甲基丙烯酸甲酯(PMMA)(PEO 分子量大于 PMMA)，分别以不同的比例(物质的量比)制成混合样品，用四氢呋喃(THF)作为溶剂配成 20mg/mL 的溶液，基质选择 THF 溶液(20mg/mL)，并用三氟乙酸钠(NaTFA)(5mg/mL)作为离子化试剂。实验中所使用的仪器为美国应用生物系统(ABI)公司所生产的 Voyager DE STR MALDI-TOF MS，采用延迟引出(delayed extraction)技术，反射正离子模式。从这个实验中，我们可以得到如下的结论：首先，谱图中的两个组分对应的峰高比例和组分的实际比例不吻合，也就是说，即使所有的条件都是相同的，MALDI-TOF 也没有办法做混合物组分的定量分析；其次，更进一步可以发现，在相同的条件下(包括溶剂、基质、离子化试剂以及其他仪器条件等)，PMMA 在相对含量非常少的情况下仍然有信号出现，而且在含量只有 PEO 的十分之一时的信号强度仍然高于 PEO 的信号强度，可以说明在这种实验条件下(相同的溶剂 THF、基质 DCTB、离子化试剂 Na TFA)，PMMA 更加容易离子化，其中的原因可能很大程度上取决于 PEO 和 PMMA 这两个聚合物的端基结构。以上实验结果说明采用 MALDI-TOF/MS 可以定性检测混合物的组成，虽然基质的选择对于复杂的混合物来说是个难题，但是要定量分析混合物中的组分相对含量却是局限性相当大的，还需要大量的工作深入研究探讨[19]。

**4. 嵌段型高分子分析**

嵌段共聚物中嵌段和组成分布对于聚合物的最终性能有重要的影响。MALD I-TOF/MS 也可以成功地应用于嵌段高分子的研究。但是和研究混合物一样，嵌段共聚物的 MALDI-TOF/MS 研究难度也较大。总的来说，对于分布不是很宽(PD<1.2)的高分子，MALDI-TOF/MS 是一种很好的表征工具[20]。而对于分布比较宽的样品，则可以尝试与其他仪器结合使用，如 GPC，可以先对样品进行窄馏分收集，再分别做 MALDI-TOF 测试[21, 22]。

**5. 生物大分子的结构分析**

对常规的 MALDI-TOF/MS 所测得的谱图往往只能够得到生物分子的分子量，但要进一步分析其结构则由于生物分子本身的复杂性而难以实现。不过，如果对仪器的硬件设置做一些重要的修正和补充，则可以使其具有一种重要的功能——源后裂解(post source decay, PSD)技术[23]。应用这种技术可以得到多肽、蛋白质等生物分子一级结构的信息[24]。

**(二) 电喷雾电离质谱**

电喷雾电离(ESI)的原理及工作过程，其重要特征包括以下两点：①样品分子直接以带电液滴转化为离子的形式进入气相，没有经过如原子撞击、电子撞击或化学反应等外部能量的激发，因此不会直接产生裂解，可以得到分子离子峰，是一种"软电离"技术；②可以产生单电荷或多电荷离子，与样品中的酸性或碱性基团相关，以降低待测样品尤其是生物大分子的质荷比，从而可将其应用于多种质量分析器中；这种复杂的多电荷离子信息还可以用于改善分子质量测定的精确度，每一个不同质荷比离子都可独立计算待测分子的分子量。电喷雾离子源的这些特点，对于生物大分子的质谱测定和研究非常有利[25]。

通过电喷雾电离质谱(ESI-MS)在线分析蛋白质分子离子的构象变化，可以获得分子构象变化的过渡态信息，了解空间构象的变化过程。尽管有些构象变化太过迅速而无法被质谱捕获，但也表明了电喷雾电离质谱在研究蛋白质折叠的问题上具有极大的优越性，Konermann 在 2007 年构建了关于蛋白质分子离子构象变化与电荷分布状态的相关模型[26]。1998 年，Douglas 等曾同时对三种蛋白质分子进行正负离子模式的电喷雾电离质谱研究[27]，结果表明：相同溶液中，正负离子模式显示出的离子电荷都高于天然态离子，但呈现的是不同蛋白质分子结构，只有正离子的谱图才可以提供溶液中蛋白质形状的信息。也有相关研究分别利用正负离子模式对多肽分子进行研究，也呈现了不同的离子电荷分布。由此可见，负离子模式的机理与正离子(遵从离子雾化机制)不同，蛋白质的形状不仅仅是决定电荷状态在 ESI 谱图上分布的唯一要素，同时解吸附过程或者气态离子化的过程也是影响谱图的重要因素。负离子模式上显示的电荷分布状态无法揭示反应蛋白质的分子空间构象，其数据只能作为蛋白质分子结构分析的参考。

## 二、与气相色谱联用

气相色谱与质谱分析的联用技术应用最广，因而进展也最多。定型分流接口等改进接口的进展显著提高了实验室分析的效率。低压毛细管色谱柱的使用、色谱柱的快速加热等都是其新进展。用独特的峰定位和质量谱叠加的计算方法可提高定量分析的准确度。用电子电离检测、与串接质谱仪联用可同时识别全扫描的数据和分析火灾物中残留的可燃流体。联用技术进一步发展的标志是：涌现出超声波气相色谱-质谱分析、气相色谱-等离子体质谱分析等新技术，其中以气相色谱-飞行时间质谱分析最为重要，它的高速分析条件的最优化可实现痕量测定，可利用离子丰度比值鉴定异构体。利用 GC-MS-MS 技术可以有效区分空间异构体[9]。例如，在进行人尿样中一些内源性激素检测时，经常会遇到一些成对的空间异构体，如睾酮和表睾酮($17\beta$-羟基-4-雄烯-酮和 $17\alpha$-羟基-4-雄烯-酮)、$5\alpha$-雄烷二醇和 $5\beta$-雄烷二醇等。这些空间同分异构体虽然差异不大，分子量完全相同，分子结构仅有细小的空间构型不同，但生物活性差异很大。用 GC-MS 检测时这些异构体保留时间非常接近，一般电子轰击的质谱图又非常接近。有人曾用 GC-MS-MS 方法探讨一些空间异构体的质谱行为，发现改变碰撞诱导解离(CID)条件，可以得到这些空间异构体不同的质谱图，用于定性的目的。图 7-45 是 $5\alpha$-雄烷-$3\alpha$-醇-17-酮-2TMS 和 $5\beta$-雄烷-$3\alpha$-醇-17-酮-2TMS 的质谱图，图 7-46 是 $5\alpha$-雄烷二醇-2TMS 和 $5\beta$-雄烷二醇-2TMS 的质谱图。

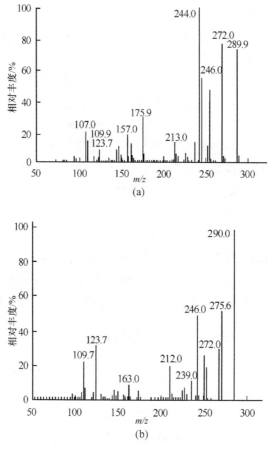

图 7-45　5α-雄烷-3α-醇-17-酮-2TMS(a)和 5β-雄烷-3α-醇-17-酮-2TMS(b)的 CID 质谱图

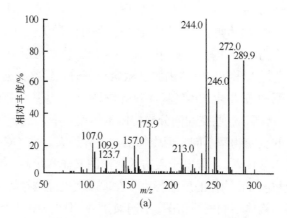

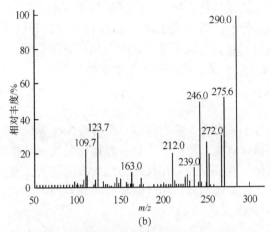

图 7-46　5α-雄烷二醇-2TMS(a)和 5β-雄烷二醇-2TMS(b)的 CID 质谱图

## 三、与高分辨裂解色谱联用

高分辨裂解色谱-质谱法(HR PyGC-MS)是 20 世纪 80 年代迅速发展起来的一种分析表征技术。由于采用高效毛细管色谱柱分离和快速裂解，并与质谱联用鉴定裂解产物的结构，大大提高了裂解色谱的精确度，扩大了其适用范围，为拓展其研究和应用创造了条件。

近年来，罗远方和贾德民[28]将 HR PyGC-MS 技术用于研究聚合物的结构与性能，得到了许多有意义的结果。作为一种新的表征技术，HR PyGC-MS 尤其适用于传统方法难以分析、表征的聚合物样品，具有样品不需处理、快速、准确、重复性好、可以同时检测等优点。他们用 HR PyGC-MS 研究了聚醚型聚氨酯/聚(苯乙烯-共-二乙烯苯)互穿聚合物网络[PU/P(St-CO-DVB)-IPN]及其组分聚合物 PU、P(St-CO-DVB)的热分解，即在严格控制的热环境中使样品快速分解成小分子或低聚体，并直接导入毛细色谱系统进行分离和用质谱鉴定其结构，从裂解谱图的组成和分布来推断该互穿网络(IPN)的结构及其热分解过程。用分步裂解法和不同温度下的裂解色谱，结合动力学分析讨论了 IPN 的热分解机理。通过这些研究从分子水平了解该 IPN 材料的热分解规律和本质，并为用 HR PyGC-MS 法研究 IPN 材料的结构与性能提供了理论和实验依据。

## 四、与液相色谱联用

液相色谱-质谱(LC-MS)联用技术始于 20 世纪 70 年代，但直到 20 世纪 80 年代中后期大气压电离技术(API)得到发展且逐渐成熟后，LC-MS 才得以迅速发展，并很快成为科研和日常分析的有力工具。LC-MS 的 API 技术是一种软电离方式，可直接测定热不稳定的极性化合物，多电荷的形成可用来分析蛋白质和脱氧核糖核酸(DNA)等生物大分子，调节离子源电压(源内碰撞诱导电离电压)可以控制离子的断裂，获取结构信息，大大拓宽了分析范围，应用前景更为广泛。

LC-MS 技术的应用主要表现在以下几个方面。

**1. 小分子化合物的分析**

药物一类的小分子，要在人体内经过一个复杂的生物化学过程，包括吸收、分解、代谢等。药物经氧化、还原、水解、异构化反应的一相代谢物的结构改变较小，但是经糖基化、硫酸化的二相代谢物结构改变较大，而且热稳定性较差。一般而言，热稳定性差的药物和二相代谢物会使热转换-质谱(TC-MS)变得困难，此时可以考虑用 LC-MS 分析。

**2. 大分子化合物的分析**

采用 LC-MS 技术可以通过利用多重电荷离子测定肽类、蛋白质大分子的分子量，可以用于蛋白质酸诱导构象变化的观察，也可以用于蛋白质一级结构的测定。LC-MS 技术对生物大分子兴奋剂的检测有独到之处[29]。蛋白质通过酶解后产生多个肽段，经液相色谱分离后用串联质谱获得肽的质量谱，从而对肽段进行鉴别和测定；通过蛋白质序列数据检索，得出蛋白质序列信息，从而实现对蛋白质的快速、高灵敏的鉴别和测定。Gam 和 Tham[30]通过免疫纯化后将胰蛋白酶降解，用 LC-MS/MS 分析了标记肽$\beta$-T5，由此获得人绒毛膜促性腺激素定性和定量的依据。

**3. LC-MS 定量分析的评价**

LC-MS 技术定量测定和 GC-MS 技术相比的优势在于：①许多样品无需衍生化；②液相柱一般出峰时间较短，可以调整到几分钟，而 GC-MS 分析中仅溶剂延迟时间就要 1min。如果是单一组分或 2～3 个组分的同时定量分析，则一个样品的 LC-MS 定量分析即可以在几分钟内完成[9]。

## 五、与毛细管电泳技术联用

随着质谱技术的发展，通过串联质谱测定蛋白质的多肽序列，并搜索数据库成为高通量鉴定蛋白质的新方法，用图论及真实谱-理论谱联配的方法对串联质谱得到的多肽谱图进行从头解析。毛细管电泳/质谱联用方法(CE/MS)得到了新的发展，已被成功地应用于多肽和蛋白质的鉴定中[31]。刘韬等[32]建立了毛细管区带电泳/串联质谱联用(CZE/MS/MS)对多肽和蛋白质高灵敏度的鉴定方法。对 Met-脑啡肽和 Leu-脑啡肽的混合物进行了分析，用 CZE/MS/MS 方法验证了各自的序列。

同样, 对细胞色素 c 的胰蛋白酶酶解产物用 CZE/MS/MS 方法进行了肽质谱分析, 几乎所有肽段的序列及其在分子中的位置都得到了确定。通过 SEQUEST 软件进行蛋白质序列数据库搜索得到了准确的鉴定结果。所消耗的样品量均在低皮可摩尔(picomole, $10^{-12}$mol)水平, 可适应重组蛋白质的质控和蛋白质组研究中对蛋白质进行微量鉴定的要求。

CZE/MS 和 CZE/MS/MS 是一种灵敏度很高的高分辨率分析方法。若用极微量的微升电喷雾(microspray)接口或纳升电喷雾(nanospray)接口, 由于所消耗的样品非常少, 检测限往往能达到飞摩尔($10^{-15}$mol/L)的水平[33]。若联用的质谱仪采用具有极高灵敏度的质谱仪(如傅里叶转换离子回旋共振质谱仪, FTI-CR-MS), 检测限更能达到阿托摩尔($10^{-18}$mol/L)水平。这对在蛋白质的研究中双向电泳凝胶上极微量蛋白质的鉴定提供了强有力的支持[34]。且 CZE/MS/MS 还能产生高质量的 CID 质谱图以提供对多肽结构进行解析所必需的信息, 从而实现多肽的从头测序(de novo sequencing)。

## 六、与热分析仪器联用

近年来, 热分析-质谱联用无论在技术、应用和研究方法上均有新的发展。在研究方法上主要是定量化[35-37]; 在联用技术上主要是热-质-气(如 TA-MS-FTIR、TA-MSGC)等联用多元化[38, 39]; 在应用领域上已扩及纳米材料、原油、生物陶瓷等各种新型复杂有机材料、无机材料、有机-无机复合材料[40]。2013 年, 美国密西西比大学环境健康医学中心 Arockiasamy 课题组发表了利用热重-差示扫描量热-傅里叶变换红外-质谱(TG-DSC-FTIR-MS)联用技术对苯乙烯-丁二烯橡胶在热分解过程中逸出的气体化合物的研究。早先对橡胶的研究大多利用 Py-GC 和 Py-GC-MS, 热分析-质谱联用技术的发展大大提高了对橡胶的研究范围和深度[39]。Zimmermann 等利用热重-调制气相色谱-单质子离化飞行时间质谱耦合装置(TG-GC×SPIMS), 研究了原油的快速综合表征。他们采用的真空超紫外辐射源是一种充入稀有气体的准分子电子束灯(EBEL)。软质子离化有利于分子离子的形成。与只有 TG-SPI-MS 相比, 极大地提升了检测的专一性。尤其对于如原油之类的复杂化合物, 因不同的 GC 保留时间而相互重叠的物质, 提供了分离和鉴定的可能。其特别的贡献在于测定那些等蒸气压的如烷烃、萘、烷基化苯等化合物[40]。

## 七、与核磁共振技术联用

液相色谱-质谱-核磁共振(LC-MS-NMR)联用技术早期发展十分缓慢, 主要受制于 NMR 仪的灵敏度、溶剂峰抑制问题和 NMR 与 MS 联机系统等问题。近年来, 随着 NMR 波谱仪磁场强度的提高、LC-NMR 专用探头的设计及溶剂峰抑制技术的发展, 解决了动态变化、灵敏度及溶剂抑制(尤其是梯度系统)的问题, 从而促进了 LC-MS-NMR 联用技术的迅速发展[41]。样品注入高效液相色谱系统内, 在高压泵的推动下, 将各组分进行分离, 此后柱流出液部分进入质谱仪进行 MS 分析, 部分经过常规的紫外(UV 或 DAD)检测器, 然后可通过聚四氟乙烯导管直接或间接流入超导核磁共振仪内部, 就实现了 LC-MS-NMR 的联用[42]。LC-MS-NMR 所提供的大量 UV、MS、NMR 信息, 对分析结构复杂、混合成分多的天然产物具有重要作用。王映红等利用 LC-NMR 技术实现了该药材提取混合物的分离、鉴定, 实现了对"垂子买麻藤茎"的化学成分分析[43]。Wolfender 等应用该技术结合活性分析实现了粗提取物中新型活性成分的靶向分离筛选, 初步获得潜在活性的成分, 大幅提高了筛选效率[44]。同样 LC-MS-NMR 系统的高分辨能力还被应用于杂质检查、药物构型研究、生化药物和微生物代谢物等的研究。Mistry 等用 HPLC-NMR 与 HPLC-MS 结合确定了氟替卡松丙酸盐 4 个已知的二聚体杂质, 杂质存在水平为 0.06%~0.9%[45]; Behnke 等采用 $C_{18}$ 毛细管 HPLC-NMR 研究了氨基酸类化合物[46]。现今出现的 LC-FTIR-TOF/MS-NMR 多重联机系统将 LC-MS-NMR 的分析能力进一步提高。其中, 增加了检测器的种类, 将流动相进行多次分流进入不同的检测器, 产生大量分析数据, 应用于样品中主成分或杂质检查, 使分析更加快速准确[47]。

## 参 考 文 献

[1] 金熹高. 烈解气相色谱方法及应用. 北京: 化学工业出版社, 2009

[2] 何曼君, 章巨修, 张宪康. 复旦学报(自然科学版), 1979, (3): 4-10

[3] Simon W, Kriemler P, Voellmin J A, et al. Journal of Chromatographic Science, 1967, 5(2): 53-57

[4] Levy R L. Journal of Chromatographic Science, 1967, 5(3): 107-113

[5] 金熹高. 化学通报, 1978, (4): 53-65

[6] 高家武. 高分子材料近代测试技术. 北京: 北京航空航天大学出版社, 1994: 12

[7] 刘虎威. 气相色谱方法及应用. 北京: 化学工业出版社, 2000

[8] 钱和生. 分析测试学报, 2006, 25(4): 84-87

[9] 陈德恒. 有机结构分析. 北京: 科学出版社, 1985

[10] 陈耀祖. 兰州大学学报(自然科学版), 1999, 35(3): 71

[11] 钱和生. 合成纤维, 2006, (12): 38-42

[12] 孙畅, 现代科学仪器, 2011, 4: 109-111

[13] Montaudo M S, Puglisi C. Macromolecules, 1998, 31: 8666-8676

[14] Montaudo M S, Puglisi C, Samperi F, et al. Rapid Communications in Mass Spectrometry, 1998, 12(9): 519-528

[15] 何美玉. 现代有机与生物质谱. 北京: 北京大学出版社, 2002: 170-174

[16] Zhou L H, Deng H M, Deng Q Y, et al. Rapid Communications Mass Spectrometry, 2005, 19: 3523-3530

[17] 邓慧敏, 周丽华, 张珍英, 等. 质谱学报, 2003, 24(增刊): 5-6

[18] Wang X, Xia J, He J, et al. Macromolecules, 2006, 39: 6898-6904

[19] Mehl J T, Murgasova R, Dong X, et al. Analytical Chemistry, 2000, 72: 2490-2498

[20] Rder H J, Schrepp W. Acta Polymer, 1998, 49: 272-293

[21] Fei X, Murry K. Analytical Chemistry, 1996, 68(20): 3555-3560

[22] Charles N, Ewen M, Peacock P M. Analytical Chemistry, 2002, 74: 2743-2748

[23] Wetzel S J, Guttman C M, Girard J E. International Journal of Mass Spectrometry, 2004, 238: 215-225

[24] Papayannopoulos I A. Mass Spectrometry Reviews, 1995, 14: 49-73

[25] 姜丹. 电喷雾电离质谱在多肽、蛋白质分子研究中的应用. 上海: 复旦大学博士学位论文, 2011

[26] Konermann L. Journal of Physical Chemistry B, 2007, 111(23): 6534-6543

[27] Konermann L, Douglas D J. Journal of American Mass Spectrometry, 1998, 9(12): 1248-1254

[28] 罗远方, 贾德民. 华南理工大学学报, 1994, 22(6): 80

[29] 秦旸, 徐友宣, 杨树民, 等. 色谱, 2008, 26(4): 431-436

[30] Gam L H, Tham S Y, Latiff A.Journal of chromatography B, 2003, 792: 187

[31] 文丽君, 曾志, 杨定乔. 海南师范学院学报(自然科学版), 2002, 15(3/4): 209-214

[32] 刘韬, 曾嵘, 邵晓霞, 等. 生物化学与生物物理学报, 1999, 31(4): 425-432

[33] Smith R D, Udseth H R, Wahl J H, et al. Methods in Enzymology, 1996, 271: 448-486

[34] Valaskovio G A, Kelleher N L, Mclafferty F W. Science, 1996, 273: 1199-1202

[35] 于惠梅, 张青红. 齐玲均, 等. 中国科学: 化学, 2010, 40: 1402-1408

[36] Yu H M, Qi L J, Zhang Z D, et al. Journal of Thermal Analysis and Calorimetry, 2011, 106: 47-52

[37] Rodwit B, Baldyga J, Maciejewski M, et al. Thermochimica Acta, 1997, 295: 59-71

[38] Arockiasamy A, Toghiani H, Oglesby D, et al. Journal of Thermal Analysis and Calorimetry, 2013, 111: 535-542

[39] Wohlfahrt S, Fischer M, Saraji-Bozorgzad M, et al. Analytical and Bioanalytical Chemistry, 2013, 405: 7107-7116

[40] 陆昌伟. 中国科学, 2015, 45(1): 57-67

[41] 刘西哲, 生宁, 李飞高, 等. 中国医院药学杂志, 2012, 32(12): 972-974

[42] 康传贞, 李翠莲, 任红霞. 齐鲁药事, 2009, 28(10): 611-613

[43] 王映红, 贺文义, 李小妹, 等. 波谱学杂志, 2002, 3: 301-302

[44] Wolfender J L, Rodriguez S, Hostettmann K. Journal of Chromatography A, 1998, 794(1/2): 299-316

[45] Mistry N, Ismall I M, Smith M S, et al. Journal of Pharmaceutical and Biomedical Analysis, 1997, 16(4): 697-705

[46] Behnke B, Schlotterbeck G, Tallarek U, et al. Analytical Chemistry, 1996, 68(7): 1110-1115

[47] 骆泽宇. 中国医学药学杂志, 2007, 27(6): 807-809

# 第八章 显微分析

## 第一节 显微分析概论

　　长期以来，人们利用各种技术和分析仪器努力探索材料的微观组织和成分，以研究它所显示的组织结构特征和成分对材料的宏观性能，如物理、化学、力学、电学、光学等性能的影响机理和基本规律。为了能使人类进入分子水平或原子水平这一奇妙的微观世界，近一个世纪以来，从光学显微镜的诞生到电子显微镜的发明及发展[1-19]，许多科学工作者付出了极大的艰辛和作出了不平凡的贡献。

　　电子显微分析不仅在生物学、医学、物理、化学和金属、陶瓷、半导体等材料科学以及矿物、地质等各个科学技术领域都得到了广泛的应用，而且在高分子科学、高分子材料科学和高分子工业中成为一种必备的分析研究手段和重要的原料与产品的检测工具。它可以用于研究高分子晶体的形貌和结构，高分子多相体系的微观相分离结构，泡沫聚合物的孔径与微孔分布，高分子材料(包括复合材料)的表面、界面和断口，黏合剂的黏结效果以及聚合物涂料的成膜特性等，特别是近年来电子显微分析技术的迅速发展，与能谱分析技术以及电子衍射技术的完美结合，发展了具有多功能的分析电子显微镜，成为一种显微分析的综合性设备，使人们获得更丰富的微观世界的信息，对科学技术的发展必将起着重大的促进作用。

## 第二节 透射电子显微镜

### 一、透射电子显微镜的成像原理[9-17]

(一) 电子束与固体的相互作用

　　一束电子照射到试样上时，电子与样品中的原子核和核外电子相互作用，产生一系列效应。当电子的运动方向被改变时，称为散射。如果电子只改变运动方向而电子的能量不发生变化时，称为弹性散射，如果电子的运动方向和能量同时发生改变，称为非弹性散射。电子与试样相互作用可以得到如图 8-1 所示的各种信息。

## 1. 感应电动势

在试样上加一电压时，试样中会产生电流。在电子束照射下，由于试样中电子电离和电荷积累，试样的局部电导率发生变化，于是试样中产生的电流有所变化，这就是感应电动势(感应电导)，这种现象对研究半导体材料很有用。

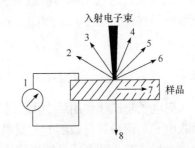

图 8-1　电子与试样作用产生的信息
1—感应电动势；2—阴极荧光；3—特征 X 射线；
4—背散射电子；5—俄歇电子；6—二次电子；
7—吸收电子；8—透射电子

## 2. 阴极荧光

当入射电子与试样作用时，电子被电离，高能级的电子向低能级跃迁并发出可见光，称为阴极荧光。各种元素具有各自特征颜色的荧光，因此可作光谱分析。

## 3. 特征 X 射线

入射电子与试样作用，被入射电子激发的电子空位由高能级的电子填充时，其多余能量以辐射形式释放，产生特征 X 射线。各元素都有自己的特征 X 射线，具有不同的波长和能量，因此可用来分析样品中某元素的性质、含量及分布状况。

## 4. 二次电子

入射电子射到试样上以后，使表面物质发生电离，被激发的电子离开试样表面形成二次电子。二次电子的能量较低，为 $0\sim50eV$，大部分为 $2\sim3eV$，发射深度一般不超过 $5\sim10nm$。试样深处激发的二次电子没有足够的能量逸出表面。二次电子的强度与试样表面的几何形状、物理和化学性质有关，因此二次电子像能够表征试样表面丰富的细微结构。

## 5. 背散射电子

入射电子与试样作用，产生弹性或非弹性散射后离开试样表面的电子称为背散射电子。通常背散射电子的能量较高(高于 $50eV$)，发射深度为 $10nm\sim1\mu m$。背散射电子的强度与试样表面形貌和组成元素有关。

## 6. 俄歇电子

在入射电子束的作用下，试样中原子某一层电子被激发，其空位由高能级的电子束填充，使低能级的另一个电子电离，这种由于从高能级跃迁到低能级而电离逸出试样表面的电子称为俄歇电子(Auger electron)。每一种元素都有自己的特征俄歇电子能谱,因此可以利用俄歇电子能谱进行轻元素和超轻元素的分析(氢和氦除外)。

### 7. 吸收电子

入射电子与试样作用后,由于非弹性散射失去一部分能量而被试样吸收,称为吸收电子。用一高灵敏度的电流表可测量出样品的吸收电流值,吸收电流经过适当放大后成像,即形成系数电流像,它的衬度明暗与背散射电子和二次电子像相反。吸收电子与入射电子强度之比和试样的原子序数、入射电子的入射角、试样的表面结构有关。

### 8. 透射电子

当试样的厚度小于入射电子穿透的深度时,一部分入射电子与试样作用引起弹性散射或非弹性散射,透过试样的电子称为透射电子。透射电子显微镜就是利用透射电子成像的。如果试样很薄(几十纳米)时,则透射电子主要是弹性散射电子,这时成像比较清晰,电子衍射斑点也比较明锐;如果试样比较厚,成像模糊,电子衍射斑点也不明锐。

利用上述信息的仪器有透射电子显微镜(TEM)、扫描电子显微镜(SEM)、扫描透射电子显微镜(STEM)、X射线能谱仪(XPS)、俄歇电子能谱仪(AES)、电子探针(EP)和低能电子衍射仪(LEED)等。

### (二) 电子的波长

快速运动的电子具有波粒二象性,电子作为波的性质,其重要特征是电子的波长。电子波的波长为

$$\lambda = \frac{h}{mv} \tag{8-1}$$

式中,$\lambda$ 为电子的波长;$m$ 为电子质量;$v$ 为电子运动速度;$h$ 为普朗克常量,$h = 6.62 \times 10^{-34} \text{J} \cdot \text{s}$。

在不考虑相对论的情况下,电子的运动质量 $m$ 等于电子的静止质量 $m_0$,即 $m = m_0$。根据能量守恒定律

$$\frac{1}{2} m_0 v^2 = eU \tag{8-2}$$

将式(8-2)代入式(8-1)中

$$\lambda = \frac{h}{m_0 v} = \frac{h}{\sqrt{2m_0 eU}} \tag{8-3}$$

式中，$U$ 为加速电压，V；$e=1.60\times10^{-19}$C，为电子的电荷；$m_0=9.11\times10^{-31}$kg。将上述各数值代入式(8-3)中，得到电子的波长

$$\lambda = \frac{1.225}{\sqrt{U}} \quad \text{(nm)} \tag{8-4}$$

可以看出，电子的波长随加速电压的升高而缩短。式(8-4)对计算低能电子波长已足够准确，但是一般透射电子显微镜的加速电压为 50～200kV，超高压电子显微镜则可达 1000～3000kV，在这种情况下，电子运动速度很快，具有较高的能量，因此必须引入相对论修正。考虑相对论后的电子动能为

$$eU = mc^2 - m_0 c^2 \tag{8-5}$$

式中，$c$ 为光速。相对论的电子质量为

$$m = \frac{m_0}{\sqrt{1 - \dfrac{v^2}{c^2}}} \tag{8-6}$$

式(8-5)两端乘以($m+m_0$)，并将式(8-6)代入得

$$(m + m_0)eU = m^2 v^2 \tag{8-7}$$

将式(8-7)中的 $mv$ 代入式(8-1)得

$$\lambda = \frac{h}{\sqrt{(m+m_0)eU}} = \frac{h}{\sqrt{2m_0 eU\left(1 + \dfrac{eU}{2m_0 c^2}\right)}}$$

化简得

$$\lambda = \frac{1.225}{\sqrt{U(1 + 0.9788\times10^{-6}U)}} \quad \text{(nm)} \tag{8-8}$$

由此而求得的电子波长见表 8-1。由表可见，电子波长是可见光波长的几十万分之一。这样利用电子束有可能制造出高分辨本领的显微镜。其关键在于能否制造出电子束用的透镜——电子透镜。

表 8-1  不同加速电压下的电子波长

| 加速电压/kV | 20 | 30 | 50 | 100 | 200 | 500 | 1000 |
|---|---|---|---|---|---|---|---|
| 电子波长/$10^{-3}$nm | 8.59 | 6.98 | 5.36 | 3.70 | 2.51 | 1.42 | 0.871 |

## (三) 电子透镜[9]

### 1. 静电透镜

(1) 电子光学折射定律。光的折射是光学透镜成像的基础。电子在电场中也有类似的电子光学折射作用。根据电磁学原理,电子在静电场中受到的洛伦兹力 $F$ 为

$$F = -eE \tag{8-9}$$

式中, $E$ 为电场强度。

当一个速度为 $v$ 的电子沿着与等电位面法线成一定角度的方向运动, 如图 8-2 所示,如果某等电位面上方电位为 $U_1$, 下方为 $U_2$, 那么该电子由 $U_1$ 电位区进入 $U_2$ 电位区的瞬间, 在交界点处运动方向发生突变, 与等电位面法线成 $\gamma$ 角度, 电子运动速度从 $v_1$ 变为 $v_2$。因为电场对电子作用力方向总是沿着电子所处点等电位面法线, 从低电位指向高电位, 所以沿电子所处点等电位面切线方向电场力分量为 0, 电子沿该方向的运动速度分量 $v'$ 保持不变, 即 $v_1' = v_2'$, 从图可得到

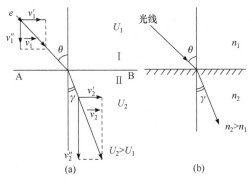

图 8-2　电子光学中的折射

(a) 电子静电场中的折射; (b) 光线在介质界面处的折射

$$\frac{\sin\theta}{\sin\gamma} = \frac{v'/v_1}{v'/v_2} = \frac{v_2}{v_1} \tag{8-10}$$

如果起始点电位为 0, 电子初速为 0, 那么电子在 $U_1$、$U_2$ 电位区的运动速度分别为

$$v_1 = \sqrt{\frac{2eU_1}{m^2}}, \quad v_2 = \sqrt{\frac{2eU_2}{m^2}}$$

代入式(8-10)并整理得

$$\frac{\sin\theta}{\sin\gamma}=\sqrt{\frac{U_2}{U_1}} \tag{8-11}$$

由于 $\lambda\propto 1/\sqrt{U}$，所以式(8-11)还可写成

$$\frac{\sin\theta}{\sin\gamma}=\sqrt{\frac{U_2}{U_1}}=\frac{\lambda_1}{\lambda_2} \tag{8-12}$$

式(8-12)与光的折射定律的表达式十分相似，其中 $\sqrt{U}$ 相当于折射率，说明电场中等电位面是对电子折射率相同的表面，与光学系统中两介质界面起着相同的作用。式(8-12)就是静电场中电子光学折射率的数学表达式。

(2) 静电透镜。一定形状的光学介质界面(如玻璃凸透镜旋转对称的弯曲折射界面)可以使光波聚焦成像，那么类似形状的等电位曲面簇也可能使电子波聚焦成像，我们把能产生这种旋转对称等电位曲面簇的电极装置称为静电透镜。只有静电场才可能使自由电子增加动能，从而得到由高速运动电子构成的电子束，所以各种电子显微镜的电子枪都必须用静电透镜，一般用静电浸没物镜。

电场中电位是连续变化的，这就决定了电场对电子的折射率是连续变化的，但在光学玻璃透镜系统，在介质界面折射率是突变的。因此，电子在静电透镜场中沿曲线轨迹运动，而光在光学玻璃透镜系统中沿折射线轨迹传播。

## 2. 磁透镜

(1) 电子在磁场中的运动。运动的电子在磁场中受到的洛伦兹力 $F_m$ 为

$$F_m=-\frac{e}{c}(V\times H) \tag{8-13}$$

式中，$V$ 是电子运动的速度矢量；$H$ 是磁场强度矢量。该作用力大小为

$$F_m=\frac{e}{c}VH\sin(V,H) \tag{8-14}$$

其方向始终垂直于电子的速度矢量与磁场强度矢量所组成的平面。因为作用力与速度方向垂直，这种力不改变速度大小，电子在磁场中运动时，动能保持不变。磁透镜不改变电子束的能量，但是却不断改变着电子束的方向。

通电流的圆柱形线圈产生旋转对称的(即轴对称的)磁场，对电子束有会聚成像的作用，在电子光学中称为磁电子透镜，简称磁透镜。图8-3是磁透镜示意图，表示磁透镜中磁力线的分布及磁透镜的会聚作用。

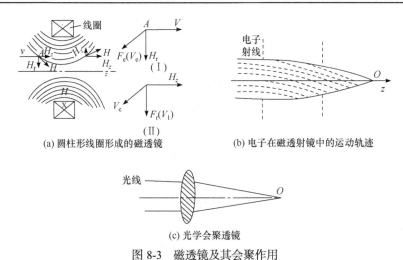

(a) 圆柱形线圈形成的磁透镜　　(b) 电子在磁透射镜中的运动轨迹

(c) 光学会聚透镜

图 8-3　磁透镜及其会聚作用

图 8-3(a)中电子以速度($v$)平行于对称轴 $z$ 进入磁场,在磁场的左半部(如 $A$ 点),磁场强度 $H$ 分解为轴向分量 $H_z$ 及径向分量 $H_r$。用右手定则可知,$v$ 与 $H_r$ 作用的结果使电子受穿出纸面指向读者的作用力 $F_\theta$[图 8-3(a)(Ⅰ)]。在 $F_\theta$ 的作用下,产生了电子绕轴旋转的速度 $v_\theta$。由于 $v_\theta$ 与 $H_z$ 作用,电子受到指向轴的聚集力 $F_r$[图 8-3(a)(Ⅱ)]的作用,其结果产生了指向轴的运动分量 $v_r$。因此电子在磁场中运动时将产生三个运动分量,即轴向运动(速度 $v_z$)、绕轴旋转(速度 $v_\theta$)和指向轴的运动(速度 $v_r$)。总的结果使电子以螺旋方式不断地靠近轴向前运动着。当电子运动到磁场的右半部时,由于磁力线的方向改变,$H_r$ 的方向与在左半部时相反,因此 $F_\theta$ 的方向也相反。在 $F_\theta$ 的作用下 $v_\theta$ 减小,但并不改变 $v_\theta$ 的方向,结果 $F_r$ 的方向也不改变,电子的运动仍然是向轴会聚。在这部分磁场中,电子绕轴旋转的速度逐渐减慢,但是电子的运动仍然存在着三个运动分量。在这类对称弯曲磁场中,电子运动的轨迹是一条空间曲线,离开磁场区域时,电子的旋转速度减为零,电子做偏向轴的直线运动,并进而与轴相交。图 8-3(b)是电子运动轨迹的示意图。平行于轴入射的电子经过电子透镜后,其运动轨迹与轴相交于 $O$ 点,该点称为透镜的焦点。电子透镜中焦距的含义与几何光学中相同。可见,轴对称的磁场对运动电子总是起会聚作用,磁透镜都是会聚透镜,与图 8-3(c)所示的光学会聚透镜相似。

(2) 磁透镜。在电子显微镜中,用磁透镜作为会聚透镜和各种成像透镜。

(a) 短磁透镜。磁场沿轴延伸的范围远小于焦距的透镜称为短磁透镜,短磁透镜中是非均匀轴对称磁场。通电流的短线圈及带有铁壳的线圈都可以形成短磁透镜,图 8-4 表示带铁壳的短磁透镜及透镜中磁力线的分布。

对于短磁透镜,透镜的焦距($f$)、物距($a$)和像距($b$)之间的关系为

$$\frac{1}{a} + \frac{1}{b} = \frac{1}{f} \tag{8-15}$$

并可推导出

$$f = c\frac{U}{(\text{NI})^2}R \tag{8-16}$$

式中，$U$ 为加速电压；NI 为透镜线包的安匝数；$R$ 为线包的半径；$c$ 为与透镜结构条件有关的常数($c>0$)。由此可得：$f>0$，表明磁透镜为会聚透镜；$f \propto 1/(\text{NI})^2$，NI 大则 $f$ 小，且当磁透镜电流稍有变化时，就会引起透镜焦距大幅度地改变，因此可调节线圈电流来改变透镜焦距，这在实际应用上很有意义，在电子显微镜中，通过改变励磁电流来改变放大倍数及调节图像的聚焦和亮度；$f$ 与加速电压 $U$(即与电子速度)有关，电子速度越大，焦距越长。因此电子显微镜中要保证加速电压的稳定度($\Delta U/U$，一般为 $10^{-6}$)，以保证得到恒定的电子速度，减小焦距的波动，降低色差，从而得到高质量的图像。

(b) 极靴磁透镜。为了进一步缩小磁场在轴向的宽度，在带铁壳的磁透镜内加极靴(图 8-5)，得到强且集中的磁场，一般可集中在几毫米内。这种磁透镜在电子显微镜中得到了广泛的应用。图 8-6 给出了几种磁透镜中磁场强度沿透镜轴向的分布，可见极靴磁透镜的场强最集中。

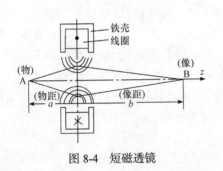

图 8-4 短磁透镜

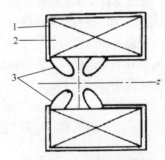

图 8-5 带极靴的磁透镜
1—铁壳；2—线圈；3—极靴

磁透镜的铁壳一般采用软铁等磁性材料制造，极靴用高饱和磁通密度的铁磁性材料制造，要求材料均匀、磁导率高、矫顽力小、化学稳定性好和易加工等特点，一般采用铁钴合金或铁钴镍合金。

(c) 特殊磁透镜。为了适应各种不同需要，尤其是为了提高透镜的分辨本领，发展了多种形式的磁透镜，如不对称磁透镜、单场透镜等。

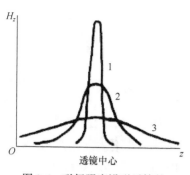

图 8-6　磁场强度沿磁透镜的
轴向分布
1—极靴磁透镜；2—带铁壳磁透镜；
3—不带铁壳磁透镜

## （四）电子透镜的像差

如果从物面上一点向不同方向发出的电子都会聚到像平面上一点，像与物是几何相似关系，它们之间只是一个放大倍数 $M$ 的比例关系，这是理想成像(高斯成像)。理想成像的条件是：场分布严格轴对称；满足旁轴条件，即物点离轴很近，电子射线与轴之间夹角很小；电子的初速度相等。在理想成像情况下，电子透镜中的物镜、中间镜、投影镜可以借用光学薄透镜成像公式。实际的电子透镜在成像时，由于偏离理想条件而会造成电子透镜的各种像差。像差的存在影响图像的清晰度和真实性，从而限制了电子显微镜的分辨本领。

### 1. 几何像差

几何像差是由于透镜磁场几何上的缺陷产生的像差，包括球面像差(球差)、像畸变和像散。

(1) 球面像差。球面像差是透镜磁场中近轴区域与远轴区域对电子束的折射能力不同而产生的。一般总是远轴区域比近轴区域的折射能力大，此类球差称为正球差。一个理想的物点所散射的电子，经过具有球差的磁透镜后，不能会聚在同一像点上，而被分别会聚在一定的轴向距离上，无论像平面放在什么位置，都不能得到一个点的清晰图像，而只能在某个适当位置得到一个最小散射图，称为最小散焦斑。由此可见，球差恒大于零，如图 8-7(a)所示。为提高透镜的分辨本领，必须尽可能减小球差最小散焦斑的尺寸。球差最小散焦斑半径 $\Delta r_s$ 的计算式可表示为

$$\Delta r_s = \frac{1}{4} C_s \alpha^3 \tag{8-17}$$

式中，$C_s$ 为磁透镜球差系数；$\alpha$ 为磁透镜孔径半角。由此说明，球差最小散焦斑半径与球差系数成正比，与孔径半角的三次方成正比。$C_s$ 与透镜强度有关，透镜

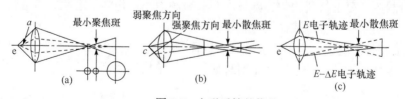

图 8-7　电磁透镜的像差
(a) 球差；(b) 像散；(c) 色差

强度越大，球差系数越小，所以短磁透镜有较小的球差系数。减小透镜孔径半角可以显著地减小散焦斑半径，从而可以显著提高透镜的分辨本领。

(2) 像畸变。与球差相似，像畸变也是由远轴区折射率过强引起的。由于透镜边缘部分聚焦能力比中心部分大，像的放大倍数将随离轴径向距离的加大而增大或减小。这时图像虽然是清晰的，但是由于离轴的径向距离不同，图像产生了不同程度的位移，如果原来物像是正方形的，如图 8-8(a)所示，经过透镜后，可能产生如图 8-8(b)~(d)所示的三种畸变形态。畸变主要发生在中间镜和投影镜。

(3) 像散。极靴加工精度(如内径呈椭圆形状、端面不平等)、极靴材料内部结构和成分不均匀性影响磁饱和，导致场的非对称性，因而造成像散。像散对分辨率的影响往往超过球差和衍射差。由于上述原因，场的轴对称性受到破坏，造成透镜不同方向上有不同的聚焦能力，一个物点散射的电子通过透镜磁场后不能聚焦于一个像点，而交在一定的轴向距离上，如图 8-7(b)所示。同样在该轴向距离上边存在一个最小的散焦斑，即像散散焦斑，其半径为 $\Delta r_A$，计算式为

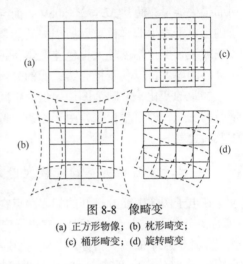

图 8-8　像畸变

(a) 正方形物像；(b) 枕形畸变；
(c) 桶形畸变；(d) 旋转畸变

$$\Delta r_A = \Delta f_A \cdot \alpha \tag{8-18}$$

式中，$\Delta f_A$ 为由透镜场非旋转对称性产生的焦距差；$\alpha$ 为透镜孔径半角。此式说明，透镜磁场非旋转对称性越明显，焦距差越大，散焦斑越大，透镜的分辨本领越差。在物镜、第二聚光镜或中间镜中加一个消像散器可以消除像散。消像散器是一个弱柱面透镜，它产生一个与要校正的像散大小相等、方向相反的像散，从而抵消透镜的像散。

## 2. 色差

色差是由于成像电子波长(或能量)变化引起透镜焦距变化而产生的一种像差。当加速电压或透镜电流变化时，就引起电子波长变化，一个物点散射的具有不同波长(或能量)的电子进入透镜磁场后，将沿各自的轨迹运动，结果不能聚焦在一个像点上，而分别交在一定的轴向距离范围内，如图 8-7(c)所示。在该轴向距离范围内也存在一个最小散焦斑，称为色差散焦斑。其半径 $\Delta r_e$ 的表达式为

$$\Delta r_{\mathrm{e}} = C_{\mathrm{e}} \alpha \left| \frac{\Delta E}{E} \right| \tag{8-19}$$

式中，$C_{\mathrm{e}}$ 为电子透镜色差系数，随激磁电流增大而减小；$\alpha$ 为磁透镜孔径半角；$\Delta E/E$ 为成像电子束能量变化率。此式说明 $\Delta r_{\mathrm{e}}$ 与成像电子束能量变化率成正比。引起电子束能量(或波长)发生变化的主要因素是：①电子枪加速电压的不稳定，引起照明电子束能量或波长的波动；②电子束照射样品物质时，将与样品原子的核外电子发生非弹性散射，其中一部分入射电子与外层价电子发生一次非弹性散射而损失能量，通常 $\Delta E = 5\sim50\text{eV}$，而与外层价电子发生多次非弹性散射或与原子内层电子发生非弹性散射所损失的能量就更大了。一般，样品越厚，电子能量损失或波长变化幅度越大，色差散焦斑越大，透镜像分辨越差。所以应尽可能减小样品的厚度，以利于提高透镜像的分辨本领。

物距的变化，反映为图像失焦，中间镜和投影镜的焦距变化，则反映为放大倍数的变化，即倍率色差，由于透镜中像转角随电子的速度不同而变化，从而产生旋转色差。

## (五) 电子透镜的分辨本领和放大倍数

在电子图像上能分辨开的相邻两点在试样上的距离称为电子透镜的分辨本领(或称点分辨领域或点分辨率)。它表征电子透镜观察物质微观细节的能力，是评价电子透镜水平的首要指标，也是电子透镜性能的主要综合指标。放大倍数(放大率)等于肉眼分辨率(0.25mm)除以显微镜的分辨率。

光学显微镜的分辨率约为光波波长的一半($2.5 \times 10^{-4}\text{mm}$)，因此光学显微镜最大放大倍数是 1000，超过这个数值并不能得到更多的信息，而仅仅是将一个模糊的斑点再放大而已。多余的放大倍数称为空放大。

电子的波长与加速电压有关，200kV 电子透镜的放大倍数为 $10^6$ 数量级，即分辨率比光学显微镜高 $10^3$，点分辨率为 0.19nm，晶格分辨率为 0.14nm，目前高水平仪器的晶格分辨率可达 0.05nm，基本可以在底片上记录下原子的图像，清晰地反映原子在空间的排列。

## (六) 像的衬度

如果像不具有足够的衬度，即使电子透镜有极高的分辨率和放大倍数，人的眼睛也不能分辨。因此，像的分辨率、放大倍数和衬度是电子透镜的三大要素，一幅高质量的图像应具备这三方面的要求。

每张电子显微镜照片都是由于明暗不同而形成像的,当电子束通过薄样品时，由于电子与样品的相互作用，电子通过样品后即发生电子散射、电子衍射和干涉等物理过程，用于透射电子显微分析的样品必须很薄，避免电子被样品吸收，电子显微镜照片的反差即衬度。按其产生的原理可分为三类：散射衬度、衍射衬度和位相衬度。前两者统称为振幅衬度。

## 1. 散射衬度

散射衬度是由样品对入射电子的散射而引起的，它是非晶态物质形成衬度的主要原因。

当一束电子通过样品时，由于受样品中元素的原子核和核外的电场作用，使入射电子运动的速度和方向都发生变化，这就是电子散射。如果样品的厚度不同，或者元素组成不同，某一个微小区域较厚，或者原子密度大，那么电子在这一区域受到散射的概率大，被散射掉的电子多，散射的角度也较大，因此，通过样品的电子数目较少。反之，通过样品的电子数目较多。可以说，总的散射率与样品的厚度和密度的乘积成正比。图 8-9 为散射衬度形成的示意图。入射电子在样品上受到散射后，凡散射角大的，均不能通过物镜光阑孔，即散射电子被光阑挡住不能参与成像，则样品中散射强的部分在像中显得较暗，而样品中散射较弱的部分在像中显得亮，由此形成像的衬度，称为散射衬度，又称质厚衬度。

## 2. 衍射衬度

衍射衬度是样品对电子的衍射引起的，是晶体样品的主要衬度。

衍射衬度理论比较复杂，这里只简单介绍衍射衬度成像的特点。当入射电子束通过一个厚度均匀的薄样品之后，由于晶体样品中包括不同方向的晶粒，或者存在缺陷，入射电子束对一个晶粒的某一组晶面满足布拉格(Bragg)衍射条件($2d\sin\theta = n\lambda$)，电子将和晶面按一定角度发生反射，这样就使发生反射的晶粒的透射电子较少。如图 8-10 所示，衍射的电子聚焦于物镜后面的一点，被物

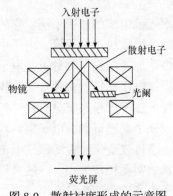

图 8-9　散射衬度形成的示意图

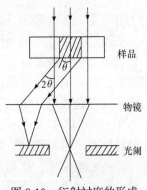

图 8-10　衍射衬度的形成

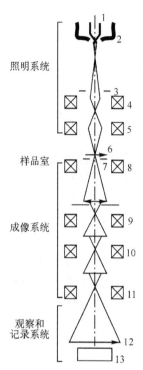

图 8-11　透射电子显微镜电子光学部分结构示意图[9]
1—阴极灯丝；2—栅极；3—加速阳极；4—第一聚光镜；5—第二聚光镜；6—样品；7—物镜光阑；8—物镜；9—中间镜；10—第一投影镜；11—第二投影镜；12—荧光屏；13—照相机

镜光阑挡住，只有透射电子通过光阑参与成像而形成衬度，这时，这部分样品在像中是暗的，所得到的像为明场像。当移动光阑使衍射电子通过光阑成像，而透射电子被光阑挡住时，则得到暗场像。衍射衬度是高分子材料和金属材料的主要衬度形成机制。把暗场像和选区衍射像对比拍照是得到各晶面信息的有效手段。

### 3. 位相衬度

位相衬度是由于散射波和入射波在像平面上干涉而引起的衬度，是超薄样品和高分辨像的衬度来源，可观察到分子像和原子像。

## 二、透射电子显微镜的结构

透射电子显微镜由三部分组成，即电子光学系统、真空系统和电子学系统。

### (一) 电子光学系统

电子光学系统是电子显微镜的基础，其核心是磁透镜。可以说是一个透镜组，上端是电子枪部分，下端是观察和照相部分，中间则为成像系统，还有样品室。图 8-11 是透射电子显微镜电子光学部分结构示意图。

### 1. 照明系统

图的上部是由电子枪和第一聚光镜、第二聚光镜组成的照明系统。它的作用是提供一个亮度高、尺寸小的电子束。电子束的亮度取决于电子枪，电子束直径则取决于聚光镜。电子枪又分为阴极灯丝、栅极、加速阳极三部分，是电子显微镜的照明光源。灯丝通过电流后发射出电子，栅极电压比灯丝负几百伏，作用是使电子会聚，改变栅极电压可以改变电子束直径。加速阳极系统具有比灯丝高数十万伏的高压，其作用是使电子加速，从而形成一个高速运动的电子束。

聚光镜是使电子束聚焦到所观察的样品上，通过改变聚光镜的激励电流，可以改变聚光镜的磁场强度，从而控制照明强度及照明孔径角大小。一般采用两个聚光镜，第一聚光镜为短焦距强透镜，它将电子束斑直径缩小几十倍，第二聚光镜采用长焦距透镜，将电子束斑成像到样品上，从而使聚光镜和样品之间有足够的距离，以便放置试样和各种附件。

## 2. 样品室

样品室在照明系统下面，放置被观察样品，并可使样品沿 $x$、$y$、$z$ 三个方向移动。现代电子显微镜在样品室中有防污染装置，此外，为了多方面应用的需要还配有低温样品台、加热样品台、拉伸样品台以及双倾样品台等。

## 3. 成像系统

样品室下面是成像系统，由物镜、中间镜和投影镜组成。物镜的作用是形成样品的第一级放大像，要求物镜具有高分辨本领，因此物镜的各种像差应尽可能小。通常用强磁透镜作为物镜，其焦距为 2mm 左右，放大倍数为 100～200 倍。样品放在物镜的前焦面附近，可以得到放大倍数高的图像。中间镜的作用是把物镜形成的第一级放大像再进行二级放大。中间镜一般用弱磁透镜，要求电流的可调范围比较大。改变中间镜的激励电流，可以改变中间镜的磁场强度，从而改变中间镜的放大倍数，进而改变整个成像系统总的放大倍数。投影镜的作用是把上述所形成的电子图像进一步放大并投影到荧光屏上。要求投影镜有较高的放大倍数，一般用强磁透镜。

设物镜的放大倍数为 $M_0$，中间镜的放大倍数为 $M_i$，投影镜的放大倍数为 $M_p$，这时成像系统的总放大倍数 $M = M_0 M_i M_p$，可见电子显微镜的放大倍数可以很大，只要改变一个透镜的放大倍数，总的放大倍数就会改变，在电子显微镜的设计和制造中，采用改变中间镜的放大倍数来改变总的放大倍数。图 8-12 为三级成

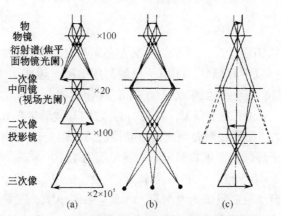

图 8-12 电子显微镜三级成像放大系统的光路图[11]
(a) 高放大率像；(b) 衍射谱；(c) 低放大率像

像放大系统的光路图。如果是晶体试样，电子透过晶体时发生衍射现象，在物镜后焦面上形成衍射谱[图 8-12(b)]，此时如果将中间镜励磁减弱，使其物平面与物镜的后焦面重合，则中间镜便把衍射谱投影到投影镜的物平面，再由投影镜投到荧光屏上，得到晶体两次放大的衍射谱。因此，高性能的电子显微镜可以作为电子衍射仪使用。

**4. 观察和记录系统**

投影镜下面是观察和记录系统，把最终像投影在荧光屏上进行观察，下面有自动摄像系统、记录放大像。

## (二) 真空系统

在电子显微镜中，凡是电子运行的区域都要求有尽可能高的真空度。没有良好的真空，电子显微镜就不能进行正常工作，这是因为高速电子与气体分子相遇，互相作用导致随机电子散射，引起"炫光"和削弱像的衬度，电子枪会发生电离和放电，引起电子束不稳定或"闪烁"，残余气体腐蚀灯丝，缩短灯丝寿命，而且会严重污染样品，特别在高分辨率拍照时更为严重。基于上述原因，电子显微镜真空度越高越好。普通透射电子显微镜的真空度要求达到 $1.33\times10^{-2}\sim1.33\times10^{-3}$Pa；加速电压高的电子显微镜的电子枪需要更高的真空度，其真空度优于 $1.33\times10^{-4}\sim1.33\times10^{-5}$Pa。

通常用旋转机械泵抽前级真空($13.33\sim1.33$Pa)，再用扩散泵抽到高真空(约 $1.33\times10^{-3}$Pa)。若要更高的真空度，需采用液氮冷却系统或者用离子吸附泵。此外还有空气干燥器、冷却装置、真空指示器等。现代电子显微镜的真空系统都是自动控制的，带有保护装置，可防止突然停水、停电所造成的事故。

## (三) 电子学系统

透射电子显微镜由于高分辨率的要求，必须具有高度稳定的电子学系统。电子学系统主要包括以下几部分。①电子枪的高压电源。为减小色差，要求加速电压有很高的稳定度，若要达到 $0.2\sim0.3$nm 的分辨率，高压的稳定度必须优于 $2\times10^{-6}$/min。例如，电压为 100kV，则在 1min 之内其波动量在 0.2V 之内。②磁透镜激磁电流的电源。磁透镜激磁电流的波动使透镜焦距变化，图像变得模糊。分辨率为 0.3nm 的电子显微镜要求物镜电流的稳定度为 $1\times10^{-6}$/min，中间镜和投影镜的电流的稳定度为 $5\times10^{-6}$/min。③各种操作、调整设备的电器。包括消像散器的电源、电动照相及其他自动控制系统的电路等。④真空系统电源。⑤安全保护用电器等。

近年来，在电子显微镜中采用集成电路等电子新技术，大大提高了电源的稳定度，而且操作更方便，特别是电子计算机控制系统应用于电子显微镜，提高了电子显微镜操作的自动化程度，更利于电子显微镜分析技术的广泛应用。

## 三、电 子 衍 射

图 8-12 的电子显微镜成像光路图中，只要改变显微镜的中间镜电流，将中间镜励磁减弱，使其物平面与物镜后焦面重合，中间镜便可把衍射谱投影到投影镜的物平面，再由投影镜投影到荧光屏上，可以很容易得到试样的电子衍射谱。非晶物质的电子衍射与 X 射线衍射一样，只能得到很少数的漫散射环，而结晶试样能得到许多锋锐的衍射束，这些衍射束可以提供试样内部结构信息。由衍射斑点的位置、排列、衍射斑点的大小、衍射斑点的强度等可以得到单位晶格大小、形状、结晶外形和晶格中原子的排列等。

电子衍射的几何学与 X 射线衍射完全一样，都遵循劳厄方程或布拉格方程所规定的衍射条件和几何关系。但它们与物质相互作用的物理本质不相同，X 射线是一种电磁波，而电子是一种带电粒子。电子的波长比 X 射线的波长短得多，根据布拉格方程 $2d\sin\theta=\lambda$，电子衍射的衍射角 $2\theta$ 也要小得多。由于物质对电子的散射比 X 射线的散射强近 1 万倍，所以电子的衍射强度要高得多，这使得两者要求试样的尺寸大小不同，X 射线样品线性大小为 $10^{-1}$cm，电子衍射样品则为 $10^{-6}\sim10^{-5}$cm，两者曝光时间也不同，X 射线以小时计，而电子衍射以秒、分计。电子射线的穿透能力比 X 射线弱得多，这是由于电子穿过物质时衍射线被强烈地吸收，所以电子在物质中的穿透有限，比较适合于研究微晶、表面、薄膜的晶体结构。在电子显微镜中进行电子衍射是一种有效的分析方法，灵敏度高，能方便地把几十纳米大小的微小晶体的显微像和衍射分析结合起来，这是一个突出的优点。

晶体内部排列成规则的点阵，这种规则性使散射波在一些方向互相加强称为衍射波，在其他方向相互干涉而抵消。把晶体的衍射看作是点阵平面的反射，得到布拉格方程

$$2d\sin\theta=\lambda \qquad (8\text{-}20)$$

式中，$d$ 为点阵平面间距(晶面间距)，是晶体的特征；$\lambda$ 为波长，是入射电子波的特征；$2\theta$ 为衍射角，是入射电子波、衍射波和晶体间的相互取向关系。由于电子的波长很短，衍射角小，试样到底片的距离很大，由图 8-13

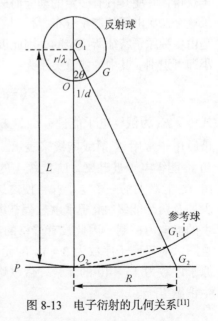

图 8-13　电子衍射的几何关系[11]

所示可把布拉格方程简化。图中,电子束通过试样后产生透射电子束 $O_1O_2$ 和衍射电子束 $O_1G_2$, $O_1O_2(L)$ 为试样到底片的距离,即相机长度, $R$ 为底片上中心束斑到衍射斑点的距离, $2\theta$ 为入射束与衍射束之间的夹角,有

$$\tan 2\theta = R / L \tag{8-21}$$

因 $\theta$ 角很小, $\tan 2\theta \approx 2\theta \approx 2\sin\theta$ ,代入式(8-20)和式(8-21)得

$$L\lambda = dR \tag{8-22}$$

这就是电子衍射几何分析的基本关系式。$L\lambda$ 由实验仪器条件确定,称为相机常数。当相机常数已知时,测定衍射斑点到中心斑点的距离 $R$ ,即可以求出此衍射斑点对应的晶面间距 $d$ 。

电子衍射的实验技术有选区电子衍射、高分辨率电子衍射、高分散性电子衍射(小角度衍射)等。

## 四、电 子 能 谱

如本节开始所述,试样在入射电子束的作用下,会产生俄歇电子(Auger electron)。每种元素都有其特征俄歇电子能谱(AES)。

如图 8-14 所示,样品被一定能量的电子束激发后,原子内层电子(如 K 层)被高能电子逐出后逸出,留下一个空穴,此空穴外层(如 $L_1$ 层)的一个电子进入内层填补此空穴,这一过程是能量降低过程,其释放出的能量若被 $L_2$ 层上的某一个电子获得,并使其具有一定的动能而逸出,这一逸出的电子称为俄歇电子。通过记录这个二次电子的能量分布,得到的就是俄歇电子信号。由于这种能量传递关系是由各种原子特征所决定的,因此俄歇电子带有所属原子的特征,根据其能量大小即可识别。其中的能量关系为

$$E_A = E_K - (E_{L_1} + E_{L_2}) \tag{8-23}$$

式中, $E_A$ 为俄歇电子能量; $E_K$ 、 $E_{L_1}$ 、 $E_{L_2}$ 分别为 K、$L_1$、$L_2$ 层电子结合能。俄歇电子常用 X 射线能级来表示,如 $KL_1L_2$ 的形式表示。其俄歇电子表示最初 K 能级电子被电离, $L_1$ 能级上的一个电子填充 K 能级空穴,多余的能量传给 $L_2$ 能级上的一个电子并且使之逸出。由此看出俄歇跃迁涉及三个能级,至少涉及两个能级。由于俄歇过程被电离壳层中的空穴与周围电子相互作用所产生的静电力控制,因此没有严格的选择定则,图 8-14 中的 $KL_1L_2$ 跃迁只是示意图。对于原子序数为 3~14 的元素,俄歇峰主要是 KLL 跃迁形成的,对于原子序数为 15~40 的元素,俄歇峰主要是 KMM 跃迁形成的,氢和氦不能产生俄歇电子。

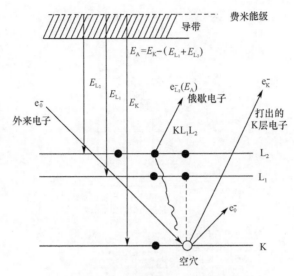

图 8-14 电子衍射的几何关系[5]

俄歇电子能谱主要适用于原子序数在 33 以下的轻元素。由于一次电子束能量远高于原子内层轨道的能量，可以激发出多个内层电子，会产生多种俄歇跃迁，因此，在俄歇电子能谱图上会有多组俄歇峰；加之俄歇跃迁涉及的三个能级均在内壳层和次内层(不含价电子层)，涉及三个电子的特性，使得谱图解释较为困难。但依靠多个俄歇峰，会使得定性分析准确度很高，原则上单晶、多晶、无机化合物、导体、半导体或绝缘体均可以用俄歇电子能谱进行分析。同时，还可以利用俄歇电子的强度和样品中原子浓度的线性关系，进行元素的半定量分析。俄歇电子能谱是一种灵敏度很高的表面分析方法。其信息深度为 1.0～3.0nm，绝对灵敏可达到 $10^{-3}$ 单原子层。

## 五、低温电子显微镜技术和三维透射电子显微镜技术

2017 年度的诺贝尔化学奖授予贾克·杜伯谢(Jacques Dubochet)、约阿希姆·弗兰克(Joachim Frank)和理查德·亨德森(Richard Henderson)，表彰他们在开发用于溶液中生物分子高分辨率结构测定的冷冻电子显微镜技术。冷冻电子显微镜(Cryo-EM)惯称低温电子显微镜技术，是指在低温下通过使用透射电子显微镜去观察实验样品的显微技术，它与 X 射线晶体学、核磁共振一起构成了高分辨率结构生物学研究基础。Cryo-EM 可以在原子分辨率上生成蛋白质的三维图像，对结构生物学领域带来一次革新。许多长期无法解决的重要大型复合体及膜蛋白的原子分辨率结构被攻克。

图像显示是研究人员对实验进行分析的关键，约阿希姆·弗兰克开发的图像处理方法使得电子显微镜的模糊二维结构图被分析和合并,生成清晰的三维图像，原理如图 8-15 所示。

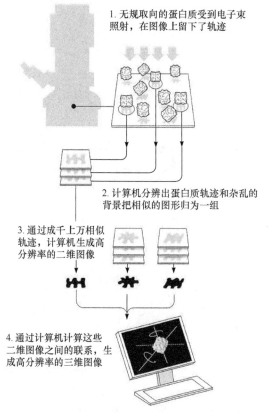

1. 无规取向的蛋白质受到电子束
照射，在图像上留下了轨迹

2. 计算机分辨出蛋白质轨迹和杂乱的
背景把相似的图形归为一组

3. 通过成千上万相似
轨迹，计算机生成高
分辨率的二维图像

4. 通过计算机计算这些
二维图像之间的联系，生
成高分辨率的三维图像

图 8-15　弗兰克三维图像分析技术示意图

　　而此三维图像生成技术也可用于高分子复合材料微观三维形貌的研究，如图 8-16 所示。通过冷冻切片制备约 200nm 厚的样品，在 TEM 下通过从–70°～+70°的角度范围内以 2°的角度倾斜样品栅格获得一系列不同角度下的二维图像。最后通过计算机计算合成该复合体系的三维图像。此方法在研究聚合物多相体系的微观形貌上已获得广泛应用[20-25]。

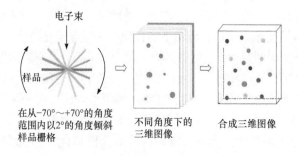

电子束

样品

在从–70°～+70°的角度
范围内以 2°的角度倾斜
样品栅格

不同角度下的
三维图像

合成三维图像

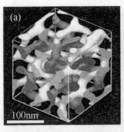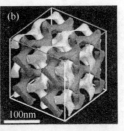

图 8-16　高分子复合材料 3D-TEM 示意图[21]及 SIS 三嵌段共聚物 3D-TEM 图
(a) 形貌；(b) 基于 Schoen 的螺旋面的 CT 模型[25]

## 六、透射电子显微镜用聚合物试样的制备技术

试样制备的目的是使所要观察的物质经过电子显微镜放大后不失真，并得到所需要的信息。用电子显微镜观察聚合物的织态(各级超分子结构形态)及精细结构时，为排除各种假象，得到客观真相，必须依据聚合物在电子束作用下的特性及电子显微镜本身功能的要求合理制样，如考虑聚合物是不导电的、一般熔点较低等。

### (一) 制样应注意的几个问题

#### 1. 电子损伤

电子束照射下的样品温度会升高 30~50℃(有机材料)或 200~300℃(非金属无机材料或金属材料)，而镜体又处于高真空，故必须使样品在电子束辐照、热和真空条件下保持稳定。流体、潮湿、易升华、低熔点或易分解的物质(聚合物中杂质)会污染电子显微镜，并得到假象，因此这样的物质不能观察。

#### 2. 电子束透射能力

电子束穿透能力较弱，不能观察厚样品，若用加速电压为 10kV 的电子显微镜，样品不能超过 100nm，要得到高分辨率像，样品必须尽可能薄(一般 50nm 左右)；若用高压电子显微镜可用较厚的样品，但也不宜太厚。此外，聚合物样品取决于本身结构特性，在电子束辐照下，可能出现化学作用(降解或交联)或物理作用(结晶化或无定形化)，因此必须选择适当的厚度。

#### 3. 载网支持膜

在光学显微镜下观察样品时，是把样品放置在玻璃载片上，但是在电子显微镜下，电子束的穿透能力很弱，不能采用玻璃片支持样品，而是把试样置于有支持膜的载网上。一般载网是直径约 3mm，厚度为 25～50μm 的多孔铜网，其网孔的式样随制作方法和所观察的试样不同而有差异，对于超薄切片试样，多用 200目的载网，以保证 70%以上的电子束通过，对于粉末样品一般以小网孔为宜，这样可增加支持膜的牢固性。所用的支持膜必须很薄且均匀(一般支持膜的厚度应小于 20nm)，以便透过尽可能多的入射电子。太厚的支持膜将会增加对电子的散射，致使降低分辨率和反差。此外，支持膜本身应具有较高的机械强度，并能在电子束的轰击下不易被破坏，同时支持膜本身应是不存在影响样品观察的任何结构，即保证对电子束透明。对于较厚的样品，有时也可不用支持膜，将样品直接置于金属载网上进行观察。通常作为支持膜的材料有火棉胶膜、Formvar(聚乙烯醇缩甲醛)膜及碳膜。碳的原子序数低，碳膜对电子束的透明性好，且具有较高的机械强度、良好的导电性能及传热性，可减少在透射电子显微镜观察时由于充电效应和热效应而引起样品形变或漂移，因此碳膜是一种很好的支持膜。然而当观察小于 2nm 的细微结构时，碳粒子的结构会干扰观察结果。为了用极高分辨率观察原子像，发展了一种微栅支持膜。目前已有多种制备方法能获得 0.05μm 至几微米孔径的微栅膜。其中一种方法是使用疏水剂-亲水剂制备微栅膜[12]。先将玻璃片放在 CCl₄ 中浸泡除去表面油污，再用阳离子表面活性剂(如 0.06%的十六烷基苯胺的水溶液)对玻璃片进行疏水处理。玻璃片稍冷后放在湿度为 60%～80%、温度为 15～25℃的环境中结露。由于玻璃片已处于疏水状态，便在其表面形成一层致密但又是分离的微小水珠。当将 0.3%的聚乙烯醇缩甲醛-氯仿溶液滴在玻璃片上时，该溶液只能在没有水珠的玻璃片表面上流延，形成所需的微栅膜。待溶剂自然挥发后，将玻璃片浸入阴离子表面活性剂(如 0.03%的十二烷基磺酸钠)中脱模。图 8-17 为这一方法制备微栅膜的原理及过程。

电子显微镜观察的成功与否，在一定程度上取决于试样的制备。下面介绍几种主要的制样方法。

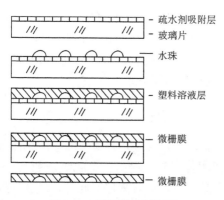

- 疏水剂吸附层
- 玻璃片
- 水珠
- 塑料溶液层
- 微栅膜
- 微栅膜

图 8-17　微栅膜的制备[12]

## (二) 液相成膜法

将可溶性的聚合物制成 0.1%～0.5%的稀溶液，将此稀溶液直接滴于带有支持膜的载网上，待溶剂挥发干燥后成膜；或先将稀溶液滴于水面或甘油表面上成膜

(所用溶剂与水或甘油不混溶)，随后把此膜打捞在载网上，为了提高反差还可把膜染色处理后用电子显微镜观察。溶液成膜法选择的良溶剂必须是高纯度的，而且又容易挥发。

为了观察不能溶解或不易溶解的颗粒样品，可制成其极稀的悬浮液或乳液，一般配成万分之几~十万分之几的稀液，可用超声波法进一步分散悬浮液或乳液中的颗粒。然后将试样滴于带支持膜的载网上，干燥后即可进行电子显微镜观察。观察到图像的好坏与选择颗粒的恰当浓度和分散性密切相关。对于胶乳样品还应该设法减少或防止胶乳干燥过程胶粒的收缩变形或产生凝胶。因此，依据胶乳样品的性质，在干燥前可分别采用冰冻干燥、染色或射线辐照等方法使胶粒硬化，对于微颗粒状的固体样品，还可以把其分散在火棉胶溶液中，这样在制成的火棉胶膜上就含有颗粒样品，即可供电子显微镜观察。

## (三) 超薄切片法

用超薄切片机可获得 50nm 左右的薄样品，但往往将切好的小薄片从刀刃上取下时会发生变形或弯曲，为解决这一问题，一种方法是进行包埋，即把样品包埋在一种可以固化的介质中，通过选择不同的配方来调节包埋剂的硬度，使之与样品的硬度相匹配，且所用包埋剂必须对试样本身的结构不起破坏作用(如溶解或溶胀)。常采用的包埋剂有邻苯二甲酸二丙烯酯、甲基丙烯酸甲酯和甲基丙烯酸丁酯混合单体、环氧树脂，包埋剂固化后，进行修块和切片；另一种方法是先把样品在液氮或液态空气中冷冻，冷冻后进行超薄切片，现在已有冷冻超薄切片机，可以在-100℃的低温下进行切片。

由超薄切片得到的是等厚度样品，其在电子显微镜中形成的衬度一般很小，需要染色或刻蚀来增加衬度。染色就是将含某种重金属的试剂对试样中的某一相或某一组分进行选择性的化学处理，使其接合上或吸附上重金属，而另一部分没有重金属原子，从而使它们对电子的散射能力有明显差别，提高超薄切片样品图像的衬度。对一般生物试样用正染色，利用铅、铀、镧等重金属对被测物进行染色，使试样的某些结构比较疏松的部位吸收重金属元素而增加密度，但不改变试样的形态，从而提高反差。对聚合物材料使用最多的染色剂是四氧化锇($OsO_4$)和四氧化钌($RuO_4$)。它们可与含双键的聚合物反应，将重原子锇或钌连接到聚合物上，增加材料的散射能力，具有较好的染色效果。四氧化锇与双键反应激烈，对人体器官特别是眼睛危害较大，四氧化钌与双键反应较温和，对人体毒害较小，同时可能与部分饱和烃反应。有些材料也可以采用溴化染色。对 PET、PBT 等聚酯类聚合物采用丙烯胺处理后再用四氧化锇染色可得到较好的效果。为观察分子水平上的微细结构，近年来广泛采用负染色的方法[5]，即用密度比粒子高的化学物质把粒子包围起来，使视野中映现出在黑色背景上显眼的白色粒子。这种方法中粒子与染色剂没有产生任何反应，负染色从本质上说并没有进行染色，为"负反衬法"，具体的做法是把试样和磷钨酸(中性)混合起来，然后载于支持膜上，干燥后即可观察，能立体地观察粒子。

(四) 刻蚀法

　　这种方法是研究聚合物聚集态结构(特别是结晶结构)和聚合物多相复合体系织态状态的一种有效方法。因为一般结晶聚合物都含有晶区和非晶区，或由不同聚合物组成的多相复合体系含有不同组分所组成的微区(分散相或连续相)。刻蚀剂对这些试样的晶区和非晶区，或不同组分的微区有选择性刻蚀作用。因而，在刻蚀过程中有可能出现选择性地优先刻蚀掉样品中某一相(往往是无定形区)或某一组分(视给定的刻蚀剂对一定组分的相溶性或氧化性而定)。因此，样品经过刻蚀后可更清晰地显露出这些结晶聚合物或聚合物多相复合材料的结构状态。通常采用的刻蚀方法有：溶剂刻蚀、氧化剂刻蚀、等离子体刻蚀及离子减薄法。例如，可用甲酸作刻蚀剂处理尼龙 1010 样品，朱诚身和钟素娜[26]用甲酸蒸气刻蚀尼龙 1010 结晶试样，较好的刻蚀条件为在室温刻蚀 40min 以上或在 60～80℃刻蚀 20～40min；用己胺、氯代苯酚等处理 PET 样品等。刻蚀剂首先腐蚀堆砌不紧密、结晶规整度不高的区域，所以选择不同的刻蚀剂和刻蚀条件(如温度、时间)，可以得到有序化程度不同的结构分布情况。例如，对于单一的结晶聚合物，用溶剂或氧化剂刻蚀时，对其晶区和非晶区只是作用的速度不同而已。特别是用溶剂刻蚀时，非晶区首先被溶解，可观察到清晰的晶体结构，进一步刻蚀时，晶区也将发生溶胀并会溶解。氧化剂刻蚀是使试样某一区域优先出现降解，相应生成的小分子物质容易被清洗，而呈现出试样内部的结构形态。需要指出的是，在刻蚀的同时，由于溶剂诱导作用或应力诱导作用会在试样表面形成新的结晶或缺陷，所以选择合适的刻蚀剂及刻蚀条件是得到材料真实结构的关键。等离子刻蚀是利用离子束对试样中不同区域或不同组分的破坏程度不同，致使试样表面受离子束轰击时，将优先破坏其中某一区域(无定性相或被易作用的组分)，从而使材料的织构更清晰地显露出来。朱诚身等[27, 28]利用离子刻蚀尼龙 1010 结晶样品，合适的刻蚀条件是在电流为 1～2mA、电压为 600～700V下刻蚀 45min。离子减薄法是将试样逐层剥离，最后得到适于 TEM 观察的样品。

# 第三节　扫描电子显微镜

## 一、扫描电子显微镜的成像原理

　　扫描电子显微镜(SEM)成像原理与透射电子显微镜不同，它与电视相似，是在阴极摄像管(CRT)的荧光屏上扫描成像。

如图 8-18 所示，由电子枪发射的电子束(直径为 50μm 左右，能量可达 30keV)，经过三个磁透镜聚焦成直径为 5nm 的电子束。在扫描线圈的磁场作用下，入射电子束在样品表面上将按一定时间空间顺序进行逐点扫描。电子与试样作用产生二次电子、背散射电子等各种信息，在收集极的作用下，可将向各方向发射的二次电子和背散射电子汇集起来，再经加速极加速，射到闪烁体上转变成光信号，经过光导管到达光电倍增管，使光信号再转变成电信号。信号随着试样表面形貌不同而发生变

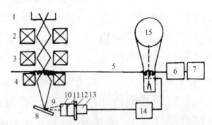

图 8-18　扫描电子显微镜结构示意图
1—电子枪；2—第一透镜；3—第二透镜；
4—末透镜；5—扫描线圈；6—扫描放大器；
7—扫描发生器；8—样品；9—二次电子；
10—收集极；11—闪烁体；12—光电管；
13—光电倍增管；14—视频放大器；15—显像管

化，从而产生信号衬度。这个信号又经视频放大器放大，调制显像管的亮度。由于显示器的偏转线圈电流与扫描线圈中的电流同步，因此显像管荧光屏上的任一点的亮度与样品表面上相应点发出的二次电子数一一对应。结果在荧光屏上形成一样品表面的放大像。

扫描电子显微镜的放大倍数是电子束在试样上扫描幅度与显像管扫描幅度之比，如果荧光屏上的像是 100mm×100mm，调节扫描线圈的电流使电子束在试样上的扫描范围为 5mm×5mm 到 1μm×1μm 之间均匀变化，则荧光屏上像的放大倍数从 20 万倍到 10 万倍均匀变化。由此可见，在试样上电子束扫描区域越小，则放大倍数越大。扫描电子显微镜的分辨率主要取决于信噪比、电子束斑的直径(一般为 3～7nm)和入射电子束在样品中的散射，此外电源的稳定度、外磁场的干扰等对分辨率也有影响，一般扫描电子显微镜的分辨率为 7nm 左右。

## 二、扫描电子显微镜的结构

扫描电子显微镜主要由电子光学系统、扫描系统、信号检测系统、显示系统、电源和真空系统组成。

### (一) 电子光学系统

电子学系统通常称为镜筒，由电子枪、电磁透镜、光阑、样品室等部件组成，它的作用是获得一个细的扫描电子束，作为使样品产生各种物理信号的激发源。为了获得较高的信号强度和扫描像(尤其是二次像)分辨率，扫描电子束应具有较高的亮度和尽可能小的束斑直径。

扫描电子显微镜中使用的电子枪有三种：场发射电子枪、发叉式钨丝热阴极

电子枪及六硼化镧阴极电子枪。场发射电子枪在强电场下可以达到很高的电子发射率，是高分辨扫描电子显微镜的理想电子源，但这种电子枪要求有很高的真空度($10^{-7}\sim10^{-8}$Pa)；发叉式钨丝热阴极电子枪易制得，对仪器的真空度要求较低，但其亮度、电子源直径和使用寿命等方面都不如另外两种电子枪；六硼化镧阴极电子枪发射效率较高，有效截面积可以做得较小，使得它的亮度、电子源直径和寿命均要比发叉式钨丝热阴极电子枪好。

三级磁透镜的作用是把电子枪处的电子束直径逐级缩小，聚焦成很细的电子束斑打到样品上。透镜光阑可挡掉无用的杂散电子以保证获得微细的扫描电子束，还可防止绝缘物带电。第二聚光镜光阑还可用来控制选区衍射时电子束的发散角。物镜(末透镜)光阑的作用是限制扫描电子束入射试样时的发散度(它是物镜光阑的半径和光阑到试样表面的距离之比)。减小物镜光阑的孔径，可以减小物镜的球差，提高分辨本领，从而提高图像的质量和增强图像的立体感。

## (二) 扫描系统

扫描系统的作用是驱使电子束以不同的速度和不同的方式在试样表面扫描，以适应各种观察方式的需要和获得合理的信噪比。镜筒中电子束的扫描必须与显示系统中的显像管中电子束的扫描同步，以形成逐点对应的图像。调整成像时或作动态观察时使用快速扫描，此时信噪比低，图像质量较差。记录图像时用慢扫描。高倍工作时，由于束流很小，有足够长的信号收集时间，便可以提高信噪比，从而改善图像质量。扫描电子显微镜的扫描方式有面扫描、点扫描和线扫描。面扫描常用于观察试样的表面形貌或某元素在试样表面的分布；点扫描用于对试样表面的特定部位做 X 射线元素分析；线扫描可以在元素分析时用来观察沿某一直线的分布状况。

## (三) 信号检测系统

对于入射电子束和试样作用时产生的各种不同信号，必须采用各种相应的信号探测器，把这些信号转换成电信号加以放大，最后在显像管上成像或用记录仪记录下来。

### 1. 二次电子探测器

二次电子探测器一般都采用闪烁体-光导-光电倍增系统。闪烁体是受电子轰击后可发光的物体，其作用是把电子的动能转换成光能。由于二次电子的动能很低，为了提高收集效率，通过在闪烁体上加 $10\sim12$kV 的高压来吸引二次电子。若再加上一个收集罩，则可进一步提高被加速的二次电子的收集效率。闪烁体发出的光信号通过光导耦合到光电倍增管阴极，把光信号转换成电信号。经光电倍增管多级倍增放大，得到较大的输出信号，再经视频放大器放大后，用以调制显像管成像。

**2. 背散射电子探测器**

最简便的方法是在收集罩上加了负偏压的二次电子探测器，这时二次电子被排斥，只有高能的背散射电子才能穿过收集罩进入闪烁体，其收集效率比二次电子低得多。

此外，扫描电子显微镜上还配有透射电子接收器、X射线探测器及试样电流放大器等。

## (四) 显示系统

它的作用是把已放大的被检信号显示成相应的图像，并加以记录。一般扫描电子显微镜都用两个显示通道：一个用来观察，另一个用来照相记录。观察用的显像管是长余辉荧光屏，可以减少闪烁，一般100mm×100mm的荧光屏有500条扫描线，而照相用的显像管用短余辉荧光屏，有800~1000条扫描线。

## (五) 电源和真空系统

电源由稳压、稳流及相应的安全保护电路组成，提供扫描电子显微镜各部分所需要的电源，如显像管的加速电压要求稳定度为千分之几。

真空系统的作用是建立能确保电子光学系统正常工作、防止样品污染所必需的真空度。一般情况下要求保持优于 $1.33 \times 10^{-5} \sim 10^{-6}$Pa 的真空度。如果用场发散电子枪则要求更高的真空度。高真空可由油扩散泵和回转泵来实现。

# 三、扫描电子显微镜的成像衬度

影响扫描电子显微镜成像衬度的因素很多，主要有试样表面形貌、原子序数、电压等。

## (一) 表面形貌衬度

电子束照射到试样表面上产生的二次电子与电子束斑相对于试样的入射角有关，入射角越大，二次电子的产率越高，倾斜入射时发出的二次电子多于垂直入射时发出的二次电子。对于凹凸不同的试样表面，各个部位发出的二次电子信号强度差异很大。由于检测器的位置是固定的，样品表面不同部位发出的二次电子相对于检测器的角度不同，从而使样品表面的不同区域形成不同的亮度，因而形成试样表面形貌衬度。

## (二) 原子序数衬度

由于二次电子的产率与样品所含元素的原子序数有关，序数高的元素产生的二次电子多，序数低的元素产生的二次电子少。如果样品表面不同部位的元素不同，则会产生原子序数衬度。

## (三) 电压衬度

当观察某些试样(如晶体管)时，其表面存在电位分布，正电位区发射的二次电子少，该区在图像上为暗区，而负电位区发射的二次电子多，图像上形成亮区，从而形成电压衬度。

聚合物材料大多是不导电的，易在试样局部产生电荷积累，使二次电子像发生过强的衬度。为此对于不导电材料需要在试样表面喷镀一层金属层，如金、碳膜等，喷镀层厚度为 10nm 左右。

入射电子与试样相互作用，除产生二次电子外，还产生背散射电子、吸收电子、透射电子、俄歇电子、X 射线及阴极荧光等信号(图 8-1)。经相应的探测器接收放大后，可获得由各种不同信号形成的图像。

## 四、扫描电子显微镜用聚合物试样的制备技术

扫描电子显微镜的试样制备方法比较简单，对于导电性材料，要求尺寸不得超过仪器规定的范围，用导电胶将它粘贴在铜或铝制的样品座上，即可放在扫描电子显微镜中直接观察。

有机高聚物试样绝大部分是绝缘体，在用电子显微镜进行观察时，在电子束作用下会产生局部电荷积累，由此造成画面移动、图像畸变或沿扫描线方向有不规则的亮点等，严重影响观察效果。因此，高聚物试样在观察前必须于真空中喷镀金属薄膜。喷镀金属膜后，不但可以防止电荷积累，还可提高二次电子的产率，增加图像的立体感，也可以减小试样的热损伤。

真空镀膜通常采用二次电子发射系数较高的金属，常用的有 Au、Au-Pd 合金 (60∶40)、Ag、Au-Pt 合金或 C 与 Au 并用等。由于高聚物耐热性差，所以在镀膜与观察时要注意不要过热。镀膜的厚度随着试样的状态和观察的目的不同而有所不同，表面平坦、凹凸小的薄膜试样镀膜厚度以 10~30nm 为宜，观察纤维织物、合成革、合成纸、凝聚粉末等材料时，镀膜厚度一般为 50~100nm。如果用 1 万倍放大倍数观察镀膜厚度为 100nm 的试样，在图像上金属膜的厚度为 1nm，这样就不能忽视金属膜的影响了，所以进行高放大倍数、高分辨率观察时，镀膜厚度以 10nm 为宜。但膜太薄，试样产生的二次电子就少，信号弱，图像粗糙，同时试样也容易受电子射线损伤。

除喷镀金属薄膜外，为使试样导电，也可直接向试样表面喷涂抗静电剂。

刻蚀法或复型法经过喷镀金属薄膜后，也可用于扫描电子显微镜观察研究高聚物材料的结构形态。

# 第四节　电子显微镜在聚合物研究中的应用

## 一、观察聚合物的聚集态结构

### (一) 非晶态结构

20 世纪 50 年代中期，Kargin 等通过溶液浇铸薄膜的 X 射线及电子衍射数据，说明非晶态聚合物中存在球粒结构，并说明这些粒子是由大分子的不对称排列产生的，随后 Yeh 和 Geil 等用电子显微镜及电子衍射研究了 PET、NR、PC、i-PS、a-PS 及 PMMA 等的形态结构，得到了相同的结果。认为球粒是分子链折叠排列的结果，其大小为 3～10nm。周恩乐等[29]研究了顺丁橡胶不同尺度的电子显微镜照片，其基本结构单元为 2nm 的链节，由这些链节组成 10～100nm 直径的链球，由链球聚集而成的胶团为几微米。电子显微镜观察表明多数非晶态聚合物具有这种球粒结构，球粒结构的尺寸随热处理而改变。

### (二) 晶态结构

用电子显微镜可以观察到聚合物的各种结晶形态，如图 8-19～图 8-24 所示。用电子显微镜还可观察到相邻晶片间存在许多微纤状的分子链相互连接(图 8-25)，从微纤的尺寸知道，看到的不是单个的分子链，而是形成伸直链的许多连接链的聚集体，这些连接链将折叠链的晶片连接起来。这说明在聚合物的球晶中，一条分子链可以贯穿几个晶片，即在一个晶片中折叠一部分后伸出晶片再在另一个晶片中折叠，构成了连接晶片的连接链段。

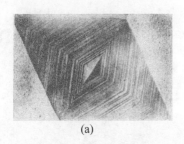
(a)

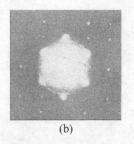
(b)

图 8-19　PE 单晶的电子显微像(a)和电子衍射谱(b)[11]

0.01%的 PE 二甲苯稀溶液，80℃

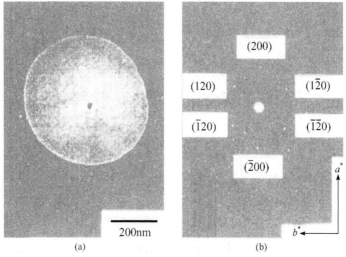

$$(a) \qquad (b)$$

图 8-20　β型古塔胶单链单晶的形态及电子衍射图[30]

图 8-21　PE 的伸直链片晶[31]
4.8kbar(1bar=$10^5$Pa)，220℃

图 8-22　PE 的串晶形态[32]
5%二甲苯溶液，104.5℃，搅拌

图 8-23　顺-1,4-聚丁二烯球晶片层结构的高倍
电子显微镜照片[5]

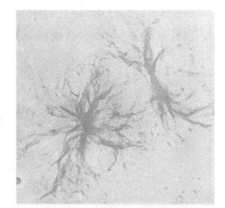

图 8-24　尼龙 66 的树枝晶[31]

图 8-25　PE 结晶间的连接链[32]

　　朱诚身等用 SEM 研究了等规聚丙烯(IPP)的 α 和 β 球晶，如图 8-26 和图 8-27 所示。图 8-26 的 α 晶 IPP 是典型的放射状球晶，其无定形区集中在球晶之间的边界区，彼此之间联系很少，为一个个孤立的球晶，球晶中心存在着很厉害的应力开裂；图 8-27 的 β 晶 IPP 与 α 晶明显不同，β 晶由弧形层片状晶组成，其内部排列较 α 晶 IPP 疏松得多，无定形区存在于各层之间，即存在于球晶内部，相反边界之间倒有一定联系，不像 α 球晶那样各自分开，从图 8-27(a)可看出，β 晶有几种图像，有的球晶是绕一个中心螺旋状生长，有的像中间切开的包心菜，还有的像双曲线形散开，从图(b)可看到 β

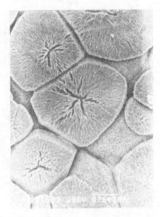

图 8-26　α晶 IPP 的 SEM 照片

晶边缘内部也有层片状，图(c)和图(d)是在更高放大倍数下的观察，图(c)晶片呈弧形生长，又不断支化，层片结构不断发生扭曲，而图(d)很像一朵花，晶片绕一个中心向外排列。

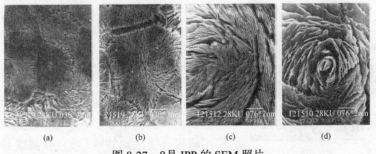

(a)　　　　　　(b)　　　　　　(c)　　　　　　(d)

图 8-27　β晶 IPP 的 SEM 照片

　　吕军等[33]在静高压下，用邻苯二甲酸二辛酯(DOP)增塑双酚 A 型聚碳酸酯(BAPC)，培养出具备独特形貌的球晶(图 8-28)，称为立体开放球晶(stereo-open spherulite)。图 8-28(a)中的球晶从球心开始向外呈放射状对称生长，叶片往球晶表面逐渐变得肥大，外形类似于盛开的牡丹；而图(b)和(c)中的球晶则叶片聚集成束，分别呈甘蓝状和海草状。所有这类晶体除了一个共同的核外，向外辐射生长时不再分叉，这与传统的球晶形态有典型的区别。

图 8-28　BAPC/DOP 共混体系的立体开放球晶 SEM 照片
300MPa，290℃，24h

用电子显微镜还可观察拉伸和热处理时结晶的形变、聚合过程中的结晶等。图 8-29 为聚丙烯球晶在拉伸过程中的形态变化。

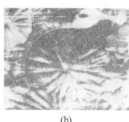

图 8-29　聚丙烯球晶拉伸过程中的形态变化[11]
(a) 拉伸前；(b) 拉伸过程中；(c) 进一步拉伸后

Ikehara 等使用 3D-TEM 研究了聚己内酯与无定形聚合物(聚乙烯醇缩丁醛)共混的环带球晶的层状形态，如图 8-30 所示。结果发现，片晶的局部层状扭曲比环带间距小两个数量级，波状片晶在片晶平面方向周期变化，形成 S 形片晶结构。

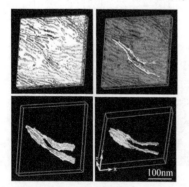

图 8-30　聚己内酯环带球晶中片晶不同角度的三维视图[24]

## 二、研究聚合物的多相复合体系

为了使聚合物材料增韧、增强或功能化，常常在聚合物材料中添加各种添加剂或填料；或采用不同聚合物之间共混、接枝及嵌段共聚；或形成互穿网络复合物；或用各种纤维增强制得复合材料。复合材料的性能既与各组分的结构有关，还与各相的分布等织态特征有关。电子显微镜被广泛应用于各相结构及其分布和相之间界面状态的研究[34-51]。

透射电子显微镜是观察聚合物/层状硅酸盐(polymer/layered silicate,PLS)纳米复合材料微观结构的重要手段[34,49,51],在 PLS 纳米复合材料的研究领域中,一般将其分为插层型纳米复合材料和玻璃型纳米复合材料两大类。所谓插层型的 PLS 纳米复合材料,其理想的结构是聚合物基体的分子链插层进入层状硅酸盐的层间,使层状硅酸盐的层间距扩大到一个热力学允许的平衡距离上,一般而言,层状硅酸盐层间距扩大的距离介于 1~4nm 之间,并且插入层状硅酸盐层间的通常就是单层的聚合物分子链;在理想的剥离型 PLS 纳米复合材料中,聚合物分子链大量插入层状硅酸盐的层间,导致层状硅酸盐各层之间的结合力被破坏,以单个片层的形式均匀分散在聚合物基体中,这种均匀分散的结构通常会使聚合物基体的各项性能指标有大的提高。图 8-31(a)为完全剥离的环氧/蒙脱土 PLS 纳米复合材料的微观结构,可清晰看到,蒙脱土已经被充分地剥离,并无序地分散在环氧基体中;图 8-31(b)则为比较典型的插层型 PLS 纳米复合材料的微观结构照片,图中显示的是使用乳液原位聚合得到的聚甲基丙烯酸甲酯(PMMA)/蒙脱土纳米复合材料的 TEM 照片,从中首先可以看到,聚合物分子链已经插层进入蒙脱土的层间,形成了明暗条纹相间的结构;其次还能看到整个区域中并非完全有序的插层结构,而是基本有序而局部剥离的结构形式,同时在图中可以看到蒙脱土片层大多以弯曲形式存在,显示出蒙脱土片层在外界作用力的作用下具备一定的柔性,能够承受一定的变形。借助 3D-TEM,可以更好地观察蒙脱土在聚合物中的分散状态,如图 8-32 所示。3D-TEM下,剥离后的层蒙脱土在 EVA 基体中的分散清晰可见。由此可以定量讨论MMT分布和纳米复合材料各物理性能之间的关系。

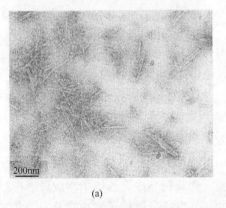
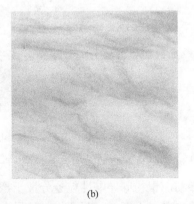

(a)　　　　　　　　　　　　　　　　(b)

图 8-31　PLS 纳米复合材料的 TEM 照片[34]

(a)完全剥离的环氧/蒙脱土 PLS 纳米复合材料;(b)插层型 PMMA/蒙脱土 PLS 纳米复合材料

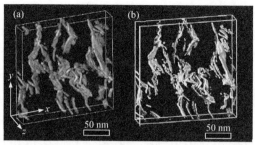

图 8-32　体积渲染(a)和表面渲染(b)获得的聚合物/蒙脱土纳米复合材料的 3D 图像[51]

Liu 等[36]用原位聚合和聚合物熔体插层法制备的尼龙 6/层状硅酸盐纳米复合材料中，黏土的含量一般为 5%(质量分数)，由于蒙脱土以纳米尺寸均匀分散在尼龙 6 基体中，因此在 5%的填充量下就可以占据聚合物基体内约 90%以上的自由空间，而 20%玻璃纤维填充的尼龙 6 仅占据 15%的自由空间，如图 8-33 所示，图 (a)是使用 20%玻璃纤维填充的尼龙 6，可以看到 20%的玻璃纤维对聚合物内部结构的覆盖是非常小的，根据图像分析只有约 15%的面积被玻璃纤维所覆盖；而图 (b)是使用 5%的蒙脱土填充的尼龙 6，由于形成纳米复合，蒙脱土对聚合物的覆盖作用十分明显，在仅有 5%的低填充量下，蒙脱土无机相就可以覆盖 90%以上的面积。图中的这种结构又称为"纳米马赛克"结构，其意即聚合物基体与蒙脱土形成了纳米复合材料之后，蒙脱土的片层均匀分散在基体树脂中，就像在聚合物内贴上了一层层的无机马赛克。这些纳米马赛克结构不仅可以提高材料的力学性能，还可以提供诸如热性能、阻隔、阻燃等多方面的性能。

图 8-33　尼龙 6/玻璃纤维(a)和尼龙 6/蒙脱土(b)复合材料微观结构对比

把导电性物质分散于聚合物基体中可制备导电性复合材料，例如，把炭黑、石墨粉、银粉等导电性粒子分散于橡胶、环氧树脂或聚乙烯中制成导电橡胶、导电涂料及导电塑料，复合材料的导电性与导电性分散粒子的功能及表面状态、聚合物的性质、两者之间的比例及其界面效应、分散的方式和均匀程度等均有关系，通常用电子显微镜来研究导电性聚合物复合体系的结构特征[52-55]。

由不同聚合物组成的高分子合金体系，可满足不同应用领域的需求。随体系中组分成分、比例的变化及工艺条件等的不同，可能出现各种织态结构[56-60]。苯乙烯与丁二烯的嵌段共聚物，在甲苯或环己烷中溶解制成 1%的溶液，铸成 0.2nm 的薄膜，完全脱溶剂后在 $OsO_4$ 蒸气中使 B 相染色，用环氧树脂包埋，用超薄切片机切成 40nm 的超薄片，可以观察到典型的球状、柱状及层状结构(图 8-34)。用乙丙橡胶与尼龙共混可得到高抗冲尼龙材料，该共混物冷冻切片的相差显微镜照片和经 $RuO_4$ 蒸气染色后的 TEM 照片如图 8-35 所示。由于该共混物的橡胶组分较多，形成连续相，而尼龙为分散相，分散相的颗粒很多，直径较大(超过了 2μm)，从 TEM 图上还可看到各相的内部结构：图中箭头所示的黑点为在乙丙橡胶相内包藏的尼龙。

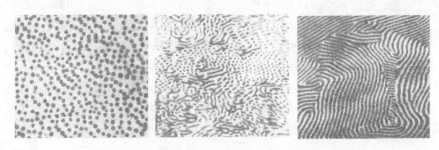

图 8-34　各种 SBS 嵌段共聚物织态的 TEM 照片[11]

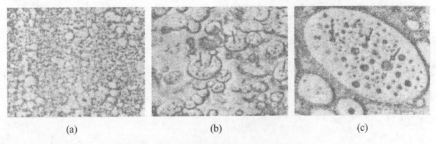

(a)　　　　　　　　　(b)　　　　　　　　　(c)

图 8-35　高抗冲尼龙的相结构[13]

(a) 相差显微镜照片(450×)；(b) TEM 照片(5140×)；(c) TEM 照片(5790×)

电子显微镜也是研究互穿网络聚合物和纤维增强复合体系界面状态及其破坏机理的重要手段之一。图 8-36 是玻璃纤维/环氧树脂复合材料断面的 SEM 照片，可以清晰地看出玻璃纤维在环氧树脂中的分布。

### 三、研究聚合物分子量及分子量分布[61, 62]

用电子显微镜可测定处于玻璃态的聚合物的分子量。选择适当比例的良溶剂、

图 8-36 玻璃纤维/环氧树脂
复合材料断面的 SEM 照片[5]

沉淀剂为混合溶剂，配制聚合物的极稀溶液，用喷雾的方法，将其分散为微小的雾珠，使每个雾珠中包含一个或不包含大分子，从而得到单分子分散的球粒。例如，分子量为 $5 \times 10^5$ 的单分子球粒尺寸大约为 10nm，在电子显微镜下很容易看到。应用电子显微镜直接测量球粒尺寸，即可计算分子量及其分布。分子量越大，越容易观察，测量误差也越小。周恩乐等[61]将水溶性聚合物聚丙烯酰胺溶于水中，得到 0.05%的水溶液，缓慢加入不同比例的正丙醇，喷雾将稀溶液喷到带有碳加强的支持膜铜网上。当水与正丙醇的比例为 2：8 时，可得到单分子分散的球粒(图 8-37)。用带有标尺的测微放大镜测量电子显微镜照片上球粒的直径，或用图像处理仪直接测定粒度分布(图 8-38)。分子量可按式(8-24)计算

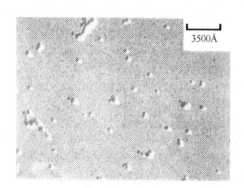

图 8-37 聚丙烯酰胺单分子分散球粒

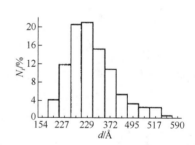

图 8-38 聚丙烯酰胺单分子颗粒粒度分布

$$M = \frac{1}{6} N_A \rho \pi d^3 \qquad (8\text{-}24)$$

式中，$N_A$ 为阿伏伽德罗常量；$\rho$ 为样品的本体密度；$d$ 为球粒直径。
其数均分子量和重均分子量为

$$M_n = \frac{\sum N_i M_i}{\sum N_i} \qquad (8\text{-}25)$$

$$M_{\mathrm{w}} = \frac{\sum N_i M_i^2}{\sum N_i M_i} \tag{8-26}$$

聚丙烯酰胺的数量和质量微分分布曲线如图 8-39 和图 8-40 所示。

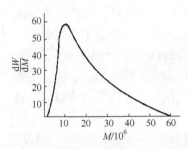 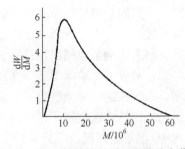

图 8-39　聚丙烯酰胺的数量微分分布曲线　　图 8-40　聚丙烯酰胺的质量微分分布曲线

　　陈尔强等[62]将等规聚苯乙烯配成苯的稀溶液，在水面上逐滴扩散，得到等规聚苯乙烯的超细微粒，用电子显微镜测量得到的等规聚苯乙烯的分子量及分子量分布与 GPC 表征值基本相符。

　　电子显微镜法测定的分子量与黏均分子量一致。由于球粒形态随沉淀剂含量、溶液浓度和喷雾方法而变化，所以必须确定所得到的球粒是单分子颗粒，而不是扁平的饼，这可利用投影角和影长测定出来。由于制样技术复杂，这种方法只能适用于其他方法不能测定的高分子量试样。

## 四、研究聚合物乳液颗粒形态[9, 63-67]

　　凡是粒度在电子显微镜观察范围内的粉末颗粒样品，均可用电子显微镜观察颗粒形态、大小、粒度分布等。将聚合物乳液滴到带有支持膜的铜网上即可进行观察。图 8-41 为 PMMA/SPS 乳液粒子的 TEM 照片。可以在聚合的不同阶段取样，观察颗粒大小及均匀度，以研究聚合工艺条件及聚合机理。

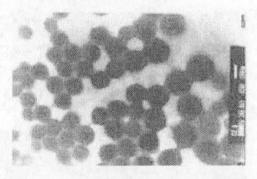

图 8-41　PMMA/SPS 乳液粒子的 TEM 照片[63]

## 五、研究纤维和织物的结构及其缺陷特征[9-11]

纤维状聚合物是由高度取向的大分子组成的，它具有高度各向异性的物理-力学性能。它们的基本结构单元是多重原纤或微纤束或微纤，这些基本结构单元沿纤维轴择优取向。大分子链在三维空间的排列及其各级超分子结构形态，对纤维的性能有很大影响。应用电子显微镜研究纤维的各级超分子结构形态及其结晶的微观形态，对弄清楚纺丝工艺与所得纤维的结构和性能关系有着重要的意义。长期以来，人们在这一领域进行了大量的研究工作，为寻找纤维成型的最佳工艺条件及提高纤维的性能提供了科学的依据。

此外，电子显微镜还广泛用于研究聚合物材料作为涂层、黏合剂、薄膜时，形成聚合物膜的结构及其黏结状态，聚合物材料的降解性能、生物相容性等，这里就不再详述。

# 第五节　原子力显微镜

1986 年，Binnig、Quate 和 Gerber 发明了第一台原子力显微镜(atomic force microscope, AFM)。AFM 可以得到对应于物质表面总电子密度的形貌，解决了扫描隧道显微镜(STM)不能观测非导电样品的缺陷。它用一个微小的探针探索世界，与光学显微镜和电子显微镜明显不同，它超越了光和电子波长对显微镜分辨率的限制，在立体三维上观察物质的形貌，并能获得探针与样品相互作用的信息。典型 AFM 的侧向分辨率($x$、$y$ 方向)可达到 2nm，垂直分辨率($z$ 方向)小于 0.1nm。

## 一、原子力显微镜的工作原理[5, 68-70]

### (一) 工作原理及仪器结构

AFM 的工作原理是将一个对微弱力极敏感的微悬臂一端固定，另一端有一个微小的针尖，针尖尖端原子与样品表面原子间存在着极微弱的排斥力($10^{-8} \sim 10^{-6}$N)，采用光学检测法或隧道电流检测法，通过测量针尖与样品表面原子间的作用力来获得样品表面形貌的三维信息。

如图 8-42 所示，原子力显微镜主要由检测系统、扫描系统和反馈系统组成。

### 1. 检测系统

悬臂的偏转或振幅改变可以通过多种方法检测，如光反射法、光干涉法、隧

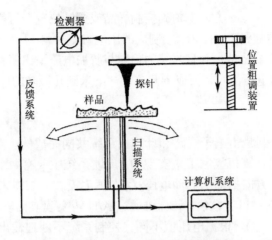

图 8-42　原子力显微镜原理示意图[5]

道电流法、电容检测法等。目前 AFM 系统中常用的是激光反射检测系统，由探针、激光发生器和光检测器组成。

探针是 AFM 检测系统的关键部分，它由悬臂和悬臂末端的针尖组成。随着精细加工技术的发展，人们已经能制造出各种形状和特殊要求的探针。悬臂由 Si 或 Si₃N₄ 经光刻技术加工而成，悬臂的背面镀有一层金属以达到镜面反射。在接触式 AFM(contact mode AFM)中 V 形悬臂是常见的一种类型，其优点是具有低的垂直反射机械力阻和高的侧向扭曲机械力阻。悬臂的弹性系数一般低于固体原子的弹性系数(约 10N/m)，悬臂的弹性系数与形状、大小及材料有关，厚而短的悬臂具有硬度大和振动频率高的特点。商品化的悬臂一般长为 100～200μm、宽 10～40μm、厚 0.3～2μm，弹性系数变化范围一般在百分之几 N/m 到几十 N/m 之间，共振频率一般大于 10kHz。在敲击式 AFM(tapping mode AFM)中使用的悬臂与接触式 AFM 的有所不同，它一般是由单晶硅制成的，此种探针的弹性常数一般为 20～100N/m，共振频率范围一般在 200～400kHz。探针末端的针尖一般呈金字塔形或圆锥形，针尖曲率半径与 AFM 分辨率有直接关系，一般商品针尖的曲率半径在几纳米到几十纳米范围。

AFM 光信号检测是通过光电检测器完成的。激光由光源发出照在金属包覆的悬臂上，经反射后进入光电二极管检测系统，然后通过电子线路把照在两个二极管上的光量差转换成电压信号方式来指示光点位置。二极管位敏检测器检测样品高度变化和探针与样品的侧向力。

**2. 扫描系统**

AFM 对样品扫描的精确控制是靠扫描器来实现的。扫描器中装有压电转换器，压电装置在 $x$、$y$、$z$ 方向上精确控制样品或探针位置。目前构成扫描器的基质材料主要是钛锆酸铅[Pb(Ti, Zr)O$_3$]制成的压电陶瓷材料，压电陶瓷有压电效应，即在加电压时有收缩特性，并且收缩的程度与所加电压呈比例关系，压电陶瓷能将 1mV~1000V 的电压信号转换成十几分之一纳米到几微米的位移。

### 3. 反馈系统

AFM 反馈控制是由电子线路和计算机系统共同完成的。AFM 的运行是在高速、功能强大的计算机控制下来实现的。反馈系统主要有两个功能：①提供控制压电转换器 $x$-$y$ 方向扫描的驱动电压；②在恒力模式下维持来自显微镜检测环路输入模拟信号在一恒定数值。计算机通过 A/D 转换读取比较环路电压(即设定值与实际测量值之差)。根据电压值不同，控制系统不断地输出相应电压来调节 $z$ 方向压电传感器的伸缩，以纠正读入 A/D 转换器的偏差，从而维持比较环路的输出电压恒定。

电子线路系统起到计算机与扫描系统相连接的作用。电子线路为压电陶瓷管提供电压，接收位置敏感器件传来的信号，并构成控制针尖和样品之间距离的反馈系统。AFM 有两种基本的反馈模式，一是恒力模式，调节样品位置的压电陶瓷管根据样品与针尖接触力的大小来上下移动样品以保持针尖与样品之间距离恒定，即恒力。通常用此模式可以获得样品高度形貌图。二是恒高度模式，通过样品与针尖在不同位置作用力的不同来检测样品的起伏变化。此种模式适用于表面十分平整的样品。

### (二) 基本工作模式

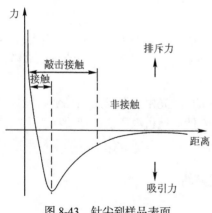

图 8-43　针尖到样品表面
原子间的范德瓦耳斯力

原子力显微镜有四种基本工作模式，它们是接触式(contact mode)、非接触式(non-contact mode)、敲击式(tapping mode)和升降式(lift mode)。

当 AFM 的微悬臂与样品表面原子相互作用时，通常有几种力同时作用于微悬臂，其中最主要的是范德瓦耳斯力，它与针尖到样品表面原子间的距离关系曲线如图 8-43 所示。当两个原子相互靠近时，它们将互相吸引，随着原子间距的减小，两个原子的电子排斥力将开始抵消吸引力，当原子间距小于 1nm(约为化学键长)时，两个力达到平衡，间距更小时，范德瓦耳斯力由负(吸引力)变正(排斥力)。利用这一力的性质，就可以让针尖与样品处于不同的间距，使微悬臂与针尖的工作模式不同。

**1. 接触模式**

当针尖与样品间的范德瓦耳斯力处于排斥力区时，两者的间距小于 0.03nm，基本上是紧密接触，这种模式为接触模式。由于这时探针尖端原子与样品表面原子的电子云发生重叠，排斥力将平衡几乎所有可能使两个原子接近的力，微悬臂将弯曲，从而不可能使针尖原子与表面原子靠得更近。悬臂的弯曲可以方便地被检测，得到样品形貌。仪器的分辨率极高，可达原子级水平。运用这种模式可以测量原子间的近程相互斥力，所测最小力可达 $10^{-9}$N，也可用来测定针尖与样品间的摩擦力，最小检测极限为 $10^{-10}$N。

**2. 非接触模式**

当针尖与样品间的范德瓦耳斯力在吸引力区时，针尖与样品的间距较远，通常在几百纳米，这种模式为非接触模式。工作时，探针在其固有频率(为 200～300kHz)下振动，振幅为几纳米到数十纳米。针尖与样品的相互作用将引起振动频率或振幅发生变化，测量这些变化就可知道相互作用力的大小，从而得到样品表面形貌。由于针尖距样品较远，相互作用力的敏感度较弱，导致该模式工作的 AFM 图像横向分辨率降低，达不到原子级水平。

非接触 AFM 不破坏样品表面，适用于较软的样品。对于无表面吸附层的刚性样品而言，非接触模式与接触模式获得的表面形貌图基本相同，但对于表面吸附凝聚水的刚性样品，情况则有所不同，接触模式可以穿过液体层获得刚性样品表面形貌图，而非接触模式则得到液体表面形貌图。

**3. 敲击模式**

这种模式类似于非接触模式，但探针共振的振幅较大，约为 100nm，针尖在振动的底部均与样品轻轻接触。这种接触非常短暂，不易损坏样品表面，而且针尖的垂直力比水的毛细张力大得多，使针尖可以在表面水层中进出自如，适用于液体环境中生物分子的成像，又由于针尖与样品有接触，所以其分辨率与接触模式一样好，即敲击式 AFM 集中了接触模式分辨率高和非接触模式对样品破坏小的优点，能得到既反映真实形貌又不破坏样品的图像。

**4. 升降模式**

与非接触模式一样，升降模式检测共振频率和振幅的变化来获得样品信息。

## (三) 原子力显微镜的分辨率

原子力显微镜分辨率包括侧向分辨率和垂直分辨率。侧向分辨率取决于采集图像的步宽(step size)和针尖形状。AFM 成像实际上是针尖形状与表面形貌作用的结果，针尖的形状是影响侧向分辨率的关键因素。针尖影响 AFM 成像主要表现在两个方面，即针尖的曲率半径和针尖侧面角(tip sidewall angle)。曲率半径决定最高侧向分辨率，而探针的侧面角决定最高表面比率特征(high aspect ratio feature)的探测能力。曲率半径越小，越能分辨精细结构，当针尖有污染时会导致针尖变钝，使得图像灵敏度下降或失真，但钝的针尖或污染的针尖不影响样品的垂直分辨率。样品的陡峭面分辨程度取决于针尖的侧面角大小，侧面角越小，分辨陡峭的样品表面能力就越强。AFM 的垂直分辨率与针尖无关，而是由 AFM 本身决定的，它主要与扫描器分辨率、噪声和 AFM 像素等有关。

在基本 AFM 操作系统基础上，通过改变探针、工作模式或针尖与样品间的作用力可以检测样品的多项性质。与 AFM 相关的显微镜和技术有测向力显微镜(lateral force microscope，LFM)、磁力显微镜(magnetic force microscope，MFM)、静电力显微镜(electrostatic force microscope，EFM)、化学力显微镜(chemical force microscopy，CFM)、力调制显微镜(force modulation microscope，FMM)、相检测显微镜(phase detection microscope，PHD)、纳米压痕(nanoindentation)技术及纳米加工(nanolithography)技术等。

## 二、原子力显微镜在聚合物研究中的应用

1988 年发表了首篇有关 AFM 应用于聚合物表面研究的论文。最近几年，AFM 实验方法和在这一领域的应用飞速发展并深化，已由对聚合物表面几何形貌的三维观测发展到深入研究聚合物的纳米级结构和表面性能等新领域，并由此导出了若干新概念和新方法。

## (一) 研究聚合物的结晶过程及结晶形态[71-75]

AFM 可以提供从纳米尺度的片晶到微米级的球晶在结构和形态上的演变过程，是多尺度原位研究聚合物结晶的有力手段之一。Snetivy 等将含聚氧乙烯(PEO)晶体的溶液滴在载玻璃片上，在室温、空气环境下使溶剂挥发，然后用光学显微镜确定 PEO 结晶在载体上的位置，再由 AFM 观察其晶体结构。由 AFM 图像可确定 PEO 片晶表面几何形状接近正方形，厚度为(12.5±0.5)nm。晶片在空气中随时间延长而被逐渐破坏，AFM 图像可以记录晶片在破坏时形成的不规则的树枝状结构，这些结构间的缝隙深度较 PEO 晶体厚度大，说明在这个过程中高分子链进行了重新折叠。大约 1h 后，结晶结构消失。Kajiyama 等观测到了聚

乙烯的菱形单晶,并对其不同角度表面摩擦力进行测量,得出结晶表面链折叠方式与分子量有关的结论。分子量较小时($M_w=1\times10^4$),结晶表面链为相邻的紧密平行折叠,而当分子量较高时($M_w=5.2\times10^5$),表面折叠链段较长,排列不规则,且与结晶的连接点并不一定相邻。Sutton 等[71]利用 AFM 观察到全同聚苯乙烯(iPS)结晶的多层梯田状结构。将 iPS 薄膜在 210℃结晶,并用高锰酸钾刻蚀法除去覆盖在结晶表面的非晶态部分,得到层状的 iPS 结晶。结晶形貌类似梯田状,单层结晶厚度为 17.4nm。同时由小角 X 射线散射得到的结晶层厚度约为 16.2nm,从而估算出结晶层间链折叠区的厚度。Hobbs 等用 AFM 测定了聚(羟基丁酸酯-共聚-羟基戊酸酯)球晶的生长速度,结果表明片晶的生长速度和生长方向随生长时间和地点而改变。王曦等[72]用 AFM 原位观察了聚(双酚 A-正癸二醇醚)球晶界面上片晶的生长,如图 8-44 所示。由图可以观察到三种情况:①来自两个球晶的片晶(1 和 2),当它们的生长方向接近平行时,片晶错开生长并向球晶内部延伸;②当相对生长的片晶(3 和 4)在生长方向上有较大的角度时,两个片晶会在界面上相交,通常会导致一个片晶的生长被终止,而另一个片晶继续生长到球晶的更深处,直至和其他片晶相交并终止生长;③对于片晶 5 和 6,它们的生长方向间的角度不大,图 8-44(c)中片晶 6 继续按原来的方向生长,片晶 5 则与片晶 6 的已结晶部分非常接近,随着结晶的进一步进行,片晶 5 能够弯曲一定的角度继续生长一段时间,直至与球晶内部的片晶相交并终止生长。由以上原位观察片晶在球晶界面的生长过程,可以总结出球晶的界面存在由相平行片晶组成的片晶束,同时也包含了大量的缺陷,在片晶相互接近形成球晶界面这一阶段,片晶的生长由于受空间阻碍和可结晶链段匮乏等的限制,其生长方向以及诱导分叉

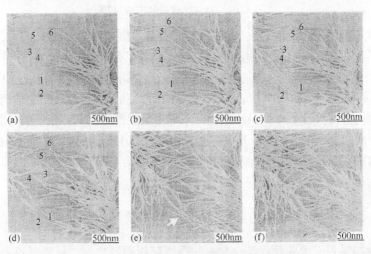

图 8-44 两球晶界面上片晶生长过程的 AFM 图像

每两图时间间隔 6min

等行为都将受到影响，这导致球晶的界面对材料的力学性能有较大的影响。姜勇等[73,74]还对聚双酚 A 正 n 烷醚(BA-Cn)的结晶过程如成核、诱导成核、片晶和球晶的生长等动态过程进行了原位研究，图 8-45 为观察到的 BA-C8 球晶的形式过程。

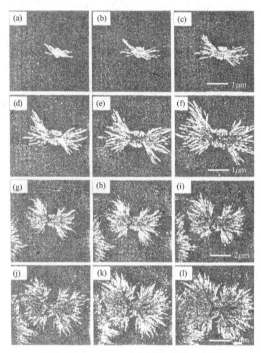

图 8-45　BA-C8 球晶的形成过程

　　姜勇等[75]用 AFM 的轻敲模式研究了聚ε-己内酯/聚氯乙烯(PCL/PVC=90：10)共混体系形成的环带球晶的表面形态和片晶结构，发现 PCL/PVC 环带球晶的表面由周期性高低起伏的环状结构组成，其凸凹起伏的周期与球晶在偏光显微镜(PLM)下的明暗交替的周期相对应。这种周期性的凸凹起伏和明暗交替消光的原因是不同取向的片晶交替排列，片晶在凹下环带区域的排列主要是平躺片晶(Flat-on)取向，而凸起环带区域的片晶排列主要是直立片晶(Edge-on)取向。同时用 AFM 观察了 PHB-co-HHx 共聚物环带球晶生长时片晶的动态扭转过程，发现片晶的扭转不是均匀连续的，而是出现在相对较窄的区域。

(二) 观察聚合物膜表面的形貌与相分离[70,76-80]

　　聚合物膜表面形貌观察是 AFM 的重要应用领域之一，且受到越来越多的重视。Kajiyama 等应用 AFM 研究了单分散聚苯乙烯/聚甲基丙烯酸甲酯(PS/PMMA)

共混成膜的相分离情况[76]，发现当膜较厚时(25μm)，AFM 图像平坦，看不到 PS/PMMA 分相。对于膜厚为 100nm 的薄膜，可以得到 PMMA 呈岛状分布在 PS 中的 AFM 图像[图 8-46(a)]，图 8-46(b)是图(a)中 100nm 直线上的截面图，从中能够更为直观地表现样品表面的三维结构。他们认为薄膜的溶剂挥发速度相对较快，高分子链在达到稳定状态前被"冻结"，但残余溶剂可使已分相的 PS 和 PMMA 链能够发生小范围的主链迁移，PS 由于较低的表面能占据较多的基底表面，所以 PMMA 就形成如图 8-46 所示的岛状结构。此外，表面 PMMA 的质量分数对基底的表面能有依赖性。对于膜厚度小于二倍链无扰回转半径 $2\langle R\rangle_g$ 的二维超薄膜，膜表面形态随超薄膜厚度的不同而变化。膜厚为 10.2nm 表面较为平坦，而膜厚下降至 6.7nm 后 AFM 图像可以清晰地显示 PMMA 相分离的岛状结构。这是高分子相分离现象纳米分辨的首次直接观察。作者认为这一现象与聚合物链的缠结和 Flory-Huggins 相互作用系数有关，并由此提出了 PS/PMMA 超薄膜相分离过程的模型。

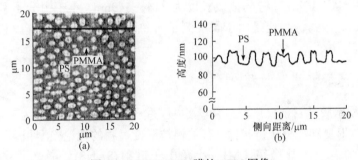

图 8-46　PS/PMMA 膜的 AFM 图像

金熹高等[79]用 AFM 研究了聚苯乙烯胶乳颗粒在室温和不同温度退火过程中颗粒的形貌变化和颗粒尺寸对成膜的影响。随着退火温度的变化，颗粒形貌由规整、有界限、清晰可辨到逐渐变形、模糊、失去界限。粒度为 742nm 的 PS 颗粒成膜温度为 393~453K，而粒度为 29nm 的纳米 PS(NPS)颗粒的成膜温度为 363~383K，NPS 的成膜温度明显降低且成膜速度快。在 NPS 颗粒中，高分子处于空间受限状态，NPS 颗粒形变和成膜温度明显降低的主要原因是颗粒中高分子有较弱的链段间相互作用以及较低的构象熵和较高的构象能，高于 NPS 的成膜温度热处理后，由于 NPS 颗粒的比表面积大，成膜过程也比大粒度的 PS 颗粒快。

## (三) 非晶态单链高分子结构观察[70, 81]

单链高分子的形态是高分子凝聚态研究的新领域。AFM 提供了一种观察单链高分子结构的方法，Qian 等用 AFM 观察了从极稀溶液喷雾到新鲜石墨上的单链 PS 形貌,并发现单链 PS 颗粒形态与所用的溶剂以及放置时间有关。Chen 等认为极稀溶液喷雾得到的高分子线团在放置中的收缩过程应可以看作溶解的逆过程。他们将不同溶剂配成的单分散 PMMA 稀溶液经喷雾后在空气中放置六个月,然后用 AFM 成像,发现单链高分子颗粒的最终尺寸与溶剂种类无关,而只随分子量的增加而增大,经校正后的值与计算结果吻合,并由此得到单链高分子颗粒的密度,当分子量较小时($M_w=10^3 \sim 10^4$),单链颗粒链段的聚集较为疏松。从上述两个结果的比较,还可获得非晶态单链高分子缓慢凝聚过程的信息。Kumaki 等将聚苯乙烯/聚甲基丙烯酸甲酯嵌段共聚物的苯溶液在 LB 膜槽内分散,而后在极低的表面压下(<0.1mN/m)将单个分子沉积在新鲜云母表面。用 AFM 观察到嵌段共聚物中的 PS 链段收缩成颗粒状,PMMA 链段则在 PS 周围凝聚为圆片状单分子层,吸附在云母表面。将样品在相对湿度为 100%的环境下放置 1h,79.3%的环境下处理 26h,从得到的 AFM 图像上可以看到 PS 链段仍然收缩成颗粒状,而 PMMA 链段则向外伸展,呈二维的弯曲状态。经测量得到 PMMA 链的曲线长度为 314~549nm,小于由分子量计算得到的 1000nm。作者认为这是由于长度测量时忽略了平行的折叠链段和垂直于基底的链段。

## (四) 研究水胶乳成膜过程[70]

聚合物水胶乳目前已广泛应用,其成膜过程的机理主要可分为三步,即水分挥发、颗粒形变和高分子链扩散。有关颗粒形变过程的理论模型很多,其实验研究手段主要有电子显微镜(EM)、小角中子散射(SANS)、激光共聚焦显微镜(LCFM)和原子力显微镜(AFM)等。Mulvihill 等用 AFM 研究了 MMA-BMA 共聚物胶束粒子的成膜过程,发现即使内部已经发生聚集,表面颗粒仍然保持球形,并随时间推移逐渐消失而成膜,成膜时间依赖于体系的弹性性能和受力情况。Park 等研究了聚甲基丙烯酸丁酯(PBMA)的成膜过程。从 AFM 图像中观察到 PBMA 胶粒的有序排列因加入的 SAA(苯乙烯/$\alpha$-甲基苯乙烯/丙烯酸共聚物)吸附在 PBMA 颗粒上所造成的屏蔽而变得无序。Glick 等成功地原位观察了聚苯乙烯胶粒的受热成膜过程(图 8-47)。首先将分散在水中的聚苯乙烯吸附在一层镀金的薄膜上,得到直径约为 1.2μm 的球粒,而后用氩离子激光加热,激光热源中心的温度为 225℃,图中胶粒 A 处于加热源中心,随着时间推移经历了水分挥发、颗粒形变和高分子链扩散而最终成膜的过程。AFM 可直接记录这一成膜的动态过程。

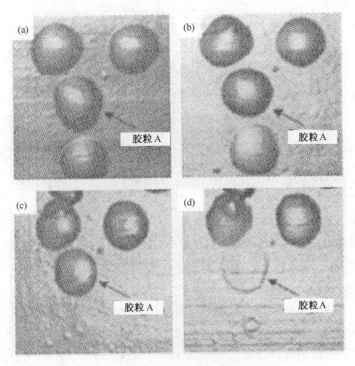

图 8-47　聚苯乙烯胶粒的受热成膜过程
(a) 0min；(b) 20min；(c) 40min；(d) 60min

## (五) 研究聚合物单链的导电性能[70]

研究单链导电高分子的导电性是 AFM 应用的最新进展之一。它首先要求 AFM 的基底和针尖都必须为导体，因而需要对原子力显微镜的针尖镀金并采用了金质基底。让高分子极稀溶液在 AFM 针尖下流过，设置针尖与基底之间距离稍大于单链导电高分子颗粒直径，在其间施加一定电势，当导电高分子颗粒随溶液流到针尖与基底之间时，体系由于电荷的诱导作用会产生一个微小的电流，其过程如图 8-48 所示。这种诱导作用也可使导电高分子颗粒变形，并最终吸附在基底和针尖之间。此时可以通过改变加电时间或电流方向来考察单链导电高分子的电性能。

## (六) 研究聚合物的单链力学性质[82-85]

原子力显微镜的空间分辨率已达原子尺度，同时又具有非常高的力的敏感性，可探测 10pN 的力，这就为研究单分子的性质提供了可能。

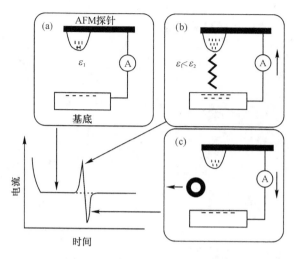

图 8-48　单链导电性的检测过程

　　Gaub 等发展了一种基于原子力显微镜的新型实验技术，即单分子力谱，它为在分子水平上研究高分子单链的力学性质开辟了广阔的前景，目前已经得到了生物大分子壳聚糖、肌肉蛋白 Titin 和生物单分子 Xanthan 的详尽力谱。将高分子通过化学或物理吸附的方法固定在固体基片上，形成很薄的一个高分子吸附层，然后将原子力显微镜的针尖接触样品层，通过样品与针尖的特异或非特异性的相互作用，一些高分子将吸附在针尖上。分离针尖和样品时，吸附在针尖上的高分子就会被拉伸，引起 AFM 微悬臂发生弯曲，其位移通过激光检测系统检测并记录力曲线。李宏斌等[83]用美国 DI 公司的 NanocopeⅢ型 AFM 研究了合成大分子聚丙烯酸的单链力谱，如图 8-49 所示，经归一化后，所有的曲线都很好地重叠在一起，表明聚丙烯酸链的弹性性质与它们的链长度呈线性比例关系，所以在聚丙烯酸体系中高分子链间的相互缠结和高分子链之间的相互作用对高分子链的弹性性质贡献很小。从单链力学谱上可获得一些常规方法无法得到的聚合物单链的力学

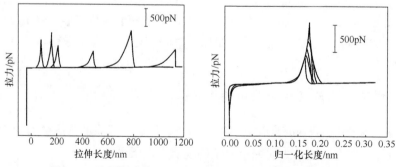

图 8-49　聚丙烯酸在 $10^{-3}$mol/L 的 KCl 缓冲乳液中的力曲线

参数，还可用于探测聚合物分子的二级或三级结构，揭示拉伸聚合物单链引起的一些结构及构象转变本质。

## (七) 研究聚合物膜的力学性能[86-89]

AFM 不仅能够观察聚合物表面的拓扑结构，同样可以用于样品表面力的测量。当 AFM 探针针尖与样品接触时，针尖与样品之间的作用力及探针的位移等信息可以被同时记录下来，通过应用合适的接触理论如赫兹理论、JKR 理论、DMT 理论等，可以计算负载于硬质基底上的聚合物薄膜的杨氏模量、黏附能等信息[86-89]，如图 8-50 所示。结果表明，JKR 理论适用于绝大部分高聚物体系[86, 87]。

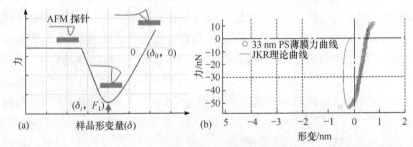

图 8-50 探针与样品相互作用示意图(a)及应用 JKR 理论计算薄膜杨氏模量(b)

此外，Liu 等将聚苯乙烯薄膜负载于蜂巢状薄膜上，制备了一系列自支撑聚苯乙烯薄膜，并使用 AFM 应用膜理论测试了自支撑聚苯乙烯薄膜的力学性能[89]，如图 8-51 所示。结果表明，探针与薄膜相互作用及残余应力等因素导致薄膜的表观杨氏模量有明显提高。

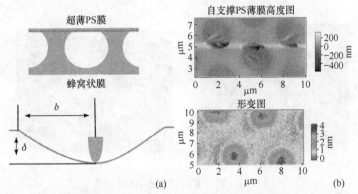

图 8-51 (a)自支撑 PS 薄膜测试示意图；(b)自支撑 PS 薄膜表面形貌图与形变图

## (八) 研究聚合物多相体系[13, 90-93]

　　AFM 在用于研究聚合物多相体系的形貌时也有其优势。聚合物多相体系用 TEM 等观察时，往往由于衬度过低需要染色处理；而在 SEM 中需要进行刻蚀才能分别两相。而由于聚合物中多相体系可以从 AFM 的相图中体现出来，AFM 是很好的用于研究聚合物多相体系的工具。Li 等[90]以壳聚糖为基体，原位合成了粒度为 4nm 左右的半导体 CdS 纳米颗粒/壳聚糖复合膜，样品为淡黄色透明膜，作者通过三维 AFM 图像直观反映了纳米颗粒的生长对壳聚糖膜内部结构的影响。生长纳米颗粒前后壳聚糖膜的表面形态有明显变化，其中反映表面起伏程度的 $z$ 值从壳聚糖膜的 18nm 变化到 CdS/壳聚糖复合膜的 45nm，这是因为在纳米颗粒生长过程中，一方面壳聚糖的高分子链限制了纳米颗粒的生长和团聚；另一方面纳米颗粒由于尺寸小、比表面积大及界面结合力强的特点而成为壳聚糖分子链间的交联点，所以大分子链倾向于更紧密地排列和堆砌在一起。赵竹第等[91]用接触式 AFM 研究了苯乙烯-马来酸酐共聚物/聚硅氧烷纳米复合材料的微结构(图 8-52)，这种材料具有优良的力学性能和耐热性能。Wang 等[93]基于 AFM 的力学性能分析研究了不相容 POE/PA6 体系和反应增容 POE-g-MA/PA6 体系。两体系的典型形貌图如图 8-53 所示。可以看出，不相容 POE/PA6 共混体系表现为典型的海-岛结构，杨氏模量较高的 PA6 以球形均匀地分散在杨氏模量较低的 POE 相中。在反应增容 POE-g-MA/PA6 共混体系中，随 POE-g-MA 的引入，两相间相容性改善，PA6 被打碎更均匀地分散在 POE 连续相中。对两相界面的 AFM 表征给出了更多有用的信息，如图 8-54 所示。不相容 POE/PA6 共混体系两相界面非常光滑；而反应增容 POE-g-MA/PA6 共混体系相界面变得粗糙，并且可以看出两相界面处有相比不相容体系更宽的杨氏模量过渡，说明了反应增容提高了两相在界面处的相互作用。

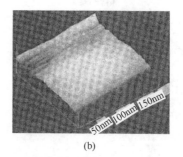

(a)　　　　　　　　　　　　　　(b)

图 8-52　纳米复合材料的 AFM 图像

(a) St-MA/KH560; (b) St-MA

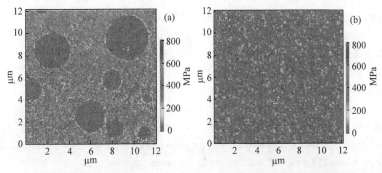

图 8-53 不相容 POE/PA6 共混体系(a)与反应增容 POE-g-MA/PA6 共混体系(b)的杨氏模量图

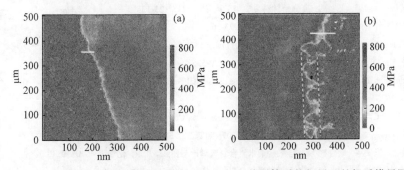

图 8-54 不相容 POE/PA6(a)和 POE-g-MA/PA6(b)共混体系的相界面的杨氏模量图

# 参 考 文 献

[1] Bassett D C. Principle of Polymer Morphology. Cambridge: Cambridge University Press, 1981

[2] 孙业英. 光学显微分析. 北京: 清华大学出版社, 1997

[3] 舍英, 伊力奇, 呼和巴特尔. 现代光学显微镜. 北京: 科学出版社, 1997

[4] 何曼君, 陈维孝, 董西侠. 高分子物理 (修订版). 上海: 复旦大学出版社, 1990

[5] 殷敬华, 莫志深. 现代高分子物理学. 北京: 科学出版社, 2001

[6] 周其凤, 王新久. 液晶高分子. 北京: 科学出版社, 1994

[7] 施良和, 胡汉杰. 高分子科学的今天与明天. 北京: 化学工业出版社, 1994

[8] 徐定宇. 聚合物形态与加工. 北京: 中国石化出版社, 1992

[9] 高家武. 高分子材料近代测试技术. 北京: 北京航空航天大学出版社, 1994

[10] 吴人洁. 现代分析技术在高聚物中的应用. 上海: 上海科学技术出版社, 1987

[11] 张权. 聚合物显微学. 北京: 化学工业出版社, 1993

[12] 汪昆华, 罗传秋, 周啸. 聚合物近代仪器分析. 2 版. 北京: 清华大学出版社, 2000

[13] 张俐娜, 薛奇, 莫志深, 等. 高分子物理近代研究方法. 武汉: 武汉大学出版社, 2003

[14] 黄兰友, 刘绪平. 电子显微镜与电子光学. 北京: 科学出版社, 1991

[15] 郭可信, 叶恒强, 吴玉琨. 电子衍射图在晶体学中的应用. 北京: 科学出版社, 1983

[16] 张美珍. 聚合物研究方法. 北京: 中国轻工业出版社, 2000

[17] 北京大学化学系高分子教研室. 高分子实验与专论. 北京: 北京大学出版社, 1990

[18] 白春礼. 扫描隧道显微术及其应用. 上海: 上海科学技术出版社, 1992

[19] 汤洪高. 电子显微学新进展. 合肥: 中国科学技术大学出版社, 1996

[20] Kohjiya S, Katoh A, Suda T, et al. Polymer, 2006, 47(10): 3298-3301.

[21] Kohjiya S, Kato A, Ikeda Y. Progress in Polymer Science, 2008, 33(10): 979-997

[22] Jinnai H, Hasegawa H, Nishikawa Y, et al. Macromolecular Rapid Communications, 2006, 27(17): 1424-1429

[23] Jin S M, Nam J, Song C E, et al. Journal of Materials Chemistry A, 2019, 7(5): 2027-2033

[24] Ikehara T, Jinnai H, Kaneko T, et al. Journal of Polymer Science Part B: Polymer Physics, 2007, 45(9): 1122-1125

[25] Jinnai H, Nishikawa Y, Spontak R J, et al. Physical Review Letters, 2000, 84(3): 518

[26] 朱诚身, 钟素娜. 应用化学, 1994, 11(5): 107-109

[27] 朱诚身, 钟素娜, 王经武. 高分子材料科学与工程, 1994, (1): 123-125

[28] 朱诚身, 钟素娜. 郑州大学学报, 1994, 26(1): 73-76

[29] 周恩乐, 周乐, 白贾连达. 高分子通讯, 1980, (1): 27-34

[30] Su F, Yan D, Liu L, et al. Polymer, 1998, 39(22): 5379-5358

[31] Wunderlich B. Macromolcular Physics, Volume 1, Crystal Structure, Morphology, Defects. New York: Academic Press, 1973

[32] Bassett D C. Principles of Polymer Morphology. New York: Combridge University Press, 1981

[33] 吕军, Oh K, 黄锐, 等. 高等学校化学学报, 2007, 28(2): 385-387

[34] 漆宗能, 尚文宇. 聚合物/层状硅酸盐纳米复合材料理论与实践. 北京: 化学工业出版社, 2002

[35] 柯扬船, 皮特·斯壮. 聚合物-无机纳米复合材料. 北京: 化学工业出版社, 2003

[36] Liu L, Qi Z, Zhu X. Journal of Applied Polymer Science, 1999, 71(7): 1133-1138

[37] 温变英, 张学东, 王桂梅. 电子显微学报, 2000, 19(2): 167-170

[38] 兰强, 程丹, 于瀛, 等. 高等学校化学学报, 2003, 24(9): 1712-1716

[39] 熊传溪, 董丽杰, 陈娟, 等. 高分子材料科学与工程, 2003, 19(1): 152-155

[40] 张晟卯, 张治军, 党鸿辛, 等. 物理化学学报, 2003, 19(2): 171-173

[41] Colom X, Carrasco F, Pages P, et al. Composites Science and Technology, 2003, 63(2): 161-169

[42] Pandey K N, Setua D K, Mathur G N. Polymer Testing, 2003, 22: 353-359

[43] Xu W B, Liang G D, Zhai H B, et al. European Polymer Journal, 2003, 39: 1467-1474

[44] Anejaa A, Wilkesa G L, Yurtsever E, et al. Polymer, 2003, 44: 757-768

[45] Sheng N, Boyce M C, Parks D M, et al. Polymer, 2004, 45: 487-506

[46] Bes L, Huan K, Khoshdel E, et al. European Polymer Journal, 2003, 39: 5-13

[47] McNally T, Raymond Murphy W, Lew C Y, et al. Polymer, 2003, 44: 2761-2772

[48] Zhang W, Ge S, Wang Y, et al. Polymer, 2003, 44: 2109-2115

[49] He S Q, Guo J G, Kang X. Journal of Donghua University, 2005, 22(5): 107-111

[50] 何素芹, 朱诚身, 郭建国, 等. 中国塑料, 2006, 20(7): 35-39

[51] Nishioka H, Niihara K I, Kaneko T, et al. Composite Interfaces, 2006, 13(7): 589-603

[52] Stejskala J, Prokešb J. Synthetic Metals, 2020, 264：116373

[53] Aranganathan V, Gururaj A M, Shetty A N. Journal of Colloid and Interface Science, 2020, 575: 377-387

[54] Mu G J, Ma C, Liu X J, et al. Journal of Colloid and Interface Science, 2020, 573: 45-54

[55] 陈国华, 吴翠玲, 吴大军, 等. 高分子学报, 2003, (5): 742-745

[56] 阎捷, 杨序纲. 东华大学学报, 2002, 28(1): 71-77

[57] 潘明旺, 张留成. 高分子学报, 2003, (4): 513-518

[58] 姚芳莲, 白云, 李维云, 等. 高分子材料科学与工程, 2002, 18(3): 176-179

[59] 肖丽, 茅素芬. 西安交通大学学报, 1994, 28(8): 116-120

[60] 谢邦互, 贾立蓉, 李忠明, 等. 中国塑料, 2003, 17(5): 32-35

[61] 周恩乐, 李虹. 高分子学报, 1987, 6(12): 443-448

[62] 陈尔强, 胡秀兰, 卜海山. 高分子学报, 1995, (1): 41-48

[63] 徐祖顺, 路国华, 程时远, 等. 应用化学, 1994, 11(4): 58-61

[64] 谢锐, 褚良银, 陈文梅, 等. 高等学校工程学报, 2003, 17(4): 400-405

[65] 姜琬, 王雷, 李鸣鹤, 等. 高等学校化学学报, 2002, 23(7): 1413-1416

[66] 薛美玲, 李理, 侯耀永. 电子显微学报, 1997, 16(5): 165-168

[67] 苏伟梁, 廖兵, 黄玉惠. 高分子材料科学与工程, 2002, 18(3): 159-161

[68] 刘小虹, 颜肖慈, 罗明道, 等. 自然杂志, 2002, 24(1): 36-40

[69] 程敏熙, 熊钰庆. 大学物理, 2000, 19(9): 38-42

[70] 屈小中, 史燚, 金熹高. 功能高分子学报, 1999, 12(2): 218-224

[71] Sutton S J, Izumi K, Miyaji K, et al. Polymer, 1996, 37(24): 5529-5532

[72] 王曦, 刘朋生, 姜勇, 等. 高分子学报, 2003, (5): 761-764

[73] 罗艳红, 姜勇, 雷玉国, 等. 科学通报, 2002, 47(15): 1121-1125

[74] Li L, Chan C M, Yeung K L, et al. Macromolecules, 2001, 34: 316-325

[75] 范泽夫, 王霞瑜, 姜勇, 等. 中国科学(B 辑), 2003, 33(1): 41-46

[76] Kajiyama T, Tanaka K, Takahara A, et al. Progress in Surface Science, 1996, 52(1): 1-52

[77] Radovanovic E, Carone Jr E, Goncalves M C. Polymer Testing, 2004, 23(2): 231-237

[78] 王铀, 李英顺, 宋锐, 等. 高等学校化学学报, 2001, 22(11): 1940-1942

[79] 屈小中, 史燚, 陈柳生, 等. 高等学校化学学报, 2003, 24(5): 943-945

[80] Emilienne M Z, Caroline M D, Paul G R, et al. Journal of Colloid and Interface Science, 2008, 319(1): 63-71

[81] Kumaki J, Kawauchi T, Eiji Yashima E. Macromolecular Rapid Communications, 2008, 29(5): 406-411

[82] 张文科, 王驰, 张希. 科学通报, 2003, 48(11): 1113-1126

[83] 李宏斌, 张希, 沈家骢. 高等学校化学学报, 1998, 19(5): 824-826

[84] Wei H Z, van de ven Theo G M. Applied Spectroscopy Reviews, 2008, 43(2): 111-133

[85] Zou S, Korczaqin L, Hempenius M A, et al. Polymer, 47(7): 2482-2483

[86] Nakajima K, Ito M, Wang D, et al. Journal of Electron Microscopy, 2014, 63(3): 193-208

[87] Dokukin M E, Sokolov I. Langmuir, 2012, 28(46): 16060-16071

[88] Sun Y, Akhremitchev B, Walker G C. Langmuir, 2004, 20(14): 5837-5845

[89] Liu H, Liu W, Fujie T, et al. Polymer, 2018, 153: 521-528

[90] Li Z, Du Y, Zhang Z, et al. Reactive and Functional Polymers, 2003, 55(1): 35-43

[91] 赵竹第, 高宗明, 欧玉春, 等. 苯高分子学报, 1996, (2): 228-233

[92] Perez R, Ounaies Z, Lillehei P, et al. Materials Research Society Symposium Proceedings, 2006, 889: 127-132

[93] Wang D, Fujinami S, Liu H, et al. Macromolecules, 2010, 43(13): 5521-5523

# 第九章　广角X射线衍射与小角X射线散射

## 第一节　X射线衍射法概述

### 一、X射线衍射法历史回顾

　　1895年11月，德国维尔茨堡大学物理学教授伦琴在研究阴极射线时，发现一种穿透力很强的辐射能使用黑纸密封的照相底片感光，并且为这种新的辐射线命名为"X射线"。1912年德国物理学家劳厄用实验证明了X射线具有波动性，发现X射线能通过晶体产生衍射现象，证明了X射线的波动性和晶体内部结构的周期性，导出了著名的冯·劳厄方程，开创了X射线晶体学这一新领域。1912年，V. H. 布拉格和W. L. 布拉格用X射线分析晶体结构，提出了著名的布拉格方程：$n\lambda=2d\sin\theta$，这一结果为X射线衍射分析提供了理论基础，X射线被发现以后，科学家在物理学及相关学科中进行了大量的研究，取得了重大成果，在科学中得到广泛的应用。例如，X射线可用来进行晶体结构分析，材料研究，测定蛋白质结构，常规透视和照相，观察某些脏、器官的形态和病变，电子计算机应用到X射线断层技术(CT)等领域。这对于20世纪科学技术的发展产生了巨大而深远的影响。表9-1列出了与X射线及晶体衍射有关的部分诺贝尔奖获奖者名单。

表 9-1　与X射线及晶体衍射有关的部分诺贝尔奖获得者名单

| 年份 | 学科 | 得奖者 | 内容 |
|---|---|---|---|
| 1901 | 物理 | Wilhelm Conrad Röntgen | X射线的发现 |
| 1914 | 物理 | Max von Laue | 晶体的X射线衍射 |
| 1915 | 物理 | Henry Bragg<br>Lawrence Bragg | 晶体结构的X射线分析 |
| 1917 | 物理 | Charles Glover Barkla | 元素的特征X射线 |
| 1924 | 物理 | Karl Manne Georg Siegbahn | X射线光谱学 |
| 1937 | 物理 | Clinton Joseph Davisson<br>George Paget Thomson | 电子衍射 |
| 1954 | 化学 | Linus Carl Pauling | 化学键的本质 |
| 1962 | 化学 | John Charles Kendrew<br>Max Ferdinand Perutz | 蛋白质的结构测定 |

续表

| 年份 | 学科 | 得奖者 | 内容 |
|---|---|---|---|
| 1962 | 生理医学 | Francis H. C. Crick，James D. Watson，Maurice H. F. Wilkins | 脱氧核糖核酸 DNA 测定 |
| 1964 | 化学 | Dorothy Crowfoot Hodgkin | 青霉素、$B_{12}$ 生物晶体测定 |
| 1985 | 化学 | Herbert Hauptman | 直接法解析结构 |
| | | Jerome Karle | |
| 1986 | 物理 | E. Ruska | 电子显微镜 |
| | | G. Binnig | 扫描隧道显微镜 |
| | | H. Rohrer | |
| 1994 | 物理 | B. N. Brockhouse | 中子谱学 |
| | | C. G. Shull | 中子衍射 |

## 二、X 射线物理学基础

### (一) X 射线及 X 射线源

　　X 射线是一种介于紫外线和 γ 射线之间的电磁波,其波长范围在 $0.001\sim10nm$,在电磁波谱中的位置如图 9-1 所示。X 射线具有很强的穿透能力。能够产生 X 射线的设备通常称为 X 射线机,它包括:高压发生器、整流、稳压电路,控制系统和保护系统、X 射线管。其核心部件是 X 射线管,即 X 射线源。

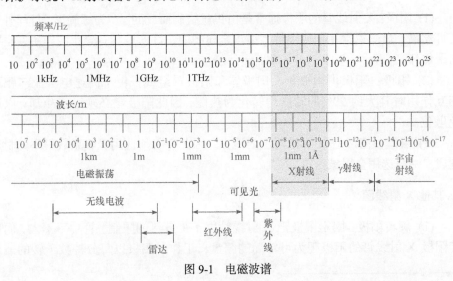

图 9-1　电磁波谱

## 1. X 射线管

X 射线管按照保持真空度的方式不同可分为密封式和可拆式两种。密封式为生产时就抽好真空，可拆式是在使用时抽真空。衍射用密封 X 射线管是由处于真空条件下($10^{-6}$Torr[①])的钨丝在低电压(通常 6～12V)下加热，产生大量热电子，热电子在灯丝(阴极)和靶子(阳极)之间的强电场(通常衍射用 20～40kV)作用下高速轰击靶子，在它们与靶子碰撞的瞬间产生 X 射线。密封 X 射线管的优点是使用方便，但功率较低，且造价较高，一般无法维修。可拆式可随意更换阳极，灯丝烧坏后可调换，其功率较高，但使用不便，每次都要抽到一定的真空度后方可使用。一般衍射仪使用密封 X 射线管较多。图 9-2 为密封 X 射线管结构示意图，其主要结构如下。

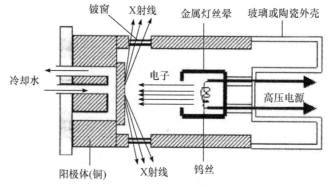

图 9-2　密封 X 射线管结构示意图

(1) 阴极：X 射线管的阴极通常是由钨丝绕制而成的，多为螺旋形，灯丝外套有灯丝罩，灯丝罩常用钼或钽等高熔点金属制成，灯丝罩具有聚焦的作用，也称为聚焦杯。

(2) 阳极：阳极由阳极靶、阳极体和阳极罩组成。由于高速电子流与靶面相互作用时其大约 99%的动能均转化为热能，因此阳极靶必须通水冷却，以避免融化。

(3) 窗口：窗口是 X 射线射出的地方，因此它必须选用吸收系数很小的材质制成，一般选用金属铍窗口。

## 2. 其他 X 射线源

(1) 旋转阳极：固定阳极靶 X 射线管由于受散热的限制，管功率不大，而旋转阳极 X 射线管的阳极靶为可转动的圆盘，工作时阳极以每分钟数千转的速度

---

① 1Torr=1mmHg=$1.33322 \times 10^2$Pa。

旋转，这样可使靶面受电子轰击的部位随时改变，从而达到散热的效果。此种光源的功率较大，往往可达到数十甚至上百千瓦，但其技术难点在于转动部分的密封问题。

(2) 同步辐射：它是利用电子在加速运动时要辐射电磁波的原理。这种辐射的波谱很广，并且非常稳定，另外，它的准直性特别好，其长波部分特别适合于小角散射工作。

## (二) X 射线谱

由 X 射线源发出的 X 射线可以分为两种，一种是由无限多波长组成的连续 X 射线谱。因为此种 X 射线是在某一波长范围内连续分布的，与白色光性质相类似，所以也称白色 X 射线。另一种是具有特定波长的 X 射线，它们叠加在连续 X 射线上，称为特征(或标识)X 射线。当 X 射线管阴阳两极间的电压达到一定数值后即可产生特征 X 射线。这些谱线的波长取决于 X 射线管中阳极靶的材质。由于它们与单色可见光性质相似，所以亦称之为单色 X 射线。

### 1. 连续 X 射线谱

当加在 X 射线管两端的电压未超过一定数值时所产生的 X 射线的波长是在一定范围内连续分布的，如图 9-3 中所示阳极靶材质为 Mo 的 X 射线管，在管电压在 20kV 以下时，产生的 X 射线谱即为连续 X 射线谱，它包含着从一个短波限 $\lambda_{SWL}$ 开始的全部波长，强度连续地随波长变化[1]。

当保持一定的管电压，而增加管电流时，各种波长射线的相对强度也随之增大，但 $\lambda_{SWL}$、$\lambda_{max}$ 保持不变，如图 9-4(a)所示。

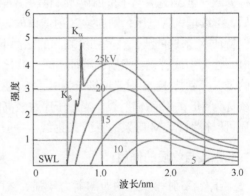

图 9-3　不同管电压下 Mo 靶的 X 射线谱

如逐渐改变加速电压值最高强度射线的波长($\lambda_{max}$)逐渐变短，各种波长射线的相对强度相应增大。短波极限值逐渐变小，如图 9-4(b)所示。

当改变阳极靶的材料时，随原子序数的增大，各种波长射线的相对强度增大，但 $\lambda_{SWL}$、$\lambda_{max}$ 保持不变，如图 9-4(c)所示。

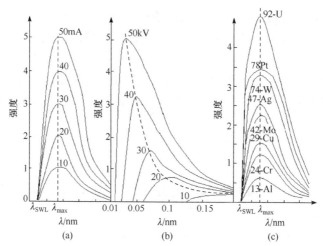

图 9-4　管电流、管电压及阳极靶材质对连续 X 射线谱的影响

## 2. 特征 X 射线谱

当 X 射线管的管电压增加到某一临界值时，在连续 X 射线谱的某些特定波长上会出现一些强度很高的尖锐峰，这些尖锐峰就构成了特征 X 射线谱。此临界管电压称为激发电压($V_K$)，不同的阳极靶材具有不同的激发电压值。当管电压高于激发电压后，继续增大管电压，则连续 X 射线谱的 $\lambda_{SWL}$ 继续缩短，整个谱线强度增加更快。但特征 X 射线的波长及其强度之间的比例不变。在图 9-3 中当管电压达到 25kV 时 Mo 靶 X 射线管就会发射出特征谱线，波长为 0.063nm 的是 $K_\beta$ 辐射，波长为 0.071 的是 $K_\alpha$ 辐射，$K_\alpha$ 辐射又可细分为 $K_{\alpha 1}$ 和 $K_{\alpha 2}$ 双重线，两者的强度比约为 2：1，它们统称为 Mo 的 K 系辐射线。当原子序数较高的金属作阳极时，除去 K 系辐射线外，还可以得到 L、M 等系的特征 X 射线。一般的衍射测试中均采用 $K_\alpha$ 辐射进行。

## 3. X 射线与物质的作用

虽然 X 射线穿透物质的能力较强，然而，X 射线在通过物质时都存在着某种程度的吸收，吸收作用包括散射和"真吸收"。散射分为相干散射和非相干散射。真吸收是由光电效应造成的[2]。X 射线照射到物质后有三种效应，如图 9-5 所示。

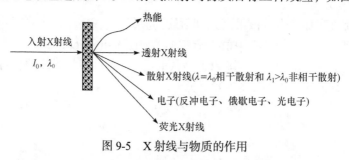

图 9-5　X 射线与物质的作用

当强度为 $I_0$ 的 X 射线穿过具有线吸收系数为 $\mu_1$，厚度为 $x$ 的物质时，穿透的 X 射线强度为

$$I = I_0 \exp(-\mu_1 x) \tag{9-1}$$

如果 $\rho$ 是吸收体的密度($g/cm^3$)，则有

$$I = I_0 \exp[-(\mu_1/\rho)\rho x] = I_0 \exp(-\mu_m \rho x) \tag{9-2}$$

当吸收体不是单一元素，而是 $p$ 个元素所组成的化合物、混合物、合金或溶液时，该物质的质量吸收系数为

$$\mu_m = W_1 \mu_{m1} + W_2 \mu_{m2} + \cdots + W_p \mu_{mp} \tag{9-3}$$

式中，$W_1$, $W_2$, $\cdots$, $W_p$ 为吸收体中各组成元素的质量分数；$\mu_{m1}$, $\mu_{m2}$, $\cdots$, $\mu_{mp}$ 为相应的元素对 X 射线波长的质量吸收系数。元素的质量吸收系数与原子序数 $Z$ 和入射线波长 $\lambda$ 的关系为

$$\mu_m \approx K \lambda^3 Z^3 \tag{9-4}$$

式中，$K$ 为常数。对于给定元素，质量吸收系数随波长变化存在着一些不连续的突变 $\lambda_K \lambda_L$ 等，称为吸收边或吸收限。这种吸收的突变是由于当能量达到正好打出 K、L 等层电子时，产生特征 X 射线，所以吸收边的波长对应着特征 X 射线的激发电压 $V_K$。在许多情况下，X 射线衍射研究工作中使用单色 X 射线，而 X 射线管发出的 X 射线有连续谱和特征谱。由于特征 X 射线产生尖锐的衍射峰，而伴随的连续谱产生的是漫散射，影响特征 X 射线衍射花样观察。因为非晶态的衍射本身就是漫散峰或晕环，连续谱漫散射的存在，进入非晶散射，很难扣除，在这种情况下需要对 X 射线进行单色化。$K_\beta$ 线的存在也会给分析衍射花样带来困难和麻烦，在许多衍射实验中，需要滤除 $K_\beta$ 线。由于特殊需要也可使用 $K_\beta$ 线衍射或者允许 $K_\beta$ 线存在。

用合适材料作滤光片，使滤光片的 K 吸收边正好处在发射 X 射线的 $K_\alpha$ 和 $K_\beta$ 波长之间，造成对 $K_\beta$ 线的强吸收，达到滤除 $K_\beta$ 线的目的。用滤光得到的 X 射线，还含有连续谱，目前的 X 射线衍射仪用晶体单色器结合脉冲高度分析器(PHA)，通过选择合适的基线和道宽，让 $K_\alpha$ 线通过，去掉 $K_\beta$ 线和连续谱。在 X 射线衍射照相中，常用的还是滤光片滤光，因为这种方法简便易行，可以得到满意的 X 射线衍射花样，所以衍射照相普遍使用。用晶体的布拉格衍射进行单色化时，选择合适的单色化单晶，用它的强衍射面，通过使 $K_\alpha$ 的 X 射线满足布拉格条件得到单色化的衍射光束。但晶体单色器不能去掉连续谱中的 $K_\alpha$ 高次谐波，结合脉冲高度分析器可去掉高次谐波。对于晶态和非晶态经常共存的聚合物 X 射线衍射来说，这种单色化是十分有利的[3-5]。

## 4. 非相干散射

X 射线打到物质上，与原子中的电子作用，电子成为 X 射线的散射体，产生两种散射：相干散射和非相干散射。相干散射波长不变，X 射线衍射研究物质结构就是用相干散射。非相干散射又称康普顿散射，波长改变满足关系式

$$\Delta\lambda = \lambda' - \lambda = h(1 - \cos 2\theta)/mc \tag{9-5}$$

式中，$h/mc = 0.002426\text{nm}$。可见 $\Delta\lambda$ 与散射光波长、散射原子的特征无关，而只与散射角有关。由聚合物结构特点所决定，许多情况下，对非晶部分产生的相干漫射 X 射线衍射的分析很重要。而非相干散射也混入非晶的相干散射花样，我们所需要的这部分无序聚合物结构信息来自相干散射，非相干散射是干扰。在聚合物结构和非晶态研究中，有时需要分开相干散射和非相干散射，通常在实验上不能将这两种散射分开。然而，非相干散射可以相当精确地进行计算，把计算所得的结果从实验衍射花样中减去。

《X 射线晶体学国际表》第三卷给出了多种计算非相干散射方法。由量子力学导出[6]，以电子为单位的原子的非相干散射强度可以表达为

$$I_{\text{inc}} = R\left(Z - \sum_n |f_{nn}|^2 - \sum\sum_{m \neq n} |f_{mn}|^2\right) \tag{9-6}$$

式中，$f_{mn} = \int \Psi_m^* \exp(\mathrm{i}\boldsymbol{K} \cdot \boldsymbol{r}) \Psi_n \mathrm{d}v$；$Z$ 为原子序数；$f_{nn}$ 为原子中第 $n$ 个电子的散射因子；$f_{mn}$ 是第 $m$ 个电子与第 $n$ 个电子相互作用的交换项；$\boldsymbol{K}$ 为倒易矢量；$\boldsymbol{r}$ 为原子中的位置矢量；$\Psi_m$ 和 $\Psi_n$ 为电子的波函数；$\Psi_m^*$ 是 $\Psi_m$ 的共轭函数；i 是虚数；$\mathrm{d}v$ 指对坐标空间积分；$R$ 为 Breit-Dirac 电子反冲因子，除了低原子序数元素之外，$R$ 接近于 1。

依据 Hartree-Fock 波函数，利用式(9-6)计算了几十种原子和离子的非相干散射强度，列在《X 射线晶体学国际表》第三卷 250 页，对不同的 $\sin\theta/\lambda$，给出非相干散射 $I_{\text{inc}}/R$，其中包含在聚合物研究中重要的低原子序数原子。在所有涉及 $I_{\text{inc}}$ 计算的轻元素精确衍射研究中，需要计算 $R$，有关系式

$$R = (v'/v)^3 \tag{9-7}$$

$$R = (1 + 2h\sin^2\theta/mc\lambda)^{-3} \tag{9-8}$$

式中，$h$ 为普朗克常量；$m$ 为电子质量；$c$ 为光速；$\lambda$ 为入射 X 射线波长；$v$ 和 $v'$ 分别为散射前后的光波频率。在用正比计数器和定标器测量单位时间单位面积上的光子数时，$R$ 不等于 $(v'/v)^2$ 而是 $(v'/v)^3$。

## 三、光的散射和衍射

## (一) 光的散射

所谓散射就是一束光在通过介质时，在入射光方向以外的各个方向也能观察

到光强的现象(图 9-6)。从光的电磁波本质不难了解这现象中光波的电磁场与介质中分子的相互作用的过程。因为介质的分子都由电子和原子核组成，所以光波的电场振动使分子中的电子产生强迫振动，成为二次波源，向各个方向发射电磁波，就是散射波。

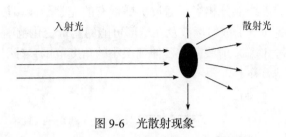

图 9-6　光散射现象

　　光散射现象普遍存在于宇宙之中，它无时无刻不在与人们的日常生活相遇。例如，蔚蓝的天空、日落的红霞都是大气中气体分子散射太阳光的现象，南海的青色、冰川洞穴神秘的光彩也是光散射现象给人们带来的美景。当然，光散射现象不仅给人类带来了美的享受，更重要的是研究光散射现象可以使我们得到关于物质结构的丰富知识。

　　在均匀介质中，光只能沿着折射光线方向传播，在这种情形下，光朝各方向散射是不可能的。这是因为光通过光学均匀的介质时，介质中偶极子发出的次波具有与入射光相同的频率，并且偶极子之间有一定的位相关系，它们是相干光，在与入射光不同的一切方向上，它们互相抵消。因此，均匀介质是不能散射光的。为了能散射光，就必须有能够破坏二次波干涉的不均匀结构。各种不均匀结构总会引起光的散射。混浊介质就是一个最简单的例子，这种介质含有许多大质点，它们的数量级等于光波的波长，它们的折射率与周围的均匀介质的折射率不同。乳状液、悬浮液、胶体溶液等，都是这样的系统。具有上述性质的质点的无规则排布所引起光的散射称为丁铎尔(Tyndall)散射。

　　在表面上看来是均匀纯净的介质中也能观察到散射光，当然它不如混浊介质所引起的散射那么厉害，这种散射称为分子散射。所以散射有两类，一是丁铎尔散射，二是分子散射[7-9]。

　　一般光源(汞弧灯)的散射实验是借测定散射光强的角度不对称性、偏振性来确定物质的静态行为的，如颗粒的质量、尺寸和形状等。

　　在散射中没有频率位移(无能量变化)的称为弹性光散射(elastic light scattering)，即仅测定散射光强及角度依赖性的光散射，也常称为经典光散射、静态光散射；测定由分子跃迁(拉曼散射、荧光)、热声波(布里渊散射)而引起散射光频率位移(能量变化)称为非弹性光散射；而测定由多普勒效应引起散射光频率微小位移及其角度依赖性称为准弹性光散射或动态光散射。在散射成分中虽然弹性光散射占绝大部分，但各种类型的散射度同时存在，不可分割，只是要求用不同的检测手段来测定。

　　图 9-7 表示不同散射所覆盖的动量、能量转移范围。由图可见，可见光时，各类光散射实验沿能量轴方向发展，动量转移范围小。沿能量轴，准弹性光散射和布里渊散射间的虚线部分相当于通过扩展现有的光学干涉和拍(混频)技术可达到的区域。X 射线和电子散射场涉及在全部可能的能量变化范围上强度的积分。通过近紫外光散射和将 X 射线散射延伸到很小的角度范围，对积分强度而言，动量转移的缺口可以填补上。

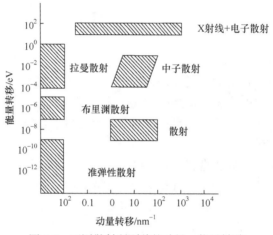

图 9-7　不同散射所覆盖的动量、能量转移

## (二) 光的衍射

　　当光波尺寸与障碍物尺寸相差不大时，光波将发生明显的衍射。光波在媒质中到达的各点，都可看作发射子波的波源，其后任一时刻，这些子波的轨迹就决定新的波阵面。观察一下由图 9-8(a)所示的两个波，波前为圆形，随着传播距离增加，波前变成近似垂直于传播方向的平面波。现在只考虑 $A$ 方向的波，两个波在出发点位相相同，到达 $S$ 处以后互相之间有 $\Delta A$ 的波程差，也就是第二个波多走了 $\Delta A$ 的距离。当 $\Delta A = n\lambda (n=0, 1, 2, 3, \cdots)$ 时，两个波的位相完全一致，所以在这个方向上两个波相互加强，即两个波的合成振幅等于两个波的原振幅的叠加。显然，上述波程差随方向不同而不同。例如，在远处第一个波的波峰和第二个波的波谷相重叠，合成波振幅为零，也就是在这个方向上由于两个波的位相不容而相互抵消，如图 9-8(b)所示。自然，在 $A$ 和 $B$ 的中间方向上可以得到如图 9-8(c)所示的合成波，其振幅大小介于 $A$ 方向和 $B$ 方向合成波振幅的中间值。通过以上的讨论，我们可以得到下面的结论：两个波的波程不一样就会产生位相差；随着位相

差变化，其合成振幅也变化。

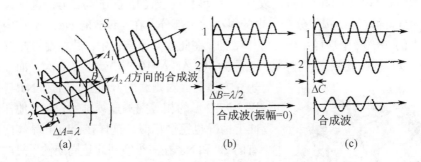

图 9-8　波的合成示意图

# 四、晶　体　结　构

## (一) 晶体与非晶体

晶体是与气体、液体以及非晶态固体(非晶质体)都不相同的一类物体，晶体有它自身的共同规律和基本特性，并以此与上述其他物体相区别。

早期，人们根据晶体的外形将晶体定义为：天然形成的具有规则的凸几何多面体形状的固体[10]，如图 9-9 所示。但随着人们认识的深入，许多事实证明，仅从外形来区分是否晶体是不全面的。例如，具有立方体外形的 NaCl 晶体颗粒和不规则的 NaCl 晶体颗粒具有完全相同的性质。并且将一个不规则的 NaCl 晶体颗粒放入 NaCl 的过饱和溶液中，它依然可以生长成规则的立方体几何外形。这一现象充分说明了规则的凸几何多面体形状只是晶体的外部现象，而在晶体内部还一定存在某种内在的、本质的规律有待人们去认识和了解。

刚玉　　　　　　　　　锗酸铋　　　　　　　　　电气石

图 9-9　具有凸几何多面体形状的晶体照片

　　历史上，人类第一个实际测定的晶体结构是 NaCl 晶体，如图 9-10 所示的由一些大球(代表 Cl⁻)和小球(代表 Na⁺)所堆积而成的小立方体结构，这仅仅是从 NaCl 晶体的内部结构中分割出来的很小的一部分，在 1mm³ 的 NaCl 晶体内，就包括大约 7×10¹⁷ 个这样小的立方体结构。在此立方体结构中，沿着棱的方向，Cl⁻ 和 Na⁺ 以相同的间隔交替排列，每隔 5.6402 Å(1Å=10⁻¹⁰m)就重复一次；而在平行于立方体的面对角线的方向上，Cl⁻ 和 Na⁺ 各自均以 3.9882 Å 的相等间隔连续排列；在其他任何方向上情况也完全相似，这样在 NaCl 晶体内部所有的 Cl⁻ 和 Na⁺ 在三维空间均呈周期性重复的规则排列而构成一种格子状的构造。实践告诉我们，无论其外形是否为规则的凸几何多面体形状，所有天然形成的与人工制取的 NaCl 晶体，其内部质点都是以上述相同的规律排列而成的，NaCl 晶体能够形成立方体的规则凸几何多面体形状就是由它内部的格子构造所决定的。

图 9-10　氯化钠晶体

　　对于其他晶体而言，情况完全相同，无论外形是否规则，其内部质点在三维空间都有规律地呈周期性重复排列，这是所有晶体的共有性质。因此晶体的现代定义是：晶体是内部质点在三维空间周期性重复排列的固体。

　　而非晶体则不然，原子(或分子)是散乱分布的，或者只有些局部的短程规则排列，这一点是晶体与非晶体的根本区别。一般的固态金属与合金都是晶体，而玻璃、松香之类的物质是非晶体。由于内部原子的排列情况不同，晶体与非晶体的性能也不同。首先，晶体有固定的熔点，在熔点以上晶体全部转变成液体，在熔点以下液体全部凝固成晶体。而非晶体则不然，在由液体转变成固体时是逐渐过渡的，没有明显的凝固点，反之也是如此，即没有明显的熔点。因此，固态的非晶体实际上是一种过冷状态的液体，也称为玻璃态。其次，沿晶体的不同方向所测得的性能(如强度、弹性模量、热膨胀性、导电性、导热性、光学性质以及表面的化学性质等)数据是不一样的，这种现象称为各向异性。而非晶体则是各向同性的。晶体的各向异性是由于其内部的原子是有规则排列的，在不同方向上排列的情况不同。由一个核心(称为晶核)生长而成的晶体称为单晶体，在单晶体中所有原子都是按同一取向排列。一些天然晶体如金刚石、水晶等是单晶体，它们都具有规则的几何形状和一定的对称性。现在已能够通过特殊途径人工培育制造出多种单晶体，如单晶硅、单晶锗、红宝石、钇铝石、石榴石等。但是，通常材料都是由许多位向不同的小晶体组成的，故称为多晶体。这些小晶体往往是颗粒状的，具有不规则的外形，因此称为晶粒。晶粒与晶粒之间的接触面称为界面，又称为晶界。虽然每个晶粒都存在各向异性，但是由许多位向不同的晶粒组合在一起形成的晶体材料，其性能则是各个晶粒性能的平均值，故表现为各向同性，这种现象称为多晶体的人为各向同性。对于多晶体材料，虽然在整个材料内部原子的排列不存在完整一致的规律性，但对某一晶粒而言，其原子排列是规律的；各晶粒之间虽有不同的取向，但各晶粒内原子的排列方式又基本一致，且晶粒的半径(一般 0.1mm～1μm)远大于原子间距(约 200pm)，所以仍可称之为长程有序。而非晶体的短程有序，往往只有几个原子间距(这种情况在液体中也可发现)。

晶体与非晶体在一定条件下是可以相互转化的。例如，岩浆迅速冷凝而形成的火山玻璃，在漫长的地质年代中，其内部质点进行着很缓慢的扩散、调整过程，趋向形成规则排列，也就是从非晶态向结晶态转变。它首先是形成一些细小的雏晶(形状如小的圆球、毛发或羽毛状等)，而后雏晶逐渐长大，最终成为真正的晶体。光学镜头使用的时间久了，会出现一些擦拭不掉的"霉点"，就是由于玻璃由非晶态向结晶态转化而形成的雏晶。我们称这种由非晶体调整其内部质点的排列方式而向晶体转变的作用为晶化或脱玻化。反之，由于晶体内部质点的规则排列遭到破坏而向非晶体转化的过程称为非晶化或玻璃化。例如，一些含有放射性元素的矿物，由于受到放射性物质蜕变时所发出的射线的作用，内部晶格受到破坏而转化成内部质点无序排列的非晶体结构。这种由于放射性蜕变而产生的非晶体在一定的条件下又可晶化恢复其有序排列的晶体结构。

需要特别指出的是，晶体的非晶化与非晶体的晶化作用是有着本质不同的。这是由于晶体内部质点在三维空间的规则排列是质点间的引力与斥力达到平衡的结果，在此情况下，无论是使质点间的距离增大或减小，都会导致质点的势能增加。而非晶体则由于其内部质点的排列是无序的，质点间的距离一般不等于平衡距离，因此它们的势能必然较晶体内部的势能大，也就是说，在相同的热力学条件下，晶体的内能较相同条件下的非晶体小。晶体有确定的熔点，熔融时需要吸收一定的相变潜热，而非晶体则不然。因此，在相同的热力学条件下，就相同成分的晶体和非晶体而言，晶体是稳定的，而非晶体是不稳定的，非晶体有自发的向晶体转化的趋向，但晶体不会自发地向非晶体转化。晶体如果发生非晶化必定有外界的能量介入。

(二) 空间点阵

在研究物质的晶体结构时，都是将其原子假定为刚性的小球，彼此接触，紧密地按一定规则堆积在一起的。如图 9-10 所示的 NaCl 晶体模型，为了便于分析原子在晶体中的排列规律，可以将它抽象为一些几何点，每个点代表原子的中心，或是原子的振动中心。这些几何点的空间排列称为空间点阵，或简称为点阵。为了方便观察，可做许多平行的直线把这些几何点连接起来，构成三维的几何格架,称为晶格。晶格中的每个点称为阵点或结点,阵点是构成点阵的基本要素,它的排列具有严格的周期性,因此每个阵点都具有完全相同的周围环境,这是空间点阵的一个重要特点。由于构成点阵的基本要素——阵点是周期性排列的,所以空间点阵具有周期重复性。为了说明点阵排列的规律和特点,可以从点阵中取出一个具有代表性的基本单元(通常取一个最小的平行六面体)作为点阵的组成单元,称为晶胞,图 9-11(a)和(b)表示二维重复图形,这两个图形的基元不相同,但具有相同的平面点阵,如图 9-11(c)所示。晶胞中原子的排列规律能够完全代表整个点阵的原子排列规律,而将晶胞做三维的重复堆积就能构成空间点阵,因此可以说,晶胞就是构成空间点阵的细胞。选取晶胞时,应能尽量反映出该点阵的对称性。一般是选取只在每个角上有一个阵点的最小平行六面体,称为初级晶胞或简单晶胞。有时为了更好地表现出点阵的对称性,也可不取简单晶胞,而使晶胞的中心或晶面的中心也存在点阵点,如体心、面心、底心晶胞。所谓对称性,是指一个几何图形经过某种不改变其中任何两点距离的操作而能完全复原,这种图形称为对称图形。这种能使图形自身重合的操作称为对称操作或变换。对称是晶体的一种基本属性。晶体结构中的对称分为两种,即平移对称与点对称。平移对称是指晶格点阵平移一个单位距离后可以与自身完全重合。而点对称则是指点阵围绕一个点(阵点)做某种转动后完全与自身重合,其中有反演(有对称中心)、旋转(有对称轴)、反映(有对称面)、倒反(旋转加反演——反轴对称)[11]。

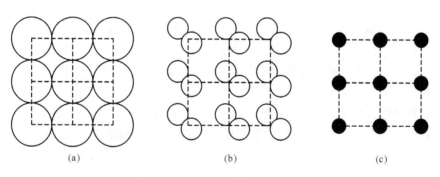

(a)　　　　　　　　　　(b)　　　　　　　　　　(c)

图 9-11　二维重复图形和平面点阵

描述一个晶胞常选用特定的坐标系如图 9-12 所示,一般是取晶胞角上的某一个阵点(通常取左下角后面的一点)作为坐标系的原点;通过原点沿着其三个棱边做坐标轴 $x$、$y$、$z$,称为晶轴;三个棱边的长度称为点阵常数或晶格常数,用 $a$、$b$、$c$ 表示;三个晶轴之间的夹角用 $\alpha$、$\beta$、$\gamma$ 表示。有了 $a$、$b$、$c$ 和 $\alpha$、$\beta$、$\gamma$ 这六个参数,晶胞的大小和形状就完全确定了,同时该空间点阵也就完全确定了。根据晶胞的这六个参数,可以把晶胞(晶体)分成七种类型,即只考虑 $a$、$b$、$c$ 和 $\alpha$、$\beta$、$\gamma$ 是否相等且是否等于90°,而不涉及晶胞中原子的具体排列情况。这七种类型称为晶系,所有的晶体均可归纳在这七个晶系中。

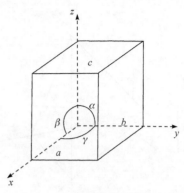

图 9-12　晶胞的空间坐标表示法

根据晶体的对称性分类,此 7 个晶系又分为三个晶族,其中立方晶系的对称程度最高,为高级晶族;三方晶系、四方晶系和六方晶系的对称性次之,属于中级晶族;正交(斜方)晶系、三斜晶系和单斜晶系对称性较低,属于低级晶族。若同时考虑点阵中满足对称要求的阵点的排列情况,我们还可将 7 个晶系分为 14 个空间点阵。晶系、空间点阵与晶胞参数的关系见表 9-2。

表 9-2　晶系、空间点阵与晶胞参数的关系

| 晶系 | 晶胞参数 | 空间点阵 |
|---|---|---|
| 立方晶系 | $a=b=c$<br>$\alpha=\beta=\gamma=90°$ | |
| 四方晶系 | $a=b\neq c$<br>$\alpha=\beta=\gamma=90°$ | |
| 三方晶系 | $a=b=c$<br>$\alpha=\beta=\gamma\neq90°$ | |
| 六方晶系 | $a=b\neq c$<br>$\alpha=\beta=90°\ \gamma=120°$ | |
| 正交晶系 | $a\neq b\neq c$<br>$\alpha=\beta=\gamma=90°$ | |
| 单斜晶系 | $a\neq b\neq c$<br>$\alpha=\gamma=90°\ \beta\neq90°$ | |
| 三斜晶系 | $a\neq b\neq c$<br>$\alpha\neq\beta\neq\gamma\neq90°$ | |

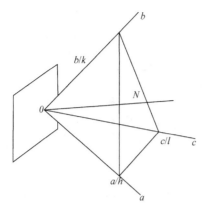

图 9-13　晶面间距公式推导用图

由晶体宏观性质、理想外形对称元素系相应引入了 32 个点群，以及与晶体微观对称元素系相应的 230 个空间群等概念，这里不再做详细论述。

### (三) 晶面间距

晶面间距是指 $(hkl)$ 晶面族中两相邻平行晶面间的垂直距离[1]。设点阵的基本矢量值为 $a$、$b$、$c$，如图 9-13 所示，通过原点并垂直于该组晶面的法线为 $ON$，由原点至晶面族中最邻近的晶面的距离为 $d$，即该晶面族中两个相邻晶面的距离。若法线的方向余弦为 $\cos\alpha$、$\cos\beta$、$\cos\gamma$，则晶面间距为

$$d = \left(\frac{a}{h}\right)\cos\alpha = \left(\frac{b}{k}\right)\cos\beta = \left(\frac{c}{l}\right)\cos\gamma \tag{9-9}$$

由此可得

$$d^2\left[\left(\frac{h}{a}\right)^2 + \left(\frac{k}{b}\right)^2 + \left(\frac{l}{c}\right)^2\right] = \cos^2\alpha + \cos^2\beta + \cos^2\gamma \tag{9-10}$$

对于正交晶系：$\cos^2\alpha + \cos^2\beta + \cos^2\gamma = 1$ (9-11)

因此有

$$\frac{1}{d^2} = \left(\frac{h}{a}\right)^2 + \left(\frac{k}{b}\right)^2 + \left(\frac{l}{c}\right)^2 \tag{9-12}$$

对于其他晶系，晶面间距与晶胞参数间的关系如下：

四方晶系：
$$\frac{1}{d^2} = \frac{h^2 + k^2}{a^2} + \left(\frac{l}{c}\right)^2 \tag{9-13}$$

立方晶系：
$$\frac{1}{d^2} = \frac{h^2 + k^2 + l^2}{a^2} \tag{9-14}$$

六方晶系：
$$\frac{1}{d^2} = \frac{4(h^2 + hk + k^2)}{3a^2} + \left(\frac{l}{c}\right)^2 \tag{9-15}$$

三方晶系：
$$\frac{1}{d^2} = \frac{(1+\cos\alpha)[(h^2 + k^2 + l^2) - (1 - \tan^2\frac{1}{2}\alpha)(hk + kl + lh)]}{a^2(1 + \cos\alpha - 2\cos^2\alpha)} \tag{9-16}$$

单斜晶系：$\dfrac{1}{d^2} = \dfrac{h^2}{a^2 \sin^2 \beta} + \left(\dfrac{k}{b}\right)^2 + \dfrac{l^2}{c^2 \sin^2 \beta} - \dfrac{2hl \cos \beta}{ac \sin^2 \beta}$　　　(9-17)

三斜晶系：$\dfrac{1}{d^2} = \dfrac{1}{\Delta^2}(S_{11}h^2 + S_{22}k^2 + S_{33}l^2 + 2S_{12}hk + 2S_{23}kl + 2S_{13}hl)$　　(9-18)

其中：

$$\Delta^2 = a^2 b^2 c^2 (1 - \cos^2 \alpha - \cos^2 \beta - \cos^2 \gamma - 2\cos \alpha \cos \beta \cos \gamma)$$

$$S_{11} = b^2 c^2 \sin^2 \alpha$$

$$S_{22} = a^2 c^2 \sin^2 \beta$$

$$S_{33} = a^2 b^2 \sin^2 \gamma$$

$$S_{12} = abc^2 (\cos \alpha \cos \beta - \cos \gamma)$$

$$S_{23} = a^2 bc (\cos \beta \cos \gamma - \cos \alpha)$$

$$S_{13} = ab^2 c (\cos \gamma \cos \alpha - \cos \beta)$$

## 第二节　X 射线分析法原理

### 一、X 射线在晶体中的衍射

当完全平行的单色 X 射线(波长为 $\lambda$)，以入射角 $\theta$ 入射到晶面上时(图 9-14)，将产生与入射 X 射线成 $2\theta$ 角方向上的散射波。如果晶面上的所有原子在反射方向上的散射线的位相都是相同的，所以互相加强。如果波程差 $d\sin\theta$ 为波长的整数倍，即当式(9-19)成立时散射波 1、2 的位相完全相同，所以互相加强。式(9-19)就是布拉格定律，它是 X 射线衍射的最基本定律。

$$2d\sin\theta = n\lambda \, (n = 0, 1, 2, \cdots) \tag{9-19}$$

式中，$n$ 为整数，称为反射级数。因此，凡是在满足布拉格方程式的所有晶面上的所有原子散射波的位相完全相同，其振幅互相加强。这样，在与入射线成 $2\theta$ 角的方向上就会出现衍射线。而在其他方向上的散射线的振幅互相抵消，X 射线的强度减弱或者等于零。我们把强度相互加强的波之间的作用称为相长干涉，而强度相互抵消的波之间的作用称为相消干涉。

通过图 9-14 可知 X 射线衍射现象和可见光的镜面反射现象类似，但是 X 射线衍射和反射有本质的区别：首先被晶体衍射的 X 射线是由入射线在晶体中所经过的路程上的所有原子散射波干涉的结果，而可见光的反射是在其表层上产生的，可见光反射仅发生在两种介质的界面上；其次，单色 X 射线的衍射只在满足布拉格定律的若干个特殊角度上产生(选择衍射)，而可见光反射可以任意角度产生；

最后，可见光在良好的镜面上反射，其效率可接近 100%，而 X 射线衍射线的强度比起入射线强度却微乎其微。还需注意的是，X 射线的反射角不同于可见光反射角，X 射线的入射线与反射线的夹角永远是 $2\theta$。综上所述，本质上说，X 射线的衍射是由大量原子参与的一种散射现象。原子在晶面上是呈周期性排列的，被它们散射的 X 射线之间必然存在位相关系，因而在大部分方向上产生相消干涉，只有在仅有的几个方向上产生相长干涉，这种相长干涉的结果形成了衍射束。这样，产生衍射现象的必要条件是有一个可以干涉的波(X 射线)和有一组周期排列的散射中心(晶体中的原子)。

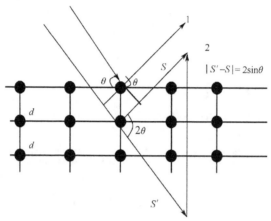

图9-14　X 射线衍射示意图

## 二、布拉格方程的讨论

### (一) 产生衍射的条件

衍射只产生在波的波长和散射中间距为同一数量级或更小时，因为

$$n\lambda/2d' = \sin\theta < 1 \tag{9-20}$$

所以 $n\lambda$ 必须小于 $2d'$。由于产生衍射时的 $n$ 最小值为 1，故 $\lambda < 2d'$，大部分金属的 $d'$ 为 0.2～0.3nm，所以 X 射线的波长也是在这样的范围为宜，当 $\lambda$ 太小时，衍射角(angle of diffraction)变得非常小，甚至很难用普通手段测定。

### (二) 反射级数与干涉指数

布拉格方程 $n\lambda = 2d' \sin\theta$ 表示面间距为 $d'$ 的 $(hkl)$ 晶面上产生了几级衍射，但衍射线出来之后，我们关心是光斑的位置而不是级数，级数也难以判别，故可以把布拉格方程改写成

$$2(d'/n)\sin\theta=\lambda \qquad (9-21)$$

这是面间距为 $1/n$ 的实际上存在或不存在的假想晶面的一级反射。将这个晶面称为干涉面，其面指数称为干涉指数，一般用 $HKL$ 表示。根据晶面指数的定义可以得出干涉指数与晶面指数之间的关系为：$H=nh$，$K=nk$，$L=nl$。干涉指数与晶面指数的明显差别是干涉指数中有公约数，而晶面指数只能是互质的整数，当干涉指数也互为质数时，它就代表一族真实的晶面，所以干涉指数是广义的晶面指数。习惯上经常将 $HKL$ 混为 $hkl$ 来讨论问题。设 $d=d'/n$，布拉格方程可以写成

$$2d\sin\theta=\lambda \qquad (9-22)$$

图 9-15 为上述分析的说明。首先考虑图 9-15(a)的(100)晶面的二级反射，邻近两个晶面的波程差 $ABC$ 必须为波长的两倍才能构成(100)晶面的二级反射。尽管在(100)晶面之间本来没有其他晶面，但假想还有一个(200)面[图 9-15(b)]，两个邻近的(200)晶面的波程差 $DEF$ 为波长的一倍，恰好构成了(200)晶面的一级反射，称为 200 反射(注意，此处不加括弧)。同样，可以把 300、400 反射看作是(100)晶面的第三级、第四级反射。推而广之，面间距为 $d'$ 的(hkl)晶面的第 $n$ 级反射，可以看作是晶面间距为 $d=d'/n$ 的(nh nk nl)晶面的第一级反射。

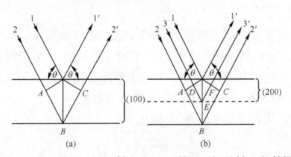

图 9-15　(100)晶面二级反射(a)和(200)晶面一级反射(b)的等同性

## (三) 布拉格方程的应用

上述布拉格方程在实验上有两种用途。首先，利用已知波长的特征 X 射线，通过测量 $\theta$ 角，可以计算出晶面间距 $d$。这种工作称为结构分析(structure analysis)，是本章所要论述的主要内容。其次，利用已知晶面间距 $d$ 的晶体，通过测量 $\theta$ 角，从而计算出未知 X 射线的波长。后一种方法就是 X 射线光谱学(X-ray spectroscopy)。

图 9-16 为 X 射线光谱仪(X-ray spectrometer)的原理图。S 为试样位置，它将被一次 X 射线照射并

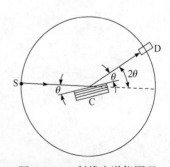

图 9-16　X 射线光谱仪原理

放出二次特征 X 射线，判定其波长便可确定试样的原子序数。二次特征 X 射线到达分光晶体 C 被衍射，通过计数管 D 进行检测，以确定 $2\theta$ 值，最后进行波长分析。如果 S 处为 X 射线管，一次 X 射线直接照射到晶体 C，那么还可以测定出一次 X 射线的波长。

## (四) 衍射方向

对于一种晶体结构总有相应的晶面间距表达式。将布拉格方程和晶面间距公式联系起来，就可以得到该晶系的衍射方向表达式。对于立方晶系可以得到

$$\sin^2\theta=\lambda^2(h^2+k^2+l^2)/4a^2 \tag{9-23}$$

此式就是晶格常数为 $a$ 的 $(h\ k\ l)$ 晶面对波长为 $\lambda$ 的 X 射线的衍射方向公式。式 (9-23)表明，衍射方向取决于晶胞的大小与形状。反过来说，通过测定衍射束的方向，可以测定晶胞的形状和尺寸。至于原子在晶胞中的位置，要通过分析衍射线的强度才能确定[12-22]。

# 第三节　衍射方法

X 射线衍射现象只有满足布拉格方程 $\lambda=2d\sin\theta$ 才能发生。因此，无论对于何种晶体的衍射，$\lambda$ 与 $\theta$ 的依赖关系是很严格的，简单地在 X 射线光路上放上单晶体，一般不会产生衍射现象。我们必须考虑使布拉格方程得到满足的实验方法，这就是要么连续地改变 $\lambda$，要么连续地改变 $\theta$，据此，可以派生出三种主要的衍射方法，即劳厄法、周转晶体法、德拜-谢乐法。

## 一、劳　厄　法

劳厄实验原理如图 9-17 所示，X 射线通过针孔光阑照射到试样上，用平板底片接收衍射线。根据 X 射线源、晶体、底片的位置不同劳厄法可分为透射

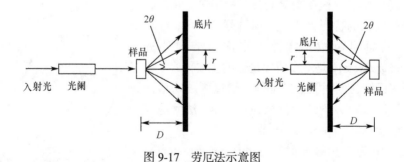

图 9-17　劳厄法示意图

法(tan2$\theta$ = r/D)和反射法[tan(180−2$\theta$)= r/D]两种。当用单色光源时,多晶体的针孔相只包含少数衍射线,适用于晶粒大小、择优取向及点阵数的测定。

## 二、周转晶体法

周转晶体法是用单色的 X 射线照射单晶体的一种方法。光学布置如图 9-18 所示。将单体的某一晶轴或某一重要的晶向垂直于 X 射线安装,再将底片在单晶体四周围成圆筒形。摄照时让晶体绕选定的晶向旋转,转轴与圆筒状底片的中心轴重合。周转晶体法的特点是入射线的波长 $\lambda$ 不变,而依靠旋转单晶体以连续改变各个晶面与入射线的 $\theta$ 角来满足布拉格方程的条件。在单晶体不断旋转的过程中,某组晶面会于某个瞬间和入射线的夹角恰好满足布拉格方程,于是在此瞬间便产生一根衍射线束,在底片上感光出一个感光点。周转晶体法的主要用途是确定未知晶体的晶体结构,这是晶体学中研究工作的重要武器。

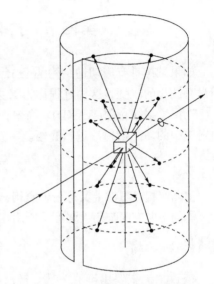

图 9-18 周转晶体法示意图

## 三、德拜-谢乐法

德拜-谢乐法是用单色的 X 射线照射多晶体试样,利用晶粒的不同取向来改变 $\theta$ 值,以满足布拉格方程。多晶体试样多采用粉末、多晶块状、板状、丝状等试样。如图 9-19 所示,如果用单色 X 射线以掠射角 $\theta$ 照射到单晶体的一组晶面

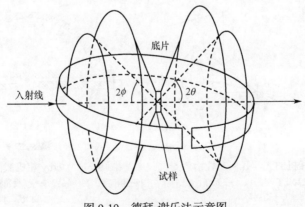

图 9-19 德拜-谢乐法示意图

(*hkl*)时，在布拉格条件下会衍射出一条线在照片上照出一个点，如果这组晶面绕入射线为轴旋转，并保持 $\theta$ 不变，则以母线衍射锥并与底片相遇产生一系列衍射环。此方法的特点是试样需要少，记录衍射范围大，衍射环的形貌可以直接反映晶体内部组织，如亚晶尺寸、晶粒大小、择优取向等。

# 第四节　广角 X 射线衍射法

如果试样具有周期性结构(晶区)，则 X 射线被相干散射，入射光与散射光之间没有波长的改变，这种过程称为 X 射线衍射效应，在大角度上测定，所以又称大(广)角 X 射线衍射(WAXD)。高聚物呈非晶态和半晶态，所以本节仅对 X 射线衍射法中的多晶衍射法进行介绍。

## 一、多晶照相法

多晶照相法习惯上又称粉末照相，利用 X 射线的感光效应，用特制胶片记录多晶试样的衍射方向与衍射强度，所用相机有两种，即平板相机和 Derby 相机。

### (一) 相机结构

平板相机主要由准直光栅、样品架和平板暗盒构成，它们之间的距离可在相机支架的导轨上调节，准直光栅在前，平板暗盒在后，两者之间是样品架。图 9-20 是平板相机的光学几何布置示意图，其中胶片平展且与入射线垂直。

Derby 相机是一直径为 57.3mm 或 114.6mm 金属圆柱盒，在盒壁某一高度位置上，沿一直径开有一对穿孔，分别插配入射光栅和接收光栅。图 9-21 为相机在光栅位置的横截面示意图，样品固定在穿过盒盖中心的轴棒上，调整时，要使样品恰好位于入射线通路上。胶片卷贴在相机的内壁。

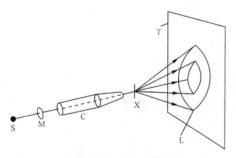

图 9-20　平板相机的光学几何布置示意图
S—光源；M—滤光片；T—胶片；C—光栅；X—样品；L—衍射环

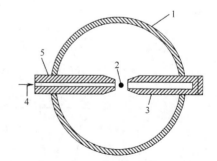

图 9-21　Derby 相机截面示意图
1—相机壁；2—样品；3—接收光栅；4—入射线；
5—入射光栅

## (二) 制样

平板照相样品要制成细窄片条，长约 10mm，宽为 2～3mm，厚以 0.5～1mm 为宜。板材需用刀片片切制样。薄膜可剪制，不够厚时，将几层叠粘在一起，各层保持原位拉伸方向一致。纤维样品则要缠绕在适当大小的框子上，或将一束平行纤维直接粘在框子上，既不能蓬松，又要尽量减少张力。

使用 Derby 相机照相时，试样呈细丝状，径向尺寸 0.5～1mm，长 10～15mm。测试中样品可随样品轴转动，以增加晶面族产生衍射的概率。对于高聚物材料，样品有时制成细窄片条，类似于平板照相样品。这种情况下，样品轴在照相过程中要保持不动，以确保在光路上。

## (三) 典型聚集态的照相底片特征

图 9-22 是四种典型聚集态的平板照相底片的特征示意图。其中图 9-22(a)为无择优取向多晶样品的底片，呈现分明的同心衍射圆环；图(b)为部分择优取向多晶样品的底片，呈若干对衍射对称弧；图(c)为完全取向多晶样品的底片，呈若干对称斑；图(d)为非晶态样品的底片，呈一弥漫散射环。应说明的是，对应不同材料或物质，它们的衍射环、对称弧(斑)，或弥散环的黑度和直径都是不同的，即衍射强度和衍射方向均不相同。同一底片上，各环、弧或斑的黑度也不相同。这里突出典型聚集态的照相特征，未在图中体现上述差异。另外，对应半结晶样品(如结晶高聚物)，其平板照相底片上既有结晶部分产生的衍射环(弧、斑)，又有非晶部分产生的弥漫散射环。

 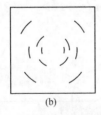 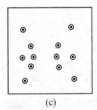 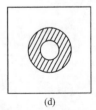

(a)　　　　　　(b)　　　　　　(c)　　　　　　(d)

图 9-22　四种典型聚集态的平板照相底片的特征示意图

(a) 无择优取向的多晶样品；(b) 部分择优取向的多晶样品；(c) 完全取向多晶样品；(d) 非晶态样品

## (四) 作用

从多晶照相可以获知样品中结晶状况，对样品中有无结晶、晶粒是否择优取向、取向程度进行定性判断。因此，多晶照相底片成为直观定性判断样品结晶状况的简明实证。通过照相底片还可对聚集态结构进行定量分析，但这部分工作已为后来发展起来的衍射取代。实际中，因 Derby 照相较平板照相简便、灵活，且误差小，所以大多采用 Derby 照相。

## (五) 影响因素

一张好的照相底片应当包含尽量多的衍射信息（环、弧、斑），且线条分辨清晰。影响因素有入射线波长及单色性、空气散射、光栅孔径大小、曝光时间、样品结晶状况、湿定影过程等。

## 二、多晶衍射法

与用底片记录衍射方向和强度不同，衍射仪根据 X 射线的气体电离效应，利用充有惰性气体的记数管，逐个记录 X 射线光子，将之转化成脉冲信号后，再通过电子学系统放大和甄选，把信号传输给记录仪，配合计数器的旋转，在记录仪上绘出关于衍射方向和衍射强度的谱图。衍射仪大大提高了工作效率，并使衍射定量分析更准确、更精确[23-25]。目前已发展出多种专用 X 射线衍射仪，多晶衍射仪是最普通的一种，下面对其作一介绍。

## (一) 多晶 X 射线衍射仪结构

多晶 X 射线衍射仪由三部分组成：①高压发生器；②测角仪；③外围设备(记录仪、仪器处理系统、测角仪控制系统等)。图 9-23 是水平式测角仪的俯视图。这里绘出的光学布置是"反射式"。测角仪是衍射仪的核心部分，它以同轴的两个联动转盘为基座，大小盘联动角速度恒比为 2：1。转盘轴心插放样品架，

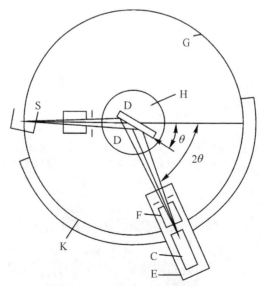

图 9-23　测角仪结构示意图

G—测角仪；H—试样台；C—计数器；S—X 射线源；F—接受狭缝；K—刻度尺；D—试样；E—支架

随小盘转动。实验中，光源与入射光路元件固定，样品台与接收支臂同向转动。事先调整好测角仪，使样品台与计数器均在零度时，入射线刚好掠过样品表面进入计数器，从而保证样品台转到 $\theta$ 角时，计数器则恰好处于 $2\theta$ 角位置。这样，相对于样品表面，计数器总位于入射线的反射方向上。若样品中有平行于样品照射面的晶面族，设其面间距为 $d$，那么，当样品台转到 $\theta$ 角，使 $2d\sin\theta=n\lambda$ 时，计数器便会接收到该族晶面产生的布拉格反射(衍射)，记录仪将在对应 $2\theta$ 的位置上绘出衍射峰。

## (二) 制样

多晶衍射仪试样是平板式的，长宽 25～35mm，厚度由样品的 X 射线吸收系数和衍射角 $2\theta$ 的扫描范围决定，高聚物一般为 0.5～1mm。要求厚度均匀，且入射线照射面一定要尽可能地平整。样品内微晶取向尽可能地小。板材、片材用刀剪制样。薄膜常需将若干层叠粘成片。纤维需剪成粉末状，然后填入一定大小的框子中，用玻璃片压制成表面平整的"毡片"，连同框架插到样品台上。颗粒粉末样品要研磨到手触无颗粒感，然后填入框槽中，用玻璃片轻压抹平。高聚物树脂可用压机冷压制样。

## (三) 典型聚集态衍射图谱的特征

衍射图谱是在记录仪上绘制出衍射强度($I$)与衍射角($2\theta$)的关系图。图 9-24 是几种典型聚集态衍射谱图的特征示意图。其中图 9-24(a)表示晶态试样衍射，特征是衍射峰尖锐，基线缓平，同一样品，微晶的择优取向只影响峰的相对强度；图(b)为固态非晶试样散射，呈现为一个(或两个)相当宽化的"隆峰"；图(c)与图(d)是半晶样品的谱图，(c)有尖锐峰，且被隆拱起，表明试样中晶态与非晶态"两相"差别明显；(d)呈现为隆峰之上有突出峰，但不尖锐，这表明试样中晶相很不完整。

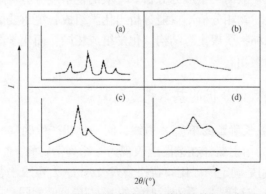

图 9-24　四种典型聚集态衍射谱图的特征示意图

(四) 多晶衍射仪的作用

利用多晶衍射仪可以得到材料或物质的衍射谱图。根据衍射图中的峰位、峰形及峰的相对强度，可以进行物相分析、非晶态结构分析等工作。在高聚物中主要用于考察物相、结晶度、晶粒择优取向和晶粒尺寸。

(五) 影响因素

多晶衍射仪实验的影响因素来自以下三个方面。

(1) 表观(尺寸、平整性)和样品内部(取向，晶粒大小等)。

(2) 实验参数：各狭缝大小，信号处理系统各参数，入射线波长及其单色性，空气散射因素。

(3) 环境：电源稳定性。

# 第五节   多晶 X 射线衍射法在高聚物研究中的应用

作为一种考察物质微观结构形态的方法，无论在小分子领域，还是在大分子领域，多晶 X 射线衍射所分析和测定的内容基本上是相同的。高聚物在结构形态上有其自身的复杂性，因此用 X 射线衍射考察高聚物时，必须结合具体情况进行分析，以获得对真实情况恰当、准确的理解。在实际应用中，多晶照相法的大部分工作已被多晶衍射仪法所取代。下面要介绍的四种应用均基于衍射仪法。它们分别是：物相分析、结晶度测定、取向测定与晶粒尺寸测定[26-33]。

## 一、物 相 分 析

物相分析不是一般的化学成分分析。一般的化学成分分析是分析组成物质的元素种类及其含量。物相分析不仅能分析出化学组成，更重要的是它还能给出元素间化学结合状态和物质聚集态结构。化学组成相同，而化学结合状态或聚集态不同的物质属不同物相。

(一) X 射线衍射物相分析的基本思想

(1) 对于一束波长确定的单色 X 射线，同一物相产生确定的衍射花样。

(2) 晶态试样的衍射花样在谱图上表现为一系列衍射峰。各峰的峰位 $2\theta$(衍射角)和相对强度($I_i/I_0$)是确定的。用布拉格公式 $2d\sin\theta=\lambda$ 可求出各衍射峰的晶面族所具有的面间距 $d_i$。这样，一系列衍射峰的 $d_i$-($I_i/I_0$)，便如同"指纹"成为识别物相的标记。

(3) 混合物的谱图是各组分相分别产生衍射或散射的简单叠加。根据上述基本思想，参照已知物相标准谱图，由衍射图便可识别样品中的物相。

由上所述我们可以知道在物相分析中首先需要掌握大量已知物相的标准衍射花样数据。J. D. Hanawalt 等首先进行了该项工作，后来美国材料与试验协会在 1942 年出版了第一组衍射数据卡片(ASTM 卡片)，以后卡片数量每年递增。1969 年成立了粉末衍射标准联合委员会(Joint Committee on Powder Diffraction Standards，JCPDS)，在各国相应组织的合作下，JCPDS 编辑出版粉末衍射卡片，包括有机化合物和无机化合物(其中有元素、合金、无机化合物、矿物、有机化合物及有机金属化合物等)。

粉末衍射卡片的形式如图 9-25 所示。

第一栏：前三格分别列出了该物相的衍射谱图中最强的三个衍射峰所对应的晶面间距(d)，最后一格中是试样衍射谱中的最大面间距(单位是 Å)。

第二栏：列出了上述三强峰的相对强度(I/I₀)，以最强峰为 100%。

第三栏：列出了本卡片数据的测试条件。Rad——波长，Filter——单色器(滤波片)，Cut off——所用设备能测到的最大面间距，I/I₁——测量相对强度的方法，ref——本栏和第九栏所用的参考文献。

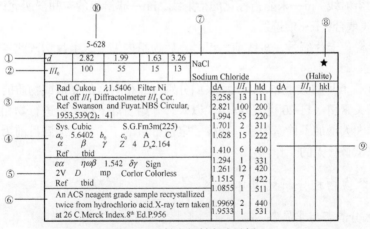

图 9-25　粉末衍射卡片示例

第四栏：物质的晶体结构参数。Sys.——晶系，S.G.——空间群，$a_0$、$b_0$、$c_0$——点阵常数，$A=a_0/b_0$，$C=c_0/b_0$，$\alpha$、$\beta$、$\gamma$——晶轴间夹角，Z——单位晶胞中化学式单位的数目，对于单元素物质是单位晶胞中的原子数，对于化合物是指单位晶胞中的分子数，$D_X$——用 X 射线法测定的密度。

第五栏：物质的物理性质。$\varepsilon\alpha$、$\eta\omega\beta$、$\delta\gamma$——折射率，Sign——光学性质的正 (+)或(–)，2V——光轴间夹角，D——密度，mp——熔点，Corlor——颜色。

第六栏：其他有关说明，如试样来源、化学成分、测试温度、材料的热处理制度以及卡片的替代情况等。

第七栏：试样的化学式及英文名称，化学式后面的数字是单位晶胞中的原子数，数字后的英文字母表示点阵，各字母代表的点阵如下：

C—简单立方　　B—体心立方　　F—面心立方

T—简单四方　　U—体心四方　　R—简单菱形

H—简单六方　　O—简单正交　　P—体心正交

Q—底心正交　　S—面心正交　　M—简单单斜

N—底心单斜　　Z—简单三斜

第八栏：试样物质的通用名称或矿物学名称，有机化合物则为结构式。右上角的"★"表示本卡片的数据有高度可靠性，"○"表示可靠性低，"C"表示衍射数据来自计算，"i"表示数据是计算的，没有符号的简单结构是低可靠性的，而无符号的复杂结构表示可靠性一般。

第九栏：全部晶面间距($d$)、晶面指数及衍射线的相对强度($I/I_1$)；本栏中的一些符号：b—漫散的衍射线，d—双线，n—不是所有资料上都有的衍射线，nc—非该晶胞的衍射线，ni—未能指标化的衍射线，np—非给出的空间群所允许的指数，β—有 β 线重合，tr—痕迹线。

第十栏：卡片编号，短线前为组号，后为组内编号，卡片均按此号码分组顺序排放[1]。

JCPDS 卡片的数量非常巨大，人们分别按照衍射线的 $d$ 值或物质的化学成分编纂了相关索引。自 20 世纪 60 年代以来，开始发展了计算机进行物相检索的方法，这样大大增加了检索效率，减少了定性分析的工作量，但到目前为止计算机仍不能完全替代人的工作。

## (二) 高聚物物相分析的基本内容

### 1) 区分晶态与非晶态

根据上节关于典型聚集态衍射谱图特征的介绍可知，出现弥散"隆峰"说明样品中有非晶态，尖锐峰表明存在结晶，既不尖锐也不弥散的"突出峰"显示有结晶存在，但很不完善。以上判断适于一般情况。

### 2) 高聚物鉴定

对于非晶态高聚物，要将其衍射图与已知某种非晶高聚物在同样条件下的衍射图比较，看"隆峰"的峰位 $2\theta$ 是否吻合，并观察峰形是否相符，若偏差不大，则可初步推断样品与参比高聚物有可能属同一物相，但不能就此断定，还需结合其他分析结果相互佐证。

对于结晶态高聚物，通过样品与已知结晶高聚物在同样实验条件下的谱图比较，从衍射峰的峰位及整个谱图线形进行分析，若吻合则可认定样品与参比高聚物同相。

3) 识别晶体类型

结晶高聚物在不同结晶条件下可形成不同晶型，它们所属晶系及晶胞参数不同。结晶类型识别办法是：将待定试样谱图与已知晶型谱图比较，看试样谱图中是否出现已知晶型的各衍射峰。

## 二、结晶度测定

聚合物或非晶材料中往往是晶态和非晶态共存的，并且还有晶态与非晶态之间的过渡相。我们定义聚合物等凝聚材料中结晶部分所占总量的质量分数为结晶度 $X_c$。结晶度的测定就是测量这种材料中结晶相的质量分数。

$$X_c = \frac{\text{结晶部分的质量}}{\text{结晶部分的质量} + \text{非晶部分的质量}} = \frac{W_c}{W_c + W_a} \times 100\% \qquad (9\text{-}24)$$

这类物质的 X 射线散射强度同样也是由晶态部分和非晶态部分散射贡献的[34]，即

$$I = I_c + I_a$$

$$I_c = \int_0^\infty S^2 I_{c(S)} \mathrm{d}S \qquad\qquad I_a = \int_0^\infty S^2 I_{a(S)} \mathrm{d}S$$

$$I = \int_0^\infty S^2 I_{(S)} \mathrm{d}S = \int_0^\infty S^2 I_{c(S)} \mathrm{d}S + \int_0^\infty S^2 I_{a(S)} \mathrm{d}S \qquad (9\text{-}25)$$

$S = \dfrac{4\pi \sin\theta}{\lambda}$。由于晶态部分与非晶态部分的散射强度比正比于两部分的质量比，即

$$\frac{\int_0^\infty S^2 I_{c(S)} \mathrm{d}S}{\int_0^\infty S^2 I_{a(S)} \mathrm{d}S} = \frac{I_c}{I_a} = K \cdot \frac{W_c}{W_a} \qquad (9\text{-}26)$$

$$X_c = \frac{I_c}{I_c + K I_a} \qquad (9\text{-}27)$$

式(9-27)中的 $K$ 表示晶态部分与非晶态部分单位质量的相对散射系数。理论上讲，物质的散射与散射中心之间是否有序无关。等质量的聚合物，无论是否为晶态，应该具有相同的散射能力。这样 $K$ 值应该为 1。但实际上，$K$ 值一般在 $1 \pm 0.1$ 之间。马修斯曾介绍过几种测定 $K$ 值的实验方法。与此类似，有

$$X_a = \frac{W_a}{W_c + W_a} = \frac{KI_a}{I_c + KI_a} \tag{9-28}$$

$$X_c + X_a = 1$$

在 X 射线衍射实验中，总是把衍射花样上有峰区域的总面积(即积分强度)作为结晶部分和非晶部分的总散射强度，由式(9-28)可以看出，需把结晶部分(或非晶部分)的衍射强度从总的散射强度中分离出来，才能测得结晶部分的质量分数，即结晶度。因为实际遇到的样品多种多样，所以解决该问题的方法也有多种，以下分别介绍几种重要类型[35]。

## (一) 可以得到晶态与非晶态参考样的方法

当我们可以获得和待测样品同质的晶态与非晶态参考样时，分离强度曲线和结晶度的计算比较简单，通常采用如下两种方法。

(1) 在同时获得较好非晶态与晶态参考样的情况下，可用宽范围的衍射强度曲线。在进行实验时，保持条件一致分别获得未知试样和两种参考试样的衍射强度曲线，并扣除背景，如式(9-29)所示。

$$(I^u - I_a^r)_i - H = X_c(I_c^r - I_a^r)_i \tag{9-29}$$

式中，$I^u$ 为未知试样的衍射强度；$I_a^r$ 为非晶态参考试样的衍射强度；$I_c^r$ 为晶态参考试样的衍射强度；$i$ 为表示各衍射角。

将 $I^u - I_a^r$ - $I_c^r - I_a^r$ 作图，其斜率即为未知样品的结晶度 $X_c$。

(2) 当非晶与晶态衍射强度存在不重叠的区域时，如果又能得到同质的完全非晶态参考样品，则可按式(9-30)求得结晶度

$$1 - X_c = \frac{\left(\dfrac{1}{t^r} \cdot \dfrac{I_a^r}{I_0^r}\right)}{\left(\dfrac{1}{t^u} \cdot \dfrac{I_a^u}{I_0^u}\right)_i} \tag{9-30}$$

式中，$I_0^u$、$I_0^r$ 分别为未知试样和参考试样不重叠时的衍射强度。由于强度测量在同样的衍射角度位置，因此试样被 X 射线照射的面积相等，衍射体积仅与试样参与衍射的深度(或厚度)$t$ 有关。如果保持两试样测量时入射 X 射线的强度相等，则 $I_0^r = I_0^u$，又如 $t^r = t^u$，则式(9-30)可简化为

$$t - X_c = \frac{I_a^r}{I_a^u} \tag{9-31}$$

## (二) 联立方程法

在能获得同质完全非晶态参考试样、未知试样衍射花样包含几个衍射峰的情况下，可用联立方程法求解。

陈济舟和蒋世承[36]采用联立方程法测定正交结构的聚对次苯基硫醚的结晶度，包括晶态和非晶态的未知试样的 X 射线衍射线形。

## (三) 计算机分峰法

利用计算机建立晶态部分和非晶态部分衍射曲线的数学模型，然后两者拟合与实验曲线相比较。如果理论计算的线形与实验曲线相吻合，或在一定的误差范围内吻合，即可认为完成分峰，进而求出结晶度。关于非晶部分的散射强度分布的数学模型有多项式型、广义柯西型、指数型(广义高斯型)等。但究竟用哪种函数表征可与被测物质的实际情况吻合更好,最好还是预先制备出完全非晶态的试样，然后根据它的 X 射线谱图，从各模型中筛选出更适合的表征函数。确定模型后即可编写程序，利用计算机进行分峰和计算结晶度。

由于计算机技术的发展和使用的普及，利用计算机分峰法测定材料的结晶度的方法已越来越被广大科研工作者所接受，除高聚物外，还可利用此法测定分子筛等材料的结晶度。

## 三、取 向 测 定

多晶材料中，微晶的取向是形态结构的一个方面，也是影响材料物理性能的重要因素。微晶取向通常是指大量晶粒的特定晶轴或晶面相对于某个参考方向或平面的平行程度。半结晶高聚物材料也多属多晶材料，用 X 射线衍射法可以测定其晶粒(区)的取向。

高聚物材料总伴生非晶态，而且许多高聚物只以非晶态存在，因此高聚物材料科学中，取向常常指分子链与某个参考方向或平面平行的程度。依不同分类有：晶区链取向，非晶区取向；折叠链取向，伸直链取向等。由于晶区分子链方向一般被定为晶体 $c$ 轴方向，实际上也就直接或间接地表明了晶区分子链取向。而非晶区或非晶态高聚物材料中的分子链取向则需用其他手段测定。

X 射线衍射法测定微晶取向有三种表征：①极图；②Hermans 因子 $f$；③轴取向指数 $R$。它们在实验方法、数据处理和适用性等方面各不相同，各有特点。

在实验方法和数据处理分析上，极图法很繁复，Hermans 因子次之，轴取向指数法最简单。极图法用平面投影反映微晶在空间的取向分布情况，信息全面，但要看懂却需要足够的晶体几何学与空间投影知识。因此极图一般只用于特制部件中取向情况的剖析。Hermans 因子与轴取向指数最终都是用一数值反映材料的轴取向程度。不同的是 Hermans 因子表征性更好，轴取向指数较为粗略。尽管如此，轴取向指数由于在实验方法与数据处理上简便迅速，实际中对于系列样品轴取向程度比较时，人们大多采用轴取向指数 $R$。$R$ 反映样品中所有晶粒的某族晶面与取向轴(如纤维样品的纤维轴)平行程度。定义

$$R=[(180°-H)/180°]×100\% \tag{9-32}$$

式中，$H$ 由实验容易获得，其单位为角度。完全取向时，可以认为 $H=0°$，$R=100\%$；无规取向时，$H=180°$，$R=0\%$。

需要说明的是，不管上述哪种取向表征，实验上都要用到特殊的样品架和专门的实验方法。

## 四、晶粒尺寸测定

多晶材料的晶粒尺寸是材料形态结构的指标之一，是决定其物理化学性质的一个重要因素。利用 X 射线衍射法测量材料中晶粒尺寸有一定的限制条件。当晶粒大于 100 nm 时，其衍射峰的宽度随晶粒大小变化敏感度降低。而小于 10 nm 时其衍射峰有显著变化。多晶材料中晶粒数目庞大，且形状不规则，衍射法所测得的"晶粒尺寸"是大量晶粒个别尺寸的一种统计平均。使用 X 射线衍射方法测量晶粒大小的原理是 X 射线被原子散射后互相干涉，当衍射方向满足布拉格方程时，各晶面的反射波之间的相位差是波长的整数倍，振幅完全叠加，光的强度加强；反之，当不满足布拉格方程时，相互抵消；当散射方向稍微偏离布拉格方程且晶面数目有限时，因部分可以叠加而不能抵消，造成了衍射峰的宽化，显然散射角越接近布拉格角，晶面的数目越少，其光强越接近于峰值强度。对于一粒度而言，衍射 $hkl$ 的面间距 $d_{hkl}$ 和晶面层数的乘积就是垂直于此晶面方向上的粒度 $D_{hkl}$。试样中晶粒大小可采用谢乐公式计算：

$$D_{hkl} = Nd_{hkl} = \frac{0.89\lambda}{\beta_{hkl}\cos\theta} \tag{9-33}$$

式中，$D_{hkl}$ 为纳米晶的粒度；$\lambda$ 为入射波长；$\theta$ 为衍射 $hkl$ 的布拉格角；$\beta_{hkl}$ 为衍射 $hkl$ 的半峰宽，单位是弧度。图 9-26 为不同陈化时间下 ZnO 纳米晶粉末的 X 射线衍射谱(XRD)。与标准 JCPDS 卡相对照可知，所制备纳米晶粉末均为无择优取向的六方纤锌矿结构。从图 9-26 中可以看出，由于粒子的尺寸为纳米量级，各衍射峰均有明显的宽化。同时，随着陈化时间的延长，各衍射峰的半高宽(FWHM)均有明显减小的现象。利用德拜-谢乐公式可以计算出纳米晶的尺寸。由此得到随陈化时间的延长，ZnO 纳米晶的平均晶粒尺寸迅速增大。对应于陈化时间为 40min、60min、120min、240min 的样品，(110)衍射峰的半高宽分别为 1.875±0.038、1.767±0.040、1.685±0.054 和 1.354±0.171，对应半径分别为 3.37nm、4.10nm、4.30nm

和 5.35nm。这说明在陈化过程中有明显的 Ostwald 熟化过程。同样，对应于上述样品(110)衍射峰的峰位分别为 56.383°、56.474°、56.513° 和 56.629°，对应 d 值分别为 1.6319Å、1.6294Å、1.6284Å 和 1.6253Å，与六方纤锌矿结构的体相 ZnO(110) 面间距 1.6247Å 相比有明显的增大，并且随着陈化时间延长逐渐向体相 ZnO 的 d 值逼近。这种现象也反映出 ZnO 纳米晶不同于体相材料的独特的表面特性，由于表面原子所占比例较大，纳米晶的面间距随粒度的减小有增大的趋势。

对不同条件下得到的 ZnO 粉末晶体的尺寸研究中，根据得到的 XRD 谱图可以计算其晶粒大小。图 9-27 是根据 ZnO 纳米晶粉末 A 和粉末 B 的 XRD 谱图，从图中(110)衍射峰的半高宽计算出粉末 A 和粉末 B 的平均晶粒半径分别为 5.3nm 和 6.5nm。

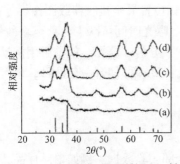

图 9-26　不同陈化时间下的 ZnO 粉
末样品 XRD 谱图
陈化时间分别为(a)40min；
(b)60min；(c)120min；(d)240min

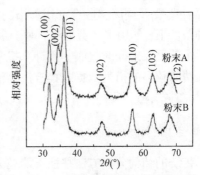

图 9-27　ZnO 纳米晶粉末 A 和粉末 B 的 X
射线衍射谱图

# 第六节　X 射线衍射法研究新进展

## 一、计算机在 X 射线结构分析中的应用

### (一) 数据处理与分析

这是 X 射线结构分析中应用计算机的最早领域。无论多晶还是单晶材料，无论何种结构分析技术，均须处理大量衍射数据，而且要进行各种专门的分析。例如，单晶和多晶的傅氏分析，多晶材料的结构分析，不太复杂，也不需要大量的计算机计算时间及相应的计算软件。关于大分子如蛋白质晶体的结构分析，则不但需要大量数字计算，还需要先进的图像分析和处理技术，离开了大型和超级计算机，是根本不能进行的。近年来，这方面的进展是惊人的，已由若干种病毒和药物的结构分析取得重大成就，并和它们的性能联系起来，对分子生物和医药工

程做出了重要贡献。

经过国际晶体学联合会组织和各国晶体学家的努力,大量先进的计算和分析软件已被收集起来,供各国学者使用,有的是免费提供的,有的是低价提供的,节约了大量的编制、调制程序的劳动量。

## (二) 联机数据收集和分析

由于衍射仪和计算机联机接口的发展,加之计算机计算速度越来越快,许多数据分析和简单结构分析均可以在联机状态下即时完成。这对结构的动态研究是很重要的,例如,相变的动态研究已成为可能,活的生物组织如动物红细胞的动态结构变化已有人进行研究。当然,另一前提条件是必须有极强的 X 射线源(如同步辐射光源)及同时接收全部衍射谱的接收器(如位置灵敏接收器或图像板等)。在这种条件下,如用多色劳厄法,对于一个结构,曝光时间可减少为秒至毫秒量级。几千个劳厄反射同时接收,用计算机联机处理和分析。这样,就不必用摆动法或其他费时较多的衍射数据收集方法。活的生物样品,即使寿命仅几秒,也可以充分研究其结构了。

## (三) 全谱分析

传统的结构分析方法往往不能充分利用全部实验数据。例如单晶样品,多色劳厄法提供了大量数据,但由于重叠反射多,传统的分析方法不能或很难处理,不得已用摆动、转动或步进照相获取较少的反射,以便更精确地处理,其代价是牺牲了大量宝贵的反射数据。再如多晶样品,傅氏分析法研究线形时往往只选取一对或两对衍射线,其他衍射数据不能利用。

现代的同步辐射 X 射线源由于准直性和强度的大大改善使衍射图案的分辨率大大提高,斑点的重叠问题大大减少。又由于记录强度的设备,如位敏探测器和高灵敏的“图像板”的使用,大大提高了衍射强度的探测灵敏度和精度。最重要的是有高速计算机的在线或脱机处理数据,使全谱拟合成为可能。利用结构模型计算一个全衍射谱,然后和实验全谱比较,逐步修正直到拟合满意为止。这种方法已用于单晶、多晶甚至准晶等不完整或亚稳结构,已用于劳厄衍射到粉末衍射的各种衍射全谱的拟合,获得了极大的成功。其中最著名的就是 Rietveld 方法,它用于粉末衍射,最初是为了处理中子粉末衍射而提出来的。我们以此为例,详细说明全谱拟合的具体过程,其他方法大同小异。

Rietveld 方法的前提是结构基本上已知,仅需作些修正来拟合实验粉末衍射全谱,所以有人称为精练、精修或优化(refinement)。由于需要优化的结构与非结构参数甚多,在多相共存的情况下计算程序更为复杂,目前已有各种成熟的程序可供使用，其中以 R. A.Young 教授研究组编制并不断改进的 DBWS 程序比较完善，其最新版本是 DBWS-9411，于 1994 年底完成并发布。这种方法目前多用于多相复杂结构完全未知的情况。但对复杂结构来说需大量的试探工作，使分析工作实际上难以进行。对于单相和简单结构，在结构完全不知的情况下，也可能得到好的结果。

　　Rietveld 方法的原理非常简单，它把样品中所有相的理论衍射线按衍射角度叠加其强度，然后与实验衍射全谱比较。逐步调整结构和非结构参数，使理论与实践之差达到最小。即在 $i$ 处的理论衍射强度应为

$$Y_{ci} = sS_R A \sum [F_k^2 \varphi(2\theta_i - 2\theta_k)](L_k P_k) + Y_{b_i} \tag{9-34}$$

式中，$s$ 为标度因子(定量分析与此有关)；$S_R$ 为考虑样品粗糙度效应的函数；$A$ 为吸收因子；$F_k$ 为 k 反射的结构因子；$\varphi$ 为 k 反射的线性函数(计及仪器线形和物力线形)；$L_k$ 为包括洛伦兹、偏振及多重因子；$P_k$ 为择优取向函数；$b_i$ 为衍射谱背底。

　　利用最小二乘法优化使下列函数达到最小

$$M = \sum W_i (Y_{0i} - Y_{ci})^2 \tag{9-35}$$

式中，$Y_{0i}$ 为 $i$ 处实验强度。求和是对整个衍射谱所有衍射角的，$W_i$ 是一个权重因子，按泊松分布误差理论

$$W_i = 1/[\sigma^2(Y_{0i}) + \sigma^2(Y_{ci})]^2 \tag{9-36}$$

$\sigma^2$ 是方差值(variance)，即

$$\sigma^2(Y_{0i}) = Y_{0i}, \quad \sigma^2(Y_{ci}) = Y_{ci}$$

一般认为 $Y_{ci}$ 是没有误差的，因此令 $\sigma^2(Y_{ci}) = 0$，实际这是有问题的，某些时候会产生错误，如果我们接受这个假设，则

$$W_i = 1/Y_{0i}$$

用最小二乘法优化的参数可分两类，一类是结构参数，包括温度因子、原子坐标、晶格参数等；另一类是非晶格参数，如探头零点位置、样品表面粗糙度、背景强度等。在每个具体情况下，可选择其中一些参数进行优化调整，有些参数可以固定不变，这样可以提高计算效率。

　　Rietveld 方法仍有一些原则缺点，需要在实践中注意：一个问题是理论与实验强度之差就统计起伏而言，在衍射角相近处或一个衍射峰的附近两点处是相互关联的，并非相互独立。这样，使用的泊松分布误差理论和最小二乘处理方法有一些原则缺点。另一问题是两类可调参数有不同性质，它们不能达到同样的拟合精度，而 Rietveld 方法是作为同精度处理的。因此有人建议把拟合过程分为两个层次，每层次针对一类参数。目前仍有人对此方法持否定意见。不过经过二十多

年的实践，证明此法不失为最普遍使用的方法，特别对多相复杂结构，几乎是唯一可行的。在特殊情况下它确实比另一些方法差，结果不够精确。

## 二、X 射线法在定量分析中的应用

### (一) 定量分析基本原理

定量分析的基本任务是确定混合物中各相的相对含量。衍射强度理论指出，各相衍射线的强度随着该相在混合物中相对含量的增加而增强。那么能不能直接测量衍射峰的面积来求物相浓度呢？不能。因为，我们测得的衍射强度 $I_\alpha$ 是经试样吸收后表现出来的，即衍射强度还强烈地依赖于吸收系数 $\mu_1$，而吸收系数也依赖于相浓度 $C_\alpha$，所以要测 α 相含量首先必须明确 $I_\alpha$、$C_\alpha$、$\mu_1$ 之间的关系。

衍射强度的基本关系式(衍射仪)如下

$$I = I_0 \frac{\lambda^3}{32\pi r}\left(\frac{e^2}{mC^2}\right)^2 \frac{V}{V_c^2} P\,|F|^2\, \varphi(\theta)\frac{1}{2\mu_1}\exp(-2M) \tag{9-37}$$

应当注意，该衍射强度公式的 $F$、$P$、$\exp(-2M)$ 以及 $\varphi(\theta)$ 所表达的都是对于一种晶体的单相物质的衍射参量。讨论多相物质时，这个公式只表达其中一相的强度。

进一步分析可以看出，式中 $\dfrac{\lambda^3}{r}$ 是实验条件确定的参量，$\dfrac{PE^2\varphi(\theta)\exp(-2M)}{V_c^2}$ 是与某相的性质有关的参量，$1/2\mu_1$ 是与某相的性质有关的参量，但在多相物质中应为 $1/\mu$(混合物的线吸收系数)，与含量 $C_\alpha$(体积分数)也有关。所以，公式中除了 $\mu$ 以外均与含量无关，可记为常数 $K_1$。当需要测定两相(α+β)混合物中 α 相时，只要将衍射强度公式乘以 α 相的体积分数 $C_\alpha$，再用混合物的吸收系数 $\mu$ 来代替 α 相的吸收系数 $\mu_\alpha$，即可得出 α 相的表达式。即衍射强度为

$$I_\alpha = K_1 \frac{C_\alpha}{\mu} \tag{9-38}$$

式中，$K_1$ 为未知常数。

这里用混合物的线吸收系数不方便，试推导出混合物线吸收系数 $\mu$ 与各个相的线吸收系数 $\mu_\alpha$、$\mu_\beta$ 的关系。首先将 $\mu$ 与各相的质量吸收系数联合起来，混合物的质量吸收系数为各组成相的质量吸收系数的加权代数和。如用 α、β 两相，各自密度为 $\rho_\alpha$、$\rho_\beta$，线吸收系数为 $\mu_\alpha$、$\mu_\beta$，质量分数为 $W_\alpha$、$W_\beta$，则混合物的质量吸收系数为

$$\mu_m = \frac{\mu}{\rho} = \frac{\mu_\alpha}{\rho_\alpha}W_\alpha + \frac{\mu_\beta}{\rho_\beta}W_\beta$$

所以混合物的线吸收系数

$$\mu = \rho\left(\frac{\mu_\alpha}{\mu_\alpha}W_\alpha + \frac{\mu_\beta}{\mu_\beta}W_\beta\right) \tag{9-39}$$

再进一步把 $C_\alpha$ 与 α 相的质量联系起来，混合物体积为 $V \cdot \rho$，则 α 相的质量为 $V \cdot \rho W_\alpha$，α 相的体积为

$$\frac{V \cdot \rho W_\alpha}{\rho_\alpha} = V_\alpha \tag{9-40}$$

这样

$$C_\alpha = \frac{V_\alpha}{V} = \frac{V \cdot \rho W_\alpha}{\rho_\alpha} \cdot \frac{1}{V} = \frac{W_\alpha \rho}{\rho_\alpha} \tag{9-41}$$

将式(9-39)、式(9-40)代入式(9-37)，得

$$I_\alpha = \frac{K_1 W_\alpha}{\rho_\alpha\left(\dfrac{\mu_\alpha}{\rho_\alpha}W_\alpha + \dfrac{\mu_\beta}{\rho_\beta}W_\beta\right)} \tag{9-42}$$

又因为 $W_\beta = 1 - W_\alpha$，所以

$$I_\alpha = \frac{K_1 W_\alpha}{\rho_\alpha\left[W_\alpha\left(\dfrac{\mu_\alpha}{\rho_\alpha} - \dfrac{\mu_\beta}{\rho_\beta}\right) + \dfrac{\mu_\beta}{\rho_\beta}\right]} \tag{9-43}$$

由式(9-43)可知，待测相的衍射强度随着该相在混合物中的相对含量的增加而增强；但是衍射强度还是与混合物的总吸收系数有关，而总吸收系数又随浓度而变化。因此，一般来说，强度和相对含量之间并非直线关系，只有在待测试样是由同素异构体组成的特殊情况下 $\left(\text{此时}\ \dfrac{\mu_\alpha}{\rho_\alpha} = \dfrac{\mu_\beta}{\rho_\beta}\right)$，待测相的衍射强度才与该相的相对含量呈直线关系。

## (二) 定量分析法

在物相定量分析中，即使对于最简单的情况(即待测试样为两相混合物)，要直接从衍射强度计算 $W_\alpha$ 也是很困难的，因为在方程式中尚含有未知常数 $K_1$。所以要想法消掉 $K_1$，实验技术中可以用待测相的某根衍射线强度与该相标准物质的同一根衍射线的强度相除，从而消掉 $K_1$。于是产生了制作标准物质的标准线条的实验方法问题。根据标准线条的实验方法不同，有以下几种定量分析的方法。

## 1. 外标法

外标法(单线条法)是将所需物相的纯物质另外单独标定，然后与多相混合物中待测的相应衍射线强度相比较而进行的。

例如，待测试样为 α+β 两相混合物，则待测相 α 的衍射强度 $I_\alpha$ 与其质量分数 $W_\alpha$ 的关系如式(9-43)所示。纯 α 相样品的强度表达式可从式(9-37)或式(9-43)求得

$$(I_\alpha)_0 = \frac{K_1}{\mu_\alpha} \tag{9-44}$$

将式(9-43)除以式(9-44)，消去未知常数 $K_1$，便得到单线条定量分析的基本关系式

$$\frac{I_\alpha}{(I_\alpha)_0} = \frac{W_\alpha \left( \dfrac{\mu_\alpha}{\rho_\alpha} \right)}{W_\alpha \left( \dfrac{\mu_\alpha}{\rho_\alpha} - \dfrac{W_\beta}{\rho_\beta} \right) + \dfrac{W_\beta}{\rho_\beta}} \tag{9-45}$$

利用这个关系，在测出 $I_\alpha$ 和 $(I_\alpha)_0$ 以及知道各种相的质量吸收系数后，就可以算出 α 相的相对含量 $W_\alpha$。若不知道各种相的质量吸收系数，可以先把纯 α 相样品的某根衍射线条强度 $(I_\alpha)_0$ 测量出来，再配制几种具有不同 α 相含量的样品，然后在实验条件完全相同的条件下分别测出 α 相含量已知的样品中同一根衍射线的强度 $I_\alpha$，以描绘定标曲线。在定标曲线中根据 $I_\alpha$ 和 $(I_\alpha)_0$ 的比值很容易地可以确认 α 相的含量。

## 2. 内标法

内标法是在待测试样中掺入一定含量的标准物质，把试样中待测相的某根衍射线强度与掺入试样中含量已知的标准物质的某根衍射线强度相比较，从而获得待测相含量。显然，内标法仅限于粉末试样。倘若待测试样是由 A，B，C···相组成的多相混合物，待测相为 A，则可在原始试样中掺入已知含量的标准物质 S，构成未知试样与标准物质的复合试样。设 $C_A$ 和 $C'_a$ 分别为 A 相在原始试样和复合试样中的体积分数，$C_S$ 为标准物质在复合试样中的体积分数。根据式(9-43)，在复合试样中 A 相的某根衍射线的强度应为

$$I_A = \frac{K_2 C'_A}{\mu} \tag{9-46}$$

复合试样中标准物质 S 的某根衍射线条的强度为

$$I_S = \frac{K_3 C_S}{\mu} \tag{9-47}$$

式(9-46)和式(9-47)中的 $\mu$ 为复合试样的吸收系数。将式(9-46)除以式(9-47)，得

$$I_A / I_S = \frac{K_2 C'_A}{K_3 C_S} \tag{9-48}$$

为应用方便起见，把体积分数化成质量分数

$$C'_A = W'_A \rho / \rho_A \text{ 和 } C_S = W_S \rho / \rho_S$$

将此式代入式(9-48)，且在所有复合试样中都将标准物质的质量分数 $W_S$ 保持恒定，则

$$\frac{I_A}{I_S} = \frac{K_2}{K_3} \cdot \frac{W'_A \rho_S}{W_S \rho_A} = K_4 W'_A \tag{9-49}$$

A 相在原始试样中的质量分数 $W_A$ 与在复合试样中的质量分数之间有下列关系

$$W_A = W'_A (1 - W_S) \tag{9-50}$$

于是得出外标法物相定性分析的基本关系式

$$I_A / I_S = K_4 W_A (1 - W_S) = K_S / W_A \tag{9-51}$$

由式(9-51)可知，在复合试样中，A 相的某根衍射线的强度与标准物质 S 的某根衍射线的强度之比，是 A 相在原始试样中的质量分数 $W_A$ 的线性函数，现在的问题是要得到比例系数 $K_S$。

若是现测量一套由已知 A 相浓度的原始试样和恒定浓度的标准物质所组成的复合试样，做出定标曲线之后，只需对复合试样(标准物质的 $W_S$ 必须与定标曲线时的相同)测出比值 $I_A / I_S$，便可得出 A 相在原始试样中的含量。

## 三、X 射线衍射法研究纳米受限体系中聚合物的取向结晶

由于阳极氧化铝(AAO)纳米孔中的聚合物量较少，信号微弱，因此通常采用 ISC 技术来研究其等温结晶行为。但是该技术耗时较长，并且结晶度需通过熔融焓而间接测量得到，因此应用范围有限。所以，可以使用掠入射广角 X 射线衍射法(GIWXRD)研究 AAO 模板中聚合物结晶行为。王笃金等[37]研究了低分子量单分散的聚氧化乙烯(PEO2000)在不同孔径的 AAO 模板(孔径 10～100nm)中的结晶行为。在本体状态下，PEO2000 以伸直链存在，其伸直长度为 12.6nm。研究发现，当 AAO 孔径大于 PEO 的伸直链长度时，其分子链倾向于垂直孔长轴排列，这可以由 Steinhart 提出的"动力学选择机制"解释。然而，当 AAO 孔径小于 PEO 伸直链长度时，其分子链倾向于平行孔长轴排列，片晶垂直于孔壁生长，此时热力学占主导并控制纳米孔内 PEO 最终的晶体形貌。

另外，苏萃[38]还使用原位 GIWAXD 研究了受限在不同孔尺寸 AAO 纳米孔中 PEO 的结晶动力学。研究发现，随着结晶温度的升高，结晶速率降低，说明结晶的温度区间仍在"铃铛形"结晶速率的温度依赖性曲线的右侧。

## 四、X射线衍射法研究复杂流场下微注塑样条的结晶与取向结构

使用无浇口(sprue-less)的微注塑设备,通过设计型腔的几何结构,可以构筑复杂的拉伸-剪切耦合流场,这可以使所得到的微注塑样条具有复杂多样的结晶、取向结构与特殊的力学性能。但是,微注塑样条尺寸较小,普通的广角X射线衍射光斑尺寸比较大,不能满足检测微注塑样条上不同位置结晶与取向结构演化的目的。微聚焦广角X射线衍射(μWAXD)的光斑尺寸较小(3μm×3μm),是研究复杂流场下微注塑样条结晶与取向结构的一种有效方法。董侠等[39]利用μWAXD等手段研究了PA1012微注塑样条的结晶与取向行为,如图9-28所示。研究发现,垂直于流场和沿流场两个方向上不同于过往研究结果的特殊非均匀结构分布,这一结构与通常情况下剪切流动产生的皮-芯结构中组成各层次的二级结构相反。作者同时阐述了这种特殊织构所对应的微观机制。

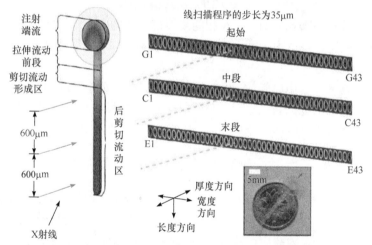

图9-28 标注了流动形式的离位测试的样品及微聚焦广角X射线衍射线扫描实验示意图[39]
右侧为衍射花样的缩略图,内附图:表明实际样品尺寸的照片

## 五、X射线在化学中的其他应用

### (一) 区别晶态与非晶态

由于X射线发生衍射是结晶状态的特点,必须具有周期性的点阵结构才能发生衍射。非结晶状态不具周期性,故不能发生衍射。在X射线照相板上(无论何种摄谱法),都得不到明显的衍射点或线条。因此,可以用X射线衍射的方法来区别物质的晶态与非晶态。

## (二) 鉴定晶体品种

每种晶体具有它自己特征的平面点阵间距离，因而对一定波长的 X 射线衍射并用一定大小的照相片来摄谱时，每种晶体就具有它自己特征的衍射线(粉末线)，粉末线的相对强度也是晶体品种的特征。

根据这个原理，即可分析鉴定晶体品种。一种方法是将纯物质的粉末线和已知的很多粉末线图相比较，以决定此未知品种与何种物质的粉末线相符合。另一种方法是将各种已知物质的粉末线距离($l$)按线的强弱列表成索引(与光谱分析中的灵敏线波长表相似)，量得未知样品粉末线距离后即可查表。

## (三) 区别混合物与化合物

每种晶体有它自己特征的粉末线，例如，A、B 混合物的粉末图上即出现 A 与 B 各自的线条，说明有两固相存在。若 A、B 化合成 $A_mB_n$，则有新的粉末线出现，即有新相生成。例如，Fe 及 S 的混合物加热后的粉末线中既有 Fe 的粉末线及 S 的粉末线，也有不属于 Fe 及 S 的粉末线——FeS 粉末线。根据此原理，可知两物相混合以后的混合物或者化合物。

在混合物中，各组分的晶胞没有改变，各组分的 $d_{hkl}$ 值未变，故衍射线不变，但在化合物中晶胞大小改变了，于是就生成新的粉末线。

这一点与光谱分析不同。光谱分析中，无论是金属钠还是钠化物，都呈现 Na 的特征波长光谱线。

## (四) 物相分析

作物相分析时，定性方面可以决定样品中有几个固相，每个固相是什么；定量方面可以根据粉末线的相对强度计算出各物相的百分数(这种定性的及定量的分析很像光谱分析)。

物相分析在化学上的应用很大，如漂白粉的研究。

## (五) 绘制相图

研究相平衡的相图时，可先根据物相分析的原理，决定一定温度下样品中的组分数及相数。更重要的工作是决定相与相之间的界限(即相平衡曲线)或复相平衡的交点(如三相点)等，在热分析中，这种界限或交点是由冷却曲线的平台来决定的；在 X 射线衍射中，一般以粉末法的结构分析来决定相的界限。

## (六) 其他

测定晶粒的大小，研究固体物理，研究点阵变形等。

# 第七节　小角 X 射线散射技术

## 一、小角 X 射线散射的产生及其与粉末粒度的关系

当一束极细的 X 射线光波穿过一纳米粉末层时，经颗粒内电子的散射，就在原光束附近的极小角域内分散开来，这种现象称为小角 X 射线散射。其散射强度分布与粉末的粒度及其分布密切相关[40]。

对于一稀疏的球形颗粒系并考虑到仪器狭缝高度的影响，入射 X 射线束在角度 $\varepsilon$ 处的散射强度为

$$I(\varepsilon) = C \int_{-\infty}^{\infty} F(t) \mathrm{d}t \int_{x_0}^{x_n} \omega(x) x^3 \varphi^2(\zeta) \mathrm{d}x \qquad (9\text{-}52)$$

式中，$\zeta = \dfrac{\pi x}{\lambda} \sqrt{\varepsilon^2 + t^2}$；$\varphi(\zeta) = 3(\sin\zeta - \zeta\cos\zeta)/\zeta^3$；$C$ 为综合常数。

根据所测粉末的大致粒度范围$(x_0 \sim x_n)$，将其分割成 $n$ 份，分割间隔随着粒度尺寸的增大而增大。分布频度 $\omega_i$ 表示区间 $x_{j-1} \sim x_j$ 内的分布函数 $\omega(x)$ 的平均值，这样在做式(9-52)的计算时即可将 $\omega_1$，$\omega_2$，$\cdots$，$\omega_i$，$\cdots$，$\omega_n$ 提出积分号之外。同时根据相应的分割间隔，近似按下面的关系式(9-53)确定 $n$ 个合适的散射角进行散射角度的测量，测得 $n$ 个散射强度 $I(\varepsilon_i)$

$$\varepsilon_i = \frac{2\sqrt{5}}{\pi}\left(\frac{\lambda}{x_i + x_{i-1}}\right) \qquad (i=1, 2, 3, \cdots, n) \qquad (9\text{-}53)$$

于是可将式(9-52)转化为如下的 $n$ 元线性方程组：

$$I(\varepsilon_i) = \sum_{i=1}^{n} a_{ij}\omega_j \qquad (i=1, 2, 3, \cdots, n) \qquad (9\text{-}54)$$

其中

$$a_{ij} = \int_{-\infty}^{\infty} F t \mathrm{d}(t) \int_{i-1}^{i} x^3 \varphi^2(\zeta) \mathrm{d}x \qquad (9\text{-}55)$$

可以看出，对于给定的准直光路和入射波长 $\lambda$ 相应于由式(9-52)所限定的散射角，方程组的各个系数为一系列的常数。在测出仪器的狭缝高度权重函数后，就可以借助计算机用数值积分法将线性方程组的$(n \times n)$个系数 $a_{ij}$ 逐一计算出来。求解线性方程组(9-53)，即可得出各区间粒度分布函数的均值 $\omega_i$。如此相应于各区间的粒度分布频度，体积分数 $\Delta Q_{3,j}$，以及某一粒度级的累积值 $Q_{3,j}$，以体积为权重的平均粒度，累积体积分布中位径 $X_{50,V}$，A 粒度分布的散度 $S_V$，便可以分别按下面式(9-56)~式(9-60)计算出来。

$$\overline{q}_{3,j} = \omega_j \Big/ \sum_{k=1}^{n} \omega_k \Delta x_k \qquad (j=1, \ 2, \ \cdots, \ n) \qquad (9\text{-}56)$$

$$\Delta Q_{3,j} = \overline{q_V}\Delta x_j \times 100\% \qquad (j=1, \ 2, \ \cdots, \ n) \qquad (9\text{-}57)$$

$$Q_{3,j} = \sum_{k=0}^{j} \Delta Q_{3,k} \qquad (j=1, \ 2, \ \cdots, \ n) \qquad (9\text{-}58)$$

$$\overline{X}_V = \sum_{j=1}^{n} \Delta Q_{3,j}(x_{j-1} + x_j)/2 \qquad (9\text{-}59)$$

$$X_{50,V} = x_j \big| Q_{3,j} = 50\% \qquad (9\text{-}60)$$

$$S_V = \left( \sum_{j=1}^{n} \left[ \frac{1}{2}(x_{j-1} + x_j) - \overline{X}_V \right]^2 \Delta Q_{3,j} \right)^{1/2} \qquad (9\text{-}61)$$

　　鉴于系数矩阵的优化和散射强度的测量精度都是有限的，为了进一步改善求解的稳定性，可在原系数矩阵 $A$ 上加一个对角矩阵 $B$，这时式(9-54)可以写成下面的矩阵式：

$$(A+\eta B)\omega = I \qquad (9\text{-}62)$$

式中，$A=(\alpha_{ij})_{n \times n}$，$B=\text{diag}(\alpha_{11}, \alpha_{22}, \cdots, \alpha_{nn})$，$\eta$ 为阻尼因子，$0<\eta<0.3$，$\omega=(\omega_1, \omega_2, \cdots, \omega_n)$，$I=(I_1, I_2, \cdots, I_n)$。

## 二、小角 X 射线散射法原理

　　在大角衍射角度范围内能测定的晶体晶格间距为零点几纳米到几纳米。可是在结晶高聚物研究中，常常要求测定范围在几纳米到几十纳米的长周期，因此只有将测定角度缩小到小角范围(1°～2°)以内才能测定衍射强度或记录衍射花样，在这样的角度范围内测定，在实验上是很困难的。图 9-29 是大角 X 射线衍射与小角 X 射线衍射距离差异示意图。

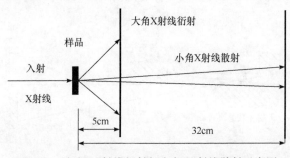

图9-29　大角 X 射线衍射与小角 X 射线散射示意图

因为一般 X 射线管射出的 X 射线束宽 1°~2°，所以小角散射在普通大角衍射图中，被淹没在透射束内而观察不到。若要观察小角散射，则对整个准直系统有特别的要求。小角散射的准直系统要长，而且光栅或狭缝要小，才能使焦点变细，但焦点太细，光强太弱，将导致记录时间过长，因而要求 X 射线源要强。在准直系统和很长的工作距离内，空气对 X 射线有强烈的散射作用，因而整个系统要置于真空中。

## 三、小角 X 射线散射法仪器准直系统

小角散射装置有两种准直系统，即针孔准直系统和狭缝准直系统。

### (一) 针孔准直系统

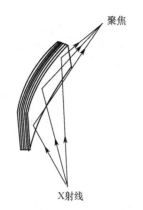

图 9-30 用弯晶集束的示意图

1984 年，纪尼叶(Guinier)首先用弯曲晶体将射线集束(图 9-30)，然后通过针孔光栅。针孔准直系统结合照相法能获得变小的完全的小角散射花样，这对研究取向样品特别有用，但主要缺点是散射强度非常弱，曝光时间长达几天。

### (二) 狭缝准直系统

与针孔准直系统相比，通过狭缝的光束是线性的，增加了入射面积，从而提高了散射强度，减少了曝光时间。然而用狭缝准直系统会使理论散射强度产生畸变，造成准直误差。对这种因狭缝引起的"失真"或"模糊"的数据进行校正，通常有两种方法，一是数学校准；二是使用足够长的狭缝，再使用无限长狭缝理论作分析，后一种方法较为常用。

克拉特凯(Kratky)相机是常见的小角散射相机，基本原理如图 9-31 所示。该

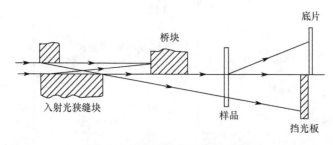

图 9-31 克拉特凯相机的基本原理

相机的设计可有效防止在狭缝处产生的次级 X 射线源的照射，$2\theta$ 分辨率可达 0.05′。常用来记录小角散射的方法有照相法和计数器法。

## 第八节　小角 X 射线散射法的应用及进展

### 一、小角 X 射线散射法在高聚物研究中的应用

小角 X 射线散射(SAXS)法能用于研究数纳米到几十纳米的高分子结构,如晶片尺寸、长周期、溶液中聚合物分子间的回转半径、共混物和嵌段共聚物的片层结构等。非晶材料一般被描述为结构上均匀和各向同性的，但在实际中应用中的许多非晶材料并不能这样简单叙述。熔体急冷法制备的淬火非晶材料，结构上是近似均匀的，但退火处理后，产生原子的扩散、迁移等使结构变得不均匀而表现出微观的各向异性，因此小角散射技术特别适合于这些过程和问题的研究[41-43]。

尺寸在纳米范围内时，由于电磁波的所有散射效应都局限在小角度处，因此利用此法可以了解聚合物的微观结构。目前主要以小角 X 射线散射法进行高分子材料结构参数的研究。例如，粒子的尺寸、形状及其分布、分散状态；高分子的链结构和分子运动；多相聚合物的界面结构和相分离；非晶态聚合物的近程有序结构；超薄样品的受限结构、表面粗糙度、表面去湿；溶胶-凝胶过程；体系的动态结晶过程；系统的临界散射现象等。对于这些结构参数的研究，SAXS 法比其他测定方法，如 DSC、EM(电子显微镜)与 POM(偏光显微镜)等能给出更明确和正确的信息和结果。

### 二、小角 X 射线散射法测定纳米材料粒度分布

我们通过衍射的方法利用谢乐公式计算所得到的是结晶物质的晶粒尺寸，而固体物质经常是以颗粒(介于晶粒与团粒之间的一次颗粒)的形式存在，我们利用小角 X 射线散射法可以测定出介于纳米级别固体样品颗粒的粒度分布。

小角 X 射线散射是指发生于原光束附近 0 至几度范围内的相干散射现象，物质内部尺度在 1nm 至数百纳米范围内的电子密度的起伏是产生这种散射效应的根本原因。利用小角散射的技术可以表征物质的长周期、准周期结构和测定纳米粉末的粒度分布。这种测试广泛地应用于尺度属于纳米级的各种金属、无机非金属、有机聚合物粉末以及生物大分子、胶体溶液、磁性液体等颗粒尺寸分布的测定；也可以对各种材料中纳米级孔洞、偏聚区、析出相等的尺寸进行分析研究。测定中参与散射的颗粒一般多达数亿个，在统计上有充分的代表性；其制样方法相对简单，对颗粒分散的要求也不像其他方法那样严格。

当然，小角 X 射线散射法也有其局限性。首先，它不能有效地区分来自颗粒

或微孔的散射；其次对于密集的散射体系，会发生颗粒散射之间的干涉效应，将导致测量结果有所偏低。

## 三、小角 X 射线散射法的最新进展

随着科技的发展，小角 X 射线散射法被越来越多地应用于科研工作中，特别是关于测定材料结构变化、高分子链结构、纳米材料粒度分布方面近年来越来越多地见诸报道[44-58]。例如，小角 X 射线散射法研究合金的相结构[59,60]，小角 X 射线散射研究石蜡加热过程中的结构变化[61]，PS/甲苯/$CO_2$ 体系压缩流体抗溶剂过程的同步辐射小角散射[62]，研究甲基改性氧化硅凝胶的双分形结构[63]，研究亚微观体系结构[64]，原位小角 X 射线散射研究聚合物、共混物及共聚物在拉伸或变温过程中的结晶与取向行为[65-68]等。而小角 X 射线散射法测定纳米粉末粒度分布已作为国家标准被广泛地应用于纳米材料的分析测试中。

## 参 考 文 献

[1] 杨于兴, 漆璿. X 射线衍射分析. 上海: 上海交通大学出版社, 1994

[2] 张锐. 现代材料分析方法. 北京: 化学工业出版社, 2007

[3] 许顺生. 金属 X 射线学. 上海: 上海科学技术出版社, 1962

[4] 范雄. X 射线金属学. 北京: 机械工业出版社, 1980

[5] Alexander L E. X-Ray Diffraction Methods in Polymer Science. New York: John Wiley & Sons, Inc., 1969

[6] Reidel D. International Tables for X-ray Crystallography、Vol. III. Birmingham: Kynoch Press, 1962

[7] Pecora R. Dynamic Light Scattering Applications of Photon Correlation Spectroscopy. New York: Plenum Press, 1985

[8] Chu B. Laser Light Scattering. New York: Academic Press, 1974

[9] Chen S H. Scattering technique applied to supramolecular nonequilibrium system//Chen S H. NATO Advanced Study Institute Series, Series B: Physics, Vol 73. New York: Plenum Press, 1981

[10] 罗谷风. 结晶学导论. 北京: 地质出版社, 1985

[11] 谢希文, 过梅丽. 材料科学基础. 北京: 北京航空航天大学出版社, 1999

[12] Kakudo M, Kasai N. X-ray Diffraction by Polymers. Amsterdam: Elsevier Publishing Company, 1972

[13] Rabek J F. Experimental Methods in Polymer Chemistry: Physical Principles and Applications. New York: John Wiley & Sons, 1980

[14] Fitch A N. Instruments and Methods in Physics Research, 1995, B97: 63-69

[15] Nelmes R J, Hatton P D, MaMahon M I., Review of Scientific Instruments, 1992, 63(1): 1039-1042

[16] Clark S M, Nield A, Rathbone T. Instruments and Methods in Physics Research, 1995, B97: 98-101

[17] Roome C M, Adam. C D. Nuclear Instruments and Methods in Physics Research, 1995, B97: 308-311

[18] Maclean J, Hatton P D, Piltz R O. Instruments and Methods in Physics Research, 1995, B97: 354-357

[19] Bish D L, Post J E. Modern Powder Diffraction. Washington: Mineralogical Society of America, 1989

[20] Peun T, Latuterjung J, Hinze E. Instruments and Methods in Physics Research, 1995, B97: 483-486

[21] Colyer L M, Greaves G N, Dent A J. Instruments and Methods in Physics Research, 1995, B97: 107-110

[22] Dent A J, Greaves G N, RobertsM A. Instruments and Methods in Physics Research, 1995, B97: 20-22

[23] Larson A C, von Dreele R B. GSAS Generalized Structure Analysis System, Laur 86-784. New Mexico: Los Alamos National Laboratory, 1987

[24] Klug H P, Alexander L E. X-ray diffraction procedures for polycrystalline and amorphous materials. New York: John Wiley & Sons, 1974

[25] Ito T. X-ray on Polymorphism. Tokyo: Maruzen, 1957

[26] Thompson P, Reilly J J, Hesting J M. Journal of Applied Crystallography, 1989, 22: 256-260

[27] Gibaud A, Le Bail A, Bulon A. Journal of Physics C: Solid State Physics, 1986, 22: 4623-4633

[28] Thompson P, Cox D E, Hasting J B. Journal of Applied Crystallography, 1987, 20: 79-83

[29] Ahtee M, Nurnela M, Sourtti P, et al. Journal of Applied Crystallography, 1989, 22: 261

[30] Madsen I C, Hill J. Powder Diffraction, 1990, 5: 195

[31] Maichle J K, Hringer J I, Prande W. Journal of Applied Crystallography, 1988, 21: 22

[32] Estermann M A, MaCusker L B, Baerlocher C. Journal of Applied Crystallography, 1992, 25: 539

[33] Boultif A, Louer D. Journal of Applied Crystallography, 1991, 24: 987

[34] 杜宝石, 杨鹏飞, 赵蕾. 郑州大学学报(自然科学版), 2001, 33(4): 73

[35] 杨传铮. 物相衍射分析. 北京: 冶金工业出版社, 1989

[36] 陈济舟, 蒋世承. 化学学报, 1979, 37(2): 101

[37] Guan Y, Liu G M, Gao P Y, et al. ACS Macro Letters, 2013, 2: 181-184

[38] 苏萃. 聚合物在一维纳米孔道内的晶体取向与结晶动力学. 北京: 中国科学院化学研究所博士学位论文, 2019

[39] Gao Y Y, Dong X, Wang L L, et al. Polymer, 2015, 73: 91-101

[40] 中华人民共和国国家质量监督检验检疫总局, 中国国家标准化管理委员会. 纳米粉末粒度分布的测定 X 射线小角散射法: GB/T B221-2004. 北京: 中国标准出版社

[41] 腾凤恩, 王翌明, 姜小龙. X 射线结构分析与材料性能表征. 北京: 科学出版社, 1997

[42] Glatter O, Kratky O. Small angle X-ray scattering. New York: Academic Press, 1982

[43] Zhang H F, Mo Z S. Polymer Degradation and Stability, 1995, 50: 71

[44] 黄祖飞, 王春忠, 魏英进, 等. 高等学校化学学报, 2004, 25(6): 1124-1127

[45] Stuhn B, Joukov S, Staneva R, et al. Chinese Journal of Polymer Science, 2003, 21(2): 153-158

[46] 赵辉, 董宝中. 物理学报, 2002, 51(12): 2887-2891.

[47] 荣利霞, 魏柳荷. 物理学报, 2002, 51(8): 1773-1777

[48] 赵辉, 郭梅芳. 核技术, 2002, 25(10): 837-840

[49] Li D, Liu Z M, Liu J, et al. Beijing Synchrotron Radiation Facility, 2001, 2: 1-7

[50] Gheorghiu C, Tirziu A, Grabcer B, et al. 1998, 43(11): 1049-1057

[51] 吴志超, 张志成. Chinese Journal of Chemical Physics, 1996, 9(2): 180-186

[52] Pujari P K, Sen D, Amarendra G, et al. Nuclear Instruments and Methods in Physics Research Section B: Beam Interactions with Materials and Atoms, 2007, 254(2): 278-282

[53] Chibowski S, Wiśniewska M, Marczewski A W, et al. Journal of Colloid and Interface Science, 2003, 267(1): 1-8

[54] Mihaylova M D, Nedkov T E, Krestev V P, et al European Polymer Journal, 2001, 37(11): 2177-2186

[55] Pikus S, Dawidowicz A L, Kobylas E, et al. Materials Chemistry and Physics, 2001, 70(2): 181-186

[56] Grigoriew H, Wolińska-Grabczyk A, Bernstorff S. Journal of Materials Science Letters, 2003, 21: 113-116

[57] Pranzas P K, Knöchel A, Kneifel K, et al. Analytical and Bioanalytical Chemistry, 2003, 376: 602-607

[58]  Zhu P W, Edward G. Journal of Materials Science, 2008, 43: 6459-6467

[59]  马桂秋, 原续波, 盛京. 高分子学报, 2002, (1): 63-67

[60]  孟繁玲, 李永华, 刘常升, 等. 吉林大学学报, 2008, 46(5): 971-973

[61]  孙民华, 牟洪臣, 王玉玺, 等. 核技术, 2007, (7): 568-570

[62]  董宝中, 荣利霞, 柳义. 中国科学(G 辑), 2003, 33 (3): 198-205

[63]  徐耀, 李志宏, 范文浩, 等. 物理学报, 2003, 3: 635-640

[64]  赵晓雨. 重庆文理学院学报, 2006, 5(4): 35-38

[65]  Wang L L, Dong X, Huang M M, et al. Polymer, 2016, 97: 217-225

[66]  Wang L L, Dong X, Huang M M, et al, Polymer, 2017, 117: 231-242

[67]  Wang L L, Dong X, Huang M M, et al. ACS Applied Materials & Interfaces, 2017, 9: 19238-19247

[68]  Zhu P, Dong X, Wang D J. Macromolecules, 2017, 50: 3911-3921